IIIᵉ CONGRÈS ORNITHOLOGIQUE

(INTERNATIONAL)

Paris. — 26-30 Juin 1900

COMPTE RENDU DES SÉANCES

PUBLIÉ PAR

E. OUSTALET

PROFESSEUR AU MUSÉUM D'HISTOIRE NATURELLE
PRÉSIDENT DU COMITÉ ORNITHOLOGIQUE INTERNATIONAL PERMANENT
PRÉSIDENT DU CONGRÈS

J. DE CLAYBROOKE

SECRÉTAIRE DU COMITÉ ORNITHOLOGIQUE INTERNATIONAL PERMANENT
SECRÉTAIRE DU CONGRÈS

PARIS

MASSON ET Cⁱᵉ, ÉDITEURS

LIBRAIRES DE L'ACADÉMIE DE MÉDECINE
120, BOULEVARD SAINT-GERMAIN, 120

1901

"

IIIe CONGRÈS ORNITHOLOGIQUE

INTERNATIONAL

Paris. — 26-30 Juin 1900

COMPTE RENDU DES SÉANCES

CORBEIL. — IMPRIMERIE ÉD. CRÉTÉ

IIIᵉ CONGRÈS ORNITHOLOGIQUE

INTERNATIONAL

Paris. — 26-30 Juin 1900

COMPTE RENDU DES SÉANCES

PUBLIÉ PAR

E. OUSTALET

PROFESSEUR AU MUSÉUM D'HISTOIRE NATURELLE

PRÉSIDENT DU COMITÉ ORNITHOLOGIQUE INTERNATIONAL PERMANENT

PRÉSIDENT DU CONGRÈS

ET

J. DE CLAYBROOKE

SECRÉTAIRE DU COMITÉ ORNITHOLOGIQUE INTERNATIONAL PERMANENT

SECRÉTAIRE DU CONGRÈS

PARIS

MASSON ET Cⁱᵉ, ÉDITEURS

LIBRAIRES DE L'ACADÉMIE DE MÉDECINE

120, BOULEVARD SAINT-GERMAIN, 120

1901

AVANT-PROPOS

Conformément à la décision prise à Budapest, en 1891,
par le II⁰ Congrès ornithologique international, le nouveau président du Comité ornithologique s'est occupé de
provoquer la réunion, à Paris, d'un III⁰ Congrès. Par suite
de diverses circonstances cette réunion s'étant trouvée
retardée, le Bureau a pensé, d'accord en cela avec un
grand nombre de membres du Comité ornithologique,
qu'il y avait avantage à le faire coïncider avec l'Exposition universelle de 1900 et il a obtenu que le III⁰ Congrès
ornithologique international fût rattaché à la série des
Congrès organisés sous les auspices du ministère du Commerce, de l'Industrie, des Postes et Télégraphes et de la
Direction de l'Exploitation de l'Exposition. Une Commission d'organisation a été constituée et a tenu plusieurs
séances dans lesquelles ont été définitivement arrêtés le
programme et le règlement du Congrès. Celui-ci a été
ouvert le 26 juin et clos le 30 juin. Suivant le programme
tracé, programme qui a été largement distribué et reproduit
en outre, avec le règlement, dans les numéros 1 et 2 du
tome X de l'*Ornis*, le Congrès s'est partagé en cinq sections savoir :

1ʳ⁰ section : Ornithologie systématique; anatomie,
physiologie; pathologie des Oiseaux; mues : anomalies,
hybrides; paléontologie ornithologique;

2⁰ section : Mœurs, régime, embryogénie, nidification,
oologie;

3⁰ section : Distribution géographique des Oiseaux,
migrations et déplacements accidentels;

4e section : Protection des Oiseaux, acclimatation, aviculture ;

5e section : Comité ornithologique international.

Ces sections ont tenu chacune une ou plusieurs séances et des séances générales ont eu lieu les 26, 27 et 30 juin. Pendant la durée du Congrès des visites ont été faites en outre, soit aux collections ornithologiques du Muséum et à une exposition organisée spécialement en vue du Congrès, soit à diverses sections de l'Exposition.

Nous publions ci-après : 1° la composition du Bureau et la liste des membres de la Commission d'organisation et du Congrès. 2e les procès-verbaux des séances et le compte rendu des visites à l'Exposition et au Muséum ; 3° les communications faites et les mémoires présentés au Congrès.

BUREAU ET LISTE DES MEMBRES

DE LA COMMISSION D'ORGANISATION

Président :

M. OUSTALET (E.), docteur ès sciences, président du Comité ornithologique international permanent.

Secrétaire-Trésorier :

M. DE CLAYBROOKE (J.), sous-chef des groupes de l'Agriculture à l'Exposition universelle de 1900, secrétaire du Comité ornithologique international permanent.

Membres :

MM. BUREAU (le docteur Louis), professeur à l'École de médecine et directeur du Musée d'histoire naturelle de Nantes.

DEBREUIL, avocat, membre de la Société nationale d'acclimatation.

GADEAU DE KERVILLE (H.), membre de la Société zoologique de France.

GINDRE-MALHERBE, vice-président de la Société protectrice des animaux.

LAVERGNE DE LABARRIÈRE (J.-L.), membre de la Société zoologique de France.

MARMOTTAN (le docteur), maire du XVIᵉ arrondissement de Paris, membre fondateur de la Société zoologique de France.

MEGNIN (Pierre), membre de l'Académie de médecine, directeur du journal l'*Éleveur*.

PETIT, membre de la Société zoologique de France.

PICHOT (P.-A.), directeur de la *Revue britannique*.

RASPAIL (Xavier), membre de la Société zoologique de France et de la Société nationale d'acclimatation.

SAINT-LOUP (Rémy), docteur ès sciences, maître de conférences à l'École pratique des hautes études.

MM. SIMON (Eugène), membre de la Société zoologique et de la
Société entomologique de France.

TERNIER (L.), avocat à la cour d'appel, membre de la Société
zoologique de France.

VIAN (Jules), président honoraire de la Société zoologique de
France.

Cette liste indique la composition de la Commission
d'organisation au moment de la réunion du Congrès. Elle
diffère, par l'absence de quelques noms, de celle que nous
avons publiée dans les numéros 1 et 2 du tome IX de
l'*Ornis*. C'est qu'en effet, depuis le mois de décembre 1899,
la Commission d'organisation, qui avait déjà eu le profond
regret de perdre un de ses membres, M. J.-R. Goubie,
artiste-peintre et ornithologiste distingué, a été encore
cruellement éprouvée par la mort de son trésorier, si
dévoué et si sympathique, M. le baron Louis d'Hamonville et par celle, plus récente, de son illustre président
d'honneur, le professeur A. Milne Edwards, membre de
l'Institut et directeur du Muséum d'histoire naturelle, auquel nous consacrerons une notice nécrologique de
l'*Ornis*.

Comité de patronage.

MM. ALTUM (le docteur B.), Geh. Regierungsrat, professeur de Zoologie
à l'Académie forestière d'Eberswalde (Allemagne).

ARRIGONI DEGLI ODDI (le comte E.), professeur de Zoologie à
l'Université de Padoue (Italie).

BARBOZA DU BOCAGE (Don J.), ancien ministre, directeur du
Musée zoologique de Lisbonne (Portugal).

BEDDARD (Frank), membre de la Société royale, prosecteur à la
Société zoologique de Londres.

BERG (le baron DE), Landforstmeister, au Ministère d'Alsace-
Lorraine, division des Finances, à Strasbourg.

BERLEPSCH (le comte H. VON), Erbkämmerer in Kurhessen, au
château de Berlepsch, près Gertenbach (Hesse).

BLASIUS (le professeur docteur Rudolph), ancien président du
Comité ornithologique international, à Brunswick (Allemagne).

BLASIUS (le professeur Wilhem), Geheimer Hofrat, directeur du
Musée grand-ducal d'histoire naturelle et du Jardin botanique,
à Brunswick (Allemagne).

MM. Blaaw (F.-E.), à Gooilust, S'Gravesand, Noord-Holland (Pays-
Bas).

Bonaparte (S. A. le prince Roland), membre de la Société zoologique de France.

Brewster (W.), à Cambridge, Massachusetts (États-Unis).

Branicki (le comte Xavier), à Varsovie (Russie).

Brusina (Sp.), directeur du Musée zoologique d'Agram (Croatie,
Autriche).

Bulgarie (S. A. R. le prince Ferdinand Iᵉʳ de), membre du
Comité ornithologique international.

Büttikofer (J.), directeur du Jardin zoologique de Rotterdam
(Pays-Bas).

Clarke (William-Eagle), attaché au *Museum of Science and Art*
d'Édimbourg (Grande-Bretagne).

Collett (le professeur docteur Robert), directeur du Musée zoologique de Christiania (Norvège).

Coues (le docteur Elliot), membre de l'*American Ornithologist's
Union*, Smithsonian Institution, Washington (États-Unis).

Crette de Palluel (le baron Albert), membre de la Société nationale d'acclimatation de France.

David (l'abbé Armand), correspondant du Muséum, membre de
la Société zoologique de France.

Dubois (le docteur Alph.), conservateur au Musée royal d'histoire
naturelle, à Bruxelles (Belgique).

Elliot (D.-G.), directeur du *Field Columbian Museum*, à Chicago
(États-Unis).

Esterno (le comte d'), membre de la Société nationale d'acclimatation de France.

Fatio (le docteur Victor), membre de la Société zoologique de
France et de la Société helvétique des sciences naturelles.

Filhol (le professeur H.), membre de l'Institut et de l'Académie de médecine, professeur d'Anatomie comparée au
Muséum.

Finsch (le docteur O.), conservateur au Musée royal d'histoire
naturelle, à Leyde (Pays-Bas).

Fürbringer (le professeur docteur Max), Hofrat, professeur
d'Anatomie à l'Université d'Iéna (Allemagne).

Geoffroy Saint-Hilaire (Albert), ancien président de la Société
nationale d'acclimatation de France.

Giglioli (le docteur E.-H.), professeur d'Anatomie comparée et de
Zoologie des Vertébrés à l'Institut royal supérieur, à Florence.

Godman (F. Du Cane), membre de la Société royale, président de
la *British Ornithologist's Union*.

Guerne (le baron J. de), secrétaire général de la Société nationale d'acclimatation de France.

MM. GURNEY (John-Henry), membre de la Société zoologique de Londres.

HARTLAUB (le docteur G.), membre de la *Deutsche Ornith. Gesellschaft* et de la Société zoologique de Londres, à Brême (Allemagne).

HARTERT (Ernest), directeur du Musée zoologique de Tring (Grande-Bretagne).

HARTING (J.-E.), membre de la Société linnéenne, de la Société zoologique de Londres et de la *British Ornithologist's Union.*

HARVIE-BROWN (le docteur John A.), membre de la Société zoologique de Londres et de la *British Ornithologist's Union.*

HERMAN (Otto), directeur du Bureau central ornithologique de Budapest (Hongrie).

JANET (Ch.), ingénieur des arts et manufactures, président de la Société zoologique de France.

KEMPEN (Ch. VAN), membre de la Société zoologique de France.

LE MYRE DE VILERS, député, président de la Société nationale d'acclimatation.

LEVERKÜHN (le docteur P.), directeur des Institutions scientifiques et Bibliothèque de S. A. R. le prince Ferdinand Ier de Bulgarie.

LORENZ DE LIBURNAU (le docteur), conservateur au Musée impérial et royal d'histoire naturelle, à Vienne (Autriche).

LÜTKEN (le professeur docteur Christian), au Musée royal de l'Université, à Copenhague (Danemark).

MAËS (Alb.), membre de la Société zoologique de France.

MARTIN (René), avocat, membre de la Société zoologique de France.

MENZBIER (le professeur Michel), membre de la Société impériale des Naturalistes de Moscou.

MERRIAM (le docteur Clinton Hart), ornithologiste attaché au Département de l'Agriculture à Washington (États-Unis).

MEYER (le docteur A.-B.), Geheimer Hofrat, directeur du Musée de Zoologie, d'Anthropologie et d'Ethnographie, à Dresde (Saxe, Allemagne).

MIDDENDORF (Ernest), propriétaire, au château de Hellenorm, près Elva (Livonie, Russie).

MÖBIUS (le professeur Carl), Geh. Regierungsrat, directeur des collections zoologiques du Muséum royal d'histoire naturelle, à Berlin (Allemagne).

MONACO (S. A. S. le prince Albert Ier, prince régnant DE), correspondant de l'Institut de France

NEWTON (le professeur Alfred), professeur de Zoologie et d'Anatomie comparée au *Magdalene College,* Université de Cambridge (Angleterre).

MM. Oberholser (Harry C.), attaché au *Biological Survey* du Département de l'Agriculture, à Washington (États-Unis).

Orléans (S. A. le prince Henri d'), membre de la Société nationale d'acclimatation de France.

Orfeuille (le comte d'), membre de la Société nationale d'acclimatation de France.

Palacky (le professeur J.), professeur à l'Université de Bohême, à Prague (Bohême, Autriche).

Palmen (le professeur Dr G.-A.), à Helsingfors (Finlande, Russie).

Radde (le docteur G. von), Conseiller d'État actuel, directeur du Musée d'histoire naturelle de Tiflis (Caucase, Russie).

Reichenow (le docteur A.), conservateur au Musée royal d'histoire naturelle de Berlin (Allemagne).

Reiser (Othmar), conservateur au *Landesmuseum* de Sarajevo (Bosnie, Autriche).

Ridgway (Robert) membre de l'*American Ornithologist's Union*, Smithsonian Institution, Washington (État-Unis).

Rothschild (l'honorable Walter), à Tring-Park (Angleterre).

Salvadori (le comte T.), vice-directeur du Musée zoologique de Turin (Italie).

Saunders (Howard), membre de la Société zoologique de Londres et la *British Ornithologist's Union*, éditeur de l'*Ibis* à Londres (Angleterre).

Schalow (Herman), vice-président de la *Deutsche Ornithologische Gesellschaft*, à Berlin.

Sclater (le docteur Philip Lutley), secrétaire de la Société zoologique de Londres.

Sélys-Longchamps (le baron Edmond de), sénateur, membre de l'Académie des sciences de Belgique à Liège (Belgique)

Sharpe (le docteur R. Bowdler), senior assistant au British Museum, Natural History Dep^t, à Londres.

Shelley (le capitaine G.-Ernest), membre de la Société zoologique de Londres et de la *British Ornithologist's Union*.

Shufeldt (le docteur R.-W.), membre de l'*American Ornithologist's Union*, 3067, School Street, Washington N. W., district de Columbia (État-Unis).

Sixéty (le marquis de) membre de la Société nationale d'acclimatation.

Stejneger, membre de l'*American Ornithologist's Union*, Smithsonian Institution, Washington (États-Unis).

Tolzmann (J.), conservateur du Musée Branicki, à Varsovie (Russie).

Studer (le docteur Th.), professeur de l'Université, directeur du Musée d'histoire naturelle, à Berne (Suisse).

MM. Tchusi zu Schmidhoffen (Victor Ritter von), directeur de l'*Orni-
thologisches Jahrbuch*.

Uhrich, président de la Société protectrice des animaux.

Winge (Herluf), vice-inspecteur du Musée zoologique de l'Université, à Copenhague (Danemark).

IIIE CONGRÈS ORNITHOLOGIQUE INTERNATIONAL

DOCUMENTS OFFICIELS ET PROCÈS-VERBAUX

Bureau du Congrès.

Président d'honneur : M. le baron E. DE SELYS-LONGCHAMPS.

Membres d'honneur : S. A. R. le prince DE BULGARIE, S. A. I. le prince Roland BONAPARTE, MM. le professeur R. BLASIUS, le duc FÉRY D'ESCLANDS, le professeur FÜRBRINGER, HERMAN, le docteur MARMOTTAN, le professeur Alf. NEWTON, le comte DU PÉRIER DE LARSAN, le docteur Gustave VON RADDE, le professeur STUDER.

Président : M. E. OUSTALET.

Vice-Présidents : MM. le comte de BERLEPSCH, le professeur R. BLASIUS, le docteur L. BUREAU, le docteur FATIO, le professeur GIGLIOLI, le docteur Remy SAINT-LOUP, H. SAUNDERS, le docteur R.-B. SHARPE.

Secrétaire général : M. Jean DE CLAYBROOKE.

Secrétaires : MM. le professeur comte E. ARRIGONI DEGLI ODDI, E. HARTERT, le docteur P. LEVERKÜHN, H. SCHALOW, le baron A. CRETTÉ DE PALLUEL, E. DUBREUIL, H. GADEAU DE KERVILLE, L. TERNIER.

Bureaux des sections.

Ire SECTION.

Président : M. le docteur R.-Bowdler SHARPE.

Secrétaires : MM. H. GADEAU DE KERVILLE, HARTERT.

IIe SECTION.

Président : M. le professeur R. BLASIUS.

Secrétaires : MM. le comte ARRIGONI DEGLI ODDI, L. TERNIER.

IIIe SECTION.

Président : M. le docteur BUREAU.

Secrétaires : MM. le baron CRETTÉ DE PALLUEL, M. le docteur P. LEVERKÜHN.

IVᵉ Section.

1ʳᵉ *Sous-section.* — *Protection des Oiseaux, etc.*

Président : M. le docteur V. Fatio.
Secrétaires : MM. le comte d'Orfeuille, Schalow.

2ᵉ *Sous-section.* — *Acclimatation.*

Président : M. le docteur Remy Saint-Loup.
Secretaires : MM. Chernel de Chernelhaza, Debreuil.

3ᵉ *Sous-section.* — *Aviculture.*

Président : M. le duc Féry d'Esclands.
Secrétaires : MM. le baron du Teil, Wacquez.

Vᵉ Section.

Président : M. E. Oustalet.
Secrétaire : M. J. de Claybrooke.

Liste des délégués officiels des gouvernements.

Autriche-Hongrie :
  Autriche (Musée I. R. d'histoire naturelle), M. le docteur Lorenz von Liburnau, conservateur au Musée I. R. d'histoire naturelle.
  Hongrie (Ministère R. hongrois de l'agriculture), M. Otto Herman ; directeur du Bureau central ornithologique hongrois (Muséum national Hongrois), M. J. de Madarasz, conservateur au Muséum national hongrois.
  Bosnie-Herzégovine (Musée de Sarajevo), M. Othmar Reiser, conservateur au *Landes-Museum.*
Belgique (Musée Royal d'Histoire naturelle), M. le docteur Dubois, conservateur au Musée royal d'histoire naturelle (Ministère de l'Agriculture et des Travaux publics), M. Mousel, directeur des Eaux et Forêts.
Bulgarie, M. le docteur Paul Leverkühn, directeur des Institutions scientifiques et Bibliothèque de S. A. R. le prince Ferdinand Iᵉʳ de Bulgarie.
Espagne, M. Salvador Castello y Carreras, directeur de l'École royale d'Aviculture de Barcelone.
France (Ministère des Affaires étrangères), M. Marcel Chatain, consul de France attaché à la Direction des consulats (Ministère de l'Agriculture), MM. Récopé, conservateur des Eaux et Forêts,

Arnould, inspecteur-adjoint des Eaux et Forêts (Ministère de l'Instruction publique et des Beaux-Arts), M. Oustalet, président du
comité ornithologique international (Ministère des Colonies),
M. Jean Dybowski, inspecteur général des cultures coloniales.

Grande-Bretagne (British Museum), M. Bowdler Sharpe, conservateur au British Museum.

Italie (Ministère de l'Agriculture), M. E.-H. Giglioli, professeur à
l'Institut royal supérieur et directeur du Musée d'histoire naturelle
de Florence.

Monaco (Principauté de), M. le docteur Jules Richard, conservateur
des collections scientifiques de S. A. S. le prince Albert I⁻ʳ de
Monaco.

Russie (Ministère de l'Agriculture et des Domaines), M. Kaigorodoff,
professeur à l'Institut forestier de Saint-Pétersbourg.

Suède et Norvège, M. le docteur Sjöstedt, directeur de la Station
entomologique d'Alban, près Stockholm.

Suisse, MM. le docteur V. Fatio, le docteur Th. Studer, professeur
à l'Université et directeur du Musée d'histoire naturelle de Berne.

Corps savants et Sociétés s'étant fait représenter au Congrès ornithologique international de 1900.

Académie Royale des Sciences de Belgique, à Bruxelles (Belgique). —
Délégué : M. le baron Edm. de Selys-Longchamps.

*Associazione per la protezione degli Uccelli e della Selvaggina in gene-
rale*, à Florence (Italie). — Délégué : M. le professeur Enrico
H. Giglioli.

British Museum, à Londres (Angleterre). — Délégué : M. le docteur
R.-Bowdler Sharpe.

British Ornithologists' Union (Angleterre). — Délégués : MM. Hartert, le
docteur R.-Bowdler Sharpe.

Bund für Vogelschutz, à Stuttgart (Allemagne). — Délégué : M. Carl
Ohlsen.

Chambre syndicale des fleurs et plumes, 10, rue de Lancry, Paris. —
Délégués : MM. A. Laloue, L. Bollack.

Circolo Cacciatori Bresciani, à Brescia (Italie). — Délégué : M. Carl
Ohlsen.

Comizio Agrario del circondario di Palermo, à Palerme (Italie). —
Délégué : M. Carl Ohlsen.

Deutsche Verein zum Schutze der Vogelwelt, à Géra, Reuss (Allemagne. — Délégué : M. Carl Ohlsen.

Federazione Cacciatori Italiani, à Rome (Italie). — Délégué : M. Carl
Ohlsen.

Geflügelzucht-Verein, à Vienne (Autriche). — Délégué : M. O. Frank.

Ornithologische Verein, à Munich (Allemagne). — Délégué : M. le docteur Carl Parrot, président.

Schweizerische Ornithologische Gesellschaft, à Zurich (Suisse). — Délégué : M. Carl Ohlsen.

Société colombophile de Catalogne, à Barcelone (Espagne). — Délégué : M. Salvador Castello y Carreras.

Société des Aviculteurs français, 41, rue de Lille, Paris. — Délégués : MM. Breschet, Delmas, le duc Fery d'Esclands, le baron du Teil, Voitellier.

Société des Sciences naturelles de l'Ouest de la France, au Muséum de Nantes (Loire-Inférieure). — Délégué : M. le docteur Bureau.

Société nationale d'acclimatation de France, 41, rue de Lille, Paris. — MM. J. de Claybrooke, le baron Crette de Palluel, Debreuil, le baron J. de Guerne, le comte d'Orfeuille, Oustalet, X. Raspail, R. Saint-Loup, Paul Uginet.

Société nationale d'aviculture de France, 24, rue des Bernardins, Paris. Délégué : M. Rouillier-Arnoult.

Société protectrice des animaux, 84, rue de Grenelle, Paris. — Délégué : M. A. Uhrich, président de la Société.

Standard avicole de France. — Délégués : MM. le docteur Deneuve, Marois, R. Saint-Loup, P. Wacquez.

Thierschutz-Verein, à Brunswick (Allemagne). — Délégué : M. le professeur R. Blasius.

Liste des membres du Congrès.

MM. Abbel (Luc), docteur en médecine, 82, rue de Courcelles, Paris.

Arnould (Louis-Auguste), inspecteur-adjoint des Eaux et Forêts, 29, rue Saint-Guillaume, Paris.

Arrigoni Degli Oddi (comte Ettore), professeur de Zoologie à l'Université, 2223, via Torricelli, Padoue (Italie).

Barrachin (Edmond), 4, rue Saint-Florentin, Paris.

Begouen (vicomte), membre titulaire du Standard avicole de France et de la Société nationale d'acclimatation, Élevage des Espas, par Saint-Girons (Ardèche).

Berg (professeur docteur Carlos), directeur du *Museo Nacional*, à Buenos-Aires (République Argentine).

Berlepsch (Hans baron von), propriétaire, 2, Landaustrasse, Cassel (Allemagne).

Berlepsch (Hans-Carl-Hermann-Ludwig comte von), Erbkammerer in Kurhessen, Majoratsbezitzer, Schloss Berlepsch, Post Gertenbach, par Cassel (Allemagne).

Bernard (Paul) négociant, 33, rue des Febvres, à Montbéliard, Doubs.

MM. Blaaw (F.-L.) Gooilust, S'Graveland, par Hilversum (Hollande).

Blasius (professeur-docteur Rudolf), ancien président du Comité ornithologique international, 13, Inselpromenade, Brunswick (Allemagne).

Bollack (Léon), membre de la Chambre syndicale des fleurs et plumes, 4, rue d'Enghien, Paris.

Bonaparte (S. A. I. le prince Roland), 10, avenue d'Iéna, Paris.

Bonhote (J. Lewis), membre de la *Brit. Ornith. Union*, secrétaire de l'*Avicultural Society*, Ditt on Hall, Few Ditton, Cambridge (Angleterre).

Boucard (Adolphe), correspondant du Muséum, Membre de la société zoologique de France, Oak Hill, Spring Vale, près Ryde, île de Wight (Angleterre).

Bourgeois (Léon), assistant au Muséum, 1, boulevard Henri IV, Paris.

Breschet (Jean-Pierre), aviculteur, 3, passage des Suisses, Paris.

Brewster (William), A. M. Harward University, ornithologiste titulaire au *Museum of comparative Zoology* de Cambridge, Mass., membre de l'*American Ornithologists' Union* et de la *Zoological Society Lond.*, 145, Bratle Street, Cambridge, Massachusets (États-Unis d'Amérique).

Bruyère (Henri), attaché au Muséum d'histoire naturelle, 57, rue Cuvier, Paris.

Brusina (Spiridon), professeur à l'Université, directeur du Musée national zoologique à Zagreb [(Agram), Croatie].

Bulgarie (S. A. R. le Prince Ferdinand Ier DE), Palais de Sophia, Bulgarie.

Burckhardt (Rodolphe), professeur à l'Université, place de la Cathédrale, Bâle (Suisse).

Bureau (le docteur Louis), directeur du Muséum d'Histoire naturelle de Nantes, professeur à l'École de médecine, 15, rue Gresset à Nantes (Loire-Inférieure).

Büttikofer (le docteur J.), directeur du Jardin zoologique à Rotterdam (Pays-Bas).

Castello y Carreras (Salvador), président fondateur de la Société nationale des aviculteurs espagnols, fondateur de l'École royale d'aviculture de Barcelone, 173, Diputacion, Barcelone (Espagne).

Chappellier (Albert), ingénieur-agronome, licencié ès sciences naturelles, 46, faubourg Poissonnière, Paris.

Chatain (Marcel), consul de France à la Direction des Consulats, ministère des Affaires étrangères, à Paris.

Chernel de Chernelhaza (Étienne), propriétaire à Koszeg (Hongrie).

MM. Clarke (William-Eagle), Senior assistant, *Natural History De-*
partment, Edinburgh Museum of Science and Art, à Edimbourg, Écosse (Grande-Bretagne).

Claybrooke (Jean de), secrétaire général du Congrès ornithologique de 1900, 5, rue de Sontay, Paris.

Clermont (Raoul de), avocat à la Cour d'appel, ingénieur
agronome, ancien attaché d'ambassade, 79, boulevard Saint-
Michel, Paris.

Cocu (Georges), instituteur, à Fourquenies, près Beauvais, Oise.

Couvreux (Charles), propriétaire, 33, rue Vineuse, Paris-Passy.

Cretté de Palluel (baron Albert), 26, rue d'Artois, Paris.

Dalmas (le comte Raymond de), 26, rue de Berri, Paris.

Debreuil (Charles), avocat à la Cour d'appel, 25, rue de Châteaudun, Paris et quai Pasteur à Melun (Seine-et-Marne).

Delmas, aviculteur, à Muids, par Saint-Pierre-du-Vauvray, Eure.

Deneuve (le docteur), vice-président du Standard avicole de
France, 18, rue Hallé à Paris.

Drewitt (le docteur J.-Dawtrey), membre de la *Zoological So-*
ciety of London et de la *British Ornithologists' Union*, 2, Man-
chester square, Londres W. (Angleterre).

Dubois (Alphonse), docteur ès sciences, conservateur au Musée
royal d'histoire naturelle de Belgique, 125, rue Franklin, à
Bruxelles N. E. (Belgique).

Dumesny (Paul), curé de Saint-Soupplets, à Saint-Soupplets,
Seine-et-Marne.

Duval (Albert), avocat à la Cour d'appel, 17, rue d'Anjou,
Paris.

Dybowski (Jean), inspecteur général des cultures coloniales,
directeur du jardin colonial de Nogent-sur-Marne, avenue de
Fontenay, Nogent-sur-Marne (Seine).

Esterno (le comte d'), propriétaire, 132, rue de Grenelle, Paris.

Fatio (Victor), docteur Ph. et Sc. nat., membre de la Soc. de
physique et histoire naturelle de Genève, membre de la Société zoologique de France et du Comité ornithologique
international permanent, 1, rue Bellot, Genève (Suisse).

Féry d'Esclands (le duc), conseiller-maître à la Cour des Comptes,
président de la Société des Aviculteurs français, 53, rue
Pierre-Charron, Paris.

Fischer (Léopold), docteur-médecin, président du *Verein der*
Vogelfreunden de Karlsruhe, du *Badische zoologische Verein*,
membre de la *Deutsche ornitholog. Gesellschaft*, 49, Westend-
strasse, Karlsruhe, Bade (Allemagne).

Forbes (Docteur Henry-D.), L. L. D. M. *Brit. Ornithol. Union*,
directeur du Muséum de la corporation de Liverpool, *The*
Museums, Brown street, Liverpool (Angleterre).

MM. Frank (O.), marchand d'oiseaux, maison pour l'exportation du gibier vivant, 1, Waaggasse, Vienne, IV (Autriche).

Fürbringer (le professeur-docteur Max), Docteur méd. et phil., Geheimer Hofrat, directeur de l'*Anatomische Institut* à Iéna (Allemagne).

Gaal de Gyula (Gaston), Rövago-Eörs, Zalamegye (Hongrie).

Gadeau de Kerville (Henri), homme de science, 7, rue Dupont, à Rouen (Seine-Inférieure).

Giglioli (le professeur Enrico-H.), professeur d'Anatomie comparée et de Zoologie des Vertébrés à l'Institut royal supérieur et directeur du Musée zoologique royal, Florence (Italie).

Gindre-Malherbe, vice-président de la société protectrice des animaux, à Champignol (Seine).

Goubie (Richard), artiste-peintre, 125, avenue de Wagram, Paris.

Guerne (le baron Jules de), secrétaire général de la Société nationale d'acclimatation de France, 6, rue de Tournon, Paris.

Hähnle (Mme Lina), présidente du *Bundes für Vogelschutz*, à Stuttgart (Allemagne).

† Hamonville (baron Louis d'), trésorier du Comité ornithologique international, au château de Manonville, par Noviant-aux-Prés (Meurthe-et-Moselle).

Hartert (Ernest), directeur du Musée zoologique de Tring, *Zoological Museum*, Tring, Hert. (Angleterre).

Hartert (Mme Claudia), Bellevue Villa, Tring (Angleterre).

Havette (R.), sténographe, 27, rue Monge, Paris.

Helm (August-Franz), docteur phil., professeur de sciences naturelles, Schillerplatz 21, II, Chemnitz, Saxe (Allemagne).

Herman (Otto), chef du Bureau central ornithologique hongrois. National Museum, Budapest VIII (Hongrie).

Igali Svetozar, Bar, Baranya Megye (Hongrie).

Janet (Charles), ancien président de la Société zoologique de France, Villa des Roses, près Beauvais (Oise).

Kaigorodoff, professeur à l'Institut forestier, à Saint-Pétersbourg (Russie).

Koenig (Alexandre), docteur en philosophie, professeur à l'Université de Bonn, 164, Coblenzerstrasse, à Bonn-sur-le-Rhin (Allemagne).

Lacour (Jean-Baptiste), négociant, Grand'Rue de Vaux, à Vitry-le-François (Marne).

Laloue (A.), président de la Chambre syndicale des fleurs et plumes, 43, rue du Caire, Paris.

Langlassé (René), membre des Sociétés zoologique, d'acclimatation et géologique de France, 50, rue Jacques Dulud, à Neuilly-sur-Seine (Seine).

MM. La Vaulx (le comte Henri de), 122, avenue des Champs-Élysées, Paris.

Lavergne de Labarrière (Joseph-Loïs), propriétaire, membre des Sociétés entomologique et zoologique de France, au château de Marcouville, à Pontoise (Seine-et-Oise).

Leclerc (le docteur Jean), 3, square de l'Opéra (rue Boudreau), Paris.

Lennier (Gustave), directeur du Muséum, Le Hâvre (Seine-Inférieure).

Le Souëff (Dudley), C. M. Z. S., F. B. O. U., *Zoological and Acclimatation Society*, Melbourne (Australie).

Levat (Louis-Adrien), président de la Société ornithophile, 86, rue Joseph Vernet, Avignon (Vaucluse).

Leverkühn (le docteur Paul), membre correspondant de la Société zoologique de Londres, directeur des Institutions et Bibliothèque scientifiques de S. A. R. le prince de Bulgarie, Palais de Sophia (Bulgarie).

L'Hoest (François), directeur du Jardin zoologique de la Soc. royale de Zoologie d'Anvers, au Jardin zoologique, à Anvers (Belgique).

Lorenz von Liburnau (le docteur Ludwig), conservateur au Musée I. R. d'histoire naturelle, 1, Burgring, 7, Vienne (Autriche).

Loviot (Louis), 3, avenue Velasquez, Paris.

Madarász (Jules de), conservateur au Muséum national hongrois. National Museum, Budapest (Hongrie).

Maës (Albert), 39 *bis*, rue du Landy, à Clichy-la-Garenne (Seine).

Marchal (le docteur Paul), professeur de Zoologie à l'Institut national agronomique, 126, rue Boucicaut, à Fontenay-aux-Roses (Seine).

Marois, aviculteur, 12, avenue de Sceaux, Versailles (Seine-et-Oise).

Maroudis (Constantin Jean), inspecteur des postes et des télégraphes, à la Direction générale des postes et des télégraphes, à Athènes (Grèce).

Marmottan (le docteur), maire du XVIe arrondissement, 31, rue Desbordes-Valmore, Paris-Passy.

Martin (Louis-Paul-Maurice), 7, place de la République, à Toul (Meurthe-et-Moselle).

Martinez-Gómez (Vicente), professeur de Sciences naturelles au collège Calasancio, Séville (Espagne).

Martorelli (docteur Giacinto), professeur et directeur de la collection ornithologique Turati, au Musée civique de Milan,

Museo civico di Storia naturale, Giardini pubblici, Coyo Venezia, Milan (Italie).

MM. Mégnin (Jean-Pierre), vétérinaire de l'armée en retraite, membre de l'Académie de Médecine, 6, avenue Aubert, à Vincennes (Seine).

Meyer (le docteur A.-B.), directeur du Musée royal de Zoologie, d'Anthropologie et d'Ethnographie de Dresde, conseiller intime de S. M. le Roi de Saxe, à Dresde, Saxe (Allemagne).

Middendorff (Ernest de), propriétaire, au château de Hellenorm, près Elwa, Livonie (Russie).

Millot, artiste-peintre, dessinateur d'histoire naturelle, 49, boulevard Saint-Marcel, Paris.

† Milne-Edwards (Alphonse), membre de l'Institut, directeur du Muséum d'Histoire naturelle.

Mirbach-Geldern (le comte von), chambellan de S. M. le Roi de Bavière, attaché au Ministère impérial des Affaires étrangères, à Berlin, 76, Wilhelmstrasse, à Berlin (Allemagne).

Mousel (Honoré), directeur des Eaux et Forêts, à Bruxelles (Belgique).

Newton (Alfred), M. A., F. R. S , professeur de Zoologie et d'Anatomie comparée à l'Université de Cambridge, Magdalene College, Cambridge (Angleterre).

Nuesslin (professeur-docteur Otto), 27, Stephanienstrasse, à Karlsruhe (Grand-duché de Bade, Allemagne).

Oberthür (René), correspondant du Muséum, à Rennes (Ille-et-Vilaine).

Ohlsen (Carl), chevalier et docteur ès sciences, 35, Via Uffici del Vicario, Rome (Italie).

Orfeuille (Comte d'), 6, impasse des Gendarmes, à Versailles (Seine-et-Oise).

Oustalet (Émile), docteur ès sciences, président du Comité ornithologique international permanent, 121 *bis*, rue Notre-Dame-des-Champs, Paris.

Owen (Miss Juliette-A.), memb. ass. de l'*American ornithol. Society*, memb. de la *New-York zoolog. Society*, memb. de la *Michigan ornithol. Society*, etc., 306, N. 9 th. St., Saint-Joseph, Missouri (États-Unis d'Amérique).

Palacky (le docteur Jean), professeur à l'Université, Vinohrad, rue de Coménius, 7, à Prague (Bohême, Autriche).

Paquet (René), ornithologiste, licencié en droit, 34, rue de Vaugirard, Paris.

Parrot (le docteur Carl), médecin, président de l'*Ornitholog. Verein*, Klenzerstrasse 26,I, Münich (Allemagne).

Périer de Larsan (le comte Henri du), député de la Gironde, 108, boulevard Montparnasse, Paris.

MM. Petit aîné (Louis), naturaliste, 21, rue du Caire, Paris.

Philippe (Jules), aviculteur, à Houdan (Seine-et-Oise).

Pichot (Pierre-Amédée), directeur de la *Revue Britannique*, 132, boulevard Haussmann, Paris.

Quinet (Alfred), docteur en médecine, 14, rue de la Sablonnière, à Bruxelles (Belgique).

Radde (le docteur Gustave von), conseiller intime, directeur du Musée du Caucase, à Tiflis (Russie).

Radot (Émile), président du tribunal de Commerce de Corbeil, à Essonnes (Seine-et-Oise).

Raspail (Xavier), membre de la Société zoologique de France, à Gouvieux (Oise).

Récopé, conservateur des Eaux et Forêts, 125, rue de Sèvres, Paris.

Reiser (Othmar), conservateur au *Bosn.-Herz. Landes-Museum*, à Sarajevo (Bosnie.)

Renesse van Duivenbode (Constantin Willem van), Trompenberg, Hilversum (Pays-Bas).

Richard (le docteur Jules), conservateur des Collections scientifiques de S. A. S. le Prince de Monaco, 30, rue du Faubourg-Saint-Honoré, Paris.

Richer (Henri-Marie-Joseph), avoué, 22, rue Péan, à Châteaudun (Eure-et-Loir).

Rosier (Eugène), 8, quai des Eaux-Vives, à Genève (Suisse).

Saint-Loup (Remy), docteur ès sciences, maître de conférences à l'École des Hautes-Études, 15, rue de Siam, Paris.

Saunders (Howard), membre de la Soc. linnéenne, de la Soc. zool. de Londres, de la *Brit. Ornithologists' Union*, éditeur de l'*Ibis*, 7, Radnor place, Hyde Park, Londres W. (Angleterre).

Schalow (Herman), vice-président de la *Deutsche ornitholog. Gesellschaft*, 15, Schleswiger Ufer, Berlin N. W. (Allemagne).

Schlüter (Wilhelm), naturaliste, à Halle s/S. (Allemagne).

Selys-Longchamps (le baron Edm. de), membre de l'Académie royale des Sciences de Belgique, ancien président du Sénat belge, 32, boulevard de la Sauvenière, à Liège (Belgique).

Sharpe (le docteur R.-Bowdler), Senior Assistant, *British Museum, Natural history Department*, South Kensington, Londres S. W. (Angleterre).

Sharpe (Miss Emily-Mary), Lyndhurst, Barrowgate Road, Chiamets (Angleterre).

Simon (Eugène-Louis), ancien président des Sociétés zoologique et entomologique de France, 16, Villa Saïd, Paris.

Sjöstedt (le docteur Yngve), *Statens Entomologiska Austalt*, Alban, près Stockholm (Suède).

MM. Smet (Firmin de), conseiller provincial, délégué du Gouvernement belge au Congrès international d'aviculture de Saint-Pétersbourg, château de Schouwbrœck, Vinderhoute-lez-Gand (Belgique).

Studer (Théophile), docteur-médecin, professeur de Zoologie et d'Anatomie comparée, 14, rue de l'Hôtel, à Berne (Suisse).

Sylantiew (Anatol-Alexis), M. du Bur. de la Chasse, Zool. appl. et Pisciculture du Ministère d'Agriculture et des Domaines russes, professeur de la Chasse et assistant au cabinet zoologique à l'Institut forestier de Saint-Pétersbourg, à l'Institut Forestier, Saint-Pétersbourg (Russie).

Talamon (Georges-Félix), négociant, à Bizerte (Tunisie).

Teil (le baron Pierre-Marie-Raymond du), vice-président de la Société des Aviculteurs français, 38, boulevard des Invalides, Paris.

Ternier (Louis), avocat à la Cour d'appel, 13, rue de l'Ancienne-Comédie, Paris et Honfleur (Calvados).

Tschusi zu Schmidhoffen (Victor Ritter von), directeur de l'*Ornitholog. Jahrbuch*, Villa Tannenhof, près Hallein, Salzbourg (Autriche).

Typaldo-Bassia (A.), député, avocat à la Cour suprême, professeur agrégé à l'Université, Athènes (Grèce).

Uginet (Paul), membre de la Société nationale d'acclimatation de France, 15, rue des Bauches, Paris.

Uhrich (Albert), président de la Société protectrice des animaux, 10, rue Washington, Paris.

Van Kempen (Charles), membre de la Société zoologique de France, 12, rue Saint-Bertin, à Saint-Omer (Pas-de-Calais).

Vernet (docteur Henri), à Duillier, près Nyon (Suisse).

Vian (Jules-Alfred-Denis), président honoraire de la Société zoologique de France, 42, rue des Petits-Champs, Paris.

Voitellier (Henri), vice-président de la Société des aviculteurs français, 22, rue d'Alsace, à Mantes (Seine-et-Oise).

Wacquez (Paul), ornithologiste, secrétaire général de la Société des Aviculteurs français, 15, rue des Trois-Frères, à Villemonble (Seine).

Walleen (le baron Michel de), membre de la Société zoologique de Finlande, station Kansala, propriété Rauhala, Finlande (Russie).

Wary (Joseph), inspecteur des Eaux et Forêts, 46, chaussée Saint-Pierre, à Bruxelles (Belgique).

Whitaker (le chevalier Joseph-J.-S.), membre de la Société zoologique de Londres et de la *Brit. Ornithologists' Union*, président de la Société humanitaire et pour la protection des

animaux à Palerme, Musée zoologique, Villa Malfitano,
Palerme, Sicile (Italie).

M. Wilson (Scott Barchard), F. Z. S., B. O. U., Heatherbank,
Weybridge Heath, Surrey (Grande-Bretagne).

Séance générale du mardi 26 juin 1900 (matin).

Président : M. E. Oustalet.
Secrétaire : M. J. de Claybrooke.

La séance d'inauguration du Congrès est ouverte à
dix heures trente, dans la grande salle du Palais des Congrès, à l'Exposition universelle. M. E. Oustalet, président
de la Commission d'organisation, occupe le fauteuil de la
présidence. A ses côtés prennent place M. J. de Claybrooke,
secrétaire général de la Commission, M. Gariel, délégué
principal des Congrès à l'Exposition universelle de 1900,
et les membres de la Commission d'organisation.

M. le Président déclare la séance ouverte et prononce le
discours suivant :

« Messieurs,

« Cette séance devait être ouverte par un savant illustre, par M. A. Milne-Edwards, membre de l'Institut et
directeur du Muséum d'histoire naturelle, que la Commission d'organisation du Congrès ornithologique avait
choisi comme Président d'honneur.

« Nul parmi nous ne nous avait paru plus digne d'inau-
gurer cette réunion que l'auteur des *Recherches pour servir à
l'histoire des Oiseaux fossiles de la France*, des *Mémoires
sur la faune ancienne des îles Mascareignes*, de *l'Histoire
naturelle des Oiseaux de Madagascar* et des *Recherches sur
la faune des régions australes*. Aussi je serai certainement
votre interprète en déplorant la perte récente de ce grand
naturaliste dont la présence eût contribué à rehausser
l'éclat de ce Congrès.

« Quelque temps auparavant la Commission d'organisation avait déjà été privée d'un de ses collaborateurs les

plus dévoués par le décès du trésorier du Comité ornithologique, M. le baron Louis d'Hamonville, à la mémoire
duquel je tiens à offrir ici un sympathique souvenir.

« Par suite de la mort de mon illustre Maître, M. Milne-
Edwards, c'est à moi qu'échoit l'honneur de saluer aujour-
d'hui les représentants des Gouvernements étrangers et
du Gouvernement français et d'exprimer la profonde
reconnaissance du Comité ornithologique international
envers les États qui, après avoir accordé à ce Comité leur
bienveillant appui, ont daigné manifester encore l'intérêt
qu'ils lui portent en se faisant représenter officiellement à
un Congrès placé sous ses auspices. Au nom de la Commission d'organisation du Congrès je tiens à remercier
aussi les Sociétés savantes qui ont bien voulu envoyer des
délégués et les ornithologistes de tous pays qui ont
répondu à notre appel avec un si aimable empressement.

« Votre présence en si grand nombre, Messieurs, est la
meilleure récompense de nos efforts; elle nous prouve
qu'en dépit des difficultés que nous avons rencontrées au
début, nous avons eu raison de compter que, grâce à la
sympathie de nos Collègues, nous parviendrions à accomplir la tâche que nous avait confiée le Congrès de Budapest
en nous chargeant d'organiser à Paris un troisième
Congrès ornithologique international. Du moment où il a
été décidé que ce Congrès coïnciderait avec l'Exposition
universelle de 1900, notre tâche a du reste été singulièrement facilitée par l'appui que nous avons trouvé auprès
de la Commission supérieure des Congrès et de son Délégué
principal, M. le professeur Gariel, qui a droit à tous nos
remerciements.

« Le chiffre élevé des adhérents à ce Congrès, chiffre
qui dépasse nos évaluations les plus optimistes, réconforte
à un autre point de vue nos cœurs d'ornithologistes : il
témoigne de la faveur dont jouit encore une science qui
nous est chère et que l'on s'est plu quelquefois à représenter comme une science morte, comme une science dont
le terrain a été tellement exploré qu'elle ne saurait plus
offrir à ses adeptes aucun sujet d'investigation. Il y a plus

de trente ans, du reste, que j'ai entendu formuler cette opinion décourageante et cependant, depuis lors, que de découvertes ont été faites, que de progrès ont été accomplis dans le domaine de cette science ornithologique qu'on voulait délaisser entièrement pour l'étude des animaux inférieurs jugée plus féconde en résultats ! Après avoir découvert dans les couches jurassiques de Solenhofen le fameux *Archæopteryx*, qui établit une connexion entre les Reptiles et les Oiseaux, n'a-t-on pas trouvé dans les terrains crétacés du Kansas ces *Hesperornis* et ces *Ichthyornis* qui paraissent être les précurseurs des Plongeons et des Goélands et qui conservent encore certains caractères reptiliens? N'a-t-on pas exhumé des terrains tertiaires de la Patagonie les débris de l'étrange *Phororhacus*, Échassier gigantesque qui avait le bec d'un Rapace ? Les gypses d'Aix et de Montmartre, les phosphorites du Quercy, les gisements de Sansan et de Saint-Gérand-le-Puy n'ont-ils pas livré les restes d'une faune toute différente de celle qui vit maintenant dans les mêmes contrées et offrant des affinités incontestables avec la faune actuelle des régions tropicales ? Enfin l'exploration des couches récentes du sol, à la Nouvelle-Zélande, à Madagascar, à l'île de la Réunion n'a-t-elle pas démontré que l'ordre des Coureurs, actuellement si pauvre en espèces, était représenté naguère encore par une grande variété de formes dont quelques-unes atteignaient des dimensions colossales et que l'ordre des Pigeons comptait dans les Drontes ou Dodos des formes géantes dont les *Didunculus* des îles Samoa semblent être la réduction.

« Ces découvertes paléontologiques, jointes aux recherches anatomiques de Lherminier, de R. Owen, de Huxley, de Parker, d'Émile Blanchard, d'Alphonse Milne-Edwards, d'Alfred Newton, de Murie, de Garrod, de Fürbringer, de Shufeldt, ont profondément modifié les idées des naturalistes relativement à la généalogie et aux affinités réciproques des divers groupes d'Oiseaux et ont déterminé un remaniement complet des classifications ornithologiques.

« En même temps nos connaissances relativement à la

faune des diverses parties du globe se sont singulièrement accrues par la publication des grands ouvrages et des mémoires de Gould, de Sharpe et de Salvadori sur les Oiseaux de l'Asie, de l'Australie et de la Nouvelle-Guinée, de Meyer sur les Oiseaux de Célèbes, de M. Armand David et d'un autre naturaliste français sur les Oiseaux de la Chine et de l'Indo-Chine, de Barboza du Bocage, de Reichenow, de Büttikofer et de Matschie sur les Oiseaux de l'Afrique tropicale, de Layard sur les Oiseaux de l'Afrique australe, du docteur Kœnig et du baron d'Erlanger sur les Oiseaux de l'Algérie et de la Tunisie, de Sclater et de Salvin sur les Oiseaux de l'Amérique tropicale, de Coues, de Merriam et d'Outram Bangs sur les Oiseaux de l'Amérique du Nord, de Giglioli sur les Oiseaux d'Italie, de Dubois sur les Oiseaux de la Belgique, dé Fatio sur les Oiseaux de la Suisse, de Sharpe et Dresser sur les Oiseaux d'Europe en général. C'est par centaines que des espèces nouvelles ont été décrites et figurées, si bien qu'actuellement le nombre des espèces connues dans la classe des Oiseaux dépasse certainement 12 000! Et ce qu'il y a de remarquable, ce qui n'a pu être fait jusqu'à présent pour aucun autre groupe zoologique, c'est que toutes ces espèces, ou presque toutes, ont été inventoriées, classées et même décrites sommairement dans cette magnifique série des *Catalogues du British Museum* qui, pour les Oiseaux seulement, ne comprend pas moins de 27 volumes.

« Cette œuvre considérable à laquelle ont collaboré MM. Seebohm, Sclater, Salvin, Hargitt, Saunders, Salvadori, Gadow, Hartert et dont mon ami le docteur R. Bowdler Sharpe a été l'un des principaux artisans, représente un effort considérable, auquel je me plais à rendre ici un public hommage, et constitue un véritable trésor pour les ornithologistes.

« Sclater, Sharpe et Palacky ont fait, sous ces dernières années, une étude spéciale de la distribution géographique des Oiseaux dont à l'exemple de Gätke, on notait soigneusement, d'autre part, les déplacements réguliers ou les apparitions accidentelles.

« A la suite des Congrès ornithologiques de Vienne et de Budapest, des enquêtes annuelles ont été faites, en divers pays de l'Europe, sur les migrations des Oiseaux, et le dépouillement des feuilles d'observations remplies par les gardiens des phares, les forestiers, les instituteurs, a fourni les éléments de travaux intéressants à MM. John Cordeaux, Eagle Clarke, Tchusi zu Schmidhoffen, Meyer, von Middendorf, Fatio, Studer, Giglioli, Blasius, Herman, Chernel de Chernelhaza, von Berg, Ternier, etc. Plusieurs de ces travaux ont été publiés dans l'*Ornis, Bulletin du Comité ornithologique international*.

« La nidification, les mues et le régime alimentaire des Oiseaux ont été également étudiés par MM. Bureau, Xavier Raspail, Cretté de Palluel, Flœricke, Georges Cocu et d'autres naturalistes dont les observations modifieront sans doute les idées qu'on se faisait sur l'utilité ou la nocivité de certaines espèces et permettront d'apprécier d'une façon plus équitable les services qu'elles rendent ou les dommages qu'elles peuvent causer à l'agriculture.

« Enfin, il n'est pas jusqu'à l'ornithologie appliquée qui n'ait réalisé, depuis vingt ans, des progrès considérables. Si le nombre des espèces exotiques acclimatées en Europe est encore fort restreint, il n'en est pas moins certain qu'on a désormais résolu le problème d'élever et de faire reproduire, en dehors de leurs pays d'origine, les Autruches, les Nandous, les Casoars, les Tinamous et de nombreuses espèces de Faisans, de Perdrix, d'Oies et de Canards.

« Il suffit de visiter nos Concours agricoles pour voir que l'élevage de la volaille a pris un essor remarquable, et que si certaines races anciennes ont été malheureusement délaissées, d'autres ont singulièrement gagné en beauté et en qualités.

« Ces découvertes, ces observations, ces améliorations dont je viens de donner une idée bien incomplète, constituent-elles tout ce qu'on peut attendre de la science ornithologique? Évidemment non.

« Je viens de faire allusion à l'aviculture et à l'acclimatation. De ce côté n'y a-t-il pas de nouvelles races à créer, des races anciennes à perfectionner? N'est-il pas nécessaire de fixer, de décrire les caractères de celles-ci? N'y a-t-il pas en Asie, en Amérique et en Afrique des centaines d'espèces dont l'introduction et l'acclimatation en Europe ou dans les colonies européennes pourraient être profitables?

« D'autre part n'est-il pas grand temps de sauver d'une destruction prochaine nos espèces indigènes, de modifier dans le sens de leur protection les lois des divers pays, d'arriver à la conclusion d'une convention internationale assurant la sécurité du gibier migrateur et des Oiseaux utiles à l'agriculture ?

« Quelque élevé que soit déjà le nombre des espèces décrites, il s'accroîtra certainement encore dans une large proportion, quand on aura réussi à pénétrer dans l'intérieur de la Nouvelle-Guinée, quand on n'aura plus seulement traversé, mais exploré le centre de l'Afrique, quand on aura visité toutes les îles de l'Océanie, quand on sera maître d'étudier à loisir cette faune si curieuse du Laos, de l'Annam et du Tibet dont je compte mettre quelques spécimens sous vos yeux dans une prochaine visite au Muséum.

« La paléontologie ornithologique nous réserve encore bien des surprises.

« Enfin dans le domaine de ce qu'on appelait naguère encore la biologie, que de points ne restent-t-ils pas à élucider relativement aux mues des Oiseaux, à leur mode de nidification, à la durée de l'incubation, à la longévité chez les diverses espèces, au régime, aux mœurs, aux migrations, à leur direction et à leurs causes?

Nous sommes persuadés, messieurs, que vos travaux jetteront une vive lumière sur ces sujets encore obscurs, et, par l'examen seul des titres des communications annoncées, nous constatons avec plaisir que toutes les parties du programme, cependant très vaste, que nous avons élaboré seront également touchées. Si nous éprouvions quelque crainte, ce serait plutôt celle que le temps dont vous pourrez disposer ne vous parût insuffisant. Je n'abuserai donc pas plus longtemps de vos instants précieux et en qualité de Président de la Commission d'organisation, je déclare ouvert le IIIᵉ Congrès ornithologique international. »

M. LE PRÉSIDENT annonce que, conformément au Règlement, il va inviter l'assemblée à procéder à l'élection du Bureau du Congrès, et, pour épargner du temps, à l'élection des Bureaux respectifs des quatre premières sections, la cinquième étant réservée au Comité ornithologique international, qui a son Bureau constitué. Toutefois, la Commission d'organisation ayant pensé qu'il y avait lieu de choisir un Président d'honneur et des Membres d'honneur, M. le Président demande qu'il soit procédé d'abord à leur élection et présente, comme Président d'honneur, aux suffrages de l'assemblée, un des doyens de la science ornithologique, M. le baron Edmond de Selys-Longchamps, membre du Sénat belge et délégué de l'Académie royale des sciences de Belgique.

M. LE BARON DE SELYS-LONGCHAMPS est élu par acclamations. Il adresse à ses Collègues quelques mots de chaleureux remerciements et, en les assurant de son entier dévouement, les prie de vouloir bien l'excuser si en raison de son grand âge (87 ans), il ne peut toujours prendre une part active à leurs discussions.

M. LE PRÉSIDENT donne ensuite lecture de la liste des Membres d'honneur dressée par la Commission d'organisation.

Cette liste comprend les noms de S. A. R. le Prince de Bulgarie, membre du Comité ornithologique international, S. A. I. le Prince Roland Bonaparte, membre de la Société zoologique de France, M. le duc Féry d'Esclands, M. le comte du Périer de Larsan, membre de la chambre des Députés, M. le docteur Marmottan, maire du XVIᵉ arrondissement de Paris, M. le professeur Fürbringer, de l'Université d'Iéna, M. le professeur Th. Studer, de l'Université de Berne, M. le professeur A. Newton, de l'Université de Cambridge, M. le conseiller d'État G. von Radde, directeur du Musée de Tiflis, M. le professeur-docteur R. Blasius, ancien président du Comité ornithologique international et M. Otto Herman, président du Bureau central ornithologique hongrois.

Elle est votée par acclamations.

On passe ensuite à l'élection du Bureau du Congrès.

Une liste de candidats est présentée par la Commission d'organisation. Elle porte comme Président, le président actuel du Comité ornithologique international, comme Vice-Présidents des naturalistes appartenant, en majorité, aux nations étrangères qui se sont fait représenter au Congrès ou qui ont aidé le Comité par leurs subventions ; comme Secrétaire général le Secrétaire actuel du Comité ornithologique, et comme Secrétaires un certain nombre d'ornithologistes choisis par moitié entre Français et étrangers, la Commission ayant pensé qu'il y aurait avantage à ce que chaque Secrétaire étranger eût à côté de lui un Français pour l'aider dans la rédaction des procès-verbaux.

Cette liste est adoptée sans modifications. En conséquence sont élus successivement :

Président du Congrès : M. E. Oustalet, docteur ès sciences, président du Comité ornithologique international et de la Commission d'organisation du Congrès (France).

Vice-présidents : MM. le comte H. von Berlepsch (Allemagne), le professeur L. Bureau (France), le professeur E.-H. Giglioli (Italie), le docteur V. Fatio (Suisse), le docteur A.-B. Meyer (Saxe, Allemagne), le docteur R. Saint-Loup (France), Howard Saunders (Angleterre), le docteur R.-B. Sharpe (Angleterre).

Secrétaire général : M. J. de Claybrooke, secrétaire du Comité ornithologique international et de la Commission d'organisation (France).

Secrétaires : MM. le professeur comte E. Arrigoni Degli Oddi (Italie), E. Hartert (Angleterre), le docteur P. Leverkühn (Bulgarie), H. Schalow (Allemagne), le baron A. Cretté de Palluel (France), E. Debreuil (France), H. Gadeau de Kerville (France), L. Ternier (France).

M. le Président propose de procéder ensuite, en séance plénière du Congrès, à l'élection des bureaux des sections, puisqu'il est probable que la plupart des membres du Congrès se proposent de prendre part aux travaux des diverses sections. Les séances des sections, dit-il, ont d'ailleurs été distribuées de façon qu'il n'y en ait jamais deux qui aient lieu simultanément, de sorte que tous les membres du Congrès pourront assister à chacune d'elles.

Cette proposition est acceptée sans opposition pour ce qui concerne les trois premières sections. Sont successivement élus :

Iʳᵉ SECTION. — *Ornithologie systématique, anatomie, physiologie, pathologie des Oiseaux, paléontologie.*

Président : M. le docteur R.-B. SHARPE.
Secrétaires : MM. E. HARTERT, H. GADEAU de KERVILLE.

IIᵉ SECTION. — *Distribution géographique des Oiseaux, migrations.*

Président : M. le professeur R. BLASIUS.
Secrétaires : MM. le professeur E. ARRIGONI DEGLI ODDI, L. TERNIER.

IIIᵉ SECTION. — *Mœurs, régime, embryogénie, nidification, oologie.*

Président : M. le professeur L. BUREAU.
Secrétaires : MM. le docteur P. LEVERKÜHN, le baron A. CRETTÉ DE PALLUEL.

M. LE PRÉSIDENT fait remarquer que la Commission d'organisation a pensé qu'il y avait lieu d'établir dans la quatrième section (Ornithologie économique, protection des Oiseaux, chasse, aviculture et acclimatation) deux sous-sections : 1° protection des Oiseaux et chasse ; 2° acclimatation et aviculture. Il propose de procéder pour ces deux sous-sections comme pour les sections précédentes, et indique les noms des personnes qui, dans la pensée de la Commission, pourraient remplir les fonctions de présidents et de secrétaires de ces sections.

M. H. VOITELLIER fait des objections à cette proposition. Il demande que la quatrième section seule se réunisse immédiatement : 1° pour examiner s'il n'y a pas lieu d'établir une troisième sous-section consacrée à l'aviculture ; 2° pour établir une liste de candidats aux fonctions de présidents et de secrétaires des trois sous-sections.

Il est fait droit à cette demande, appuyée par M. LE BARON DU TEIL et la séance est suspendue pendant un quart d'heure pour permettre à la quatrième section de délibérer.

La section ayant adopté la motion de M. Voitellier et s'étant partagée en trois sous-sections, il est procédé, à la reprise de la séance, aux élections pour les bureaux de ces sections. Sont nommés :

Iʳᵉ Sous-section. — Protection des Oiseaux.

Président : M. le docteur V. FATIO.
Secrétaires : MM. H. SCHALOW, le comte d'ORFEUILLE.

IIᵉ Sous-section. — Aviculture.

Président : M. le duc FÉRY d'ESCLANDS.
Vice-président : M. S. CASTELLO y CARRERAS.
Secrétaires : MM. P. WACQUEZ, le baron DU TEIL.

IIIᵉ Sous-section. — Acclimatation.

Président : M. le docteur R. SAINT-LOUP.
Secrétaires : MM. E. CHERNEL de CHERNELHAZA, DEBREUIL.

La cinquième section, réservée au Comité ornithologique international, ayant déjà son bureau ainsi composé :

Président : M. E. OUSTALET.
Secrétaire : M. J. DE CLAYBROOKE.

Les bureaux des différentes sections se trouvent désormais constitués.

M. LE PRÉSIDENT adresse en ces termes ses remerciements au Congrès :

« Permettez-moi de vous dire, messieurs, combien je vous suis reconnaissant du grand honneur que vous venez de me faire. Je vous demande d'en reporter la plus grande partie sur le pays auquel j'appartiens, sur la France, qui vous reçoit ici.

« En choisissant comme Vice-Présidents et Secrétaires un si grand nombre de hautes personnalités scientifiques, étrangères et françaises, vous avez du reste, bien simplifié ma tâche. Je n'aurai pas beaucoup de peine et en revanche j'aurai le grand plaisir de me trouver en contact continuel avec des Collègues dont plusieurs sont déjà et dont tous, je l'espère, deviendront mes amis. »

M. LE SECRÉTAIRE GÉNÉRAL remercie également le Congrès au sujet de son élection et assure ses Collègues de son entier dévouement.

M. LE PRÉSIDENT donne la parole à M. OTTO HERMAN pour une communication.

« Comme représentant de la personne de M. le docteur Daranyi, Ministre royal hongrois de l'Agriculture, et aussi comme chef du Bureau central ornithologique hongrois, dit M. Herman, je salue le IIIᵉ Congrès ornithologique international, en souhaitant, dans l'intérêt de notre science spéciale, les résultats les plus splendides.

« Au nom de M. le Ministre docteur Daranyi j'ai l'honneur d'offrir deux ouvrages :

1° Rapport sur l'ouvrage intitulé *Les Oiseaux de la Hongrie et leur importance économique*, écrit par Étienne Chernel de Chernelhaza (1899).

2° *La migration de l'Hirondelle de cheminées en* 1898, par Gaston Gaal de Gyula (1900). »

M. LE PRÉSIDENT fournit ensuite quelques indications au sujet du banquet qui aura lieu le dimanche 1ᵉʳ juillet (au lieu du samedi 30 juin) au restaurant Marguery et sur la visite aux collections ornithologiques du Muséum qui a été fixée au vendredi 29 juin, à dix heures du matin. En vue de cette visite le bureau de la Commission d'organisation, avec le gracieux concours de quelques ornithologistes, amateurs et artistes, a préparé, dans une des salles du Muséum, une petite exposition où se trouvent réunis divers spécimens, objets d'histoire naturelle, peintures, dessins, gravures et instruments qui pourront intéresser les membres du Congrès.

M. le Président rappelle enfin quels seront les sujets

dont auront à s'occuper les diverses sections dans les séances de l'après-midi et du lendemain mercredi et indique les noms des personnes qui se sont déjà fait inscrire pour des communications.

Sur la demande de M. le comte du Périer de Larsan, il est décidé qu'une séance supplémentaire de section, consacrée à la question de la protection des Oiseaux, aura lieu le 27 juin, à trois heures, sous la présidence de M. le docteur V. Fatio.

La séance est levée à onze heures et demie.

Séance de la 1ʳᵉ section (Ornithologie systématique) le mardi 26 juin (après-midi).

Président : M. le docteur R.-Bowdler Sharpe.
Secrétaires : MM. E. Hartert et H. Gadeau de Kerville.

La séance est ouverte à deux heures et demie.

M. LE DOCTEUR R.-B. SHARPE, président, prononce une courte et chaleureuse allocution. Il dit qu'il est heureux de constater la présence, dans l'assemblée, de l'illustre et vénérable baron Edmond de Selys-Longchamps, doyen des naturalistes de la Belgique, président d'honneur du Congrès ornithologique international.

Dans le cours de cette séance les communications suivantes ont été faites (1) :

M. XAVIER RASPAIL : *Les Légendes sur le Coucou;*

M. LE DOCTEUR BOWDLER SHARPE : 1° *Notice sur les Oiseaux recueillis en Mandchourie par MM. le docteur Donaldson Smith et Mell ;*

2° *Notice sur les Oiseaux recueillis au Shensi par le P. Hugh ;*

3° *Les Oiseaux de Mascate (Arabie méridionale);*

4° *Note sur les Oiseaux du nord de Célèbes*, par M. Ch. Hose;

(1) Toutes ces communications, à l'exception de celles dont le texte n'a pas été envoyé par l'auteur en temps utile, sont publiées dans la deuxième partie du *Compte rendu du Congrès (Notes et Mémoires).*

5° *Note sur les Oiseaux de Costa-Rica,* par M. Underwood ;

M. LE DOCTEUR V. FATIO : *Note sur trois exemplaires d'une forme particulière de Tetrao tetrix, peut être femelles de T. medius* (M. le baron de Sélys-Longchamps et M. Hartert présentent quelques observations au sujet de cette communication) ;

M. LE PROFESSEUR ROD. BURCKHARDT : *Le poussin du Rhinochetus jubatus* (avec présentation de photographies, de dessins et de spécimens en alcool) ;

M. LE PROFESSEUR TH. STUDER : *Le poussin du Chionis et les poussins de quelques autres Oiseaux ;*

MM. EUG. SIMON ET LE COMTE R. DE DALMAS : *Listes de Trochilidæ du Venezuela et de la Colombie occidentale ;*

M. EUG. SIMON : *Description de trois espèces nouvelles de la famille des Trochilidæ ;*

M. LE DOCTEUR ARBEL : *Note sur le Faucon Alethe ;*

M. LE COMTE HANS VON BERLEPSCH (en son nom et au nom de M. Jean Stolzmann : *Description de plusieurs espèces nouvelles d'Oiseaux recueillis dans le Pérou central,* par le voyageur Jean Kalinowski ;

M. ERNEST HARTERT : *Sur une espèce inédite de Martinet* (Cypselus) *de l'Inde ;*

M. LE DOCTEUR LOUIS BUREAU : *Sur les mues de quelques Laridés ;*

M. LE DOCTEUR RÉMY SAINT-LOUP : *Proposition des méthodes de recherche des affinités.*

La séance est levée à quatre heures trois quarts.

Séance de la 3e section (Mœurs et régime des Oiseaux, nidification et oologie), le mardi, 26 juin (après-midi).

Président : M. le docteur Louis Bureau.
Secrétaires : MM. le docteur P. Leverkühn et le baron A. Cretté de Palluel.

La séance est ouverte à cinq heures, 68 membres sont présents.

M. P. Wacquez fait une communication intitulée : *Observations sur la reproduction des Hirondelles en chambre.*

M. R. Saint-Loup demande s'il a été fait des recherches sur le mécanisme de la coloration des œufs des Oiseaux.

Plusieurs membres signalent les travaux de Cornay *sur la coloration des œufs* et le livre de P.-O. des Murs intitulé : *Oologie ornithologique.*

M. le docteur L. Bureau fait une communication *sur les Oiseaux qui se reproduisent en plumage du jeune âge et ceux qui ne se reproduisent qu'en plumage d'adulte.*

Il présente un Autour ordinaire (*Astur palumbarius*) femelle en premier plumage, tuée sur un nid contenant trois œufs, dans le département de la Loire-Inférieure, le 10 avril 1893, et rapproche de ce fait deux cas semblables mentionnés par Savatier. Il expose que les individus de cette espèce conservent leur premier plumage complet pendant plus d'une année révolue, ce qui leur permet de se reproduire une fois en plumage de jeune, avant de continuer à pondre sous le plumage d'adulte.

M. Bureau mentionne encore une femelle d'*Aquila Adalberti* dont la dépouille est conservée dans sa collection et qui a été tuée sur le nid contenant un œuf, aux environs de Séville, le 20 mai 1880. L'Oiseau n'est ni en premier, ni en second plumage, mais peut-être, en troisième plumage, avec la livrée roussâtre très différente de la livrée noire, avec tête, scapulaire et petites couvertures des ailes de coloration blanche. Cette espèce se reproduit donc avant d'avoir revêtu le plumage de l'adulte.

M. Bureau présente enfin une femelle de Cormoran largup (*Phalacrocorax cristatus*) en premier plumage, tuée sur les côtes de Bretagne. Les femelles pondeuses, sous cette livrée, se mêlent souvent aux adultes.

L'auteur de cette communication rapproche ce fait des phénomènes analogues observés par Hardy chez le Grand Cormoran (*Phalacrocorax carbo*) sur les falaises de Dieppe.

« Ces exemples de ponte sous le plumage du jeune âge ne sont pas exceptionnels, dit-il, et ne doivent pas être attribués, comme on serait tenté de le croire, à un retard dans la mue de l'Oiseau. Beaucoup d'Oiseaux qui ne muent pas à l'automne qui suit leur naissance et qui conservent normalement leur premier plumage pendant une année révolue, se reproduisent une fois avec la livrée du jeune âge.

« Il faut toutefois éliminer les Laridés ou Goélands qui mettent plusieurs années à revêtir le plumage d'adulte et ne se reproduisent pas avant de l'avoir pris. C'est ainsi que la Mouette rieuse (*Larus ridibundus*) et la Mouette tridactyle (*Rissa tridactyla*) ne pondent qu'à deux ans révolus. »

M. P. WACQUEZ dit que des faits analogues s'observent chez des Oiseaux domestiques : des Poules et des Pigeons se reproduisent parfois sans avoir changé de livrée.

M. OUSTALET rappelle que M. l'abbé A. David et lui, dans leur ouvrage intitulé : *Les Oiseaux de la Chine*, ont décrit une variété de l'*Ibis nippon* (*Ibis nippon* var. *Sinensis*) et que cette variété ne représente peut-être en réalité qu'une livrée grise de l'*Ibis nippon*, livrée sous laquelle l'Oiseau serait apte à se reproduire. « De même, dit-il, le Crossoptilon gris (*Crossoptilon tibetanum*) ne serait-il point, par hasard, identique spécifiquement au Crossoptilon blanc (*Crossoptilon mantchurium*), les deux plumages correspondant à deux phases de la vie d'un même Oiseau qui nicherait avant d'avoir revêtu sa livrée définitive. » L'existence d'individus portant une livrée grise maculée de blanc ou blanche maculée de gris pourrait être invoquée comme preuve à l'appui de cette hypothèse que M. Oustalet n'émet d'ailleurs qu'avec une grande réserve.

M. CH. VAN KEMPEN, dit qu'il possède dans sa collection un exemplaire de l'OEdicnème criard (*OEdicnemus crepitans*) et un Bécasseau cocorli (*Tringa subarquata*) qui offrent une anomalie singulière. Ces deux Oiseaux sont porteurs d'une huppe assez longue.

M. LE DOCTEUR LOUIS BUREAU, comme complément aux Notes publiées par feu le baron Louis d'Harmonville et par M. E. Oustalet dans l'*Ornis* de 1896-1897, fait une communication *sur les plumages de la Mouette de Sabine* (*Xema Sabinei*).

« Presque chaque année, dit M. Bureau, les Mouettes de Sabine font apparition en Bretagne ; mais elles passent toujours au large, loin des côtes. Les adultes arrivent dès le 15 août et forment des bandes à part ; les jeunes ne se montrent que quelques semaines plus tard. Parmi les adultes il en est en parfait plumage, tandis que d'autres ont déjà effectué leur mue et portent le plumage d'hiver. »

C'est principalement sur cette livrée que M. Bureau appelle l'attention des membres du Congrès. Il montre que, contrairement à ce qui a été écrit par plusieurs auteurs, l'Oiseau adulte en hiver a la tête blanche et porte sur le derrière et les côtés du cou un large collier noir, semblable à celui que l'on observe chez la *Rissa tridactyla* après la première mue d'automne.

« Les Mouettes à capuchon (*Larus ridibundus*, *L. minutus*), ajoute M. Bureau, ont cinq livrées différentes : premier plumage avant la première mue ; deuxième plumage après la première mue d'automne ; troisième plumage après la première mue du printemps ; quatrième plumage après la deuxième mue d'automne ; cinquième plumage après la deuxième mue du printemps. Il en est sans doute ainsi chez la Mouette de Sabine ; mais le troisième plumage, dont on peut se faire une idée par analogie, n'a pas été décrit jusqu'ici.

La séance est levée à six heures.

Séance de la 2e section (Distribution géographique des Oiseaux, faunes actuelles, migrations, etc.) le mercredi 27 juin (matin).

Président : M. le professeur R. Blasius.
Secrétaires : MM. le professeur E. Arrigoni Degli Oddi
et M. L. Ternier.

La séance est ouverte à neuf heures et demie.
L'ordre du jour comporte quatorze communications.

La parole est donnée à M. LE DOCTEUR LOUIS BUREAU pour une communication sur la présence de l'*Acredula Irbii* dans le midi de la France.

M. LE PROFESSEUR R. BLASIUS soumet à l'approbation de la section une proposition, due à l'initiative de M. Otto Herman, chef du Bureau central ornithologique hongrois. Cette proposition, que l'assemblée des naturalistes réunie à Sarajevo, du 25 au 29 septembre 1899, a décidé de présenter au Congrès ornithologique de 1900, est conçue en ces termes :

« Le IIIe Congrès ornithologique international, afin d'élucider autant que possible les phénomènes de la migration des Oiseaux, émet le vœu qu'il soit organisé, dans une des prochaines années, un système d'observations générales s'étendant sur toute l'Europe, sur la migration vernale de l'*Hirundo rustica* et donne au Comité international permanent l'autorisation de faire les démarches nécessaires pour réaliser ce vœu et de faire un rapport sur les résultats obtenus.

« Les moyens pour atteindre ce but seraient :

« 1° Des cartes postales affranchies comme celles du Bureau central ornithologique hongrois.

« 2° Les gares des chemins de fer et les postes de toute l'Europe seraient chargées de noter l'arrivée des Hirondelles.

« 3° Les Gouvernements des divers États seraient priés d'accorder la franchise du port postal et de se charger des dépenses nécessaires. »

La proposition est accompagnée d'un modèle des cartes-correspondance employées par le Bureau central ornithologique hongrois. Ces cartes portent au recto, l'adresse de ce Bureau à Budapest, dans l'angle supérieur gauche une Hirondelle de cheminées comme emblème et dans l'angle supérieur droit l'indication que la carte circule avec franchise de port par autorisation ministérielle ; au verso le texte ci-après :

> *L'Hirondelle de cheminées* (Hirundo rustica) *au printemps de ..... est arrivée :*
>
> *Aux champs le...........du mois de..*
> *Auprès de la maison le............du mois de..*
> *Commencement de la nidification le...........du mois de.............. . ...*
> *Donné à...le...........du mois de...........................19..........*
> *Pays...*
> *Département..................................... ....*
> *Arrondissement..*
>
> *Signature*

M. E. Oustalet fait quelques observations au sujet de cette proposition dont il reconnaît d'ailleurs l'utilité. Il craint d'une part que l'on ait de grandes difficultés à obtenir des Gouvernements les subsides et les franchises de port nécessaires pour mener à bien une vaste enquête, de l'autre que dans bien des cas, les observateurs, qui ne seront point, pour la plupart, des naturalistes, ne confondent avec l'Hirondelle de cheminées (*Hirundo rustica*) l'Hirondelle de fenêtres (*Chelidon urbica*) ou même le Martinet (*Cypselus apus*). Il voudrait en tous cas que l'on fît porter les observations non seulement sur l'Hirondelle de cheminées, mais sur une ou deux autres espèces bien tranchées, bien faciles à reconnaître, comme le Coucou et la Cigogne blanche, afin que les personnes chargées du dépouillement pussent aisément vérifier l'exactitude des données transmises en les contrôlant les unes par les autres.

M. O. Herman développe les motifs qui lui font maintenir intégralement sa proposition.

M. P.-A. Pichot est d'avis de l'adopter, mais de lui donner plus d'extension en ajoutant à l'Hirondelle de cheminées deux ou trois espèces comme le demande M. Oustalet, chaque espèce devant servir de moyen de contrôle pour les autres.

Cet amendement, mis aux voix, est adopté. La propo-

sition de MM. Herman et Blasius, avec l'addition
demandée par MM. Oustalet et Pichot, est ensuite adoptée.
En conséquence le texte primitif est modifié comme il suit :

« Le IIIᵉ Congrès ornithologique international, afin
d'élucider autant que possible les phénomènes de la
migration des Oiseaux, émet le vœu qu'il soit organisé,
dans une des prochaines années, un système d'observations générales s'étendant sur toute l'Europe, sur la
migration vernale de l'Hirondelle de cheminées (*Hirundo
rustica*) et de quelques espèces d'Oiseaux très connues,
comme la Cigogne blanche (*Ciconia alba*) et le Coucou
vulgaire (*Cuculus canorus*) et donne au Comité ornithologique international permanent l'autorisation de faire les
démarches nécessaires pour réaliser ce vœu et de rédiger
un rapport sur les résultats obtenus, etc. (Le reste comme
dans le texte primitif de M. Herman). »

M. Lorenz von Liburnau soumet ensuite au Congrès,
après les avoir motivées, les propositions de vœux
suivantes :

1° Que des postes d'observations sur les migrations des
Oiseaux soient établis comme ceux qui existent en Autriche,
en Hongrie, en Bosnie et dans d'autres pays ;

2° Que des observateurs (ornithologistes) soient envoyés
en plusieurs pays, dans les parties méridionales de
l'Europe et dans les parties septentrionales de l'Afrique,
en même temps ;

3° Que les Gouvernements soient invités à donner dans
ce but des missions aux observateurs qui devront effectuer et rédiger leurs observations suivant un plan
uniforme ;

4° Que ces observations soient adressées au Comité
ornithologique international qui les centralisera, les
examinera et en fera le dépouillement.

Ces propositions, mises aux voix sont adoptées à
l'unanimité.

M. E. Oustalet donne lecture d'une communication
écrite de M. P. Bernard (de Montbéliard, Doubs) sur l'habitat du Casse-noix (*Nucifraga caryocatactes*). M. Bernard

a constaté que cette espèce est sédentaire et niche constamment sur les montagnes de l'arrondissement de Montbéliard.

M. LE PROFESSEUR R. BLASIUS, qui a fait une étude particulière de la distribution du Casse-Noix en Europe présente à ce sujet quelques observations.

M. E. OUSTALET donne lecture d'une lettre de M. G. DE ROCQUIGNY-ADANSON signalant la capture d'un exemplaire de la Demoiselle de Numidie (*Anthropoides virgo*) sur les bords de l'Allier, aux environs de Moulins, le 15 juin 1900. et d'une lettre de M. Ch. C. Mortensen, professeur au lycée de Viborg (Danemark), fournissant quelques renseignements sur l'enquête qu'il poursuit sur les migrations de l'Étourneau vulgaire (*Sturnus vulgaris*), ainsi que cela a été annoncé dans l'*Ornis* (t. X, nᵒˢ 1 et 2, p. 119).

M. E. OUSTALET et M. LE PROFESSEUR R. BLASIUS font ressortir l'intérêt que présente cette enquête.

M. Louis TERNIER expose les résultats de son étude sur la distribution géographique en France de l'Outarde canepetière (*Otis tetrax*) d'après les documents fournis par l'enquête faite en 1885 et 1886, sous les auspices du Ministère de l'Instruction publique et centralisés par la Commission ornithologique française.

M. H. SCHALOW fait ensuite une communication sur la distribution géographique en Afrique des espèces du genre *Struthio*.

M. O. REISER dépose sur le bureau quelques exemplaires d'un *Rapport sur l'activité déployée dans le domaine ornithologique sur le territoire de la péninsule des Balkans par le Muséum de Bosnie-Herzégovine à Sarajevo.* Ce Rapport a été rédigé spécialement pour le Congrès.

M. LE DOCTEUR QUINET présente quelques observations sur les causes de la migration des Oiseaux et remet au Président un Mémoire imprimé sur cette question.

Les autres orateurs inscrits n'ayant point répondu à l'appel de leur nom ou n'ayant pas envoyé les communications annoncées, la séance est levée à onze heures et demie.

Séance générale du mercredi 27 juin
(après-midi).

Président : M. E. Oustalet, président du Congrès.
Secrétaire : M. J. de Claybrooke.

La séance est ouverte à deux heures un quart.

M. le Président rappelle qu'en vertu d'une décision prise par l'assemblée et qui dérange un peu le programme primitif, une séance de la sous-section de protection des Oiseaux viendra s'intercaler entre la séance générale et la séance du Comité ornithologique international. Il est donc obligé de prier les orateurs d'être très brefs.

M. le professeur G. Martorelli, de Milan, a le premier la parole pour deux communications. Il donne d'abord quelques renseignements sur le *Ptilopus Huttoni* et présente une aquarelle exécutée d'après le seul et unique exemplaire connu de cette espèce de Pigeon, une femelle qui a été envoyée au docteur Finsch par le professeur Hutton, de l'Université d'Otago (Nouvelle-Zélande). C'est la première figure complète qui ait été faite de l'Oiseau, dont on n'avait représenté jusqu'ici que la tête.

M. Martorelli présente ensuite une figure coloriée d'un hybride de *Turdus obscurus* et de *T. iliacus* qui appartient au Musée civique de Milan (collection Turati) et qui avait été désigné, avec un point de doute, sous le nom de *Turdus obscurus*.

M. le professeur E. H. Giglioli fait une communication sur la découverte qu'il a faite dans la collection du Musée d'histoire naturelle de Florence, qu'il dirige, d'un squelette de l'Émeu noir (*Dromaius ater*), espèce qui vivait, jusqu'au commencement de ce siècle, sur l'île Decrès ou île des Kangourous, voisine de la côte méridionale de l'Australie. Il rappelle que MM. A. Milne-Edwards et E. Oustalet, dans un Mémoire inséré dans le *Volume commémoratif du Centenaire du Muséum d'histoire naturelle de Paris* et dans une Note plus récente, publiée dans le *Bulletin du Muséum d'histoire naturelle* (1899, n° 5, p. 206), ont fait l'historique de la disparition de cette espèce dont Péron avait rapporté trois individus vivants en Europe. Ces individus furent conservés pendant quelques années les uns à la Malmaison, l'autre au Jardin des Plantes et plus tard la dépouille et le squelette de deux d'entre eux prirent place dans les collections du Muséum où ils figurent encore. Mais on ignorait ce qu'étaient devenus les restes du troisième sujet. M. Giglioli montre que c'est certainement le squelette de ce dernier qui se trouve actuellement au Musée de Florence auquel il a dû être donné en échange entre 1825 et 1830.

M. Giglioli annonce ensuite qu'il vient de constater la présence en Italie d'une espèce de Chevêche (*Athene*) qu'il a désignée sous le nom d'*Athene Chiaradiæ*. Le premier et unique exemplaire de cette espèce, dont il donne la description, a été découvert dans les ruines du château de Caneva, en Vénétie.

M. LE PRÉSIDENT remercie M. le professeur Giglioli de ses deux communications dont il n'est pas besoin, dit-il, de faire ressortir le grand intérêt. Grâce à M. Giglioli les données que l'on possédait sur une espèce éteinte sont heureusement complétées et la liste des Oiseaux de la faune européenne, que l'on considérait comme définitivement close, vient encore de s'accroître d'une forme nouvelle.

M. OUSTALET résume ensuite en quelques mots une Note manuscrite qu'il dépose sur le bureau et qui est relative à une espèce domestique, la Tourterelle rieuse (*Turtur risorius*) dont l'origine est encore fort mal connue. Il établit que, contrairement à l'opinion de plusieurs auteurs, la souche de la Tourterelle rieuse ne doit pas être cherchée en Afrique, mais bien en Asie et il rectifie en même temps l'erreur qui a été commise par Lesson au sujet de la provenance d'un exemplaire de *Turtur risorius* faisant partie des collections du Muséum et qui a été indiqué à tort comme ayant été pris sur l'une des îles Tonga.

M. LE PRÉSIDENT dépose également sur le bureau une Note

manuscrite de M. Herman Johansen, assistant au Musée
zoologique de l'Université impériale de Tomsk (Russie).
Cette Note donne un résumé des observations ornithologiques les plus importantes qui ont été faites dans la
Sibérie centrale dans le cours de l'année 1899.

La séance est levée à trois heures.

Séance de la 1re sous-section (Protection des Oiseaux) de la 4e section, le mercredi 27 juin (après-midi).

Président : M. le docteur Victor Fatio.
Secrétaires : MM. H. Schalow et le comte d'Orfeuille.

La séance est ouverte à trois heures.

M. LE PRÉSIDENT rappelle à l'assemblée que son rôle consiste à émettre des vœux et non à voter des lois.

M. LE BARON H. VON BERLEPSCH dépose sur le bureau
plusieurs exemplaires d'un petit livre qu'il a publié sous
le titre de *Der gesamnste Vogelschutz* et dont il a paru en
même temps une édition française (*Manuel de la protection
des Oiseaux*) et une édition suédoise.

Il présente, au nom de la Société ornithologique allemande (*Deutsche Ornithologische Gesellschaft*), le projet
d'une loi internationale pour la protection des Oiseaux,
élaboré spécialement en vue du Congrès ornithologique
international de 1900, par une Commission composée de :
M. le baron Hans von Berlepsch, de Cassel, président ;
M. le conseiller municipal A. Nerkhorn, de Brunswick ;
M. le professeur-docteur Kœnig, de Bonn; M. Ernest
Hartert, conservateur du musée de Tring (Angleterre);
M. le professeur-docteur Rœrig, de Berlin ; M. Kollibay,
avocat, de Veisse.

. « Dans la rédaction de ce projet, dit M. le baron von
Berlepsch, la commission s'est inspirée des actes de huit
Congrès qui se sont occupés de la protection des Oiseaux,
dans le cours de ces dernières années, à Budapest en

1871, 1875 et 1891, à Vienne en 1873 et 1884, à Rome en 1875, à Paris en 1895, à Graz en 1898; elle a cherché à exprimer les désirs de ces Congrès et à atteindre le but proposé sans toucher, ou en touchant le moins possible, aux lois existantes, et particulièrement aux lois sur la police de la chasse. » M. von Berlepsch fait remarquer du reste expressément que la Commission ne s'est point occupée des cas particuliers, mais a cherché à formuler, d'une manière brève et précise, des principes généraux qui pourront guider les différents États dans la rédaction des lois que chacun d'eux aurait l'intention de promulguer pour la protection des Oiseaux. Il espère que de cette façon on pourra arriver à des mesures uniformes pour toute la région paléarctique.

Le projet de la Société ornithologique allemande comprend cinq paragraphes dont voici la traduction :

§ 1.

Il est interdit :

a. De capturer des Oiseaux et de les dénicher, c'est-à-dire de détruire les nids et les couvées ; toutefois les nids qui se trouveront dans ou contre les bâtiments et dans les cours pourront être enlevés par les propriétaires ou locataires (1);

b. De chasser les Oiseaux au fusil (2) du 1ᵉʳ mars au 15 août ;

c. De mettre en vente et d'importer des Oiseaux, des dépouilles ou des parties d'Oiseaux et des plumes soit pour l'alimentation, soit pour le commerce de la plumasserie.

§ 2.

Par dérogation aux défenses mentionnées au paragraphe 1 *a* et *b*, sur la demande de personnes honorablement connues, les autorités compétentes pourront

---

(1) *Nutzberechtichte*, littéralement *ayant droit d'usage.*
(2) *Schiessen*, littéralement *tirer.*

concéder exceptionnellement, pour une localité et un temps
déterminés et sur la production d'autorisations formelles
du propriétaire du sol et des personnes ayant le droit de
chasse, la permission de prendre et de chasser les Oiseaux :

1° Dans un but scientifique;

2° Pour le peuplement des cages et volières, à la condition que la capture ne sera pas faite en masse, et toujours
dans la période comprise entre le 15 août et le 1er mars ;

3° Pour la destruction d'espèces devenues nuisibles ou
incommodes dans la localité.

§ 3.

Les dispositions précédentes ne s'appliquent point :

1° Aux Oiseaux de basse-cour ;

2° Aux Oiseaux désignés comme nuisibles par divers
États ;

3° Au gibier à plumes, y compris les Oiseaux d'eau,
de marais, de rivage, les Gallinacés et les Pigeons.

§ 4.

Les Oiseaux de passage, à l'exception des Oiseaux d'eau,
de marais, de rivage, des Gallinacés et des Pigeons ne
peuvent être considérés comme gibier.

§ 5.

Chaque État reste libre de prendre, pour son territoire,
des mesures particulières plus rigoureuses.

Dans le projet présenté chacun de ces articles est accompagné de commentaires que M. von Berlepsch développe
successivement. Ainsi il fait remarquer à propos du paragraphe 1er que, faute de moyens de surveillance suffisants,
on sera obligé de tolérer, dans les pays méridionaux, la
chasse au fusil de toute espèce d'Oiseaux du 15 août au
1er mars et qu'il n'y aura pas moyen d'empêcher la mise

en vente des Oiseaux et de leurs dépouilles dans les contrées où il n'existe pas de règlements suffisamment sévères. Il exprime cependant l'espoir que, grâce aux mesures proposées, l'importation de quantités innombrables de petits Oiseaux destinés à la plumasserie serait arrêtée, comme elle l'a été depuis un an dans l'Amérique du Nord. On n'a d'ailleurs pas besoin de craindre, dit-il, que cette prohibition nuise aux intérêts de la science, car les dépouilles d'Oiseaux, que la mode emploie, n'étant généralement accompagnées d'aucune indication précise de provenance, sont plutôt propres à induire les naturalistes en erreur.

A propos du paragraphe 2, M. le baron von Berlepsch, fait observer que dans les pays où la chasse est libre, l'autorisation du propriétaire du sol sera seule nécessaire, tandis que dans les pays où la terre appartient à l'État, la seconde autorisation devra être exigée. Il ajoute que par une des dispositions de ce paragraphe on a cherché à ne pas enlever brusquement les moyens d'existence des marchands d'Oiseaux; mais qu'on a voulu néanmoins mettre un terme aux captures en masse des Rossignols et des autres Becs-fins qui se vendent à la douzaine.

A propos du paragraphe 3, M. le baron von Berlepsch, rappelle que des listes d'Oiseaux utiles ou nuisibles ne peuvent trouver place dans une loi internationale, car, par suite des différences profondes qui existent entre les différents pays, sous le rapport de la nature du sol et des conditions économiques, telle espèce qui est utile dans une contrée peut être nuisible dans une autre contrée. Il vaut donc mieux, dit M. de Berlepsch, laisser à chaque État le soin de dresser des listes, s'il le juge convenable, d'après les indications fournies par le projet de la Société ornithologique allemande.

L'addition des mots « Oiseaux d'eau, de marais, de rivage, Gallinacés et Pigeons » a paru nécessaire après les mots gibier à plumes parce que les Oiseaux ci-dessus mentionnés ne sont pas considérés comme gibier dans tous les pays (par exemple en Angleterre) et que sans cette addition la vente de ces Oiseaux (Canards, Bécassines, Pigeons), se trouverait interdite dans certaines contrées.

D'une façon générale, dit M. von Berlepsch, on a cherché à ne point toucher aux lois de chasse actuellement existantes, cependant il paraît impossible de supprimer le paragraphe 4 si l'on veut sauver les petits Oiseaux migrateurs et notamment les Turdidés. Il serait certainement très désirable aussi que la capture des Cailles au printemps et la chasse à la Bécasse au moment du passage fussent interdites d'une façon générale. M. von Berlepsch reconnaît que cela sera très difficile à obtenir et ne voudrait pas qu'en cherchant à tout prix à atteindre ce résultat, on risquât de compromettre le succès de la loi tout entière. Il préfère donc laisser à chaque État le soin de prendre à cet égard des mesures particulières, ainsi que cela est prévu par le paragraphe 4.

Au projet de loi de la Société allemande était annexé un petit travail intitulé la *Capture des Turdidés (Die Krammetsvogelfang)* et donnant des renseignements sur le nombre des Merles, Grives, Rouges-gorges, etc., capturés à Gemund (près Cassel) dans l'espace de dix ans (1).

A la suite de la communication de M. le baron von Berlepsch, M. LE DOCTEUR VERNET soutient, contrairement à l'opinion exprimée par les auteurs du projet de loi, qu'il y aurait à établir des listes d'Oiseaux utiles, neutres ou nuisibles.

M. LE PROFESSEUR R. BLASIUS et M. O. HERMAN prennent ensuite la parole en faveur du projet qui vient d'être présenté.

M. LE PROFESSEUR GIGLIOLI estime que si l'on veut obtenir un résultat, il faut se borner à proposer des mesures d'un intérêt général. « Aucun Gouvernement, dit-il, n'acceptera des projets de loi rédigés par un Congrès ; il faut donc se contenter d'exprimer ici des vœux. » M. Giglioli pense que la protection des Oiseaux utiles s'obtiendra surtout

(1) Ce travail est publié dans la seconde partie du *Compte rendu du Congrès (Notes et Mémoires).*

par l'éducation nationale et il voudrait voir publier partout d'excellents manuels comme celui que vient de faire paraître M. le baron von Berlepsch. Il constate qu'il se produit maintenant en Italie un mouvement très prononcé en faveur de la protection des Oiseaux.

M. LE BARON VON BERLEPSCH et M. HARTERT ajoutent quelques mots.

M. OUSTALET partage entièrement les idées émises par son collègue M. Giglioli. Il pense qu'en établissant des classifications trop détaillées, des listes trop compliquées d'Oiseaux utiles, nuisibles ou indifférents on se heurterait à des résistances locales presque insurmontables et qu'il vaudrait mieux se borner à indiquer les espèces franchement nuisibles. La Conférence internationale pour la protection des Oiseaux, réunie en 1895, a fait une œuvre utile en élaborant un projet de convention destiné à être soumis à la ratification des divers Gouvernements ; il importe de ne pas compromettre cette œuvre. « Le Congrès, ajoute M. Oustalet, ne doit pas oublier qu'il n'a point de pouvoir diplomatique et doit se contenter du seul droit qu'il possède, celui d'émettre des vœux. »

M. LE CHEVALIER C. OHLSEN croit qu'une loi particulière à chaque pays n'est pas suffisante et qu'il est nécessaire d'arriver à une loi internationale pour la protection des Oiseaux. « Le Congrès, dit-il, peut en tout cas émettre le vœu que les différents États se mettent promptement d'accord à cet égard. »

M. CHATAIN, délégué du ministère des Affaires étrangères de France, s'associe absolument aux réserves formulées par M. Oustalet et pense qu'il importe, avant tout, de ne pas entraver des projets de convention qui sont sur le point d'aboutir. En s'exprimant ainsi il croit répondre aux intentions du Gouvernement français.

M. DUVAL voudrait la constitution d'une commission qui établirait quels sont les Oiseaux nuisibles et indiquerait la taille de ceux qu'il serait permis de chasser.

M. LE DOCTEUR VERNET signale le danger qu'il y aurait à établir ces catégories d'après les idées locales. « Par exemple, dit-il, dans les pays où a lieu la destruction des Cailles, on ferait de ces Oiseaux des animaux nuisibles. »

M. LE DOCTEUR FATIO, président de la section, dit qu'il a pris part, comme délégué officiel du Gouvernement helvétique, au Congrès de Vienne, en 1884 et qu'il y a exprimé cette idée que tous les animaux pourraient être utiles. C'est l'homme qui, par sa gourmandise, a détruit l'équilibre naturel. « Établir des listes serait chose dangereuse, dit M. Fatio. En Europe sur 600 Oiseaux, 500 pourraient être considérés comme indifférents. Les 100 autres seront difficilement classés. Appliquer à une espèce l'épithète de *nuisible*, c'est vouloir sa perte. Il vaudrait mieux que chaque État dressât la liste des Oiseaux que tout le monde s'accorde à considérer comme utiles, car on comprend qu'il est impossible de faire ici un pareil travail. Après ces études préparatoires faites dans chaque pays, une Commission internationale résumerait les travaux partiels. »

M. ARNOULD, inspecteur-adjoint des Eaux et Forêts, examine le projet de convention rédigé par la Commission diplomatique de 1895 ; il compare la liste des Oiseaux à protéger, dressée par cette Commission, avec les listes adoptées par la législation des différents États et les mesures proposées en 1895 avec celles qui sont édictées par les diverses législations européennes en ce qui concerne la durée de la période d'interdiction de la chasse et il met en évidence les obstacles de diverses natures qui s'opposent à la réalisation immédiate de l'œuvre du Congrès. Il montre que la principale cause du retard apporté à la ratification de la convention de 1895 réside dans la difficulté d'établir les délimitations entre la chasse et l'oisellerie ; toutefois il constate avec plaisir que l'accord est virtuellement fait sur certains points et qu'il n'est pas impossible à réaliser sur d'autres ; mais comme l'ornithologie n'est plus directement en cause, comme il s'agit de questions de droit international comparé qui sont du ressort des légistes et des diplomates, il faudrait se garder, dit M. Arnould, de compromettre par des vœux bien intentionnés, mais imprudents, la ratification d'une convention qui est d'ailleurs susceptible d'améliorations.

Après quelques observations de M. HARTERT, M. PETIT exprime l'avis qu'on n'arrivera à empêcher la destruction des Oiseaux qu'en empêchant le colportage.

M. LE DOCTEUR QUINET, de Bruxelles, résumant un Mémoire qu'il présente au Congrès, déclare qu'à son avis la solution de la question de la protection des Oiseaux au point de vue de l'agriculture ne pourra être obtenue qu'après une enquête sérieuse sur le régime alimentaire des Oiseaux de l'Europe sur lequel on ne possède qu'un nombre insuffisant de données scientifiques.

« Ce qui importe, dit-il, ce n'est pas de savoir qu'un Oiseau se nourrit d'Insectes, mais de savoir s'il se nourrit d'Insectes nuisibles ou d'Insectes utiles. »

M. LE BARON DE SÉLYS-LONGCHAMPS constate quelles difficultés se présentent en cette matière. A telle époque et dans telle localité les Moineaux et les Étourneaux seront jugés utiles, dans telles autres ils seront considérés comme nuisibles. Il faut donc avant tout, prendre garde de les détruire, car nous ignorons les lois qui maintiennent un équilibre utile entre les espèces.

Après ces observations, qui sont accueillies par un assentiment unanime, la séance est levée à quatre heures et demie.

Séance de la 5e Section (Comité ornithologique international), le mercredi 27 juin (après-midi).

Président : M. E. Oustalet.
Secrétaire : M. J. de Claybrooke.

Membres présents : MM. Blasius, Bureau, Büttikofer, Chernel de Chernelhaza, J. de Claybrooke (secrétaire du Comité), Fatio, Gadeau de Kerville, Giglioli, Herman, Lorenz von Liburnau, Madarasz, E. Oustalet (président du Comité), R.-B. Sharpe, O. Reiser, le baron de Selys-Longchamps, Studer.

L'ordre du jour appelle la lecture du rapport du président en exercice sur le fonctionnement du Comité de 1876 à 1900 et l'élection de nouveaux membres du Comité.

M. le Président donne lecture du Rapport suivant :

Rapport du Président en exercice, M. E. Oustalet, sur la situation et le fonctionnement du Comité ornithologique international.

En 1891, lors de la réunion à Budapest du IIᵉ Congrès ornithologique, le Comité ornithologique a, comme vous le savez, décidé de renouveler son bureau. Il a choisi comme président M. E. Oustalet, docteur ès sciences, comme trésorier M. le baron Louis d'Hamonville, laissant au nouveau président le soin de choisir le secrétaire. Il a été décidé en même temps, sur ma proposition, que le prochain Congrès aurait lieu à Paris où se trouverait transporté le siège du Comité. A ma demande aussi, et d'accord avec l'honorable président sortant, M. le docteur Rudolf Blasius, il a été convenu que le nouveau bureau n'entrerait en fonction que lorsque des difficultés alors pendantes et notamment celles qui existaient avec l'éditeur de l'*Ornis*, Bulletin du Comité ornithologique international, seraient entièrement aplanies, que jusqu'alors, c'est-à-dire pendant trois mois, six mois ou même un an, l'ancien président voudrait bien conserver ses fonctions et la direction des publications.

Les difficultés auxquelles je viens de faire allusion ayant été beaucoup plus longues à résoudre qu'on ne pouvait le présumer, c'est seulement cinq ans après la réunion de Budapest, au mois d'août 1896, que M. le docteur Blasius put me transmettre intégralement et définitivement les fonctions de président du Comité. Je m'occupai immédiatement de la double tâche que le Comité m'avait confiée à savoir : 1° présider le Comité ornithologique international et continuer la publication de l'*Ornis*, dont huit volumes avaient paru jusqu'alors ; 2° préparer la réunion à Paris du IIIᵉ Congrès ornithologique.

Je me suis mis aussitôt à l'œuvre, de concert avec notre regretté collègue, M. le baron Louis d'Hamonville et avec M. Jean de Claybrooke qui a bien voulu accepter les fonctions de secrétaire. En attendant que les subventions précédemment accordées par différents États aient pu être renouvelées et que de nouvelles subventions aient pu être obtenues, nous nous sommes adressés à nos collègues pour les prier de nous aider, par des cotisations volontaires, à assurer le fonctionnement du Comité dont les fonds étaient presque entièrement épuisés. Plusieurs de nos collègues, avec un empressement dont nous leur sommes reconnaissants, ont répondu à notre appel. Bientôt après, M. le ministre de l'Instruction publique de France accordait une subvention au Comité, et obtenait de son collègue M. le ministre des Affaires étrangères l'assurance de sa bienveillante intervention pour faire transmettre, par les représentants de la France aux Gouvernements auprès desquels ils sont accrédités, les invitations et programmes du Congrès projeté.

Ensuite d'autres subventions plus ou moins importantes étaient accordées au Comité ornithologique international par la principauté de Reuss-Greiz, par le Gouvernement d'Alsace-Lorraine, par son S. A. S. le prince Albert Ier de Monaco, par le Gouvernement fédéral suisse, par M. le ministre de l'Agriculture de France, par S. A. R. le prince Ferdinand Ier de Bulgarie, par le royaume de Prusse, le Grand-Duché de Bade, le royaume de Saxe, par M. le ministre de l'Intérieur et de l'Instruction publique et par M. le ministre de l'Agriculture de Belgique.

En revanche le Wurtemberg, le Grand-Duché de Brunswick, le Duché de Saxe-Cobourg-Gotha, le Duché de Saxe-Altenbourg et le Danemark déclaraient ne plus être disposés à subventionner le Comité. Quelques-uns de ces États avaient d'ailleurs déjà cessé d'accorder des subsides plusieurs années avant que mon prédécesseur me transmît ses pouvoirs.

Les royaumes d'Autriche et de Hongrie qui avaient des premiers soutenus le Comité, et dont l'un avait continué à lui accorder en 1892 et 1893 des subventions qui furent remises à mon honorable prédécesseur, répondirent par un refus formel à la demande du renouvellement que j'eus l'honneur de leur adresser. Les autres États de l'Europe se sont abstenus jusqu'à présent.

Telle est, messieurs, la situation actuelle au point de vue des subventions. Dès l'année 1898 elle était devenue assez favorable pour me permettre de continuer la publication de l'*Ornis*.

Du mois d'août 1898 au mois d'août 1899, j'ai fait paraître, à intervalles à peu près réguliers, de trois mois en trois mois, quatre fascicules constituant le tome IX, et du mois d'août 1899 au mois de juin 1900, trois fascicules du tome X.

Le quatrième fascicule du tome X est sous presse et paraîtra incessamment.

Je me suis attaché à conserver scrupuleusement le caractère international de ce recueil, dont les numéros renferment des articles ou mémoires en diverses langues : français, allemand, anglais, italien.

Ces mémoires et articles traitent de sujets variés, mais surtout des questions qui présentent pour le Comité ornithologique un intérêt particulier, c'est-à-dire de la distribution géographique, des migrations, des mœurs et du régime des Oiseaux. Vous avez pu juger de la valeur et de l'intérêt que présentent ces travaux. Leur publication n'a pas entraîné des dépenses bien considérables ; environ 3 000 francs par an. Les recettes du Comité permettent d'y faire face, ainsi que vous pouvez le voir par l'exposé financier ci-joint. Mes collaborateurs et moi avons d'ailleurs réduit les frais de bureau et les dépenses en général à des sommes minimes, au strict nécessaire, ainsi que l'on peut en juger par l'état ci-après.

Les comptes ayant été arrêtés au 25 juin ne comprennent naturellement pas la totalité des recettes et des dépenses pour l'exercice 1900. Aux recettes il y aura à inscrire diverses subventions (entre autres celle du ministère de l'Agriculture de France) qui sont d'ores et déjà ordonnancées en faveur du Comité, aux dépenses, les frais d'impression du tome X de l'*Ornis*, en cours de publication, dépenses qui peuvent être évaluées à 3 000 francs environ.

État des recettes et des dépenses du Comité ornithologique international, du mois d'août 1896 au 25 juin 1900.

1896.

Recettes.		Dépenses.	
Néant.		Néant.	

1897.

Recettes.		Dépenses.	
23 *nov.* Reçu de M. d'Hamonville sur le reliquat qui lui avait été envoyé par le Dʳ Blasius........	100 »	Papeterie, carnets à souche, timbres en caoutchouc..	46 85
Cotisations volontaires de MM. Milne-Edwards, Oustalet et de Claybrooke...	30 »	Affranchissements et autres menus frais de bureau...	28 85
Total............	130 »	Total............	75 70

1898.

Recettes.		Dépenses.	
1ᵉʳ *janv.* Reliquat de 1897..	54 30		
9 *mars.* Subvention du ministère de l'Instruction publique de France pour 1897.	600 »		
25 *avril.* Subvention de la principauté de Reuss-Greiz pour 1898 (frais déduits).	61 25		
9 *mai.* Subvention de l'Alsace-Lorraine pour 1897 et 1898 (frais déduits)....	498 75		
14 *juin.* Subvention de S. A. S. le prince de Monaco pour 1898..........	200 »		
31 *septembre.* Subvention du Gouvernement fédéral suisse pour 1898........	200 »		
10 *novembre.* Subvention du ministère de l'Instruction publique de France pour 1898....................	600 »		
10 *novembre.* Subvention du ministère de l'Agriculture de France pour 1898....	600 »	*Dépenses.*	
9 *décembre.* Subvention du ministère de l'Agriculture de France pour 1897	600 »	Librairie, papeterie, agendas, etc................	73 90
28 *décembre.* Subvention de S. A. R. le prince de Bulgarie...............	500 »	Cliché pour la couverture de l'*Ornis*..............	35 50
		Dépenses diverses, affranchissements, etc........	51 70
Total............	3914 30	Total............	161 10

En caisse au 31 décembre 1898 : 3914 30 — 161 10 = 3753 20.

1899.

Recettes.

1er *janvier*. Reliquat de 1898.	3753	20
18 *janvier*. Subvention du royaume de Prusse pour 1898-1899	625	»
— Subvention du royaume de Saxe pour 1898.	250	»
28 *janvier*. Subvention du grand-duché de Bade pour 1898.	250	»
11 *mars*. Subvention du royaume de Saxe pour 1899.	250	»
15 *juin*. Subvention du ministère de l'Intérieur et de l'Instruction publique de Belgique pour 1899. . .	250	»
21 *octobre*. Subvention de la principauté de Reuss-Griez pour 1899.	61	45
18 *novembre*. Subvention du Gouvernement fédéral suisse pour 1899.	200	»
25 *novembre*. Subvention de l'Alsace - Lorraine pour 1898 et 1899.	489	45
4 *décembre*. Subvention de S. A. S. le prince de Monaco pour 1899.	200	»
10 *décembre*. Reçu de M. le baron d'Hamonville fils la somme de 660 fr. trouvée dans la caisse de son père, trésorier du Comité.	660	»
23 *décembre*. Subvention du ministère de l'Instruction publique de France pour 1899.	600	»
30 *décembre*. Subvention du royaume de Prusse pour 1899-1900	625	»
Total.	**8214**	**10**

Dépenses.

8 *septembre*. Déposé à l'imprimerie G. Masson, en compte sur les frais d'impression de l'*Ornis*.	3000	»
Frais de bureau, affranchissements et dépenses diverses.	76	20
Total.	**3076**	**20**

En caisse au 31 décembre 1899 : 8214 10 — 3076 20 = 5137 90.

1900.

Recettes.		*Dépenses.*	
1er *janvier.* Report de 1899.	5137 90		
Cotisations volontaires....	85 »		
20 *janvier.* Subvention du ministère de l'agriculture de Belgique........... .	250 »		
3 *février.* Subvention du grand-duché de Bade pour 1899...................	250 »		
6 *mars.* Subvention du ministère de l'Agriculture de France pour 1899	600 »	3 *mars.* Dessin pour l'*Ornis.*	20 »
20 *avril.* Subvention du royaume de Saxe pour 1900...................	250 »	Affranchissements, ports de caisse et de paquets, etc.	72 »
Total au 25 juin 1900.	6572 90	Total............	92 »

En caisse au 25 juin 1900 : 6572 90 — 92 = 6480 90.

M. le professeur R. Blasius, ancien président du Comité ornithologique international permanent, dépose sur le bureau le relevé suivant des sommes qu'il a reçues ou dépensées pour le compte du Comité depuis qu'il a cessé ses fonctions de président jusqu'à l'heure actuelle :

Compte particulier de M. le professeur R. Blasius du 17 août 1896 au 27 juin 1900.

1896.

Recettes.	*Dépenses.*	
Néant.	Ports et frais de correspondance...........	10^mks,00

1897.

Recettes.	*Dépenses.*	
Néant.	Ports et frais de correspondance...........	20^mks,80

1898.

Recettes.	*Dépenses.*	
Néant.	Ports et frais de correspondance...........	20^mks,00

1899.

Recettes.		*Dépenses.*	
24 *novembre*. Reçu de E. Gerold's sohn à Vienne, 256ᶠˡ,58ᵗʰ = ...	433ᵐᵏˢ,60	Ports et frais de corres-pondance.............	20ᵐᵏˢ,00
6 *décembre*. Reçu de J.-I. Meyer de Brunswick, pour vente de l'*Ornis*, de 1896 à 1899........	64ᵐᵏˢ,70		

1900.

Recettes.		*Dépenses.*	
Néant.		30 *janvier*. Impression de nouvelles formules d'observation pour les phares...............	32ᵐᵏˢ,00
		14 *avril*. Subvention pour le dépouillement des feuilles d'observation des phares...........	64ᵐᵏˢ,00
		7 *mai*. Transcription du travail en caractères latins...............	21ᵐᵏˢ,50
		Frais de correspondance.	10ᵐᵏˢ,00
Total des recettes.	498ᵐᵏˢ,30	Total des dépenses.	197ᵐᵏˢ,50

En caisse au 27 juin 1900 : 498ᵐᵏˢ,30 — 197ᵐᵏˢ,50 = 300ᵐᵏˢ,80ᵖᶠ = 476 francs.

La section nomme une commission de trois membres : MM. Büttikofer, Fatio, Giglioli et Lorenz von Liburnau, pour examiner les comptes présentés par le Président.

Après examen la commission conclut à l'approbation des comptes de MM. Oustalet et Blasius et la section consultée vote à l'ananimité cette approbation. Sur la proposition de M. Giglioli la section vote en outre, à l'unanimité, des remerciements au Président actuel pour sa gestion.

M. Herman demande que les comptes soient publiés dans *Ornis* ainsi que la liste des membres qui viendront à être élus durant le présent Congrès.

L'élection de ces membres est remise à la prochaine séance pour que les membres du Comité présents au Congrès aient le temps de préparer les éléments d'une liste.

La séance est levée à cinq heures et demie.

Séance de la 2ᵉ sous-section (Acclimatation) de la 4ᵉ section, le jeudi 29 juin (matin).

Président : M. le Dᵣ Remy Saint-Loup.
Secrétaires : MM. E. Chernel de Chernelhaza et Debreuil.

La séance est ouverte à dix heures.

M. LE PRÉSIDENT prononce l'allocution suivante :

« En accordant une séance tout entière aux travaux compris sous ce seul titre « Acclimatation », le Congrès zoologique international a sans doute voulu marquer tout l'intérêt que présentent les multiples problèmes dont dépendent les succès de l'acclimatation des Oiseaux. Et, en effet, si je jette un coup d'œil sur les communications que nos très sympathiques collègues de l'étranger ou de France ont bien voulu nous annoncer, je suis frappé de la variété des sujets que l'on désire aborder.

« C'est que pour l'acclimateur il faut non seulement la diagnose zoologique, mais il faut les connaissances anatomiques et embryologiques qui aident à mieux connaître l'Oiseau dont il s'agit de faire la conquête ; il faut encore la connaissance des conditions habituelles d'existence de cet Oiseau exotique. Toutes ces notions doivent se lier en un faisceau ordonné qui peut s'appeler l'Aviculture scientifique, et les faits apportés à la constitution de cette technique seront souvent des plus précieux pour éclairer les recherches biologiques d'un intérêt moins spécial.

« La Commission d'organisation du Congrès a pensé qu'il était nécessaire d'utiliser le plus possible les ressources de connaissances que la venue d'ornithologistes éminents réunissait ici, et vous l'excuserez d'avoir eu l'indiscrétion de demander la préparation de trois questionnaires. Non seulement la Commission a désiré recueillir les communications spontanément offertes, mais elle a voulu aller jusqu'à la mendicité : « Une petite charité de savoir s'il « vous plaît ? » Telle est la formule humble et touchante, je l'espère, que vous voudrez bien entendre dans votre esprit, après chacune des interrogations de nos questionnaires.

« Et permettez-moi, messieurs, de vous dire un mot des ouvriers qui vous ont préparé ces embûches. Plusieurs font partie de la section ornithologique de la Société d'acclimatation de France qui a envoyé ici ses délégués. Et parmi ces coupables je vais trahir notre affectionné président M. le Dʳ Oustalet, je vais trahir le baron Jules de Guerne, secrétaire général de la Société d'acclimatation, M. Debreuil, notre secrétaire, le comte d'Orfeuille, M. Uginet, et j'en épargne d'autres pour me livrer aussi moi-même.

« Déjà un certain nombre d'ornithologistes étrangers ou français ont bien voulu nous envoyer leurs aumônes ; cela nous a mis en goût et notre pudeur ne s'offense pas à l'idée de vous solliciter encore, vous, mesdames, qui avez certainement la charité toujours délicate et gracieuse, vous, messieurs, peut-être moins patients mais aussi disposés à donner pour la science un effort supplémentaire d'intelligence et de mémoire.

« La Commission d'organisation du Congrès avait aussi songé à réunir ici les communications de MM. les délégués du Standard avicole de France, mais l'heureuse division de travail qui attribue à une section spéciale les questions d'aviculture pratique nous dispense de retenir ces communications qui sont mieux à leur place dans un autre cadre, avec l'étude plus spéciale des Oiseaux de basse-cour.

« Ce très court exposé du travail auquel vous voulez bien consacrer une séance est naturellement une ébauche très imparfaite. Je la laisse cependant ainsi pour ne pas prendre davantage vos instants. D'un dernier mot, je vous remercie cordialement de l'honneur que vous m'avez fait, messieurs et chers collègues, en me désignant pour présider cette section du Congrès. »

M. LE PRÉSIDENT annonce que plusieurs exemplaires des deux ouvrages suivants sont déposés sur le bureau et mis à la disposition des membres du Congrès :

1° *Rapport sur l'ouvrage intitulé : « Les Oiseaux de la Hongrie et leur importance économique »*.

Ce Rapport, offert aux membres du IIIᵉ Congrès ornithologique international par M. le Ministre royal de l'Agriculture de Hongrie, est un résumé, en langue française, du grand ouvrage illustré sur les Oiseaux de la Hongrie rédigé, en langue hongroise, par M. Étienne Chernel de Chernelhaza qui avait été chargé de cette publication par M. le Ministre royal de l'Agriculture (1).

Le livre de M. Chernel de Chernelhaza est d'une importance capitale pour la connaissance de la faune ornithologique de la Hongrie. Il renferme, à côté de documents d'ordre purement scientifique, des renseignements d'une utilité pratique, l'auteur s'étant efforcé d'établir, d'après des données précises, la valeur économique des différentes espèces. La description détaillée des divers Oiseaux de la Hongrie est accompagnée d'excellentes figures en chromolithographie et suivie d'indications relatives aux mœurs et au régime de chaque espèce. Ces indications ont été fournies, presque entièrement, par des expériences personnelles de l'auteur. Enfin M. Chernel de Chernelhaza a accordé dans son travail (et ce n'est pas une des parties les moins intéressantes de son livre) une assez large place aux documents linguistiques et étymologiques, aux traditions et aux légendes populaires.

2° *Contribution aux recherches sur la migration des Oiseaux d'après les résultats fournis par l'enquête faite en Hongrie, en 1898, sur la migration vernale de l'Hirondelle de cheminées (Hirundo rustica)* par M. Gaston Gaal de Gyula. Ce Mémoire remarquable a été publié dans le journal *Aquila* (du Bureau central ornithologique hongrois) dont il remplit presque entièrement le septième volume. Il représente une somme de travail considérable, l'auteur ayant dû mettre en œuvre des observations sur l'arrivée de l'Hirondelle provenant de près de 6 000 stations. Il est accompagné de nombreuses cartes et de graphiques. Les cartes montrant jour par jour les arrivées des Hirondelles

____

(1) Un exemplaire de ce livre avait été présenté, dans la première séance générale du Congrès, par M. O. Herman, chef du Bureau central ornithologique hongrois (Voy. ci-dessus).

sur les différents points du pays sont particulièrement intéressantes (1).

M. LE BARON J. DE GUERNE donne lecture d'un Questionnaire concernant l'histoire naturelle des Nandous, leurs mœurs et l'utilisation de leurs produits, questionnaire qui a été rédigé par les soins de la section d'ornithologie-aviculture de la Société nationale d'acclimatation de France en vue de la réunion à Paris du IIIᵉ Congrès ornithologique international.

Voici ce Questionnaire avec les réponses qui y ont été faites par quelques membres ou correspondants de la Société d'acclimatation (2).

1. Donner les caractères du genre Nandou.

2. Indiquer ses caractères anatomiques.

En réponse à ces demandes M. Emile Daireaux, qui a longtemps habité la République Argentine, a rappelé seulement que le Nandou a été pendant longtemps considéré comme une Autruche du même genre que celles qui vivent en Afrique et que c'est à Ch. Darwin que revient surtout le mérite d'avoir établi nettement, dans son *Journal d'un naturaliste*, les caractères distinctifs du Nandou, caractères qui sont fournis non seulement par l'aspect extérieur de l'Oiseau et le nombre de ses doigts, mais par son squelette.

3. Indiquer la répartition géographique du genre Nandou.

« Les Nandous se trouvent sur la plus grande partie de l'Amérique du Sud. Dans la pampa je les ai vus à l'état sauvage là où existent aujourd'hui des exploitations pastorales et agricoles : ils ont reculé devant le peuplement et se sont retirés, en bandes innombrables, dans les plaines de la Patagonie, les vallées des Andes, celles du nord de l'Argentine, du Paraguay et du Brésil. » (E. Daireaux.)

4. Indiquer les différentes espèces de Nandous, avec le nom vulgaire de chacune d'elles.

(1) Des exemplaires de ce Mémoire sont mis à la disposition des membres du Congrès.
(2) Les noms de ces personnes sont indiqués entre parenthèses.

5. Indiquer les caractères zoologiques de ces espèces.

6. Indiquer les observations qui ont été faites sur les Nandous à l'état de liberté dans leur pays d'origine (nourriture, reproduction, etc.).

7. Indiquer leurs ennemis naturels, leurs parasites, internes et externes.

« On connaît plusieurs parasites du Nandou (*Rhea americana*) :

« 1° *Filaria horrida* Diesing, 1850, grand Nématode qui vit dans la cavité thoracique ou sous la peau. La collection helminthologique de mon laboratoire en possède plusieurs spécimens recueillis en Amérique.

« 2° *Strongylus dimidiatus* Diesing, 1850, qui vit dans le gros intestin et dans le cæcum.

« 3° *Spiroptera uncinipenis* Molin, 1860, qui vit enkysté dans les parois de l'estomac et du gésier.

« 4° *Davainea tauricollis* Chapman, 1876, *Tænia argentina* Zschokke, 1888, *Chapmania tauricollis* Monticelli, 1893. — Ce Ténia remarquable a été recueilli nombre de fois, non seulement au Brésil, mais aussi aux États-Unis et en France. J'en possède des fragments recueillis à Melun, en 1899, par M. C. Debreuil. Il serait très utile d'en posséder des spécimens entiers, avec la tête. » (R. Blanchard, professeur à la Faculté de médecine.)

8. Indiquer les moyens de défense des Nandous.

« Ils n'emploient que rarement leurs moyens de défense qui n'ont rien de spécial et qui consistent à résister, à la prise, par le bec et surtout par les pattes et les ailerons. » (E. Daireaux.)

« Les Nandous se défendent à coups de pattes et de bec lancés en avant. » (Uginet.)

« Le mâle se défend avec son bec ; il arrive en courant et donne de forts coups de bec ; on est obligé de le conduire en lui mettant un bâton dans le bec et de le tenir par le cou jusqu'à une porte, de manière à être séparé de lui. » (Debreuil.)

9. Indiquer quels sont les procédés de chasse.

« A l'état sauvage, les Nandous sont chassés à cheval.

Les chasseurs s'éparpillent, battent le pays jusqu'à ce qu'ils aient réussi à enfermer l'animal ou les troupes d'animaux dans une enceinte de montagnes ou, en plaine, dans un cercle de cavaliers. Ils leur jettent alors les *bolas* (boules), armes qui se composent de trois boules reliées par des lanières. Le chasseur tient une de ces boules dans la main et lance le tout, après l'avoir fait tournoyer autour de sa tête pour augmenter la force de projection. L'arme tombe sur l'animal et l'enveloppe assez solidement pour le faire tomber à la discrétion du chasseur, qui ne recherche guère que les plumes, mais qui, néanmoins, tue le plus souvent l'animal. » (E. Daireaux.)

10. Les Nandous sont-ils domestiqués et élevés dans leur pays d'origine ? Détails à ce sujet.

« Les Nandous sauvages ont été, peu à peu, recueillis et multipliés par les propriétaires, qui tendent à en faire des animaux domestiques élevés comme les autres troupeaux, en demi-liberté dans de grandes enceintes formées de fils de fer.

« Une propriété peut, en surplus du bétail ordinaire, supporter, sans inconvénient, 1 000 Nandous par lieue carrée de 2 500 hectares. Les propriétaires les plus soucieux des soins de leur bétail n'ont pas hésité à en conserver cette quantité sur leurs terres, et ils ont été imités par beaucoup d'autres. Je puis en citer deux qui en conservent de 4 000 à 5 000 chacun sur 10 000 hectares. J'en ai moi-même 500 sur 10 000 hectares et c'est à peine si on en voit, de temps en temps, courir quelques bandes. » (E. Daireaux.)

11. Faire l'histoire de l'acclimatation des Nandous en Europe et dans les autres parties du monde.

12. Décrire les mœurs des Nandous en captivité, hors de leur pays.

13. Indiquer la résistance des Nandous adultes aux diverses conditions de milieu (froid, chaleur, humidité, etc.).

« Ces animaux supportent toutes les températures et tous les climats ; ils abondent en liberté au Paraguay par

18°, et en Patagonie par 55°, mais ne vivent qu'en plaine. » (E. Daireaux.)

« Ils supportent très bien le froid et se couchent même dans la neige. » (Debreuil.)

14. Indiquer le régime animal, végétal ou mixte.

« On ne leur donne aucun soin, on ne s'en occupe pas (dans la République Argentine). Ils se nourrissent surtout d'Insectes et de Reptiles et détruisent les Chardons nuisibles, ce qui les fait spécialement apprécier... Leur nourriture est des plus variées, ce sont des omnivores. En captivité, ils absorbent tout ce qu'ils trouvent. » (E. Daireaux.)

« En liberté, dans un pré, ils se nourrissent d'herbes et de fruits tombés (en France). L'hiver on leur donne une ration de Betteraves coupées, 20 litres environ. » (Uginet.)

15. Indiquer les maladies organiques et parasitaires.

« Les Nandous rendent fréquemment des Vers. » (Debreuil, Voy. plus haut.)

16. Existe-t-il des signes extérieurs permettant de bien distinguer les sexes en dehors de l'époque de la reproduction ?

« Le mâle a le bas du cou et la poitrine plus noirs que la femelle. » (Uginet.)

17. A quel âge ces signes commencent-ils à être visibles ?

18. Quelle est l'époque de la pariade ? Modifications survenant au moment du rut. Cri du mâle.

« La pariade a lieu (en France) vers le 15 mars. A ce moment le mâle devient méchant, étale ses ailes et se jette sur les personnes qui s'approchent de lui ; il pousse alors un cri sourd, sans faire aucun mouvement du corps ni du bec. » (Debreuil.)

« Le mâle devient méchant au moment de la pariade et crie plus souvent. Son cri ressemble au bruit que fait la trompe d'un bateau éloigné. » (Uginet.)

19. Quelle est l'époque de la ponte ?

« Dans la République Argentine les Nandous nichent et pondent plus ou moins tard suivant la latitude, en septembre, en octobre ou même, en Patagonie, seulement en décembre. » (E. Daireaux.)

20. Cette époque s'est-elle modifiée par suite de l'acclimatation ?

« En France, aux environs de Melun, les Nandous ont pondu le 15 avril, et, en 1897, à partir du 15 mai. » (Debreuil.)

21. Y a-t-il plusieurs pontes par an?

« Il n'y a qu'une seule ponte par an. » (E. Daireaux ; Debreuil.)

22. Quel est le nombre des œufs, leur couleur, leur utilisation alimentaire ?

« Les femelles pondent ensemble environ 28 à 30 œufs dans un nid qui est confié au mâle. Les œufs sont couleur beige plutôt que blancs. Un seul œuf suffit à faire deux omelettes suffisantes chacune pour cinq personnes. On en vend sur tous les marchés (dans la République Argentine) ; ils sont assez peu recherchés en ville, mais les gens de la campagne en prennent autant qu'ils en trouvent, ce qui ne peut se faire que pendant la ponte. » (E. Daireaux.)

« La ponte est de 22 œufs d'un blanc d'ivoire. Ces œufs sont aussi fins de goût que les œufs de Poule. » (Uginet.)

« La ponte est de 20 œufs environ, de couleur paille. » (Debreuil.)

23. Quel est leur poids?

« 800 grammes. » (Debreuil.)

« 700 grammes. » (Uginet.)

« 700 grammes, souvent. » (E. Daireaux.)

24. Quelle est la quantité relative des œufs clairs et des œufs fécondés ?

« Les deux tiers sont clairs. » (Debreuil.)

« Deux éclosions seulement sur 11 œufs mis en incubation. » (Uginet.)

25. Comment est pratiquée l'incubation ? Quelle en est la durée ?

« Le mâle couve consciencieusement les œufs pendant vingt jours. Quand l'heure de l'éclosion approche, il brise d'avance les œufs clairs qu'il a, lui-même, écartés du nid, et les laisse pourrir pour préparer ainsi la nourriture des nouveau-nés. — Après la ponte, le mâle qui couve ne laisse approcher personne ; il est même dangereux de s'approcher par mégarde de la brousse où est le nid. Heureusement le cheval avertit généralement le cavalier. » (E. Daireaux.)

« L'incubation est faite par le mâle ; elle dure de trente à trente-deux jours. » (Uginet.)

« Le mâle creuse un trou dans la terre, le garnit de paille, de mousse, de feuilles, etc. La femelle pond à côté de lui. Le mâle ramasse les œufs et les place autour de lui ; il commence à couver lorsque les œufs sont au nombre de trois ou quatre. Si on ne lui enlève pas les œufs excédant le nombre nécessaire, il les prend tous sous lui. » (Debreuil.)

26. Quelle est la résistance des jeunes ?

« Les jeunes, en liberté, sont très résistants ; ils le sont aussi en domesticité libre, mais cet élevage n'est possible que dans les campagnes où l'on a peu souci de la propreté ; c'est l'animal le plus abondamment sale de la création ; il dégoûte vite les amateurs de sa présence gênante. » (E. Daireaux.)

« Les jeunes sont très rustiques et ne craignent que les grandes pluies. » (Uginet.)

27. Quel est leur régime ?

« On les nourrit de pain et de gros son. » (Uginet.)

28. Quelle est la durée de la croissance ?

29. A quelle époque les jeunes commencent-ils à changer de plumage ?

30. Quelles sont les habitudes des jeunes ?

31. Quels soins leur donnent les parents ?

« Les jeunes courent aussitôt éclos et sont soignés par le mâle, qui se promène avec sa troupe d'autruchons et les conserve adultes autour de lui. » (E. Daireaux.)

« Les jeunes suivent le mâle et s'en éloignent seulement de 4 à 5 mètres. Au moindre danger ils reviennent près de lui et se blottissent dans l'herbe... Le mâle conduit les petits et éloigne les animaux qui pourraient leur nuire ; le soir il les ramène se coucher toujours à l'abri du vent. Il couve ses petits. » (Uginet.)

32. Sont-ils atteints de maladies spéciales?

33. A quel âge sont-ils adultes et aptes à la reproduction?

34. Y a-t-il eu des essais d'incubation artificielle?

35. A-t-on tenté l'incubation par des Dindes?

36. Quel est le prix de revient de l'Oiseau adulte? Citer des exemples.

37. Quelle est la qualité de la chair des Nandous comparée à celle de divers Oiseaux, volailles ou gibier?

« La chair des Nandous n'est guère comestible; elle est huileuse et coriace. Les gauchos prétendent que l'aileron est un morceau de roi; mais leurs appréciations gastronomiques n'ont sans doute pas plus de valeur sur ce point que sur les autres. L'aileron représentait sans doute, à l'origine, pour les Indiens, une sorte de trophée; en somme donc, ce qu'ils font rôtir et apprécient c'est un symbole dont ils ont oublié la signification première. » (E. Daireaux.)

« La chair du Nandou est un peu ferme et se rapproche un peu de celle du Chevreuil (l'animal dégusté avait au moins cinq ans). » (Uginet.)

38. Quelle est son utilisation au point de vue culinaire?

« L'utilisation de l'espèce au point de vue culinaire paraît devoir consister surtout dans l'emploi des œufs. » (Uginet.)

39. Quelle est l'utilité des Nandous en dehors de l'alimentation (destruction d'Insectes et de petits Rongeurs)?

40. Nettoyage des prairies; est-il vrai que les Nandous mangent certaines plantes laissées par le bétail?

« Il ne semble pas douteux que le Nandou soit un excellent destructeur de Reptiles, d'Insectes et de graines de Chardons. » (E. Daireaux.)

« Les Nandous mangent certaines plantes délaissées par le gros bétail, les jeunes pousses de Chardon par exemple; mais comme ils ne détruisent que la partie supérieure des plantes nuisibles sans attaquer la racine, leur concours ne paraît pas appréciable pour le nettoyage des prairies. » (Uginet.)

41. Quel est l'emploi et la valeur des plumes ?

« Les plumes sont classées sur les marchés européens comme *plumes de Vautour* ; elles en ont l'aspect et servent presque exclusivement à la fabrication des plumeaux ; l'emploi des plumes du Dindon d'Amérique pour cet usage a fait baisser le prix des plumes de Nandou. Celles-ci sont grises et souvent blanches ; on les décolore et on les teint, pour les substituer aux plumes d'Autruche, et on en assemble les morceaux ou les brins autour d'une tige artificielle.

« Elles valent, à Buenos-Ayres, de 12 à 20 francs la livre. On les présente au marché attachées par paquets et elles s'exportent en casiers. » (E. Daireaux.)

Le même correspondant donne les renseignements suivants sur la façon dont on récolte les plumes dans la République Argentine :

« Le propriétaire, sans se soucier même de l'époque de la mue, traite avec un entrepreneur qui se charge de réunir et de plumer les animaux. Il possède un matériel spécial de grands filets, qui sont traînés et fixés à des pieux autour des groupes d'animaux ; ceux-ci sont pris non pas avec des *bolas*, mais avec des *lassos* comme on le fait pour les veaux et les poulains lors de la marque et autres opérations, et la plume est violemment arrachée. L'entrepreneur paye tous les frais et, en plus, une piastre, soit 2 fr. 10 par animal pris. Les propriétaires assurent que c'est un revenu qui ne leur coûte rien. » (E. Daireaux.)

42. Indiquer les ouvrages et mémoires relatifs aux Nandous.

« Tous les ouvrages qui traitent de l'Amérique du Sud parlent des Nandous. Il faut citer parmi les naturalistes qui se sont particulièrement occupés de ces Oiseaux : Ch. Darwin et, avant lui, Félix d'Azara ; plus récemment, d'Orbigny, Burmeister, Moreno, Martin de Moussy ; mais il n'existe pas encore de monographies intéressantes. » (E. Daireaux.)

« On trouvera dans le tome XXVII du *Catalogue of the Birds in the collection of the British Museum*, tome qui a été rédigé par M. le comte T. Salvadori et qui est consacré aux *Anatidæ*, aux *Tinammidæ*, aux *Struthimidæ* et aux *Rheidæ*, toutes les indications bibliographiques désirables relativement aux *Rhea americana*, *Rh. Darwini* et *Rh. macrorhyncha*. » (E. Oustalet.)

M. DE GUERNE fait observer que M. Daireaux n'a relaté que ses observations personnelles dans la République Argentine et a volontairement laissé de côté dans ses réponses tout ce qui concerne les Nandous introduits en Europe, mais qu'on trouve à cet égard de nombreux renseignements dans le *Bulletin de la Société nationale d'acclimatation.*

M. LE COMTE H. DE LA VAULX a la parole au sujet de la communication précédente. Sur plusieurs points il n'est pas d'accord avec M. E. Daireaux. M. de La Vaulx dit que la ponte a lieu en octobre, que le Nandou mâle ne se jette pas sur les Chevaux, même lorsqu'il couve et que les œufs n'ont pas une couleur fixe. Il a vu généralement les Nandous en troupes de dix à quinze, sous la conduite d'un mâle. On les chasse, dit-il, avec des Chiens ressemblant un peu à nos Lévriers. D'après M. de La Vaulx, la plume des ailes n'a pas grande valeur, mais celle qui se trouve sous les ailes et sur la poitrine est très estimée et est employée dans l'industrie de la mode. Elle vaut de 80 à 100 francs le kilogramme et fournit, par conséquent, aux propriétaires éleveurs un revenu important. Enfin M. de La Vaulx fait ressortir les avantages qu'il y aurait à introduire en France, de préférence à toute autre espèce, le Nandou de Patagonie, *Rhea Darwini*.

M. DEBREUIL donne quelques indications sur la valeur actuelle des Nandous vivants sur le marché. Les adultes se paient de 100 à 150 francs. C'est encore, dit-il, un prix trop élevé ; il faudrait qu'il tombât à 50 francs pour que l'élevage devînt rémunérateur. Un couple de Nandous pourrait alors rapporter environ 80 francs, cette somme se décomposant ainsi :

20 œufs	40 francs.
Plumes	10 —
2 jeunes	30 —
Total...	80 francs.

M. E. Hartert rappelle que dans son grand parc, à Tring, en Angleterre, le Dʳ Walter Rothschild élève avec succès depuis neuf ou dix ans des Nandous et des Emeus et qu'il possède les éléments de réponses intéressantes aux questions formulées dans le Questionnaire de la Société d'acclimatation ; mais ces réponses ne peuvent être improvisées et M. Hartert ne pourra les donner qu'après s'être concerté à cet égard avec M. le Dʳ Rothschild et avoir fait des recherches dans ses notes, à Tring. Il peut cependant dire dès à présent que les Nandous du parc de Tring n'aimaient pas à être dérangés pendant qu'ils couvaient et que, pendant l'hiver, on était obligé de les nourrir, tandis qu'en été on les laissait chercher leur nourriture eux-mêmes.

M. Büttikofer constate que dans le Jardin zoologique de Rotterdam, dont il a la direction, il y a cinq Nandous avec lesquels on n'a pas eu grand succès au point de vue de la reproduction. Ces Oiseaux sont du reste enfermés dans un parquet d'étendue restreinte et dépourvu d'herbe ; aussi faut-il les nourrir avec des Betteraves, des Carottes et du pain.

M. Uginet dit qu'il élève aussi des Nandous avec de la Betterave et qu'il a obtenu des jeunes.

M. de Guerne donne lecture d'un autre Questionnaire concernant les œufs et l'incubation chez les Oiseaux domestiques. Ce Questionnaire, rédigé sous les auspices de la section d'ornithologie-aviculture de la Société nationale d'acclimatation de France, par les soins de M. Remy Saint-Loup, vice-président de la section, à l'occasion de la réunion du Congrès ornithologique, est conçu en ces termes :

1. Quel est le poids moyen de l'œuf des différentes espèces d'Oiseaux domestiques ou en voie de domestication ?

2. Quel est le poids moyen de l'œuf des différentes races ou variétés d'une même espèce ?

3. Quel est le poids des producteurs adultes des deux sexes dans chacune de ces espèces, races ou variétés ?

4. Dans quelles limites varient le poids de l'œuf et le poids de l'adulte dans une même espèce et dans une même race ?

5. Quels sont les volumes des œufs et des producteurs ? — (La méthode la plus simple consiste à mesurer le volume d'eau déplacé par l'œuf ou l'animal immergé.)

6. Quel est le poids de chacune des parties de l'œuf ? Jaune ou vitellus. Blanc ou albumen. Coquille. (La coquille doit être pesée après lavage intérieur à l'eau tiède et dessiccation à une température voisine de 20° C. Indiquer cette température.)

7. A-t-on observé que les variations du régime alimentaire dans une même espèce aient une influence : 1° sur l'augmentation ou la diminution du poids de l'œuf ? 2° sur les propositions en poids des trois substances, coquille, albumen, vitellus ?

8. Les coquilles des différentes espèces sont-elles perméables à l'eau ou aux vapeurs ? Quelles sont les conditions d'humidité requises pour l'incubation artificielle ?

9. La sélection permet-elle de fixer des races pondant régulièrement de gros œufs ?

10. Quel est le nombre des œufs pondus chaque année par les différentes espèces ou races d'Oiseaux domestiques ?

11. Quelle est l'époque de la ponte maxima dans l'année, suivant les espèces ?

12. Quelle est la fréquence de la ponte ou, en d'autres termes, à quels intervalles de temps les œufs sont-ils pondus ?

13. Y a-t-il des substances dont l'ingestion active la ponte ? Ces substances agissent-elles pour une augmentation du nombre total annuel des œufs ou simplement pour une plus grande fréquence de la ponte ?

14. Y a-t-il d'autres conditions générales qui puissent avoir une influence sur la fréquence, l'abondance et l'époque de la ponte ?

15. Existe-t-il un moyen pratique d'obtenir la ponte maxima chez la Poule commune d'une race déterminée à

une époque où normalement la ponte serait très faible?

16. Pour les Oiseaux domestiques communément observés, quel est l'âge du rendement maximum en œufs?

17. Quels sont les âges correspondant en moyenne et aussi dans les cas exceptionnels à la première et la dernière ponte?

18. Quelle est la durée de l'incubation dans les espèces domestiques?

19. Y a-t-il des variations à cette durée suivant les races?

20. Quelle est l'époque ou quelles sont dans l'année les époques normales d'incubation dans les espèces domestiques?

21. Le nombre moyen des éclosions est-il le même pour une espèce quelle que soit l'époque de l'incubation?

22. Par quel mécanisme le poussin brise-t-il ses enveloppes dans les différentes espèces?

23. Combien de temps avant l'éclosion le jeune fait-il entendre de petits cris indiquant ainsi que l'air a pénétré dans ses poumons?

24. Y a-t-il avantage à prolonger le temps de contact du thermomètre jusqu'à cinq ou six minutes?

25. A quelle cause est dû le bruit qui se produit avant l'éclosion et dont on parle en disant que le poussin « bêche sa coquille »?

26. Quelle est la température des Oiseaux domestiques, chez le mâle et chez la femelle à l'état normal, chez la femelle pendant l'incubation? (Ces températures doivent être prises au contact de la peau, sous le ventre et sous l'aile, et aussi dans le cloaque. Il faut faire trois observations à environ un quart d'heure d'intervalle, le thermomètre étant maintenu au moins une minute. Il y a avantage à se servir du thermomètre à maximum. Enfin l'échelle des thermomètres ayant servi à la mesure de la température doit être contrôlée au bain de sable avec un ou plusieurs thermomètres de précision.)

27. La température est-elle la même aux différents jours de l'incubation naturelle?

28. Quelle est la température moyenne de l'œuf situé sous la femelle aux différents jours de l'incubation?

29. Les Oiseaux apportent-ils à la surface de la coquille pendant l'incubation des substances étrangères, eau, poussière naturelle du plumage, matières grasses sécrétées par la peau?

30. Déterminer si possible l'état hygrométrique du milieu incubateur aux différents jours de l'incubation.

31. Quelle est l'influence du lavage préalable des œufs?

32. Quel abaissement de température peuvent supporter les œufs sans perdre leurs propriétés germinatives?

33. Pendant combien de temps les œufs conservés vers 15° gardent-ils leurs facultés germinatives?

34. Quelle est la perte de poids subie par les œufs au bout de 1, 2, 3, 15 jours à l'air libre à une température et dans des conditions hygrométriques déterminées?

35. Quelle est la perte de poids pendant l'incubation naturelle?

36. Quelle est le poids des Oiseaux des différentes espèces ou races immédiatement après la naissance?

37. Quelle est la perte de poids subie par les jeunes Oiseaux dans les deux ou trois jours qui suivent l'éclosion?

38. Quelle est la température de ces Oiseaux à la naissance?

M. R. Saint-Loup expose dans quel esprit de recherches scientifiques il a rédigé ce questionnaire et montre combien de données sont encore nécessaires pour éclaircir les problèmes qui sont liés à l'application des procédés de l'incubation artificielle, si précieuse pour l'acclimatation. Il fait appel au zèle des membres du Congrès pour que les questions relatives à la connaissance physique et biologique de l'œuf d'Oiseau reçoivent de nombreuses réponses et signale quelques points de physiologie particulièrement obscurs à l'heure actuelle. M. R. Saint-Loup cite quelques-unes des expériences qu'il a instituées pour l'étude des conditions normales de l'évolution de l'embryon de Poulet. Il rappelle les travaux de Dareste, ceux du Dʳ Féré, et s'attache à faire ressortir combien il sera important pour les applications de reproduire l'étude encore plus détaillée de certains points de l'évolution de l'œuf en incubation. Enfin, il dépose sur le bureau une note manuscrite renfermant quelques réponses au questionnaire reproduit ci-dessus (1).

M. DE GUERNE dépose également sur le bureau quelques réponses rédigées par M. le Dr Féré.

M. BÜTTIKOFER remercie M. R. Saint-Loup d'avoir précisé les données d'un problème qui intéresse la science et l'industrie et d'avoir apporté déjà, de cette façon, un progrès vers la solution désirable.

M. LE BARON J. DE GUERNE donne ensuite lecture d'un troisième Questionnaire concernant l'histoire naturelle des Tinamous et spécialement du Tinamou roux (*Rhynchotus rufescens*) et sur l'acclimatation, la domestication et l'élevage en Europe de cette dernière espèce. Comme les précédents, ce questionnaire a été rédigé spécialement en vue de la réunion du IIIe Congrès ornithologique et sous les auspices de la section d'ornithologie-aviculture de la Société nationale d'acclimatation de France. Il comprend les demandes suivantes, dont quelques-unes ont reçu des réponses de membres ou de correspondants de la Société d'acclimatation.

1. Donner les caractères généraux du groupe des Tinamous.

2. Indiquer les caractères anatomiques.

3. Indiquer la répartition géographique de ces Oiseaux.

4. Indiquer les différentes espèces du groupe des Tinamous avec les noms vulgaires correspondants.

5. Indiquer les caractères zoologiques de ces espèces.

« Les caractères généraux et la répartition géographique du groupe des Tinamous, les caractères des différentes espèces et leur distribution ont été indiqués par M. le comte T. Salvadori dans le tome XXVII du *Catalogue of the Birds in the collection of the British Museum*. » (E. Oustalet.)

(1) Cette note est publiée, ainsi que la note de M. le Dr Féré sur le même sujet, dans la seconde partie du *Compte rendu du Congrès (Notes et Mémoires)*.

N. B. Les réponses des correspondants à ces premières questions ne concernent, pour la plupart, que le Tinamou roux (*Rhynchotus rufescens*).

« Le Tinamou roux occupe toute la République Argentine, sauf les vallées de la Cordillère des Andes, toute la République de l'Uruguay et celle du Paraguay; il existe encore dans les Missions, et on le trouve dans la partie brésilienne du bassin de La Plata, mais la forêt semble lui être antipathique. Il est vulgairement appelé *Martineta* dans l'Amérique du Sud. » (Émile Daireaux.)

6. Indiquer les observations qui ont été faites sur les Tinamous, à l'état de liberté, dans leur pays d'origine (nourriture, reproduction, etc.).

« Le Tinamou roux a vécu et s'est nourri, depuis la découverte et avant, dans les pays les plus pauvres; il est facile encore de le trouver, en groupes très nombreux, dans les terrains incultes, en même temps qu'il abonde déjà dans les terres cultivées et les fermes, partout où il trouve soit des plantes croissant naturellement, comme le *Gynereum argenteum*, ou les autres plantes herbacées de la pampa, soit des fourrages ou des céréales.

« A mesure que la colonisation partant du littoral s'est faite, par les grands troupeaux, sans l'aide de la culture, le Tinamou s'est retiré au loin; il fuyait l'homme d'autant plus vite que les abris, dont il avait joui jusquelà, disparaissaient sous les pieds du bétail. On en a conclu que cet Oiseau était des plus sauvages et redoutait la présence de l'homme; mais depuis que la culture est venue aider l'éleveur, il nous a été facile d'observer que le Tinamou, loin de redouter la présence de l'homme, est assez hardi pour entourer la charrue, se nourrir de toutes les larves et des Vers qu'elle remue et prendre sa part de la récolte sous l'œil de celui qui l'a préparée, en venant devant lui déterrer les pommes de terre ou attaquer les épis de maïs. Le Tinamou devient familier, ou reconsant sans doute pour l'agriculture, et sous l'influence d'une nourriture de choix, sa chair se modifie et s'améliore rapidement, en même temps que son volume augmente.

« Dans la pampa inculte le Tinamou se nourrit de toutes sortes d'Insectes (Scarabées, Sauterelles, etc.), de Vers, de Reptiles et de Batraciens et aussi des racines qu'il peut déterrer et des graines des plantes sauvages.

« J'ai, pour ma part, fait beaucoup d'observations sur le Tinamou ; je l'ai beaucoup chassé et j'ai conservé en volière des sujets venant, les uns du nord, du Paraguay, les autres du sud, mais je ne l'ai jamais vu se reproduire ou pondre en volière. » (E. Daireaux.)

« Les Tinamous vivent dans les champs couverts d'herbes ; ils sortent principalement dans l'après-midi, se nourrissent de graines et de fruits, particulièrement de ceux du *Margyricarpus octosus* qui donnent à sa chair une saveur amère, volent peu et sont plutôt marcheurs. Leur vol est peu élevé et ne dépasse pas 100 à 200 mètres en étendue. Ils font beaucoup de bruit en volant. » (Holmberg.)

7. Indiquer leurs ennemis naturels, leurs parasites internes et externes.

« Peu d'études ont été faites sur les ennemis naturels et les parasites du Tinamou ; cet animal est trop abondant et a trop peu de valeur vénale dans le pays pour qu'on se préoccupe des ennemis qui peuvent en diminuer le nombre. Il a, malheureusement, dans son pays tous les ennemis qu'ont les autres Gallinacés sans défense, les Renards, les *Zorrinos*, les Éperviers, etc. » (E. Daireaux.)

« On connaît déjà deux parasites internes du Tinamou roux (*Rhynchotus rufescens*) :

« 1° *Filaria quadrilobata* Molin, 1857, qui a été observée, au Brésil même, aussi bien chez le *Rhynchotus maculosus* que chez le *Rh. rufescens*. Cet Helminthe est un Ver rond, long de 30 millimètres environ ; il se loge sous la peau ou dans la cavité abdominale.

« 2° *Ligula reptans* Diesing, 1850, Ver rubané, nonasegmenté, enkysté sous la peau.

« On a signalé encore d'autres Helminthes chez les autres espèces de Tinamous, mais on est bien loin d'avoir des notions suffisantes au sujet des parasites de ces

Oiseaux ; il y a donc lieu de porter son attention sur ce point. En particulier la recherche des parasites intestinaux serait très utile et, pour des raisons trop techniques pour être précisées ici, mériterait d'être faite avec soin. Il y a lieu de distinguer à cet égard entre des animaux morts peu après leur introduction en Europe, des individus ayant séjourné longtemps sous nos climats et des individus y ayant pris naissance. Les premiers auront encore leurs parasites *normaux*, les seconds pourront les avoir perdus et avoir acquis d'autres Helminthes, les derniers n'auront apparemment que les Helminthes vulgaires de nos Oiseaux de basse-cour. C'est donc surtout chez des Tinamous récemment introduits que la recherche des Helminthes doit être faite.

« Tous les parasites recueillis doivent être conservés dans l'alcool à 75°, ou, si la chose est possible, dans un mélange ainsi constitué :

> Alcool à 75°............................... 2 parties.
> Eau formolée à 4 p. 100.................... 1 partie.

« Ce mélange a le très grand avantage de conserver aux Vers leur souplesse et leur transparence. Si la muqueuse de l'estomac, de l'intestin ou de tel autre organe présente des particularités dignes d'attention, il importe d'en couper de longs fragments, qui se conserveront aussi fort bien dans le mélange d'alcool et d'eau formolée. Cette eau formolée s'obtient par le simple mélange de 4 volumes de formol ou aldéhyde formique du commerce avec 100 volumes d'eau ordinaire, non distillée. Ce mélange, qui a l'avantage de ne coûter presque rien, est un excellent liquide conservateur, dont l'usage ne saurait être trop recommandé. Il ne peut s'appliquer à tous les cas, mais convient parfaitement pour les Helminthes, surtout mélangé à 2 volumes d'alcool. » (Professeur Raphaël Blanchard.)

8. Indiquer les moyens de défense des Tinamous.

« Ils sont sans défense et courent longtemps avant de se décider à prendre leur essor. » (E. Daireaux.)

9. Indiquer quels sont les procédés de chasse.

« Dans la pampa les naturels chassent encore le Tinamou comme autrefois : *ils les pêchent à la ligne.* Montés à cheval, sans chien, ils découvrent le Tinamou dans les herbes et lui tendent au bout d'un long roseau un collet dans lequel il passe tout naturellement la tête ; ils lèvent la ligne et mettent la proie dans le sac. Par ce procédé un *chasseur à la ligne* prend dans sa journée un nombre considérable d'Oiseaux. Ce procédé de chasse n'est employé que dans les propriétés mal gardées et son produit est envoyé dans les villes par quantités énormes. Le chasseur de profession vend sa chasse par cent paires à un prix qui varie, suivant l'abondance et la température, de 10 à 40 centavos (soit de 0 fr. 25 à 1 franc) la paire. Rendu à Buenos-Ayres et vendu dans les rues, il ne coûte jamais plus de 2 fr. 50 la paire et généralement 2 francs.

« Le Tinamou se chasse du reste aussi au chien d'arrêt. » (E. Daireaux.)

« On chasse le Tinamou à cheval. Le chasseur remarque l'endroit où l'Oiseau s'est remisé et le prend en posant sur lui un filet semblable à une épuisette de grande dimension. L'Oiseau essaie de s'envoler et se prend dans la poche du filet. Les Tinamous sont apportés sur les marchés dans des cages comme les Poulets. » (Tissot.)

« Le Tinamou se cache bien et est très difficile à faire lever. » (Debreuil.)

10. Faire l'histoire de l'acclimatation des Tinamous, en Europe et dans les autres parties du monde.

11. Faire une étude spéciale du Tinamou roux (*Rhynchotus rufescens*).

12. Décrire les mœurs des Tinamous en captivité.

« Les Tinamous vivent en bonne intelligence lorsqu'ils sont réunis en grand nombre.

« La femelle qui couve cesse de chanter. » (Debreuil.)

13. Indiquer la résistance des Tinamous adultes aux diverses conditions de milieu (froid, chaleur, humidité, etc.).

« Le Tinamou résiste aux grandes chaleurs et aux grands

froids ; il se trouve indifféremment dans l'intérieur des terres ou sur le littoral, dans le sud ou dans le nord de la République Argentine. Il ne redoute ni les marais ni les terrains humides. » (E. Daireaux.)

« Le Tinamou ne paraît pas souffrir des intempéries. » (Tissot.)

« Il résiste mieux au froid qu'à la chaleur. » (Debreuil.)

14. Indiquer le régime animal, végétal ou mixte.

« Le Tinamou se nourrit de toutes sortes d'Insectes, de Reptiles et d'autres animaux, de légumes, de graines, de tubercules, d'herbes, etc. Son bec allongé et légèrement recourbé est utilisé par lui pour déterrer les graines et les larves du sol. » (E. Daireaux.)

« Il a un régime mixte et une nourriture très variée : graines sèches ou germées, Insectes, Crapauds, Grenouilles, Rats, Souris, Oiseaux, même d'assez forte taille. » (Tissot.)

« Le Tinamou se trouve bien d'une alimentation phosphatée (provende américaine). Il aime l'eau. » (Debreuil.)

« L'élevage du Tinamou est préférable en terrain humide où l'Oiseau trouve abondamment des Vers, des Mollusques, des Insectes. En terrain sec et élevé exclusivement au moyen de graines, il meurt fréquemment par suite d'affections intestinales. » (P. Mégnin.)

15. Indiquer les maladies organiques et parasitaires.

« Le Tinamou a souvent des Vers intestinaux. » (P. Mégnin.) (Voy. ci-dessus.)

16. Existe-t-il des signes extérieurs permettant de distinguer les sexes ?

« Les sexes sont très difficiles à distinguer. » (Tissot.)

17. Quelle est l'époque de la pariade ?

18. Quelle est l'époque de la ponte ?

« Dans son pays le Tinamou pond en septembre. » (E. Daireaux.)

19. L'époque de la ponte s'est-elle modifiée par suite de l'acclimatation ?

« Dans notre pays, en 1898, la ponte a commencé le 5 juin ; en 1899, le 4 mars, et en 1900, le 18 avril. » (Tissot.)

« A Melun, la ponte a lieu vers le 15 avril ; en 1897 elle a commencé le 15 mai. » (Debreuil.)

20. Y a-t-il plusieurs pontes par an ?

21. Quel est le nombre des œufs, leur couleur, leur utilisation alimentaire ?

« Dans leur pays les Tinamous font en général deux pontes par an, de six œufs violets. Les œufs sont excellents à manger, mais, sauf quelques Gauchos, toujours prêts à manger tout ce qu'ils trouvent, les habitants n'en font pas usage. Les pays où vivent les Tinamous sont, du reste, peu peuplés. » (E. Daireaux.)

« La ponte s'effectue du 15 avril à la fin de juin en trois séries séparées par des intervalles. » (Debreuil.)

« La ponte est très irrégulière. » (Tissot.)

« Les œufs, au nombre de 25 à 30, sont de couleur violacée. » (Debreuil.)

« Il y a, en moyenne, 20 œufs de couleur violacée. » (Tissot.)

22. Quel est le poids des œufs ?

« 74 grammes environ. » (Debreuil.)

23. Quelle est la quantité relative des œufs clairs et des œufs fécondés ?

« Il y a au moins un tiers d'œufs clairs. La coquille est très fragile. » (Debreuil.)

24. Quelle est la durée de l'incubation ?

« 21 jours. » (Tissot.)

« L'incubation dure de 19 à 21 jours. » (Debreuil.)

25. Quelle est la résistance des jeunes ?

« Les petits souffrent de la chaleur. Les jeunes sont vigoureux. » (Debreuil.)

« Les jeunes meurent souvent à l'âge d'un à trois mois. » (Tissot.)

« Ils semblent craindre le froid. » (De Vergennes.)

26. Quel est leur régime ?

« Des œufs cuits durs mélangés de mie de pain ; des.Vers de terreau. A trois semaines ils mangent le blé. » (Debreuil.)

« Le régime des jeunes Tinamous est le même que celui des jeunes Faisans. » (Tissot.)

« Pendant les huit premiers jours nos jeunes Tinamous n'ont pris aucune autre nourriture que du pain, puis ils ont commencé à manger du petit blé et des Vers de terre dont ils sont très friands, et des petits morceaux de viande de Bœuf crue.

« Ils ne mangent ni les Souris ni les Taupes.

« Quand le froid est venu, ils ont mangé de l'avoine et du pain. » (De Vergennes.)

27. Quelle est la durée de la croissance ?

« Les jeunes croissent très vite ; à l'âge de trois semaines ils peuvent se passer de leurs parents. » (Debreuil.)

« La croissance est très rapide jusqu'à l'âge d'un mois, très lente ensuite. » (Tissot.)

28. A quelle époque les jeunes commencent-ils à changer de plumage ?

« A trois semaines. » (Debreuil.)

« Les jeunes changent de plumage à l'âge de huit à dix jours. » (Tissot.)

29. Quelles sont les habitudes des jeunes ?

30. Quels soins leur donnent les parents ?

« C'est le mâle qui couve et qui élève la nichée. Il en réunit, dit-on, plusieurs ; cependant je dois dire que je n'en ai jamais vu en nombre autour du père nourricier ; j'ai rencontré seulement, par exception, les adultes en troupes avec les vieux, mais généralement on ne trouve les Tinamous que par deux ou trois au plus. » (E. Daireaux.)

« Les jeunes ne comprennent pas la Poule qui les a élevés. Ils s'écartent loin du mâle, mais entendent ses appels. Il est prudent de ne pas laisser les petits avec les adultes qui les tueraient. » (Debreuil.)

31. Y a-t-il des maladies spéciales ?

« Chez les jeunes élevés à Melun j'ai observé parfois de la fragilité des membres due au rachitisme. » (Debreuil.)

32. A quel âge sont-ils adultes et aptes à la reproduction ?

« Dans l'année qui suit celle de leur naissance. » (Debreuil.)

33. Y a-t-il eu des essais d'incubation artificielle ?

34. A-t-on tenté l'élevage par les Poules ?

« L'élevage est très souvent fait par des Poules. » (Tissot.)

« L'élevage par les Poules réussit très bien. — Elles peuvent être employées pour achever l'incubation des œufs en retard. » (Debreuil.)

35. Quelles couveuses naturelles faut-il choisir ?

« De préférence des Poules négresses. » (Debreuil.)

36. Quelles qualités spéciales celles-ci doivent-elles présenter ?

« La Poule couveuse doit être d'un caractère doux et ne pas trop gratter, du moins dans les premiers jours. » (Debreuil.)

37. Quel est le prix de revient de l'Oiseau adulte ?

38. Peut-on considérer le Tinamou roux comme Oiseau de volière, de basse-cour, de parc ou de chasse ?

« Le Tinamou est un Oiseau de parc. » (Debreuil.)

« C'est plutôt un Oiseau de parc. » (Tissot.)

39. Quelles sont ses qualités ou ses défauts à ces différents points de vue ?

« Le Tinamou est un mauvais Oiseau de chasse ; il ne se défend pas, se rase et ne se lève que très difficilement. » (P. Mégnin.)

40. Quels sont ses moyens de défense ?

« Le Tinamou se défend mal et ne s'envole pas. » (Debreuil.)

41. Quelle est la qualité de la chair du Tinamou, comparée à celle de divers Oiseaux, volailles ou gibiers ?

« La chair du Tinamou se rapproche plutôt de celle de la Bécasse que de celle de la Perdrix. » (Mégnin.)

« La chair du Tinamou est excellente et supérieure à celle du Faisan. » (Tissot.)

42. A-t-on fait des essais de transport de Tinamous conservés, en vue de l'alimentation, dans des appareils frigorifiques ?

« Il a déjà été fait des envois de Tinamous conservés dans des appareils frigorifiques. Les steamers en emportent et l'on en sert abondamment à la table à des passagers. Les Oiseaux ainsi conservés ne perdent aucune des qualités de leur chair. Depuis quelques années, les usines de conservation de viande par le froid enlèvent chaque jour, sur le marché de Buenos-Ayres, des quantités de ces Oiseaux et en offrent à la consommation locale lorsque la chasse est fermée, après le 15 août. Il en est envoyé aussi en Angleterre, mais je ne suis pas renseigné sur l'opinion des consommateurs. Je n'ai pas vu de ces conserves en France. » (E. Daireaux.)

43. Peut-on se procurer des Tinamous ainsi conservés?

« Pour s'en procurer il faudra s'adresser 5, rue de Turbigo. » (E. Daireaux.)

44. Quelle est l'utilisation du Tinamou au point de vue culinaire?

« Au point de vue culinaire le Tinamou peut remplacer avantageusement la volaille et le gibier : il se prépare de même, est excellent rôti, en ragoût, froid ou même bouilli. » (E. Daireaux.)

45. Quelle est l'utilité du Tinamou en dehors de l'alimentation (destruction d'Insectes, de Reptiles, de petits Rongeurs)?

« Le Tinamou se nourrit de toutes sortes d'Insectes, de Vers, de Reptiles et de Batraciens. » (E. Daireaux.)

« Le Tinamou est un destructeur d'Insectes et de petits Rongeurs; mais il mange aussi tous les petits Oiseaux tombés du nid. » (Debreuil.)

46. Quel est l'emploi et la valeur des plumes?

47. A quel âge et à quelle époque de l'année convient-il de pratiquer l'opération de l'éjointage?

« A l'âge de trois à six semaines. » (Debreuil.)

48. Indiquer les ouvrages et mémoires relatifs aux Tinamous.

« Il n'y a pas d'ouvrages américains qui traitent du Tinamou autrement que superficiellement. » (E. Daireaux.)

« On trouvera dans le Catalogue des Tinamous du *British Museum* rédigé par M. le comte T. Salvadori (*Catalogue of the Birds in the collection in the British Museum*,

t. XXVII, p. 496 et suiv.) de nombreuses indications bibliographiques relatives aux Tinamous. » (E. Oustalet.)

A la suite de la lecture de ce questionnaire, M. LE COMTE H. DE LA VAULX présente quelques observations sur le Tinamou commun de Patagonie, qui n'est pas le Tinamou roux. « C'est, dit-il, un Tinamou gris, tacheté de blanc, qui pour la grosseur tient le milieu entre la Perdrix et le Faisan. Il ne perche pas et habite les broussailles et les hautes herbes, dans le voisinage des rivières. Il pond des œufs verts. Les Argentins l'appellent *Martinetta*, *Ganari* (1). » M. de La Vaulx termine en exprimant le vœu qu'on importe en France ce Tinamou gris.

M. FRANCK dit qu'il a élevé en volière des Tinamous roux, mais que ces Oiseaux ne se sont pas reproduits dans ces conditions, tandis qu'ils se sont reproduits en liberté et que leur nombre a triplé.

Il a fait venir 100 paires de Tinamous nains (*Taoniscus nanus ?*), mais de ces 100 paires 88 ont succombé. M. Franck en conclut que cette dernière espèce n'est pas propre à l'acclimatation. Il serait très désireux de connaître les caractères extérieurs qui permettent de distinguer les sexes chez le Tinamou roux.

La séance est levée à midi.

Séance de la 3ᵉ sous-section (Aviculture) de la 4ᵉ section, le jeudi 28 juin (matin).

Président : M. le duc Féry d'Esclands.
Secrétaires : MM. P. Wacquez et le baron du Teil.

La séance est ouverte à dix heures.

M. LE PRÉSIDENT remercie la sous-section d'aviculture de l'honneur qu'elle lui a fait en le choisissant pour présider ses travaux ; puis il donne la parole à M. le secrétaire pour la lecture de l'ordre du jour.

(1) C'est probablement la *Nothura Darwini* Gr. (Salvadori, *Cat. Birds Brit. Mus.*, t. XXVII, p. 562, pl. xix).

M. LE BARON DU TEIL, délégué de la Société des aviculteurs français, rappelle l'origine des premières expositions d'aviculture en France, expositions dont la création est due à M. A. Geoffroy Saint-Hilaire ; il expose ensuite le programme et le rôle de la Société des aviculteurs français. Il pense qu'une société avicole doit s'occuper également des volailles de luxe et des volailles de ferme et que, si les premières sont encouragées par de fréquentes expositions d'aviculture, les secondes auraient besoin de recevoir des encouragements dans leur région même ; pour arriver à ce but, il serait désirable que, sur les sommes allouées par l'État aux Comices agricoles, une part fût réservée à l'aviculture.

Cette manière de voir est approuvée à l'unanimité.

M. MAROIS désirerait que l'on spécifiât bien que l'État lui-même prendra cette initiative.

M. LE BARON DU TEIL exprime le vœu qu'une médaille commémorative soit remise à tous les membres du Congrès ornithologique. Ce vœu sera soumis à la commission d'organisation et l'accomplissement en sera subordonné à l'état de son budget.

M. SALVADOR CASTELLO Y CARRERAS parle de l'erreur commise depuis de longues années au sujet de la race de Poules dite « espagnole ». Il affirme que cette race n'est pas originaire d'Espagne ; qu'elle n'y est pas plus répandue que dans d'autres pays, au contraire, et il demande qu'on la change de nom, qu'on l'appelle par exemple Poule à face blanche (*Gallus albifacies*), sans aucune allusion à son origine, fort obscure encore, certainement pas espagnole en tout cas. Il demande également que la race d'Ancône ne soit plus classée parmi les races espagnoles, comme elle l'a été par plusieurs auteurs ; il y a ici erreur manifeste, la ville d'Ancône étant en Italie. M. Castello signale ensuite, comme réellement espagnole, la race connue partout sous le nom de Minorque, qu'il conviendrait plutôt d'appeler *Castillane noire* ou *blanche* (*Gallus hispanicus niger* ou *albus*), car c'est la péninsule, et non les îles Baléares, qui fut son berceau. Il cite aussi une espèce de

Castillane blanche ou noire, mais à pattes jaunes, ressemblant assez aux Leghorns, et très répandue sur les côtes de la Méditerranée ; enfin la race catalane du Prat, qu'il pense, comme M. Voitellier, être un croisement de l'ancienne race de Catalogne avec les Cochinchinois.

Enfin M. Castello développe son exposé sur l'enseignement méthodique de l'aviculture qu'il applique à l'École royale d'aviculture de Barcelone ; il formule le désir que les Gouvernements, sur les instances des délégués officiels au Congrès, organisent l'enseignement avicole soit comme complément aux études zootechniques, soit en créant un enseignement spécial, soit en encourageant l'initiative particulière.

M. le Secrétaire dit que l'enseignement primaire en France comporte des notions d'agriculture et qu'on devrait y joindre quelques principes d'aviculture, car les volailles et les œufs constituent une des plus grandes ressources pour l'alimentation.

Les vœux de M. Castello sont mis aux voix par M. le Président et adoptés par la section.

M. H. Voitellier fait une communication sur les croisements rationnels et la possibilité d'améliorer au point de vue pratique les races de Poules de tous pays. Le mot « améliorer », dit-il, n'est pas pris ici dans le sens purement zootechnique, mais dans le sens pratique du producteur visant un rendement supérieur. A côté du sport attrayant que constitue l'élevage des volailles de race pure, il faut se préoccuper de l'approvisionnement des halles et marchés. « Loin de moi, poursuit M. Voitellier, l'idée de supprimer les races pures ; la condition première pour un croisement étant d'allier des éléments purs, il importe avant tout de continuer à maintenir par sélection les races de chaque contrée dans toute leur pureté.

« Généralement les sujets produits par des croisements de races pures sont plus forts que leurs père et mère ; mais il faut s'élever avec force contre la pratique néfaste des croisements irraisonnés. Seuls les croisements rationnels, pratiqués par les producteurs, à côté des amateurs de races pures, pourront constituer une industrie avicole ; c'est grâce à eux seulement que la basse-cour peut devenir un des éléments principaux du revenu des agriculteurs. »

A propos de cette communication, fort applaudie, M. Delmas appelle l'attention des assistants sur l'intérêt que présente cette question et que M. Voitellier vient de traiter avec sa compétence bien connue.

M. PHILIPPE dit que les races gallines sont le produit du sol et du climat et que, transportées hors de leur terrain d'origine, elles dégénèrent plus ou moins vite. Que deviendrait, dit-il, la Crèvecœur sur un sol sec et aride, sans herbages, ou la Houdan élevée dans un pays marécageux ? Il parle ensuite de la race de Faverolles, dont les points typiques sont presque fixés maintenant. Il vante les nombreux avantages de cette race d'une rusticité remarquable. Après avoir montré l'importance des marchés de Houdan, de Dreux et de Nogent-le-Roy, M. Philippe termine en exprimant le vœu que les cultivateurs de toutes les parties de la France, si riche en bonnes races de volailles, comprennent enfin quelles ressources importantes ils pourraient retirer de l'élevage intensif et rationnel.

M. LE PRÉSIDENT donne lecture d'une lettre de M. Sibillot demandant que la section fasse voter un vœu en faveur de la protection légale dans tous les pays des Pigeons voyageurs de passage.

La séance est levée à midi.

Visite à diverses sections de l'Exposition, le jeudi 28 juin, à deux heures.

Les membres du Congrès, en grand nombre, sous la conduite de M. E. Oustalet, président, de M. J. de Claybrooke, secrétaire général, de M. le Dr Remy Saint-Loup, président, et de M. L. Ternier, secrétaire d'une des sous-sections, ont visité successivement plusieurs pavillons des sections étrangères, le palais des sciences et des lettres, le pavillon des forêts, etc.

Les collections recueillies au Spitzberg dans le cours de la dernière expédition de S. A. S. Albert Iᵉʳ, prince de Monaco ; la reconstitution d'une montagne à Oiseaux dans le pavillon de la Norvège ; les spécimens de la faune ornithologique de la Finlande, Harfangs, Pics, Tétras, Gélinottes, etc., montés dans leurs attitudes naturelles ; une collection intéressante d'Oiseaux de l'île San-Thomé présentée par M. Almada Negreiros dans la section des colonies portugaises ; une série d'Oiseaux obtenus par la commission d'exploration du Mexique ; les groupes pleins de vie de la section hongroise dans l'exposition de chasse et pêche, et les tableaux représentant l'ensemble des stations d'observations ornithologiques en Hongrie, tableaux qui ont été présentés par M. O. Herman, chef du Bureau central ornithologique à Budapest, ont successivement attiré l'attention des membres du Congrès. Plusieurs d'entre eux avaient déjà visité antérieurement, dans l'intervalle des séances, l'admirable collection exposée dans le pavillon du Caucase et de l'Asie russe par les soins de M. le conseiller d'État Dʳ von Radde, directeur du musée de Tiflis (Caucase) qui, en raison du mauvais état de sa santé, n'a pu malheureusement assister aux dernières séances du Congrès, et les collections exposées soit dans la section du ministère de l'Instruction publique de France (Missions scientifiques), soit dans les divers pavillons des colonies françaises et anglaises, notamment au pavillon du Canada et au pavillon de Ceylan. Dans ce dernier une très grande vitrine rectangulaire renfermait de nombreux spécimens de la faune de Ceylan, Mammifères, Oiseaux, Reptiles, montés dans des poses naturelles et placés par les soins de M. Davidson, commissaire, et de M. E. Gerrard, naturaliste, au milieu d'arbres, d'herbes et de broussailles représentant les jungles ; au pavillon du Canada une vingtaine d'armoires et de vitrines contenaient des exemplaires isolés ou des groupes appartenant à toutes les espèces de la faune canadienne et disposés par les soins de M. le lieutenant-colonel Gourdeau, Commissaire, et de M. le professeur Andrew Halkett, naturaliste. Dans la section du ministère de l'Instruction publique de France, les Mammifères et les Oiseaux tués par M. Ed. Foa dans ses grandes chasses en Afrique centrale, les animaux recueillis en Basse-Californie par M. L. Diguet, en Patagonie par M. le comte Henri de La Vaulx; dans la section du ministère des Colonies, les collections provenant des voyages de M. Pavie à travers l'Indo-Chine française, les spécimens de la faune de la côte des Çomalis avaient été également examinés avec intérêt par un certain nombre de membres du Congrès.

Séance de la 3ᵉ sous-section (Aviculture) de la 4ᵉ section, le jeudi 28 juin (après-midi).

Président : M. le duc Féry d'Esclands.
Secrétaires : MM. P. Wacquez et le baron du Teil.

La séance est ouverte à cinq heures.

Quelques observations sont présentées par MM. BRESCHET, COUVREUX et VOITELLIER au sujet de la précédente communication de M. Philippe sur la Poule Faverolles; ils pensent qu'on ne peut donner le nom de race à cette variété qui n'est plutôt qu'un type d'élevage local.

M. LE SECRÉTAIRE donne lecture d'une communication de M. LE Dʳ DENEUVE sur le Pigeon messager et ses transformations. Après un exposé du côté historique de la question, l'auteur décrit quelques spécimens de Pigeons voyageurs modernes et conclut en disant que le type idéal serait un Pigeon bien planté, à la poitrine épaisse, au sternum profond, ayant les os du bassin rapprochés, les ailes ramassées, le petit vol large, la tête régulière, l'œil vif entouré d'une membrane blanche ou grisâtre; ce serait là, dit-il, le standard des colombophiles et celui vers lequel ils doivent diriger tous leurs efforts.

M. MAROIS n'ayant pu assister à la séance, M. le secrétaire donne également le résumé de sa communication sur l'historique de la race Cochinchinoise et de la Pintade ainsi

que sur les travaux du Comité du *Standard avicole* de
France. L'auteur dit que la race cochinchinoise a fait son
apparition, tant en France qu'en Angleterre, vers
l'année 1846, importée par le vice-amiral Cécile, et qu'elle
provient non de la Cochinchine, mais de Shanghaï. Les
premiers sujets étaient de couleur fauve foncée ; depuis,
on a obtenu par sélection une série de couleurs qui
sont :

1° La Cochinchine fauve ;

2° La Cochinchine perdrix ;

3° La Cochinchine noire ;

4° La Cochinchine blanche ;

5° La Cochinchine rousse ;

6° La Cochinchine coucou ;

M. Marois parle ensuite de la Pintade ; après avoir indiqué quelques particularités de son élevage, il signale son
utilité comme précieux destructeur d'insectes et sa transformation possible en gibier de chasse.

Il termine par un exposé des travaux et du rôle du
Comité du *Standard avicole* de France.

M. Wacquez prend la parole sur le Pigeon boulant.
Après avoir exposé sa transformation depuis Aldrovande
jusqu'à nos jours, il indique la disposition à adopter pour
les plumes des jambes du boulant anglais, puis il donne
les caractéristiques du boulant de Poméranie et enfin du
Pigeon maillé.

M. Bresciiet expose que le Pigeon romain est une race
parisienne et que quelques-unes de ses variétés ont été
créées à Paris même ; quant à son lieu d'origine exact, ce
doit être, dit-il, un endroit des environs de Paris qu'il désirerait voir déterminer d'une façon présise.

Ce Pigeon, en tout cas, n'est nullement originaire
d'Italie.

M. le Président remercie les aviculteurs qui ont bien
voulu apporter aux travaux de la section d'aviculture du
Congrès l'appui de leur expérience, de leur talent, et leur
dévoùement à la cause de l'aviculture.

La séance est levée à sept heures et quart.

Visite aux collections ornithologiques du Muséum, le vendredi 29 juin, à dix heures du matin.

Le lendemain, 29 juin, les membres du Congrès ont été conviés à visiter les collections ornithologiques exposées dans les galeries du Muséum, où ils ont été reçus par M. Edmond Perrier, récemment nommé directeur du Muséum en remplacement de M. A. Milne-Edwards, par M. le professeur L. Vaillant, chargé par intérim de la chaire de Zoologie (Mammifères et Oiseaux) et par M. E. Oustalet, président du Congrès. Le nouveau directeur du Muséum leur a souhaité la bienvenue dans une salle où avait été organisée, spécialement en vue du Congrès, et par les soins de MM. E. Oustalet, J. de Claybrooke, R. Saint-Loup, L. Ternier et le Dr Arbel, une petite exposition d'Oiseaux et de nids ainsi que d'aquarelles, de dessins, d'ouvrages et d'appareils ayant trait à l'ornithologie et à ses applications. M. P.-A. Pichot, directeur de la *Revue britannique*, avait bien voulu prêter pour cette circonstance plusieurs aquarelles originales exécutées pour le célèbre *Traité de fauconnerie* de Schlegel, des photographies d'Autours et d'autres Oiseaux de chasse en action, des chaperons de Faucons algériens, un sifflet chinois pour Pigeon messager, etc. ; M. le Dr Arbel, plusieurs Faucons de chasse montés, et les principaux engins d'un équipage de fauconnerie moderne, des photographies de quelques planches curieuses d'un ancien ouvrage ; M. R. Saint-Loup, des dessins originaux, des albums japonais, des faïences et porcelaines représentant des Oiseaux ; M. Millot, une aquarelle et une série très remarquable d'Oiseaux de France montés dans des poses pleines de vérité, par M. J. Terrier, chef des travaux taxidermiques au Muséum ; M. E. Juillerat, une aquarelle d'Oiseau ; M. L. Ternier, la série presque complète des dessins originaux qui ont servi à illustrer son livre sur la *Sauvagine*. M. Petit, naturaliste à Paris, avait apporté une grande partie de la collection de nids formée par feu M. Lescuyer et une petite série d'Oiseaux albinos, et M. le baron de Berlepsch avait envoyé des spécimens de nichoirs artificiels, très ingénieusement disposés, dont il est l'inventeur et qui sont destinés aux Oiseaux qui nichent dans des trous d'arbres creux ou dans d'autres cavités naturelles. Ces nichoirs sont fabriqués à Büren, en Westphalie, par MM. H. et O. Scheid frères.

M. le baron de Berlepsch avait joint à cet envoi des instructions détaillées et des exemplaires de son livre *Der gesamte Vogelschutz* édité par la librairie F.-E. Köhler, de Géra-Untermhaus, qui avait exposé la série des publications de la Société allemande pour la protection des Oiseaux (*Deutsche Verein zum Schutze der Vogelwelt*). A côté de cette série se trouvait la série complète de l'*Ornis*, exposée par les soins de M. E. Oustalet, président du Comité ornithologique international, l'*Islenglt Fuglatal* de B. Gröndal, le mémoire de M. J.-A. Harvie-Brown intitulé: *On a correct colour Code, or sortation Code in colours*, mémoire qui a été inséré dans les *Proceedings of the International Congress of Zoology of Cambridge*, 1898, et diverses publications du département de l'Agriculture des États-Unis relatives à la protection des Oiseaux, etc.

Enfin plusieurs vitrines renfermaient une collection nombreuse de poussins d'Oiseaux d'Europe et d'Oiseaux exotiques; une série importante de sujets offrant des phénomènes d'albinisme, de flavisme ou de mélanisme et appartenant à des espèces très variées; une collection considérable d'Oiseaux recueillis récemment dans le Soudan et le Fouta-Diallon par M. le Dʳ Maclaud; des nids et des œufs de Salanganes provenant de différentes îles et présentant une assez grande diversité dans leur forme et leur nature; des œufs de Mégapodes des Philippines envoyés au Muséum il y a quelques années par M. Alfred Marche; enfin tous les types des espèces nouvelles qui sont parvenues récemment au Muséum et qui ont été décrites dans cet établissement. Ces types proviennent de Madagáscar, de l'Afrique tropicale, de l'Indo-Chine ou de la Chine occidentale. M. E. Oustalet a attiré spécialement sur ces exemplaires l'attention des membres du

Congrès qu'il a guidés ensuite à travers les galeries d'Ornithologie en leur fournissant quelques renseignements sur les acquisitions les plus importantes du Muséum dans le cours de ces dernières années.

Deuxième séance de la 1re sous-section de la 4e section (Protection des Oiseaux), le vendredi 29 juin (après-midi).

Président : M. le docteur V. Fatio.
Secrétaires : MM. le comte d'Orfeuille et Schalow.

La séance est ouverte à deux heures et demie.

La correspondance comprend divers travaux manuscrits et imprimés.

M. ALBERT GRANGER, membre de la Société linéenne de Bordeaux, ne pouvant assister au Congrès, a envoyé le tirage à part d'un mémoire intitulé : *Essai d'une classification des Oiseaux de France utiles ou nuisibles*, mémoire qui a paru dans le tome XVII (1894) du *Bulletin de la Société d'étude des sciences naturelles de Béziers*.

M. LUIGI AMADUZZI, membre de la Fédération des chasseurs italiens, adresse le texte imprimé d'une conférence qu'il a faite dans la grande salle municipale de Tarente, le 16 février 1900, sous ce titre : *De la nécessité d'une loi protectrice des Oiseaux insectivores à propos de l'enquête sur la Mouche de l'Olivier (Della necessità di una legge protettrice degli Uccelli insettivori a proposito dell' inchiesta sulla Mosca olearia).*

M. LE PROFESSEUR A. MATHEY-DUPRA, de Verrières (Suisse), exprime ses regrets de ne pouvoir se rendre à Paris et envoie un mémoire manuscrit *sur la protection des Oiseaux.*

M. A. BOUCARD écrit aussi de Spring Vales (île de Wight) qu'il se trouve, à son grand regret, dans l'impossibilité de prendre part au Congrès et adresse au Président du Congrès un mémoire manuscrit *sur les Oiseaux utiles et nuisibles.*

M. Raveret-Wattel, directeur de la station piscicole du Nid-de-Verdier près Fécamp (Seine-Inférieure), envoie une note manuscrite *sur la nécessité de classer le Martin-pêcheur parmi les Oiseaux nuisibles* (1).

M. le professeur Dr R. Blasius dépose sur le bureau le tirage à part d'un travail qu'il a publié dans le Bulletin mensuel du *Deutsche Verein zum Schutze der Vogelwelt* et dans lequel il expose, d'après des observations portant sur une période de quarante-neuf ans, les résultats funestes de la capture en masse des Turdidés au point de vue de la conservation des diverses espèces (*Die Abnahme der Drosseln durch den Krammetsvogelfung, auf Grundlage neunundvierzigjahriger Fangresultate, Ornith. Monatschrift des Deutsch. Vereins zum Schutze der Vogelwelt*, t. XXV, n° 6, p. 243-265).

M. T.-S. Palmer, sous-directeur du *Biological Survey* au département de l'Agriculture des États-Unis, envoie trois mémoires qui ont été insérés dans les publications officielles de ce département. Dans le premier se trouvent exposées les mesures législatives déjà prises ou à prendre dans les différents États de l'Union pour la protection des Oiseaux qui ne rentrent pas dans la catégorie du gibier (*Legislation for the protection of Birds other than Game Birds, U. S. Department of Agriculture, Bull.* n° 12, 1900). Dans le second mémoire (*Extermination of Noxious Animals by Bounties, Yearbook of Department of Agriculture for* 1896), l'auteur discute les avantages et les inconvénients du système des primes payées pour la destruction des animaux nuisibles ; dans le troisième (*The danger of Introducing Noxious Animals and Birds, Yearbook of Department of Agriculture for* 1898), il montre le danger qu'il y a d'introduire dans un pays des Mammifères et des Oiseaux exotiques qui par leur régime peuvent devenir nuisibles à l'agriculture.

Un autre volume du *Yearbook of the Department of Agriculture* (1899), présenté dans la même séance, renferme

(1) Les mémoires et notes de MM. Mathey-Dupra, Boucard et Raveret-Wattel sont publiés dans la seconde partie du *Compte rendu du Congrès.*

encore un mémoire de M. T.-S. PALMER (*A Provision of Economic Ornithology in the United States*), où l'auteur étudie les rapports des Oiseaux avec l'économie industrielle et agricole.

M. F.-E.-L. BEAL adresse une note qu'il a publiée, en 1897, dans le numéro 54 du *Farmers' Bulletin* édité par le département de l'Agriculture des États-Unis. Cette note, illustrée d'une vingtaine de figures, traite des relations de quelques espèces communes d'Oiseaux avec l'agriculture (*Some common Birds in their relations to Agriculture*).

M. A. ARNOULD, inspecteur adjoint des Eaux et Forêts, délégué du ministère de l'Agriculture, met à la disposition des membres du Congrès un certain nombre d'exemplaires de l'*Étude des mesures internationales de protection des Oiseaux utiles à l'agriculture* qu'il a rédigée en vue de l'Exposition universelle de 1900 et qui a été publiée par les soins de l'administration des Eaux et Forêts.

M. E. OUSTALET, président du Congrès, communique la lettre suivante qui lui a été adressée par M. le Dʳ YNGVE-SJÖSTEDT, délégué du gouvernement suédois :

« Depuis que la Commission internationale assemblée à Paris en 1895 a remis au gouvernement suédois un protocole en vue de la conclusion d'une convention internationale pour la protection des Oiseaux utiles à l'agriculture, protocole qui accompagnait le Rapport du représentant de la Suède à ce Congrès, diverses autorités de ce pays ont été appelées à s'occuper des questions précédemment traitées par la commission. En 1896, l'Administration royale des Domaines a donné sur ce sujet un avis conforme à celui de l'Administration royale de l'Agriculture et plus tard, en 1898, a proposé d'introduire quelques modifications dans les règlements de la chasse.

« Je me permets donc, monsieur le Président, de vous exposer en quelques lignes l'état actuel de la question dans notre pays.

« On doit maintenant admettre, d'une façon générale, que les petits Oiseaux qui mangent des Insectes sont, pour l'agriculture et l'économie forestière, des auxiliaires précieux contre les attaques des Insectes nuisibles. Bien que le Comité qui, en Suède, a eu à s'occuper des projets de modifications à apporter dans l'exercice du droit de chasse, ait admis la nécessité de la protection pendant la période d'incubation et d'éducation des jeunes, même pour les espèces d'Oiseaux qu'on ne chasse pas et spécialement pour les petits Passereaux, il n'a pas cru devoir, dans son projet, introduire à leur sujet une disposition particulière, et cela principalement parce que, dans notre pays, il ne se manifeste pas, en général, une tendance à détruire les petits Oiseaux.

« L'Administration royale des Domaines a été appelée par le gouvernement à donner son avis sur cette question et a conclu que la chasse aux petits Oiseaux, dans notre pays, n'est pas la véritable cause de leur diminution constatée, celle-ci devant être attribuée aux persécutions que ces Oiseaux ont à subir pendant leurs migrations à travers les pays méridionaux et pendant leur hivernage. Elle considère la protection des petits Oiseaux pendant la période de reproduction comme justifiée en principe et pense que la question doit être d'autant moins rejetée que le gouvernement suédois vient de recevoir une proposition d'entente internationale pour la protection de ces Oiseaux. Si même une convention générale tarde à être conclue, l'Administration royale des Domaines estime qu'il ne faut pas tarder à promulguer une loi dans ce sens et elle propose que l'Étourneau vulgaire (*Sturnus vulgaris*) et d'autres Passereaux soient protégés du 1ᵉʳ mars au 31 août. Dans cette protection on ne doit pas comprendre les *Fringilla domestica* et *montana*, les *Lanius*, le *Garrulus glandarius*, les *Corvus corax* et *cornix* et la *Pica europæa*. Dans les jardins les *Turdus* et la *Pyrrhula vulgaris* pourront être tués et capturés librement pendant toute l'année.

« Cette question est traitée spécialement dans les documents suivants :

« 1° Rapports de l'Administration royale des Domaines du 14 décembre 1896 et du 16 octobre 1897 ;

« 2° Rapport imprimé de l'Administration royale des Domaines du 7 février 1899 ;

« 3° Rapport de l'Administration royale des Domaines et de l'Administration de l'Agriculture du 21 mai 1900 ;

« 4° Rapport de la Société centrale pour la protection des Animaux à Stockholm en date du 8 mars 1900. »

Après la lecture de la correspondance, M. LE CHEVALIER CHARLES OHLSEN a la parole pour exposer une série de propositions pour la conservation des Oiseaux. Ces propositions sont ainsi conçues :

« I. — Que tout Gouvernement d'Europe édicte des lois convenables sur l'exercice de la chasse, ou réforme rationnellement celles existantes en se tenant aux modes, lieux et temps requis par les conditions de son propre pays, mais en ayant pour objectif de faciliter l'accord désiré pour une loi internationale de défense collective du gibier et tendant à la conservation et à la multiplication des Oiseaux utiles.

« De plus que chaque Gouvernement fasse rigoureusement observer les lois nationales avec la prohibition absolue et commune à tous les États des points suivants :

« a. De prendre œufs d'Oiseaux, nids et nichées d'Oiseaux en n'importe quel temps.

« b. De capturer ou de tuer les Oiseaux, de chasser ou de prendre le gibier pendant que la chasse est fermée, et aussi de pratiquer le transit, le commerce, l'offre d'œufs, de nids ou de nichées d'oiseaux, sans restriction de temps, mais pendant toute l'année :

« c. D'employer : filets, pièges, trappes ou tout autre engin de destruction quel qu'en soit le genre (à l'exception du fusil), même dans la période où la chasse est permise.

« d. De chasser les Oiseaux le long des cours d'eau pendant la saison des sécheresses.

« e. De persécuter les Hirondelles (*Hirundo rustica*), les Martinets (*Cypselus*), les Tête-chèvre (*Caprimulgidés*) et autres insectivores, lesquels méritent dans tous les cas une protection spéciale ou générale.

« f. Du transit et de la vente des Cailles, tant au printemps qu'en automne, alors qu'elles émigrent d'Afrique pour passer en Europe et *vice versa*.

« II. — Les lois et prescriptions cynégétiques et celles relatives aux Oiseaux devront émaner toujours du seul gouvernement central, c'est-à-dire du ministère compétent, et jamais des autorités locales, provinciales ou préfectorales, auxquelles incombera seulement l'obligation rigoureuse, sévère et scrupuleuse de l'exécution desdites lois.

« III. — Que les divers États soient tous invités à créer, chacun à cet objet, un inspecteur gouvernemental spécial, avec le double devoir de surveiller rigoureusement que toutes les lois sur la chasse soient exactement observées, et d'envoyer, tous les ans, un rapport sur l'accroissement ou la diminution des espèces d'Oiseaux, en y ajoutant les observations respectives analytiques.

« IV. — Que l'on encourage les sociétés cynégétiques existantes et que l'on pousse à la formation de nouvelles sociétés, si besoin est, dans le but de sauvegarder rationnellement le gibier ; que l'on fasse de même vis-à-vis des ligues de protection des Oiseaux, en leur prescrivant un secrétaire stipendié et choisi à cet effet non parmi les purs ornithophiles, mais parmi les vrais ornithologues ; que les Institutions, quelles qu'elles soient, travaillent auprès de leur gouvernement respectif en vue d'une saine législation nationale sur l'exercice de la chasse, en corrélation avec la loi internationale désirée.

« V. — Que l'on introduise dans les écoles élémentaires de chaque État l'enseignement de la biologie et des habitudes des Oiseaux, avec les règles à suivre pour les protéger et les multiplier, et que l'on institue encore des chaires ambulantes à l'effet de répandre par ce double moyen, chez les enfants aussi bien que chez les adultes, l'intérêt pour la faune ailée, en considération de la grande utilité des Oiseaux pour ce qui a rapport avec l'agriculture et avec l'hygiène. Pour faire respecter les plantations et les Oiseaux, célébrer annuellement dans toutes les communes de l'État la fête scolastique des arbres unie à une fête des Oiseaux.

« VI. — Pourvoir à la plantation d'arbres, bosquets et haies vives indiqués pour la demeure et la nidification des Oiseaux, et inviter les gouvernements, municipalités et corps moraux à donner l'exemple, en disposant pour cette œuvre bienfaisante des terrains de leur propriété ou de leur dépendance.

« VII. — Faire une étude sérieuse des moyens aptes à empêcher que les phares soient, comme à présent, la cause de destruction d'un si grand nombre d'Oiseaux, sans pour cela en amoindrir d'aucune façon le but hautement humanitaire.

« VIII. — Supprimer dans toutes les expositions tant nationales qu'internationales les prix aux engins ou préparations destinés à nuire aux Oiseaux ou à les détruire, à l'exception seulement du fusil.

« IX. — Prévenir par des dispositions répressives les dommages apportés, par les Chats, aux Oiseaux et à leur nidification dans les campagnes, vergers et jardins.

« X. — Combattre la mode féminine touchant les ornements faits de plumes, peaux ou ailes d'Oiseaux, et modérer pour cela, autant que possible, l'industrie plumassière.

« XI. — Accorder une note d'éloge mérité aux personnes qui s'occupent des maladies des plantes causées par des Insectes et encourager les études de ce genre en corrélation avec l'ornithologie, de manière à démontrer la haute mission économique des Oiseaux insectivores, sauvegarde naturelle de l'agriculture ; louer et encourager les études de l'hygiène moderne sur les maladies contagieuses de l'homme et spécialement les précieuses et récentes observations sur le rôle des Insectes dans la malaria, ces études et observations devant avoir pour conséquence la protection des Oiseaux, et devant prendre une direction ornithophile. A ces propositions je dois finalement en ajouter une dernière, qui devra régler toute l'économie du projet que je viens de tracer. La voici :

« XII. — Que ce Congrès prie le Gouvernement français d'inviter au plus tôt les autres Gouvernements d'Europe à nommer des délégués pour une nouvelle Commission internationale chargée d'élaborer des lois générales destinées à assurer en tous pays la protection des Oiseaux utiles, en se basant sur les délibérations de la Commission internationale qui s'est réunie pour le même but à Paris en 1895. Cette Commission, il est vrai, avait fixé un délai de trois ans pour la ratification de ses délibérations par les Gouvernements respectifs, et le temps s'est écoulé sans que cela se soit fait ; aussi pour éviter que la nouvelle Commission n'ait pas de résultat pratique, il serait nécessaire que les délégués nommés par les États qui y prendront part eussent de pleins pouvoirs pour ratifier les conclusions adoptées par la Commission et que leurs Gouvernements respectifs s'engageassent à les exécuter.

« Cette nouvelle Commission prendrait en considération les onze paragraphes ci-dessus, comme aussi les autres résolutions du Congrès international ornithologique de 1900 relatives au même sujet. »

M. LE PROFESSEUR R. BLASIUS demande que l'on discute simultanément le projet de M. le baron de Berlepsch, présenté à une séance précédente, et celui de M. Ch. Ohlsen.

M. RADOT expose les services que rendent les Hirondelles et insiste sur la nécessité qu'il y a à interdire dans les modes féminines l'emploi des dépouilles de ces Oiseaux, dont il a vu importer du Midi un millier de sujets par mois.

M. LE Dʳ QUINET critique la convention austro-italienne conclue il y a quelques années. Il soutient que les Hirondelles n'offrent aucune utilité parce qu'elles se nourrissent, dit-il, de Diptères utiles.

MM. HARTERT et O. HERMAN répondent à M. le Dʳ Quinet, dont ils sont loin de partager l'opinion au sujet des Hirondelles.

M. LALOUE défend, contre les partisans de la protection des Oiseaux, les intérêts des ouvrières en plumes.

M. VERNET trouve le projet de M. Ohlsen excellent, mais un peu long ; il préfère se rallier au projet de M. le baron de Berlepsch, tout en demandant qu'on y introduise un paragraphe relatif au transport des Cailles.

M. Dybowski, délégué du ministère des Colonies, estime qu'il ne faut pas proposer les mêmes lois pour la France et pour les colonies qui sont des pays neufs. En Tunisie, les Moineaux sont nuisibles. On y voit réunis sur certains points jusqu'à 200 000 nids de ces Oiseaux dont on a pris, d'un seul coup, une quantité représentant un poids total de 82 kilogrammes. Il a même fallu ordonner de couper à une certaine hauteur les *Eucalyptus*, ces arbres servant d'asiles aux Moineaux au moment de la nidification.

M. LE COMTE DU PÉRIER DE LARSAN, député de la Gironde, fait la communication suivante :

« Dans une séance précédente du Congrès ornithologique, un de nos collègues exprimait des doutes sur l'efficacité des Congrès en général et sur les résultats que pouvaient avoir des délibérations et des résolutions qu'aucune sanction légale ne vient accompagner.

« J'ai le regret d'avouer que je partage ce scepticisme.

« Oui, sans doute, nous disons ici d'excellentes choses, nous émettons des vœux très conformes aux intérêts que nous avons à défendre ; mais nous ne légiférons pas. Aussi tout cela reste à l'état de discours et de vœux, et quand nous portons ceux-ci aux gouvernants de nos divers pays, ils ont, permettez-moi l'expression triviale, d'autres chats à fouetter, absorbés qu'ils sont par ce qu'on appelle la politique.

« Qu'y a-t-il à faire pour atteindre le but que nous visons ?

« Il y a ceci : que ceux d'entre nous qui peuvent faire entendre leur voix dans les conseils de leur Gouvernement et auxquels leur position permet de participer à la direction des affaires de leurs pays respectifs, prennent l'initiative des mesures grâce auxquelles une protection sérieuse sera attribuée aux Oiseaux que nous voulons tous conserver.

« Or cette initiative, je l'ai prise dans le Parlement français, dont j'ai l'honneur de faire partie. Il y a plusieurs mois de cela, j'ai déposé une proposition de loi sur la protection des petits Oiseaux ; mais, chez nous, comme probablement dans tous les parlements du monde, à cause de la politique qui fait perdre tant de temps, les réformes sont lentes à arriver. Elles arrivent cependant, pourvu qu'on les poursuive avec ténacité et persévérance.

« Ma proposition de loi, déposée, je le répète, depuis plusieurs années, est presque en tête de notre ordre du jour et j'espérais, messieurs, pouvoir l'apporter toute votée au Congrès ornithologique, en disant à ses membres étrangers : Voici ce que vient de décider le grand pays qu'est la France, voici l'initiative qu'elle a prise sans chercher d'abord avec les Puissances voisines un accord qui, jusqu'à présent, n'a pas pu s'établir et dont, en tous cas, la réalisation eût retardé considérablement l'exécution des mesures à prendre. A vous maintenant, Allemagne, Angleterre, Autriche, Italie, Espagne, Belgique, etc., etc., dont je vois ici les représentants autorisés, à vous de suivre l'exemple que nous donnons !

« Hélas ! quelques interpellations plus ou moins oiseuses, quelques discussions tapageuses, mais stériles, ont retardé la discussion de mon projet de loi qui n'a pu être encore appelé. Mais il reste en tête de l'ordre du jour de la Chambre des députés, et je suis heureux de vous dire que son adoption paraît certaine, tant par cette assemblée que par le Sénat.

« Messieurs, permettez-moi de vous dire, aussi rapidement que possible, ce qu'est la loi dont je poursuis l'adoption.

« Pour la formuler je me suis placé à ce point de vue : il n'y a pas d'Oiseaux nuisibles à l'agriculture. Donc tous doivent être protégés, sans aucune distinction.

« Je me heurte ici à certains préjugés d'une part, à certaines théories plus ou moins scientifiques d'autre part.

« Ces préjugés existent chez l'homme non instruit, chez le cultivateur qui, voyant, par exemple, le Moineau, un des Oiseaux les plus décriés, lui manger quelques grains de blé pendant les dix ou douze jours, quinze au plus, que le blé, assez mûr pour être détaché de son épi, n'est pas encore ramassé, oublie que, pendant onze mois et demi de l'année, ce même Moineau ne vit, lui et ses nichées, car il en fait toujours deux ou trois par an, que d'Insectes, de larves, de mauvaises graines.

« Oh, sans doute, je ne voudrais pas soutenir que quelques Oiseaux, la Pie, par exemple, aient leur utilité, et c'est si bien mon avis, que ma proposition, qui interdit la destruction des nids d'Oiseaux, fait une exception pour les nids d'Oiseaux de proie et de Pie. Mais la Pie étant un Oiseau mauvais à manger, ne se chasse avec aucun des engins dont je réclame l'interdiction, et, par conséquent, ma proposition de loi n'aura pas pour résultat de lui accorder une protection dont je suis le premier à reconnaître qu'elle n'est pas digne.

« Je viens, messieurs, de parler des préjugés répandus dans les campagnes ; mais que dire de certaines théories émises par des hommes de science?

« Eh ! mon Dieu, vous avez pu tout à l'heure en juger. L'un de nos collègues, appartenant à un pays voisin, dans le monde savant duquel il occupe un rang élevé, émettait, il y a une demi-heure, des idées dont j'écoutais le développement avec la plus profonde stupéfaction.

« Ainsi, pour ne prendre que l'une d'elles, notre collègue affirmait que l'Hirondelle devait être déclarée Oiseau nuisible, très nuisible même, et cela, savez-vous pourquoi ? parce qu'elle mange les Mouches, Insectes très utiles, affirmait aussi notre collègue. Ce qui, du reste, ne l'avait pas empêché de déclarer auparavant l'Araignée digne de toute protection, parce qu'elle vit de Mouches ; d'où il paraîtrait résulter que la Mouche est nuisible quand c'est l'Araignée qui la dévore et utile quand elle est la proie de l'Hirondelle.

« Mais je laisse de côté cette contradiction pour en revenir à l'Hirondelle et déclarer à notre collègue que jamais, au grand jamais, il ne fera admettre par le peuple de la campagne, le peuple qui a besoin des Oiseaux pour sauver son agriculture, que l'Hirondelle, l'Oiseau béni par excellence, soit un Oiseau nuisible.

« J'ai donc pensé, comme je vous l'ai dit tout à l'heure, qu'il n'y avait pas à distinguer, dans la protection des Oiseaux, entre les espèces utiles et les espèces nuisibles, celles-ci n'existant pas, ou, tout au moins, leur nombre étant si peu important qu'il n'y a pas lieu d'en faire l'objet d'exceptions qui viendraient rendre très difficile l'application de la loi dont je poursuis le vote.

« Pas de distinction à faire non plus : 1° entre les Oiseaux insectivores et les Oiseaux granivores, ceux-ci ayant aussi leur très grande utilité, car ils débarrassent la terre d'une quantité de mauvaises graines dont la germination nécessite maintenant, dans les blés par exemple, des sarclages qu'on ne connaissait pas, autrefois, lorsque l'Alouette, plus abondante, s'abattait en vols immenses dans les terrains laissés en jachère et les purgeait de toutes les mauvaises graines qui plus tard étoufferont le blé qu'on aura semé ; 2° entre les Oiseaux de pays et les Oiseaux de passage. Les deux vivent d'Insectes et de mauvaises graines et sont également utiles.

« Et puis, combien y a-t-il d'Oiseaux qui ne soient pas de passage, qui soient absolument sédentaires ? En mettant de côté le Faisan et la Perdrix, qui sont du gibier, je ne vois, quant à moi, comme Oiseaux sédentaires, que le Moineau, la Pie et le Merle noir. S'il en est d'autres, ils sont bien peu nombreux. Donc, permettre de détruire l'Oiseau de passage, comme on le demande souvent, c'est autoriser la destruction à peu près de tous les Oiseaux.

« J'arrive, messieurs, à la loi de protection que j'ai proposée et qui, j'en ai la conviction, sera adoptée par le Parlement français. Cette loi est extrêmement simple, ce qui est très important dans une matière qu'ont obscurcie jusqu'à présent les chinoiseries des réglementations préfectorales ou autres les plus disparates, les plus saugrenues. Elle est ainsi formulée : Interdiction de chasser le gibier à plume autrement qu'au fusil.

« Vous comprenez l'économie de cette proposition : ce qu'il y a à atteindre, à proscrire, à supprimer, ce n'est point le chasseur qui, désireux de se donner un peu de distraction, de se procurer une fine brochette, va tuer quelques petits Oiseaux avec des coups de fusil qui lui coûtent aussi cher au moins que ne vaut son gibier et qui ne sera jamais un destructeur. C'est l'oiseleur de profes- sion, celui qui couvre de lacets ou de filets toute une région et qui extermine toute la gent ailée qui a le malheur d'y passer.

« Je peux, messieurs, vous en parler savemment, car dans mon pays, dans le sud-ouest de la France, cette chasse, ou plutôt cette destruction, se fait d'une façon effroyable. Le tiers de l'arrondissement que j'ai l'honneur de représenter à la Chambre est couvert de lacets du 1ᵉʳ octobre au mois de février de chaque année, et pas un Oiseau n'échappe.

« Ah! si je ne regardais que mon intérêt personnel, je n'aurais garde de proposer une loi de ce genre. Mais je suis cultivateur avant tout ; j'appartiens à cette grande famille de gens qui vivent de la terre, qu'on appelle les paysans, et c'est leur intérêt dont j'ai pris en main la défense, en faisant tous mes efforts pour arriver à protéger leur auxi- liaire le plus utile, le plus indispensable, l'Oiseau dont bien souvent, hélas ! ils méconnaissent les services.

« Ma proposition permet de chasser tout ce qu'on vou- dra au fusil, même l'Hirondelle, un des Oiseaux les plus utiles, n'en déplaise à notre collègue, et celui qu'entourent dans nos campagnes le respect et la vénération. Mais elle proscrit tout ce qui est piège, lacet, engins de toute sorte, sauf trois exceptions insignifiantes, sans aucun danger pour les espèces d'Oiseaux autres que celles auxquelles elles s'appliquent et qu'il me serait facile de justifier à vos yeux, si les quelques détails et considérations dans lesquels je serais obligé d'entrer ne devaient prendre un peu trop du temps qui nous est limité.

« Savez-vous, messieurs, combien un oiseleur peut prendre de petits Oiseaux dans une matinée avec des lacets, quand le temps est favorable ? Mille à douze cents ! Encore s'il était isolé ! mais dans le pays où cette chasse se pratique, tous les champs sont couverts de lacets.

« Il y a quelques années j'ai fait un calcul qui m'a amené à établir que dans quelques stations d'un chemin de fer qui traverse mon arrondissement, il avait été expédié en messageries, pendant cinq mois, environ sept cent mille petits Oiseaux ! Calculez le nombre d'Insectes, de larves, de Pucerons, à deux cents par jour, d'après les entomologistes, que ces Oiseaux ainsi massacrés auraient détruit dans une année ! C'est, vous le voyez, une extermination.

« Messieurs, je m'arrête, en m'excusant d'avoir aussi longtemps gardé la parole. Je tenais à vous faire connaître la proposition de loi que j'espère bien faire voter à la Chambre, la seule qui me paraisse pouvoir pratiquement protéger les Oiseaux, ce qui est notre but à tous.

« Je demande au Congrès de lui faire bon accueil, et j'exprime le vœu que, quand la France l'aura adoptée, les autres nations européennes, aux délégués desquelles je m'adresse tout spécialement, veuillent bien entrer dans la même voie et adopter des mesures semblables pour le plus grand bien de l'agriculture et des agriculteurs. »

M. le Dʳ Quinet dépose sur le bureau le vœu suivant qui réunit les signatures de MM. le Dʳ Arbel, E. Oustalet, R. Saint-Loup, V. Fatio, L. Ternier, R. de Clermont, Th. Studer, G. Cocu, E. Radot, H. Vernet, et qui est ainsi conçu :

« Les soussignés, délégués et membres du IIIᵉ Congrès ornithologique international de 1900, désirent voir voter par les membres de la quatrième section (ornithologie économique et protection des Oiseaux) la proposition du Dʳ Quinet émise dans la séance du 27 juin 1900 et ainsi formulée :

« Les délégués des divers gouvernements de l'Europe, « présents au Congrès ornithologique international de « 1900, s'engagent à proposer à leurs Gouvernements « respectifs de vouloir bien confier à des entomologistes « la tâche de faire des recherches sur l'alimentation des « Oiseaux, en pratiquant des séries d'autopsies sur des « tubes digestifs d'Oiseaux à diverses époques de l'année.

« Un ornithologiste serait, d'autre part, chargé de déter-
« miner les espèces d'Oiseaux autopsiées.

« L'ensemble des travaux de ces savants embrasserait
« une période de cinq années et serait remis au Comité
« ornithologique international. Celui-ci serait chargé d'en
« dégager les conclusions et d'établir ainsi une classifica-
« tion scientifique des espèces d'Oiseaux réellement utiles
« à l'homme ainsi que celle des espèces nuisibles ou
« indifférentes. »

M. H. VERNET dépose de son côté le vœu qu'il soit conclu une convention internationale dans laquelle les États
contractants s'engageraient :

1° A interdire sur tout leur territoire de tuer ou de capturer, en quelque saison que ce soit, les Oiseaux migrateurs utiles.

Les espèces reconnues nuisibles pourraient être tuées ou
capturées en toute saison, sauf restriction que chaque État
serait en droit d'apporter.

2° A protéger du 1er avril au 15 août le gibier migrateur.
Il ne serait permis de tuer ledit gibier qu'au fusil, et du
15 août au 31 mars seulement. Chaque État conserverait
son entière liberté pour tout ce qui concerne le gibier
sédentaire.

3° A interdire d'enlever les œufs, de capturer ou de détruire les couvées des Oiseaux migrateurs utiles et du
gibier migrateur.

Des exceptions aux dispositions des trois articles ci-
dessus pourraient être admises par les autorités compétentes, mais uniquement en vue d'intérêts scientifiques ou
en vue de repeuplement.

4° A interdire d'une façon absolue de se servir de procédés de capture en masse, que ce soit des procédés
capables de prendre des Oiseaux en quantité à la fois, ou
des pièges ou engins qui, disposés en grand nombre, puissent atteindre au même résultat.

5° A interdire le transport commercial et le transit de
la Caille vivante, tant dans le pays même que dans les
colonies ou les protectorats des États contractants.

Dans la pensée de M. H. Vernet, la réalisation du vœu énoncé ci-dessus serait confiée à une Commission internationale composée d'un délégué pour chaque État signataire.

Seraient considérées comme gibier sédentaire les espèces suivantes : *Tetrao urogallus, T. medius, T. tetrix, Lagopus alpinus, L. albus, L. scoticus, Bonasia umbellus, Perdix rubra, P. græca, P. chuckar, P. petrosa, Starna cinerea, Phasianus colchicus, Francolinus vulgaris, Pterocles alchatus, Pt. arenarius, Tetraogallus caspius,* etc., plus certains Gallinacés ou Coureurs exotiques importés dans certaines chasses (Dindons, Tinamous, etc.).

M. LE PRÉSIDENT dit qu'il est heureux de penser que le travail élaboré par la Commission internationale de 1895 va enfin avoir un résultat, et, groupant les propositions de MM. de Berlepsch, Ohlsen, Quinet et Vernet, il donne lecture d'un projet de vœux comprenant les six articles suivants, applicables surtout à la région paléarctique, mais susceptibles d'être étendus aux colonies.

« 1° Protéger. d'une manière efficace, durant les cinq à six mois comprenant l'époque de reproduction, tous les Oiseaux qui ne sont pas généralement reconnus comme incontestablement nuisibles, aussi longtemps que l on n'aura pas réussi à établir des listes d'Oiseaux partout et toujours utiles.

« Des exceptions pourront être prévues en faveur de la science et en cas de légitime défense.

« 2° Interdire complètement tous les procédés de capture en masse, que ce soit des procédés capables de prendre les Oiseaux en grande quantité à la fois (filets, etc.), ou des pièges ou engins (lacets, etc.), qui, disposés en grand nombre, puissent atteindre au même résultat.

« 3° Interdire également le commerce, le transit, le colportage, la vente et l'achat des Oiseaux protégés et de leurs œufs ou de leurs petits, pendant les époques de protection prévues.

« Le gibier migrateur, la Caille en particulier, qui

diminue toujours plus, devrait bénéficier surtout des mêmes protections et interdictions.

« 4° Prier chaque État de faire faire sur son territoire des recherches à la fois ornithologiques et entomologiques, en vue de déterminer l'alimentation des espèces, et par là leur degré d'utilité.

« Rapport sur l'utilité de ces espèces devrait être fourni au Comité ornithologique international dans l'espace de cinq années.

« 5° Favoriser, par tous les moyens possibles (haies, nichoirs, etc.), la multiplication des Oiseaux utiles, insectivores principalement.

« 6° Répandre dans la jeunesse des données en même temps intéressantes et utiles sur la biologie des Oiseaux en général. »

M. H. Vernet retire sa proposition de vœux et se rallie au projet de vœux dont M. le Président vient de donner lecture. Les deux premiers articles de ce projet, mis aux voix, sont adoptés par la majorité de la section et seront soumis aux votes de l'assemblée générale, avec l'article 3 qui est renvoyé au président pour nouvelle rédaction.

M. Xavier Raspail demande que la section adopte et présente en outre à la séance générale le vœu suivant :

« Le IIIe Congrès ornithologique international séant au palais des Congrès de l'Exposition universelle de 1900, après avoir pris connaissance des instructions que M. le baron Van der Bruggen, ministre de l'Agriculture de Belgique, a prescrites à son administration forestière, tant pour favoriser la reproduction de plusieurs espèces d'Oiseaux insectivores que pour assurer leur existence en hiver, lui adresse ses félicitations et émet le vœu que les ministres compétents des autres Gouvernements de l'Europe fassent preuve d'une semblable sollicitude à l'égard des Oiseaux utiles à l'agriculture. »

Le vœu est adopté.

M. Herman adresse à ses collègues une courte allocution.

La séance est levée à cinq heures et demie.

Séance de la 5⁰ section (Comité ornithologique international), le samedi 30 juin 1900 (matin).

Président : M. le Dr Oustalet.
Secrétaire : M. J. de Claybrooke.

M. LE Dr R. BLASIUS donne lecture d'un projet de règlement destiné au Comité ornithologique international permanent, projet qui avait été présenté en 1895 à une commission composée de MM. R. Blasius, Collet, J. von Csato, V. Fatio, E. Oustalet, E. von Middendorff et von Tschusi zu Schmidhoffen, et qui, d'après les décisions prises à cette époque, devait être approuvé par le prochain Congrès.

Le règlement en question (projet publié dans l'*Ornis* en 1895), est discuté article par article, et la section, après délibération, arrête définitivement le texte suivant :

Règlement du Comité ornithologique international permanent.

§ 1er. — *But et composition du Comité.*

Le C. O. I. P. a pour but l'étude et la protection des Oiseaux et recueille tous les faits qui se rattachent aux mœurs, aux migrations et à la distribution géographique de ces animaux. Il provoque la création, en différents points du globe, de stations d'observation aussi nombreuses que possible.

Il se compose de membres donateurs, de membres ordinaires et de correspondants (observateurs et auteurs).

§ 2. — *Direction.*

La direction du Comité appartient à un bureau composé d'un Président, d'un Secrétaire pour la correspondance, d'un Secrétaire-rédacteur et d'un Trésorier.

§ 3. — *Membres donateurs.*

Les membres donateurs sont ceux qui ont fait don au Comité d'une somme de 600 francs au moins, en vue de constituer un capital social. Ils reçoivent à vie et gratuitement les publications du Comité.

§ 4. — *Membres ordinaires.*

Les membres ordinaires sont nommés en assemblée du Comité et à la majorité des voix. D'une façon générale, leur nombre est proportionné à l'étendue et à l'importance des États ; il n'est pas limité. Chaque membre paye une cotisation annuelle de 20 francs ; il reçoit gratuitement les publications du Comité.

§ 5. — *Correspondants.*

Les correspondants (observateurs et auteurs) sont des personnes qui prennent part aux travaux du Comité par des rapports périodiques. Ils peuvent recevoir à leurs frais 50 exemplaires (tirages à part) de leurs mémoires.

§ 6. — *Président.*

Le Président a la direction du Comité.

Il est choisi par l'assemblée du Comité qui précède chaque Congrès et nommé pour la période comprise entre deux Congrès. Il préside le Congrès qui termine sa gestion. Il a pleins pouvoirs pour les affaires qui ne sont pas suffisamment importantes pour être soumises au Comité. Il a dans ses attributions toutes les questions qui intéressent le développement du Comité.

Il peut à chaque moment demander aux Secrétaires des éclaircissements sur les affaires en cours. Il peut charger le Secrétaire de la correspondance des négociations relatives aux questions qui lui semblent opportunes; il lui remet les livres, les périodiques, les lettres et documents qui sont destinés au Comité, en même temps que ses instructions pour l'usage qui doit en être fait.

Le Trésorier doit rembourser au Président les avances faites pour le compte du Comité, telles que frais de bureau, de poste et autres semblables; mais ces dépenses devront être ratifiées par le Comité.

Les fonctions de Président sont gratuites.

Le Président doit transmettre ses pouvoirs à son successeur dans le délai maximum de deux ans, à partir du Congrès qui a nommé ce dernier.

§ 7. — *Secrétaires.*

Le Président a le choix du Secrétaire-Rédacteur, chargé de rédiger les publications du C. O. I. P., et du Secrétaire de la correspondance, lesquels sont considérés comme membres du Comité, s'il n'en font pas déjà partie.

Le Secrétaire de la correspondance doit faire, au moins chaque trimestre, un rapport sur l'état des affaires du Comité, et plus souvent si le président l'y invite. Il doit se conformer aux instructions qu'il reçoit du Président; mais il a le droit d'appel auprès du Comité. Il doit enregistrer régulièrement la correspondance et la classer dans les dossiers; il doit tenir en ordre les archives et la bibliothèque du Comité. Tous les trimestres, quand un numéro de l'*Ornis* est paru, il en notifie l'entrée à la bibliothèque. De concert avec le Président, il établit un procès-verbal des séances du Comité; il rend compte des faits intéressants qui se sont produits au sein du Comité, ainsi que des décisions prises, afin que le tout soit publié dans l'*Ornis*. Il fait la distribution et l'envoi des publications dont le Président a la direction.

Les Secrétaires conservent leurs fonctions, comme le Président, pendant une période de deux ans, au maximum, après la clôture du Congrès.

Les Secrétaires peuvent recevoir une rémunération, si l'état des finances le permet.

§ 8. — *Trésorier*.

Le Trésorier est nommé par le Comité, au moment de chaque Congrès, pour la période suivante ; cette nomination doit être ratifiée par le Congrès.

Il opère toutes les recettes du Comité. Il ne peut effectuer aucun paiement sans l'ordonnancement du Président. Chaque note à payer doit porter son visa et celui du Président ; faute de quoi, il reste personnellement responsable du montant. A la fin de l'année, il remet au Président un arrêté de compte que ce dernier communique aux membres du Comité et qu'il fait publier. Le Président adresse une copie certifiée de cet arrêté de compte aux Gouvernements qui accordent une subvention.

A toute époque le Président a le libre examen des livres et du contenu de la caisse.

L'encaisse au-dessus de 300 francs doit être déposée en compte courant dans une maison de banque de premier ordre, et ne peut en être retirée que sur la signature du Président et du Trésorier. Celui-ci est personnellement responsable des deniers du Comité, sauf le cas de force majeure ou de banqueroute de la banque. Les capitaux doivent également être déposés dans une banque de premier ordre et ne peuvent en être retirés que sur la signature du Président et du Trésorier. Tous lès deux sont responsables des biens du Comité, sauf cas de force majeure ou de banqueroute de la banque.

Le Trésorier aura deux ans après le Congrès qui termine sa gestion, pour rendre ses comptes.

Avant chaque Congrès, les comptes de la période écoulée sont soumis à l'assemblée du Comité et une commission de trois membres les examine, en se faisant assister d'experts-comptables, si cela est nécessaire. L'assemblée du Comité délivre le quitus.

Les recettes consistent en :

1° Subventions annuelles des États. Ceux-ci sont priés d'envoyer le montant de la subvention directement au

Trésorier; mais d'en aviser le Président qui en accuse réception;

2° Cotisations annuelles des membres;

3° Fonds provenant de la vente des publications du Comité;

4° Fonds provenant de la vente des doubles de la bibliothèque;

5° Fonds provenant de la vente des collections offertes au Comité;

6° Dons en argent, pourvu qu'ils soient faits dans le but spécial d'améliorer les recettes annuelles; autrement ils devraient être capitalisés;

7° Excédents éventuels des recettes du Congrès. Le transfert à la caisse du Comité devra en être opéré par les soins du Trésorier.

Les dépenses consistent en :

1° Montant des frais de port, papiers, etc., du bureau ;

2° Impressions et frais d'envoi des publications du Comité.

§ 9. — *Publications.*

L'*Ornis* continuera à être publié avec le même format et les mêmes dispositions générales ; cependant, la langue dans laquelle la feuille de titre est imprimée, à l'exception de la mention « Ornis », peut changer suivant la nationalité du président du Comité.

L'importance des publications en général, et de l'*Ornis* en particulier, se règle sur les matières disponibles et sur les ressources de la caisse. On prendra en considération, par ordre de préférence :

1° Les communications et rapports officiels; 2° les rapports ornithologiques des membres du Comité; 3° les rapports ornithologiques des Comités régionaux des différents États; 4° les mémoires sur les mœurs, les migrations et la distribution géographique des Oiseaux; 5° les comparaisons de faunes locales. Les mémoires d'ornithologie générale, les descriptions d'espèces, l'histoire du développement et l'anatomie des Oiseaux, les catalogues de collections ornithologiques avec des remarques sur certaines espèces, comme en publient déjà certaines revues ornithologiques (par ex. le *Journal für Ornithologie*, l'*Ibis*, l'*Awk*, etc.), ne sont admis que comme exception.

Le Secrétaire de la correspondance pourvoit, sous la surveillance du Président, à la vente des publications.

Le Président dirige l'impression des publications.

La note d'impression de chaque publication doit être réglée aussitôt après la publication. Lorsque l'argent nécessaire ne se trouve pas en caisse, il ne doit rien être publié.

Le président détermine chaque fois le chiffre du tirage. Le chiffre de 500 ne devra pas être dépassé, sauf les cas de nécessité.

Les publications peuvent être échangées contre d'autres périodiques et ouvrages ornithologiques et zoologiques pour la bibliothèque du Comité. Le Président décide de l'opportunité de tels échanges.

§ 10. — *Bibliothèque.*

Elle est administrée par le Secrétaire de la correspondance, sous la surveillance du Président. Un catalogue devra être établi. Tout imprimé doit porter le timbre officiel du Secrétaire, ainsi que la date d'entrée. L'entrée éventuelle des imprimés sera publiée dans chaque fascicule de l'*Ornis*. Il ne sera acheté, pour l'usage du bureau et pour les nécessités de la publication, que les livres indispensables. Les livres peuvent être prêtés aux membres du Comité et aux donateurs. Pour les autres prêts, le Secrétaire reste personnellement responsable. Tous les livres et les brochures doivent être conservés brochés ; les périodiques et les ouvrages paraissant par fascicules ou livraisons seront brochés dès que le volume sera complet. Quand l'état de la caisse le permet, ces derniers, ainsi que les livres les plus usuels, peuvent être reliés. La disposition des livres dans le bureau du Secrétaire doit être telle que chaque ouvrage puisse être facilement trouvé.

La liste des doubles sera publiée chaque année avec le prix de vente (un tiers du prix marqué). Les membres donateurs, les membres du Comité et les correspondants ont le droit d'achat par préférence. L'augmentation de la bibliothèque se fait par des achats, dans les limites indiquées plus haut, par l'échange des publications et par des dons. Par échange, on devra chercher à obtenir autant que possible toutes les publications ornithologiques et toutes les publications zoologiques qui contiennent des mémoires sur l'ornithologie.

§ 11. — *Collections.*

Aucune collection permanente ne sera formée. Celles qui viendraient par don seront estimées le plus tôt possible dans les formes d'usage, puis vendues, même à tout prix, après avis inséré dans l'*Ornis*. Toutes décisions à cet égard seront prises par le Président.

§ 12. — *Séances du Comité.*

Il y aura des réunions du Comité, tout au moins une réunion ordinaire, à l'occasion de chaque Congrès, au plus tard un jour avant l'ouverture dudit Congrès.

Le Président annonce aux membres du Comité la date de cette réunion, au moins deux mois à l'avance.

Il appartient en outre au Président, quand il se présente des questions importantes, de convoquer les membres du C. O. I. P. à une réunion extraordinaire. De même, au moins cinq membres du Comité, appartenant, à autant d'États différents, peuvent proposer au Président de convoquer les membres à une réunion extraordinaire.

Ces réunions ont lieu dans la ville où réside le Président et sous sa direction. Des décisions peuvent y être prises quand, en dehors des membres du bureau, au moins cinq membres appartenant à autant d'États différents sont présents.

Dans le cas de partage des voix, celle du Président est prépondérante.

Les séances extraordinaires doivent être annoncées au moins quatre mois à l'avance à tous les membres du C. O. I. P. par lettres recommandées, avec l'indication de toutes les questions soumises à l'examen. Pour éviter autant que possible les réunions du Comité, qui occasionnent de grands sacrifices d'argent et de temps, il est loisible au Président, de lui-même ou sur la proposition d'au moins cinq membres appartenant à différents États, de solliciter les votes par correspondance des membres du C. O. I. P. pour toutes les décisions importantes. Pour être valables, ces votes doivent être parvenus dans le délai de quatre mois après l'envoi des plis recommandés.

§ 13. — *Congrès.*

Les Congrès se tiendront autant que possible tous les cinq ans, et le roulement en sera établi de façon à ce qu'ils aient lieu successivement dans les différents pays.

Le Congrès a lieu, à moins de circonstances particulières, dans la ville où réside le Président du Comité. Celui-ci prépare le Congrès suivant et forme un Comité local du Congrès, qui l'organise de concert avec le Comité.

Sont membres du Congrès :

1° Les membres donateurs ;

2° Les membres ordinaires ;

3° Les délégués officiels des États et associations diverses ;

4° Les personnes qui se sont signalées par des services rendus à l'ornithologie ;

5° Les personnes connues par leurs écrits, dans le domaine de l'ornithologie ou de la zoologie ;

6° Les personnes qui payent la cotisation afférente au Congrès et s'y sont fait inscrire.

§ 14. — *Dissolution du Comité*.

En cas de dissolution du Comité, les fonds et ressources de toute nature seront remis, après décision prise en assemblée du Comité, à une autre association scientifique.

L'ordre du jour appelant la fixation du lieu de réunion du prochain Congrès, M. le Président annonce que les noms des villes de Barcelone, Bruxelles, Sophia et Londres ont été seuls mis en avant par quelques-uns de ses collègues.

Plusieurs membres insistent sur les avantages que présenterait Londres, où se trouvent un des plus grands musées de l'Europe et de nombreuses Sociétés savantes.

M. le Président croit de son côté devoir appeler l'attention sur ce fait que la Bulgarie offrirait des ressources précieuses pour l'organisation d'excursions ornithologiques, lesquelles seraient en outre facilitées par l'intérêt que S. A. R. le prince de Bulgarie veut bien porter aux travaux du Comité.

M. le Président invite la section à choisir entre ces différentes villes. La question ayant été mise aux voix, la majorité de la section est d'avis de choisir Londres. Cette désignation, d'après les décisions prises au Congrès précédent, entraînant le choix d'un ornithologiste anglais comme Président, le nom de M. R. Bowdler-Sharpe, du British Museum, est proposé par plusieurs membres et accepté par acclamations.

La séance est levée à onze heures et demie.

Séance générale du samedi 30 juin (après-midi).

Présidents : M. le baron Edm. de Selys-Longchamps, président d'honneur, et M. E. Oustalet, président effectif.
Secrétaire : M. J. de Claybrooke.

La séance est ouverte à trois heures.

M. le baron Edmond de Selys-Longchamps, président

d'honneur, ouvre la séance et remet la présidence effective à M. Oustalet.

M. Oustalet, président, donne d'abord lecture d'un télégramme de S. A. R. le prince Ferdinand Iᵉʳ de Bulgarie, exprimant tous les vœux que Son Altesse Royale forme pour le succès du Congrès. M. le président prie M. le Dʳ Leverkühn, représentant officiel de Son Altesse Royale de vouloir bien la remercier de sa délicate attention.

M. le Président présente ensuite les excuses d'un des doyens de la science ornithologique, M. le professeur Barboza du Bocage, que son âge et surtout l'état de sa santé ont empêché de prendre part à une réunion avec laquelle il est de tout cœur. Sur la proposition de M. Oustalet, M. Barboza du Bocage est élu par acclamations membre d'honneur du Congrès.

M. le Président a le regret d'annoncer également que M. le Dʳ Dubois, de Bruxelles, qui devait prendre part aux travaux du Congrès en qualité de délégué du ministère de l'Instruction publique et de l'Intérieur du royaume de Belgique, a été pris, la veille du jour où il devait partir pour Paris, d'une attaque d'influenza qui l'a forcé à renoncer à son voyage.

Il donne lecture d'une lettre dans laquelle M. Vian exprime le vif regret que son âge et l'état de sa santé ne lui permettent point de prendre part aux travaux du Congrès et d'un télégramme par lequel M. le professeur Palacky de Prague adresse tous ses meilleurs vœux à ses collègues.

M. le Président est heureux de constater que la plupart des États de l'Europe ont bien voulu se faire représenter officiellement au Congrès par des délégués dont il donne la liste. Plusieurs Sociétés savantes et diverses Associations de France et de l'étranger se sont également fait représenter et les naturalistes de tous pays ont répondu à l'appel du Comité d'organisation avec un si aimable empressement que le Congrès, qui ne s'occupe cependant que d'un seul groupe d'animaux, compte autant d'adhérents qu'un Congrès de Zoologie générale.

Les ouvrages suivants sont déposés sur le bureau au nom de leurs auteurs et éditeurs :

V. Fatio : *Faune des Vertébrés de la Suisse :* volume II. *Histoire naturelle des Oiseaux*, 1ʳᵉ partie, Genève et Bâle, 1899. Ce volume comprend tout ce qui est relatif aux Rapaces, Grimpeurs, Percheurs, Bâilleurs et Passereaux ; il est accompagné de 3 planches hors texte dont 2 en couleur, d'une carte géographique coloriée, de 135 figures dans le texte dont 127 originales, et de 26 tableaux.

E.-H. Giglioli : *Primo Resoconto di reisultati della inchiesta ornitologica in Italia.* Parte secunda. *Avifauna locali.* Florence, 1890.

J.-A. Harvie Brown : *On a correct Code on sortation Code in colours*, Edimbourg, 1899 (tirage à part d'un mémoire inséré dans les *Transactions of the Edinburgh Field Naturalists' and Microscopical Society*, session 1898-1899). Dans ce travail l'auteur propose l'adoption d'une série de couleurs, pour différencier soit les diverses régions zoologiques sur les cartes, soit les fiches de catalogues consacrées aux animaux de telle ou telle région.

Ben. Gröndal : *Islenzkt Flugetal (Aves Islandiæ)*, Reykjavik, 1895 (tirage à part d'un mémoire publié dans *Skyrslu um hid isl. natturfrædisfjel*, 1894-1895).

Dʳ G.-V. d'Almásy : *Madártani Betakintes a román Dobrudshba (Ornithologische Recognoscirung der rumänischen Dobrudocha)*, Budapest, 1898 (tirage à part d'un mémoire inséré dans *Aquila*, 1898, t. V).

M. le Président annonce qu'il a reçu en outre de M. Lehuédé, naturaliste à Batz (Loire-Inférieure), la liste manuscrite des Oiseaux les plus remarquables que M. Lehuédé a obtenus sur les côtes de Batz et de Pornichet, du mois de novembre 1874 au mois de juin 1900 et qu'il conserve dans son petit musée, lequel renferme actuellement une centaine d'espèces.

M. le Président rappelle que la liste des communications faites dans les séances générales ou dans les séances de sections devra être remise aux secrétaires dans le délai de huit jours, faute de quoi ces communications ne pourront pas être insérées dans le compte rendu du Congrès.

Il annonce qu'il va être procédé, en suivant l'ordre des sections, à l'examen des vœux qui ont été formulés par ces différentes sections.

La première section (Ornithologie systématique, anatomie, physiologie) n'a émis aucun vœu.

La seconde section (Distribution géographique des Oiseaux, faunes actuelles ; migrations) a émis le vœu suivant, sur la proposition de MM. Herman et Blasius :

« *Le troisième Congrès ornithologique international, afin d'élucider autant que possible les phénomènes de la migration des Oiseaux, émet le vœu qu'il soit organisé, dans une des prochaines années, un système d'observations générales s'étendant sur toute l'Europe, sur la migration vernale de l'Hirondelle de cheminées* (Hirundo rustica) *et de quelques espèces d'Oiseaux très connues, comme la Cigogne blanche* (Ciconia alba) *et le Coucou vulgaire* (Cuculus canorus) *et donne au Comité ornithologique international permanent l'autorisation de faire les démarches nécessaires pour réaliser ce vœu et de rédiger un rapport sur les résultats obtenus.*

« *Les moyens pour atteindre ce but seraient :*

« *1° Des cartes postales affranchies comme celles du Bureau Central ornithologique hongrois.*

« *2° Les gares des chemins de fer et les postes de toute l'Europe seraient chargées de noter l'arrivée des Hirondelles.*

« *3° Les gouvernements des divers États seraient priés d'accorder la franchise du port postal et de se charger des dépenses nécessaires.* »

Ce vœu, mis aux voix, est adopté par le Congrès.

La seconde section a émis en outre un deuxième vœu, sur la proposition de M. Lorenz von Liburnau :

1° Que des postes d'observations sur les migrations des Oiseaux comme ceux qui existent en Autriche, en Hongrie, en Bosnie soient établis dans d'autres pays ;

2° Que des observateurs (ornithologistes) soient envoyés en plusieurs pays, dans les parties méridionales de l'Europe et dans les parties septentrionales de l'Afrique, en même temps ;

3° Que les Gouvernements soient invités à donner dans ce but des missions aux observateurs qui devront effectuer et rédiger leurs observations suivant un plan uniforme;

4° Que ces observations soient adressées au Comité ornithologique international qui les centralisera, les examinera et en fera le dépouillement.

Ce vœu, mis aux voix, est adopté.

La troisième section (Mœurs, régime, embryogénie, nidification des Oiseaux et oologie) n'a formulé aucun vœu.

La quatrième section (Ornithologie économique, protection des espèces utiles à l'agriculture, destruction des espèces nuisibles, chasse) a émis plusieurs vœux. Avant d'en donner lecture, le président de la section, M. le D\ Victor Fatio fait quelques observations :

« Je voudrais vous rappeler, dit-il, que, parmi les vœux qui ont été formulés hier et votés en séance de section, l'un a été renvoyé au Président pour rédaction. C'est le vœu relatif à la question du commerce, transit et protection des Cailles. Quand nous arriverons à cet article, naturellement une discussion pourra se rouvrir si tout le monde n'est pas d'accord sur la rédaction nouvelle. Les autres vœux ont été votés par la section presque à l'unanimité dans la séance d'hier. Ils concernent surtout la région paléarctique ; mais les mesures qu'ils réclament pourront ensuite, si possible, être étendues aux colonies. »

M. Fatio donne lecture de l'ensemble de ces vœux, qu'il reprend ensuite successivement, à la demande de M. le Président.

1° Protéger d'une manière efficace, durant les cinq ou six mois comprenant l'époque de reproduction des Oiseaux, tous les Oiseaux qui ne sont pas généralement reconnus comme incontestablement nuisibles, et cela aussi longtemps qu'on n'aura pas réussi à établir des listes d'Oiseaux partout et toujours utiles.

Des exceptions pourront être prévues en faveur de la science et en cas de légitime défense.

M. Fatio explique ce qu'il faut entendre par ce dernier

paragraphe, conçu en termes un peu généraux. Lorsqu'une espèce se multipliera à l'excès, dit-il, on se trouvera dans des conditions où elle viendra à causer des dommages, les propriétaires pourront être amenés et seront autorisés à se défendre contre elle.

M. Fatio fait observer aussi que les listes d'Oiseaux utiles, auxquelles il est fait allusion dans le premier paragraphe, sont difficiles à établir et ont été jusqu'ici un écueil dans tous les Congrès. « C'est, dit-il, un travail intéressant à faire, mais qui pourra être très long. En attendant que les États se soient mis d'accord sur un certain nombre d'espèces partout et toujours utiles, il serait bon d'accorder, pendant la période de reproduction, une protection générale à tous les Oiseaux qui ne sont pas nuisibles. Il semble que c'est le meilleur moyen de conserver les espèces qui sont nos auxiliaires ou qui peuvent l'être. »

Après ces observations, le premier vœu, mis aux voix, est adopté.

2° *Interdire complètement tous les procédés de capture en masse, que ce soit des procédés capables de prendre les Oiseaux en grande quantité à la fois (filets, etc.) ou des pièces ou engins (lacets, etc.) qui, disposés en grand nombre, puissent atteindre le même résultat.*

M. LE BARON DE SELYS-LONGCHAMPS demande la parole au sujet de ce vœu et présente les observations suivantes : « Je crois qu'il faut être prudent dans les interdictions générales ; il faut, jusqu'à un certain point, tenir compte des habitudes de chaque pays et aussi de la facilité que les Oiseaux pourront rencontrer dans certaines contrées pour se reproduire en grand nombre, alors que dans d'autres ils sont menacés de disparaître. Cette interdiction totale des filets et des lacets pourrait occasionner un grand mécontentement dans différents pays où les Oiseaux foisonnent.

« J'ai voté avec empressement l'article premier, parce qu'il contient un principe sur lequel tout le monde doit être d'accord : c'est la protection, à certaines époques de l'année, notamment pendant le temps de la reproduction.

Pour le reste, il faut penser à ce qui touche à l'alimentation publique. Il y a certains Oiseaux qui peuvent être considérés comme gibier utile à l'alimentation, et d'autres, au contraire, qu'il faudrait tâcher de protéger et de maintenir sous le bénéfice d'une interdiction pendant toute l'année.

« Je voudrais donc que, dans le projet de loi proposé, on considérât surtout l'article premier et que, pour ce qui concerne les interdictions, on étudiât encore la question avant de prendre des mesures définitives, en raison des mœurs publiques, des habitudes prises et aussi à cause de la question du gibier alimentaire. » (*Applaudissements.*)

M. Fatio répond en ces termes : « Je suis fâché de n'être pas tout à fait de l'avis de l'honorable baron de Selys-Longchamps. J'ai assisté déjà, comme je l'ai dit, à plusieurs Congrès internationaux et j'ai vu que le principal écueil à la création de lois internationales provenait de ce que chaque État désirait conserver ses prérogatives.

« Je crois que nous aurons de la peine à nous mettre d'accord sur ce point, mais je pense qu'en principe nous devons émettre un vœu pour qu'on fasse son possible pour y arriver. Nous ne faisons pas des articles de lois, nous émettons des vœux, nous disons que telle chose est désirable.

« Je suis chasseur, depuis un grand nombre d'années. Je blâme presque tous les moyens de destruction, à l'exclusion du fusil qui est le moins destructeur.

« A ce point de vue permettez-moi une petite digression. Nous protégeons, en Suisse, les petits Oiseaux ; nous avons pour cela des lois sévères et nous avons cherché à répandre l'instruction dans les écoles, pour donner aux enfants l'amour des Oiseaux et non l'amour de la destruction. Quand on leur a bien enseigné la biologie d'une espèce, ils la connaissent et la détruisent moins. C'est un excellent moyen. Nos gouvernants sont même disposés à attribuer exclusivement à la loi promulguée en 1875 le fait que les Oiseaux se sont multipliés en Suisse dans le cours de ces dernières années. Mais, à mon avis, il y a un autre facteur qui a certainement amené cette multiplication ; c'est le perfectionnement des armes à feu. Cela paraît singulier ! Voici l'explication : il n'y a pas un paysan chez nous qui ne veuille posséder un fusil perfectionné. Mais les cartouches, pour ces fusils, reviennent cher : on n'use plus de la cartouche qui revenait à quelques centimes ; les cartouches utilisées dans ces fusils coûtent de 18 à 20 centimes. C'est-à-dire qu'un coup de fusil vaut plus que l'Oiseau que l'on tuerait.

« Pour en revenir au fond de la question, je crois que si on autorise le fusil, on diminue la destruction, et que si on concerne la chasse au fusil, les chasseurs seront contents. Peut-être que les industriels qui profitent de l'Oiseau ne le seront pas autant. Mais nous poursuivons un but, la protection des Oiseaux. Or, à ce point de vue, la capture en masse, en Belgique, en Italie, comme ailleurs, doit être condamnée ; c'est un vœu qui doit être au fond de tous les cœurs, même dans les États qui veulent conserver leurs droits.

« Je regretterais qu'on ne votât pas cet article à cause des exceptions que chacun pourra soulever, parce que les exceptions deviendraient la règle. »

M. QUINET : « Je m'associe aux paroles de mon illustre concitoyen, M. le baron de Selys-Longchamps, pour faire observer, comme je l'ai déjà dit au Congrès, qu'en autorisant le fusil au détriment des autres engins de capture, c'est une loi absolument partiale que l'on veut ; c'est une loi qui favorise les riches, ceux qui peuvent se permettre des ports d'arme, au détriment de ceux qui ne le peuvent pas. J'ai prouvé que l'on peut, avec le fusil, tirer autant d'Alouettes qu'on en peut prendre avec le filet ; j'ai prouvé qu'il y a autant d'art à capturer de petits Oiseaux avec le filet qu'il y en a d'en tirer avec le fusil. Si vous supprimiez simplement les pièges à demeure, les raquettes, etc., que l'on dépose en attendant que la victime vienne s'y prendre, je partagerais votre manière de voir. Mais j'ai demandé qu'on fasse une exception pour un engin spécial de tenderie, le filet.

« Tout le monde sait que les filets sont des trappes que l'on pose dans la plaine, qui ont de 10 à 30 mètres et qui prennent les Oiseaux de passage que l'on mange, le gibier qui n'est pas chanteur. Je dis que ceux qui s'adonnent à cet exercice de la tenderie ont autant de droits que ceux qui font la chasse au fusil, et je ne vois pas pourquoi vous avantageriez une classe de citoyens au détriment d'une autre.

« L'argument de M. Fatio qui concerne le prix des cartouches ne compte pas. On fait des cartouches à 6 et 8 centimes ; on y mettra une demi-charge de poudre et on tirera à quelques mètres, car, avec l'appeau, un oiseleur peut faire descendre l'Oiseau à quelques mètres. Les Linottes et les Pinsons tombent en bande ; il n'y aura qu'à tirer dedans. Le coup de fusil portera deux fois, une fois par terre et une fois à quelques mètres en l'air.

« Si on voulait en arriver là, il faudrait supprimer l'appeau. »

M. Fatio : « Il est regrettable, messieurs, qu'il y ait des pays où l'on considère les petits Oiseaux comme du gibier. Ce sont des auxiliaires, et il faut distinguer entre le gibier et les auxiliaires, entre les Oiseaux sédentaires qui sont la propriété, sinon de l'État, au moins du propriétaire chez lequel ils nichent, et les Oiseaux de passage qui sont propriété internationale. Je crois que ce sont ceux-ci que doit protéger le Congrès international.

« C'est une mauvaise chose que de considérer les petits Oiseaux comme un gibier. Pour moi, un chasseur aux petits Oiseaux n'est pas un chasseur. Chasser les petits Oiseaux, c'est de la destruction. »

M. Dybowski : « D'une façon générale je m'associe pleinement aux vœux du Congrès au sujet de la protection des petits Oiseaux, et c'est parce que je voudrais qu'ils fussent rendus tellement pratiques qu'on ne pût élever d'objection contre eux.

« Je ne sais si ce vœu d'interdire telles sortes de pièges peut être adopté par tous. Lorsque j'ai voulu faire prendre des mesures de protection en faveur des Oiseaux en

Tunisie, j'ai trouvé des oppositions systématiques, parce qu'on m'a objecté que nous heurtions le droit privé des Arabes qui avaient le droit d'exercer la chasse par tous les moyens possibles sur leur territoire. Pendant trois ans j'ai dû batailler pour arriver à un résultat complet. Il y aurait là peut-être des mesures un peu attentatoires à la liberté de chacun et qu'on ne pourrait sanctionner partout par la répression. Il est difficile d'empêcher que l'on ait, dans une propriété privée, des appeaux, des trébuchets, des Oiseaux qui en fassent venir d'autres, et qu'on prenne ceux-ci au filet. Vous aurez beau interdire d'employer ces engins, vous ne pourrez pas regarder par-dessus le mur de la propriété privée.

« Il y a d'autres moyens efficaces. Nous n'avons pu, en Tunisie, établir la prohibition de l'emploi des filets, mais nous avons fait quelque chose de plus utile : nous avons interdit la vente et le colportage. Dans ces conditions, il n'y avait plus besoin d'interdiction : quiconque se promenait avec une cage, vous lui disiez : « Donne-moi « la cage que je lâche l'Oiseau. »

« Nous n'avons pu empêcher de chasser; mais au nom de l'agriculture, que je représentais, en Tunisie, à la suite de grandes chaleurs que nous avons eues, on n'a pas pu m'empêcher de faire rendre par le Bey un décret interdisant rigoureusement l'exportation des Cailles. A partir de ce moment les Cailles sont tombées à 10 centimes à Tunis et les braconniers n'ont plus eu intérêt à les chasser. La chasse est tombée *ipso facto*.

« Si on prescrit une de ces mesures de défense, il serait inutile de prendre une mesure que je considère comme additionnelle et qui pourrait rencontrer de l'opposition dans certains États, tout en portant atteinte à l'adoption des autres vœux du Congrès que je désire voir adopter dans leur généralité. »

M. VERNET : « Il y aurait danger à autoriser les tenderies employées en Belgique. Si chaque État demande seulement un système, nous n'en viendrons jamais à bout et tout sera permis.

« Il y a un point sur lequel je suis d'accord avec M. le délégué belge ; c'est d'assimiler l'appeau au filet. Je demande que l'appeau soit interdit. »

M. Albert Duval : « Il est indispensable d'interdire les tendues de filets. Les filets ne sont pas manœuvrés seulement de jour, comme le fusil, mais la nuit. Ils sont placés sur des kilomètres ; il y en a qui ont jusqu'à 1 800 mètres. Qui ira surveiller les braconniers et les gens qui se livrent à cette chasse ? Et puis le filet ne distingue pas les Oiseaux ; il en prend qui sont utiles en même temps que d'autres qui ne le sont pas ; et comment distinguerez-vous les espèces utiles de celles qui ne le sont pas ? »

M. Quinet : « Les Oiseaux qui passent la nuit n'ont rien à voir avec ceux dont nous parlons ; ce sont des Échassiers, des Oiseaux d'eau.

« La tenderie au filet se fait en plein jour, jamais la nuit. Quand même vous le défendriez par toutes les lois du monde, il y aura toujours des braconniers qui tendront au traîneau.

« J'ai encore une objection à faire. Si vous votez cet article tel qu'il est conçu, dans toute sa rigueur, vous allez à l'encontre de l'article suivant. Celui-ci est la motion que j'ai proposée au Congrès, tendant à faire nommer par le gouvernement des entomologistes, des naturalistes ayant fait des études spéciales, qui, au moyen d'autopsies d'estomacs d'Oiseaux, nous renseigneraient sur les espèces utiles ou nuisibles auxquelles nous avons affaire.

« Il semble qu'il y ait contradiction entre les articles 2 et 3 et celui qui va suivre puisque, *a priori, ex cathedrá*, vous allez décider que tous les Oiseaux sont utiles, et que, dans l'article suivant, vous allez demander quels sont les Oiseaux utiles qu'il faudrait protéger.

« Le Congrès doit être scientifique, ou il n'a pas de raison d'exister. Il doit commencer par faire établir scientifiquement quelles sont les espèces utiles, nuisibles ou indifférentes. Après une période de cinq années d'études faites avec le concours de naturalistes compétents, vous présenterez des projets de lois aux gouvernements. »

M. Ernest Hartert : « Il n'y a pas de doute pour moi que tous les projets de lois recommandés ou proposés ici, bien qu'ils soient dénommés projets de lois internationales, ne concernent que l'Europe seulement et non les autres contrées, les pays tropicaux par exemple sur lesquels nous ne sommes pas suffisamment renseignés. Il est impossible de proposer des lois pour des contrées que nous ne connaissons pas. »

M. le baron von Berlepsch demande qu'il soit permis de chasser au fusil partout et toujours.

M. Remy Saint-Loup : « Je rappellerai que nous avons à voter sur un vœu émis d'une façon précise. La discussion est peut-être assez claire pour qu'on se prononce. Puisque nous devons protéger les Oiseaux, il est inutile de mettre en comparaison le fusil avec le filet ; si nous pouvons supprimer le filet, supprimons le filet, ce sera toujours autant de gagné pour les Oiseaux. »

M. le Président met aux voix l'article tel qu'il est proposé par la Commission.

L'article est adopté.

M. le président donne lecture du troisième vœu, ainsi conçu :

3° *Interdire également le commerce et le transit, le colportage, la vente et l'achat des Oiseaux protégés et de leurs œufs et petits pendant les époques de protection prévues.*

Le gibier migrateur, les Cailles en particulier, qui diminue de plus en plus, devrait bénéficier partout des mêmes protections et interdictions.

M. le Président rappelle qu'il a été fait de ce vœu une traduction allemande dont M. Büttikofer donne lecture.

M. Albert Duval : « Je désirerais que l'on ajoutât le recel au transit : je l'avais demandé hier. Il existe dans nombre de nos villages des gens qui font le commerce des œufs ; ce serait supprimer leur commerce, qui est très préjudiciable aux petits Oiseaux, que d'interdire de receler les Oiseaux protégés, leurs œufs et leurs nids. »

M. Victor Fatio : « Transit, colportage, vente et achat, cela ne suffit-il pas ? »

M. Albert Duval : « Les individus qui font ce commerce le font la nuit et non le jour. Avec cette rédaction, il faut que les individus qui vendent soient pris au moment où ils vendent. Or les agents, dans les campagnes, sont peu nombreux ; dans certaines communes même il n'y a pas de garde champêtre qui puisse s'opposer à ce commerce. Tandis que s'il s'agit du recel, on peut les prendre à toute heure. »

Un des membres du bureau fait observer qu'avec le mot *recel* introduit dans les conventions on ferait surgir des difficultés considérables ; il se produirait des discussions sans fin à propos des droits privés.

M. Albert Duval : « Du moment où cela donnerait lieu à des difficultés diplomatiques, je n'insiste plus sur le mot *recel*. Il faudra se contenter de ce qu'on voudra nous accorder. »

M. Laloue : « Nous avions accepté l'article 3 tel qu'il avait été proposé. Tel qu'on l'a modifié depuis hier, i constitue une atteinte à la liberté de l'industrie et du commerce. C'est à ce titre que je vous prie de m'écouter pendant un instant.

« Vous avez mis dans l'article 3 que, pendant les époques de protection on ne pourra faire circuler aucun Oiseau. Je dois dire que, en notre qualité de commerçants en fleurs et plumes, nous avons dans nos magasins pour plusieurs millions d'Oiseaux. Allez-vous interdire de faire circuler des Oiseaux en peau, qui sont apprêtés depuis plusieurs années et que nous gardons en magasin en attendant que la mode veuille bien les prendre?

« Ces Oiseaux viennent de toutes les parties du monde ; très peu viennent d'Europe ; presque tous viennent de la Chine ou du Japon.

« Allez-vous compromettre toute une industrie, nuire à tout un monde de travailleurs et surtout de femmes, par un vœu émis par une société savante ? Nous ne sommes pas des savants. Nous apprécions les efforts que vous faites pour la protection des Oiseaux ; nous disons plus : nous sommes avec vous sur presque tous les points ; il n'y a qu'un point qui nous intéresse, c'est la question du commerce.

« Vous reconnaissez qu'il y a des moments où les Oiseaux peuvent devenir gênants pour l'agriculture. Alors vous en autorisez la destruction. Vous avez même dû, à certains moments, recourir à l'armée pour les détruire. Vous les avez détruits, ou vous les avez mangés, ou vous les avez jetés au fumier. Cela a servi à peu de chose.

« Nous qui empaillons l'Oiseau, nous l'expédions : nous produisons un pécule non seulement à l'ouvrier et à l'ouvrière, mais même à l'agriculteur qui, en tuant de petits Oiseaux qui peuvent nous servir et en les faisant empailler, en tire profit. Vous nuirez donc non seulement au commerce, mais à l'agriculture.

« Nous demandons que vous autorisiez le commerce et la circulation des Oiseaux qu'on aura tués dans les pays où on aura été obligé de s'en débarrasser parce qu'ils étaient en trop grand nombre ou pour toute autre raison, Oiseaux qui sont préparés depuis un an ou plus et qui n'ont rien à voir avec ceux que vous visez.

« Nous vous demandons donc d'intercaler dans votre article, que nous acceptons pour le reste, les quatre mots suivants : *vivants ou en chair*. La rédaction serait la suivante : *Interdire également le commerce et le transit, etc., des Oiseaux vivants ou en chair, de leurs œufs et petits, pendant les époques de protection prévues.*

« Cela veut dire que les Oiseaux apprêtés depuis plusieurs années pourront circuler. C'est tout ce que nous demandons. Si vous ajoutez seulement ces quatre mots, nous serons satisfaits et vous aurez gain de cause.

« Ce que vous voulez, c'est empêcher la destruction des Oiseaux maintenant ; mais je ne suppose pas que vous vouliez empêcher le commerce des Oiseaux tués il y a quinze ans. Ils ne comptent plus pour vous, mais ils comptent pour nous, car nous avons en magasin des stocks énormes de ces Oiseaux. Voulez-vous que nous les jetions?

« Ce serait une grave atteinte à la liberté. J'espère que vous êtes assez savants pour le comprendre et que vous ne voudrez pas porter atteinte à l'industrie et aux intérêts du pays, car il faut reconnaître que l'industrie des plumes, qui est importante, arrive au troisième rang au point de vue de l'exportation pour l'Amérique ; elle vient avant les tissus, les fourrages, les blés, etc. L'intérêt d'un pays ne réside pas seulement dans les produits qu'il fait et qu'il consomme ; il est surtout dans les produits qu'il fabrique et qu'il exporte. Par l'exportation, le commerce va chercher l'argent des pays étrangers pour l'amener chez nous.

« Ce n'est pas le résultat auquel nous arriverions si vous veniez à tuer une des industries qui ont su résister à la concurrence étrangère. Vous avez intérêt à présenter des vœux qui soient pris en considération, et je ne crois pas qu'il se trouve un Parlement qui veuille supprimer, d'un trait de plume, des gens qui méritent considération et qui depuis cinquante ans vivent de leur métier.

« On disait l'autre jour qu'ils changeront de métier. C'est comme si on demandait à un savant d'abandonner ses études, de se faire, par exemple, agriculteur ou industriel. Peut-être arriveriez-vous plus facilement que nous, mais il faudrait que vous fissiez un apprentissage. Nous avons fait un apprentissage pour exercer notre industrie ; si vous nous coupiez notre industrie, nous ne saurions plus que faire, nous serions réduits à chercher ailleurs des moyens d'existence que nous ne trouverions peut-être pas.

« Je vous demande en grâce d'inscrire dans votre vœu ces quatre mots : *vivants ou en chair*. De cette façon il ne sera pas permis de transporter un Oiseau vivant ou un Oiseau qui vient d'être tué, mais il sera permis de faire commerce des Oiseaux qui viendront d'autres pays. »

M. Fatio : « Je ne mettrai pas en parallèle le commerce de la plume et l'agriculture. Nous sommes ici pour protéger les Oiseaux utiles à l'agriculture. On a dit, il y a un moment, que la loi que nous souhaitons s'appliquera surtout aux régions paléarctiques. Si on fait cette réserve, MM. les négociants en plumes conserveront encore dans les autres régions des sources assez riches à exploiter. J'en ai eu la preuve en visitant l'Exposition ; on nous a montré au Japon des quantités de boîtes couvertes d'un verre dans lesquelles il y avait jusqu'à trente individus en peau, pour le prix de 3 fr. 50. C'était à vider ses poches pour en acheter.

« On peut avoir ailleurs assez d'Oiseaux, et de plus beaux que les nôtres, pour les parures. Ce ne sont pas les Insectivores, que nous comptons protéger, qui fournissent de bien belles parures.

« Vous voyez que nous n'empiétons pas sur votre domaine ; vous conservez un domaine énorme et le plus beau, et je crois qu'il serait dommage de jeter des bâtons dans les roues d'une nouvelle loi utile à l'agriculture dans les régions paléarctiques, à l'agriculture de l'Europe, en particulier. L'agriculture, en Europe, a une si grande importance, qu'il faut que chacun fasse des concessions. Les concessions que nous demandons à l'industrie plumassière ne sont pas importantes au point de vue de la parure, tandis qu'elles le sont au point de vue de l'agriculture. »

M. Dybowski : « On a dit et répété que les mesures que l'on projette sont destinées simplement à l'Europe, et tout à l'heure j'entendais dire que certaines nations de l'Europe se renfermaient dans un égoïsme très grand et ne voulaient pas adopter de mesures pouvant les gêner.

« Pourquoi vous désintéresser des autres contrées ? Ne croyez-vous pas qu'il y a là aussi des intérêts réels ? Ou bien vos mesures sont bonnes et doivent être généralisées ; ou bien elles sont inutiles et je ne vois pas pourquoi vous êtes si rigoureux pour vous-mêmes. Il suffit d'avoir vécu un peu dans nos colonies pour être convaincu de ce fait qu'il y a aussi là et des Oiseaux utiles et des fléaux à redouter que ces Oiseaux peuvent enrayer ou diminuer. L'agriculture coloniale, pour être récente, n'en est pas moins aussi intéressante que l'autre et touche à des intérêts généraux. Il suffit d'y aller voir et surtout d'y avoir été à des intervalles de quelques années pour constater que, dans certaines régions, les Oiseaux les plus utiles vont en disparaissant rapidement.

« Il me souvient que lorsque j'ai visité le Sénégal et le Congo, pour la première fois, il y a dix ans, je rencontrai sur les marchés, chez les empailleurs et les marchands, infiniment plus de certains Oiseaux que ces années dernières. Il y a infiniment moins de Foliotocoles, de Merles métalliques qui se nourrissent d'Acridiens.

« Je ne dis pas que nous arriverons de suite à prendre des mesures pour protéger d'une façon efficace ces Oiseaux, mais, du moins, ne comprendrez-vous pas que c'est l'œuvre d'un Congrès comme le vôtre, que d'émettre des vœux pour que les intérêts que je signale ne soient pas complètement méconnus, pour que l'on se préoccupe de ne pas laisser détruire des Oiseaux qui consomment des quantités considérables d'œufs de ces Acridiens qui menacent le Nord de l'Afrique ?

« Si vous voulez dire que l'Europe vous suffit, si vous ne favorisez pas la destruction des Acridiens dans le Nord de l'Afrique, vous devez craindre qu'ils ne franchissent la Méditerranée pour vous rappeler à des mesures plus larges et à l'exclusion de cette sorte d'égoïsme qu_ vous fait vous renfermer dans les régions que vous habitez.

« Par conséquent, il serait utile d'émettre des vœux un peu plus généraux pour dire qu'il serait désirable que de semblables mesures fussent prises en considération afin d'être appliquées, non point immédiatement peut-être, mais dans un avenir prochain, non seulement en Europe, mais aussi dans les colonies. »

M. HERMAN considère comme une habitude sauvage la mode de porter des plumes de parure et déclare qu'un Congrès scientifique n'a pas à s'occuper d'intérêts commerciaux.

M. BOLLACK s'exprime ainsi : « Représentants de la Chambre syndicale des fleurs et plumes, nous ne serions pas ici si on n'attaquait pas notre corporation elle-même ;

nous n'élèverions pas la voix si ce Congrès scientifique ne s'attaquait pas à l'industrie que nous représentons. L'opinion que M. Herman vient d'exprimer relativement à la mode des plumes de parure est une opinion toute personnelle.

« On nous représente comme détruisant les Oiseaux du monde entier. Or c'est en proportion infime que notre industrie se sert des Oiseaux de l'univers. Les besoins de l'alimentation occasionnent une destruction d'Oiseaux plus grande que l'industrie de la parure. Mais, encore une fois, nous avons besoin de ces Oiseaux pour faire vivre de nombreuses ouvrières. Nous avions d'abord l'intention de faire signer des milliers de ces ouvrières et de déposer ces signatures sur votre bureau. Nous ne l'avons pas fait, mais nous venons vous demander de ne pas prendre de décision aussi radicale que celle qui vous est proposée. Si le Congrès adoptait des résolutions aussi radicales, nous serions obligés de nous défendre.

« Nous vous demandons d'ajouter les mots *vivants et en chair*. Vos Oiseaux seront protégés ; notre industrie pourra s'exercer tranquillement et nous pourrons faire vivre nos ouvrières. »

Un des membres du Congrès fait observer qu'en approuvant l'article qui tend à défendre les moyens de destruction autres que le fusil, l'assemblée a par cela même défendu le commerce des Oiseaux morts, puisque les Oiseaux tués au moyen du fusil ne paraissent pas pouvoir être utilisés pour l'industrie des plumes de parure.

M. Laloue : « Nous avons approuvé toutes les mesures que vous avez voulu prendre en vue de la protection des Oiseaux. Tout ce que nous désirons, c'est de pouvoir nous servir de ceux que vous permettrez de tuer.

« Maintenant, voulez-vous me permettre de déposer sur le bureau un vœu que nous proposons au nom de la Chambre syndicale des fleurs et plumes? Vous verrez que nous approuvons toutes les mesures qui ont en vue une protection utile.

M. le Président demande à M. Fatio s'il a quelque

objection à formuler contre la proposition qui vient d'être faite d'introduire dans le texte du vœu les mots *vivants et en chair*.

M. FATIO répond qu'il faudrait alors ajouter aussi les mots *en conserves*.

M. LE PRÉSIDENT : « S'il m'est permis de prendre la parole, je vous soumettrai cette seule objection : avec le texte modifié comme on le propose, on ne pourra plus, il est vrai, expédier des Oiseaux vivants ou en chair, mais rien n'empêchera de dépouiller immédiatement les Oiseaux et de les envoyer à l'état de dépouilles. Par conséquent, si la mode a besoin d'Hirondelles, on en tuera. »

M. LALOUE : « Vous avez grand tort d'avoir peur. Nous n'employons presque pas d'Oiseaux de France. La plupart de nos Oiseaux viennent du Japon où ils sont en trop grande quantité. Au besoin, nous consentirions à ce que vous fissiez des vœux pour l'Europe. Laissez-nous les États que vous ne connaissez pas. »

M. DYBOWSKI : « Pardon, tout nous touche ! »

M. LE PRÉSIDENT : « Vous dites que vous n'employez que des Oiseaux exotiques. Ceci n'est pas tout à fait exact ; car on a employé aussi des milliers d'Hirondelles venant d'Espagne. »

M. DYBOWSKI : « Et de Tunisie. »

M. LE PRÉSIDENT : « Il me serait facile de vous fournir quelques chiffres. D'un autre côté, M. Dybowski vient de dire que dans nos colonies des Oiseaux utiles, ceux qui représentent les Étourneaux de notre pays, les Merles bronzés diminuent d'une façon effrayante. Que ferez-vous lorsque vous aurez détruit cette source de production de plumes de parure ?

« Le projet de vœu qu'on vous présente demande de protéger les Oiseaux pendant la période de reproduction; vous pouvez donc alimenter votre industrie et votre commerce pendant six mois de l'année. Si le projet défendait le colportage pendant toute l'année, on comprendrait vos protestations.

. « Je ne veux pas intervenir davantage dans la discussion, mais je tenais à rectifier un ou deux points. »

M. Laloue : « Interdire le commerce des plumes pendant six mois, c'est comme si l'on interdisait de manger du pain pendant la même période. Si vous voulez bien lire notre contre-projet, vous verrez que nous ne sommes pas opposés à la protection des Oiseaux utiles. »

M. le Président, jugeant que la question est suffisamment élucidée, donne lecture du contre-projet qui vient de lui être remis par MM. Laloue et Bollack et qui réclame au nom de la Chambre syndicale des fleurs et plumes la liberté du commerce et du transit *de tous Oiseaux servant à l'industrie, sauf en ce qui concerne les espèces rares ou reconnues utiles, soit au point de vue de la reproduction, soit au point de vue de l'agriculture.*

M. le Président fait remarquer que ce contre-projet diffère complètement de la proposition que les mêmes personnes avaient faite antérieurement et qui consistait à introduire les mots *vivants ou en chair* dans le passage concernant l'interdiction de la vente des Oiseaux à certaines époques. Il demande ce que les auteurs du contre-projet entendent par *espèces rares.*

M. Laloue répond que ce sont toutes celles dont on pensera qu'il y a lieu de défendre la destruction.

M. le Président fait observer encore que les auteurs du contre-projet paraissent demander qu'on établisse des listes d'espèces utiles et que l'établissement de ces listes, qui comprendront des centaines d'espèces, exigera beaucoup de temps et soulèvera des difficultés considérables.

M. Laloue répond que ce temps et ces difficultés ne sont rien en comparaison des intérêts engagés dans l'industrie de la plume.

M. Duval trouve qu'à défaut de plumes, l'industrie pourra se rabattre sur les fleurs artificielles, qui valent bien les plumes comme ornements.

M. le Président rappelle qu'il se trouve en présence de deux propositions distinctes émanant des mêmes personnes et prie MM. les représentants du Syndicat des fleurs et plumes de choisir entre ces deux propositions.

M. Laloue demande que l'on adopte de préférence l'addition des mots *vivants ou en chair*, qui suffira, dit-il, pour interdire le transport des Oiseaux que l'on tuera pendant la période de protection, mais qui permettra aux négociants en plumes de transporter des Oiseaux qui ont été tués il y a deux ou trois ans.

M. Fatio estime que par l'addition de ces mots on diminuera sensiblement la protection et il se déclare opposé à cette addition.

M. R. Saint-Loup se demande s'il est nécessaire que le Congrès tranche complètement cette question qui soulève tant de difficultés et s'il ne vaudrait pas mieux en ajourner la solution. Il lui semble difficile de prendre aujourd'hui une détermination définitive.

M. Burckhardt préférerait que l'addition qui n'avait pas été proposée hier ne fût pas introduite aujourd'hui dans le projet, et que la question fût ajournée.

Après quelques observations de M. Laloue, de M. Fatio et de M. le baron du Teil, M. le Président met d'abord aux voix l'addition proposée par MM. Laloue et Bollack et qui constitue un amendement au projet présenté par M. Fatio au nom de la section.

L'addition proposée des mots *vivants ou en chair* est repoussée à la grande majorité, cette addition n'ayant réuni que quatre voix.

M. le Président met ensuite aux voix le vœu n° 3 tel qu'il a été présenté par M. Fatio.

Ce vœu est adopté à une grande majorité.

M. Dybowski demande que le Congrès émette en outre le vœu que les mesures proposées soient étendues dans la mesure du possible aux colonies.

Sur une observation de M. Laloue qui voudrait que les mesures ne fussent appliquées que dans les colonies françaises, M. Dybowski déclare que dans son idée il ne s'agit pas seulement des colonies françaises, mais de *toutes les colonies*, ce qui est naturel puisque le Congrès est international.

M. le Président met aux voix l'article additionnel de M. Dybowski ainsi conçu :

3° bis *Étendre ces mesures autant que possible aux colonies des différents pays.*

Cet article est adopté.

M. Fatio donne lecture du vœu n° 4 :

4.° *Prier chaque État de faire faire sur son territoire des recherches à la fois ornithologiques et entomologiques en vue de déterminer l'alimentation des espèces et par là leur degré d'utilité.*

M. Fatio fait remarquer qu'il a résumé dans cette phrase courte un vœu remis au bureau de la section par M. le Dr Quinet. Ce dernier avait introduit dans sa proposition un laps de cinq ans pour les recherches. M. Fatio a hésité à le faire dans la crainte que cela ne soulevât des discussions. « En tout cas, au point de vue scientifique, dit-il, la proposition de M. Quinet a certainement sa raison d'être et pourrait être utile ou intéressante. Je crois devoir l'appuyer de toutes mes forces. »

M. A. Duval pense que, pour rentrer dans les idées de M. Quinet, il faudrait distinguer, parmi les Insectes dont les Oiseaux se nourrissent, les Insectes nuisibles des Insectes utiles. « Ce serait, dit-il, seulement deux mots à ajouter. »

M. Fatio croit qu'il est aussi difficile de faire cette distinction d'une manière certaine chez les Insectes que chez les Oiseaux.

M. le Dr Quinet insiste pour que l'on fixe une période de quatre ou cinq ans (il ne tient pas au chiffre) pour la durée des recherches, afin que chaque Gouvernement sache, lorsqu'il nommera des spécialistes, que ces spécialistes devront se mettre immédiatement au travail pour aboutir dans un délai de quatre ou cinq ans. « Si vous ne fixez pas de date, dit-il, vous serez paralysés, car vous ne saurez pas à quel moment vous recevrez les rapports de tel ou tel pays. Au contraire, à l'échéance du délai, le Comité international réclamera aux Gouvernements leurs rapports. Je demande que l'on mette dans la proposition une période quelconque pendant laquelle on pourra efficacement faire des études ou des autopsies d'Oiseaux. Je crois que cinq ans est une période moyenne.

M. LE PRÉSIDENT met aux voix l'article proposé par M. Fatio au nom de la section.

Le vœu est adopté.

M. LE PRÉSIDENT met ensuite aux voix l'addition proposée par M. Quinet : « Le rapport sur ces observations devra être donné au Comité international dans l'espace de cinq ans. »

Cette addition est adoptée (1).

M. FATIO donne ensuite lecture des vœux nᵒˢ 5 et 6 :

5° Faciliter par tous les moyens possibles (tels que haies, nichoirs, etc.) la multiplication des Oiseaux utiles insectivores.

6° Répandre dans la jeunesse des idées en même temps intéressantes et utiles sur la biologie des Oiseaux.

M. FATIO fait observer qu'il a mis *intéressantes et utiles* parce qu'il ne suffit pas de donner des notions utiles, il faut les présenter de façon à captiver l'attention des enfants afin de les amener à s'intéresser aux Oiseaux.

M. FATIO donne ensuite lecture du vœu suivant présenté par M. Xavier Raspail et adopté par la section de protection des Oiseaux :

Le IIIᵉ Congrès ornithologique international, séant au Palais des Congrès de l'Exposition universelle de 1900, après avoir pris connaissance des instructions que M. le baron van der Bruggen, ministre de l'Agriculture de Belgique, a prescrites à son administration forestière, tant pour favoriser la reproduction de plusieurs espèces d'Oiseaux insectivores que pour assurer leur existence en hiver, lui adresse ses félicitations et émet le vœu que les ministres compétents des autres Gouvernements de l'Europe fassent preuve d'une semblable sollicitude à l'égard des Oiseaux utiles à l'agriculture.

M. VOITELLIER demande que ce vœu soit scindé en deux parties et qu'il soit statué sur chacune d'elles.

La scission mise aux voix n'est pas prononcée et le vœu dans son ensemble est adopté.

____

(1) Dans une lettre adressée au Président après la clôture du Congrès, M. le Dʳ Quinet exprime le vif désir que le délai soit réduit à quatre ans.

M. LE BARON A. CRETTÉ DE PALLUEL demande que le Congrès émette le vœu suivant :

« Considérant que l'ornithologie est une science utile en elle-même et dans ses applications, le Congrès exprime le vœu que l'on recherche et mette à l'étude les voies et moyens pouvant contribuer : 1° à augmenter le nombre des adeptes de cette science ; 2° à faciliter les études, les recherches et les relations des ornithologistes des différents pays ; 3° à amener les progrès des moyens de préparation des spécimens ornithologiques. Le Comité ornithologique international serait chargé de faire le nécessaire pour obtenir ces résultats. »

Cette proposition, mise aux voix, ne réunit pas un nombre de suffrages suffisant pour être prise en considération.

M. R. SAINT-LOUP présente les vœux suivants au nom de la sous-section d'acclimatation :

1° *Que le Comité ornithologique international veuille bien centraliser, en vue du prochain Congrès, les questionnaires et réponses acquises relativement, d'une part aux Nandous et aux Tinamous, d'autre part aux œufs des Oiseaux et aux conditions précises de l'incubation. Ces documents nouveaux, centralisés par les bureaux permanents des Congrès ou par les Comités d'organisation, pourraient être mis en ordre et apportés devant le prochain Congrès.*

2° *Que des tentatives soient faites pour l'acclimatation du Nandou de Darwin* (Rhea Darwini).

3° *Que de nouveaux essais soient tentés pour éclairer l'opinion sur l'acclimatation du Tinamou gris* (Nothura Darwini).

4° *Que des efforts soient faits pour l'étude pratique des différentes espèces de Tinamous connus par les acclimateurs.*

Ces vœux, mis aux voix, sont adoptés.

M. LE BARON DU TEIL, l'un des secrétaires de la sous-section d'aviculture, donne lecture des vœux émis par cette sous-section. Le premier est ainsi conçu :

1° *Que l'État invite les Sociétés ou Comités d'agriculture subventionnés par lui, à donner des prix à l'aviculture lors des concours annuels.*

M. le baron du Teil développe quelques considérations en faveur de ce vœu qui est mis aux voix et adopté.

2° Qu'il soit fait remise d'une médaille commémorative aux membres du Congrès.

M. le baron de Teil fait observer que c'est sur sa demande que la section d'acclimatation a émis ce vœu dont la réalisation, dit-il, doit être désirée par tous. En effet, chacun désirera sans doute conserver un souvenir de cette importante réunion qui s'est produite pendant l'Exposition universelle de 1900, à la fin d'un siècle, et qui a attiré un si grand nombre de savants étrangers.

M. le Président demande que cette proposition, qui est plutôt un désir qu'un vœu, soit renvoyée à l'examen du Comité d'organisation qui recherchera les moyens de la faire aboutir, la réalisation du projet devant entraîner une assez forte dépense.

M. le baron du Teil donne lecture d'un troisième vœu présenté par M. Castello y Carreras, par lui-même et par quelques autres membres de la section d'acclimatation et conçu en ces termes :

3° Que les États, aussi bien les États étrangers que la France, veuillent bien, dans l'enseignement agricole donné dans les écoles communales, faire une part à l'aviculture.

Ce vœu, mis aux voix, est adopté.

M. Castello y Carreras présente un autre vœu. « Depuis de longues années, dit-il, on persiste par erreur à classer parmi les races espagnoles beaucoup de races qui n'existent même pas en Espagne. Aussi, dans l'intérêt de l'aviculture systématique, j'ai prié MM. les membres de la section d'aviculture de tenir compte des raisons que je leur ai exposées afin qu'à l'avenir on ne considère plus comme race espagnole la race qui leur est connue et qu'ils désignent sous le nom de *Gallus hispaniolensis*, et qu'on appelle cette race *Gallus albifacies*, ce qui aurait l'avantage de rappeler le caractère principal de la race qui est d'avoir la peau blanche, sans rien préjuger de son origine.

M. Wacquez fait observer que ce vœu a un caractère

un peu trop spécial pour être soumis à l'approbation de l'assemblée générale. Il lui paraît suffisant qu'il figure au procès-verbal de séance de la section.

M. Castello y Carreras n'insiste pas pour sa proposition.

M. le Président demande s'il y a encore des vœux à formuler sur des sujets généraux.

M. Duval formule le vœu suivant auquel M. Chatain s'associe pleinement :

Le Congrès ornithologique international adresse des remerciements aux Puissances qui ont bien voulu adhérer à la convention internationale pour la protection des Oiseaux et exprime le vœu que cette convention soit ratifiée le plus tôt possible par les autres Puissances.

Ce vœu, mis aux voix, est adopté.

M. le Président fait la communication suivante :

« Dans une séance particulière, tenue ce matin, le Comité ornithologique international a adopté un nouveau règlement qui le concerne et dont il n'est pas nécessaire de donner ici lecture, puisque c'est un règlement d'ordre intérieur. Il résulte des décisions prises que, autant que possible, un roulement s'établira entre les différents pays de manière que les Congrès aient lieu successivement dans différentes villes et que le président change après chaque Congrès.

« En vertu de ce règlement, il a été procédé à l'élection d'un nouveau Président qui entrera en fonctions dans un délai maximum de deux ans à partir du Congrès qui l'a nommé. Nous avons choisi comme Président du Comité chargé de s'occuper de la préparation du prochain Congrès M. le Dʳ Bowdler Sharpe, conservateur au Musée Britannique. (*Applaudissements.*)

« Il a été décidé également que le prochain Congrès aurait lieu dans une autre ville de l'Europe. Plusieurs noms de villes ont été mis en avant. Je vais vous les citer (cela vous permettra de juger) ; ce sont, par ordre alphabétique : Barcelone, Bruxelles, Londres, Sophia. Je vais mettre aux voix successivement le choix de ces différentes villes. »

Le nom de Barcelone ne réunit que cinq voix.

Le nom de Bruxelles le même nombre.

Londres, à une première épreuve, réunit quinze voix pour et sept contre sur trente-huit votants. Il n'y a pas de majorité.

M. LE Dʳ PAUL LEVERKÜHN demande la parole et fait ressortir les avantages que présenterait Sophia comme lieu de réunion, l'intérêt que présenteraient des excursions faites dans un pays extrêmement pittoresque et inconnu de la plupart des membres réunis aujourd'hui dans cette enceinte.

M. LE PROFESSEUR R. BLASIUS objecte que ce matin, dans la séance du Comité ornithologique, les quatre villes indiquées ayant déjà été proposées, la majorité du Comité s'est rangée à l'avis de choisir Londres commme lieu de réunion.

M. LE PRÉSIDENT dit que l'assemblée lui paraît maintenant suffisamment éclairée. Il met aux voix le choix de la ville de Sophia, puis celui de la ville de Londres. Sophia réunit dix-huit voix et Londres vingt.

Londres a par conséquent la majorité et cette ville est adoptée.

M. R.-B. SHARPE est proclamé Président du Comité pour une nouvelle période. Il remercie ses collègues en ces termes :

« M. le Président et chers confrères, je suis très sensible à l'honneur que vous m'avez fait en me choisissant comme Président du prochain Congrès. Je puis vous assurer que, quoique je sois très occupé au Musée Britannique, je ferai tout ce qui me sera possible, lorsque vous viendrez à Londres, pour vous être utile et pour rendre le Congrès ornithologique de Londres aussi brillant que les autres Congrès qui ont eu lieu précédemment dans cette capitale. On dit généralement que Londres ne présente pas beaucoup d'attractions, mais j'ai toujours eu le plaisir de constater que les membres des Congrès qui se sont réunis en Angleterre ont été très contents de la réception qui leur a été faite. Je n'ai donc aucune inquiétude à cet égard

« Je vous remercie encore une fois et j'ajoute, spécialement pour mes amis français, que je viens de passer une
semaine très heureuse en prenant part à ce Congrès qu'ils
ont organisé. Je leur exprime ici ma reconnaissance pour
les attentions qu'ils ont eues pour moi et pour la bienveillance qu'ils m'ont témoignée non seulement comme
délégué de l'Angleterre, mais encore comme ami. »

M. LE PRÉSIDENT annonce que le Comité ornithologique
international a décidé de s'adjoindre un certain nombre de
membres nouveaux pour augmenter un peu son personnel
et pour remplacer des membres décédés depuis sa fondation. Ces membres nouveaux sont, par ordre alphabétique :

MM. ALMASY (D'' G.-V. D'), Borostyànkö (Com. Vas, Hongrie).
ARRIGONI DEGLI ODDI (comte E.), professeur à l'Université de
Padoue, Ca' Oddo (province de Padoue) et 2233 via Torri-
celli, Padoue (Italie).
BEDDARD (F.-E.). M. A., prosecteur à la Société zoologique de
Londres, Zool. Society's Gardens, Regents Park, Londres
N. W. (Angleterre).
BERG (baron DE), Landforstmeister, Ministère d'Alsace-Lor-
raine, division des Finances, Strasbourg (Alsace).
BERLEPSCH (baron VON), Cassel (Allemagne).
BLAAUW (H.-E.), Gooilust, S'Graveland (Hollande).
BONHOTE (J.-Lewis), secrétaire de l'Avicultural Society, Ditt on
Hall, Few Ditton, Cambridge (Angleterre).
BUEN (D'' Odon DE), professeur d'histoire naturelle à l'Univer-
sité, Barcelone (Espagne).
BURCKHARDT (Rod.), professeur à l'Université, Bâle (Suisse).
CAMPO (marquis de), président de la Fédération colombophile
espagnole.
CASTELLO Y CARRERAS (don Salvador), président de la Société
nationale des Aviculteurs espagnols, directeur de l'École
royale d'aviculture, 173, Disputacion, Barcelone (Espagne).
CRETTÉ DE PALLUEL (baron A.), secrétaire de section au Congrès
ornithologique de 1900, 26, rue des Écuries-d'Artois, Paris.
DALMAS (comte Raymond DE), 26, rue du Berri, Paris.
ERLANGER (baron C. VON), Nieder-Ingelheim (Hesse rhénane,
Allemagne).
GAAL DE GYULA (Gaston), Cràsrta poste K. Öps (Hongrie).
GUERNE (baron Jules DE), secrétaire général de la Société
d'acclimatation de France, 6, rue de Tournon, Paris.

MM. Hartert (Ernest), conservateur du Musée zoologique de Tring (Herts, Angleterre).

Horvath (Dʳ Géra), directeur de la station entomologique, Musée national (National Museum), Budapest (Hongrie).

Kempen (Ch. van), 12, rue Saint-Bertin, Saint-Omer (Pas-de-Calais).

Koenig (von und zu Warthausen, baron Rich.), K. Kammerer, château Warthausen, près Biberach (Wurtemberg, Allemagne).

Koenig (Dʳ A.), professeur, 164, Coblenzstrasse, Bonn. a. R. (Allemagne).

Llave (Dʳ Diego de la), président de la Société colombophile de Catalogne.

Leverkühn (Dʳ Paul), chef des Institutions scientifiques et Bibliothèque de S. A. R. le prince Ferdinand Iᵉʳ de Bulgarie, au palais de Sophia (Bulgarie).

Màday (Isidore), conseiller ministériel, Budapest (Hongrie).

Marmottan (Dʳ), maire du XVIᵉ arrondissement de Paris, 31, rue Desbordes-Valmore, Paris-Passy.

Martorelli (professeur G.), directeur de la collection Turati, Museo civico, Milan (Italie).

Mir y Navarro (D.-N.), professeur d'histoire naturelle à l'Insti.ut, Barcelone (Espagne).

Möbius (Dʳ C.), professeur, Regierungsrath, directeur de la collection d'histoire naturelle du Musée royal d'histoire naturelle, K. Museum für Naturkunde, Berlin (Allemagne).

Nehrkorn (Dʳ A.), Amstrat, Riddagshausen près Brunswick (Allemagne).

Nüsslin, professeur, Carlsruhe (Allemagne).

Orfeuille (comte d'), impasse des Gendarmes, Versailles (France).

Parrot (Dʳ C.), docteur-médecin, 36, Klenzestrasse, Munich (Bavière, Allemagne).

Périer de Larsan (comte de), membre de la Chambre des députés, 144, rue de Rennes, Paris, et château de Brillette, Moulis (Gironde, France).

Raspail (Xavier), Gouvieux (Oise, France).

Rothschild (honorable Walter), Tring (Angleterre).

Saarossy Kapell (François), conseiller ministériel, au ministère de l'Agriculture, Budapest (Hongrie).

Saint-Loup (Dʳ Remy), sous-directeur du laboratoire de Cytologie de l'École des hautes études, au Collège de France.

Schalow (Herman), 15 II, Schleswiger Ufer, Berlin N. W. (Allemagne).

Simon (Eugène), 16, villa Saïd, avenue du Bois-de-Boulogne, Paris.

MM. Ternier (Louis), avocat à la Cour d'appel, Honfleur (Calvados,
France).

Vian (Jules), membre fondateur de la Société zoologique de
France.

Wenzel-Capek, professeur, Oslawen (Moravie, Autriche).

Wilson (Scott-Barchard), F. Z. S., F. B. U., Heatherbank,
Weybridge-Heath (Surrey, Angleterre).

Zos y Martorell (Don Silvino), président de l'Académie royale
des sciences naturelles, ingénieur en chef des mines de la
province de Barcelone, Barcelone (Espagne).

Ces nouveaux membres sont élus par acclamation et
leurs noms seront ajoutés à la liste du Comité ornithologique international.

M. Giglioli demande la parole et s'exprime en ces
termes :

« Je crois être l'interprète de tous ceux qui sont présents,
avant de nous séparer aujourd'hui, en donnant un remer-
ciement chaleureux et cordial à notre Président, M. Oustalet, à notre Secrétaire général, M. de Claybrooke, et au
secrétariat du Comité international ornithologique à
Paris, pour la façon cordiale dont nous avons été reçus. »
(*Applaudissements.*)

M. le Président : « Je remercie M. Giglioli, mon ami,
des paroles si flatteuses qu'il vient de prononcer pour
mon zélé et dévoué collaborateur M. de Claybrooke et
pour moi.

« Nous voici arrivés au terme de nos travaux. J'espère,
je suis même certain qu'ils n'auront pas été inutiles.
Si nous n'avons pas pu explorer toutes les parties du
champ que nous avions délimité, nous en avons parcouru
des portions importantes.

« Les recherches sur le développement des Oiseaux, sur
le changement de plumage, les mues, l'histoire de certaines espèces fossiles, la description des hybrides, des
aperçus nouveaux sur la faune des diverses contrées, le
projet d'établissement d'un réseau ornithologique à travers
l'Europe entière, des notions nouvelles sur l'aviculture,
des renseignements curieux et inédits sur l'acclimatation

de certaines espèces, enfin, l'adoption d'une constitution nouvelle pour le Comité ornithologique international, sont certainement des œuvres qui resteront.

« Ces œuvres ont rempli l'ordre du jour des cinq journées que nous avons passées ensemble et qui ont fui avec une rapidité que je regrette pour ma part, car elles ont été pour moi l'occasion de vivre en contact constant avec des personnes qui m'ont témoigné une sympathie dont je leur suis profondément reconnaissant. (*Applaudissements.*)

« Si personne ne demande plus la parole, je déclare close la session du IIIᵉ Congrès ornithologique international de 1900 et je vous donne rendez-vous pour demain soir au banquet.

« Les communications qui n'ont pas été envoyées jusqu'à présent devront être remises dans le délai de huit jours à M. de Claybrooke, secrétaire général. »

La séance est levée à cinq heures.

Le soir de ce même jour, sur l'invitation de M. le baron J. de Guerne, secrétaire général de la Société d'acclimatation, la plupart des membres du Congrès et un grand nombre d'autres personnes se sont réunies au siège de la Société, 41, rue de Lille, et ont entendu avec un vif intérêt deux conférences, faites l'une par M. le Dʳ Arbel, l'autre par M. le Dʳ Racovitza. La première avait trait à la fauconnerie ancienne et moderne, la seconde aux observations ornithologiques faites par les naturalistes de la *Belgica* sur les terres australes. Ces deux conférences étaient accompagnées d'excellentes projections photographiques. D'autres projections représentant des Oiseaux sauvages ou domestiques ont été mises sous les yeux des membres du Congrès et des invités par M. le baron de Guerne.

Enfin, le lendemain, dimanche, à sept heures et demie, un grand banquet a réuni au restaurant Marguery les membres du Congrès auxquels avaient bien voulu se joindre plusieurs savants français, parmi lesquels MM. A. Gaudry et H. Filhol, membres de l'Institut et professeurs au

Muséum, M. Gariel, membre de l'Académie de médecine et secrétaire général des Congrès de l'Exposition de 1900, etc.

Des toasts ont été portés par M. Oustalet, président du Congrès, aux chefs d'États et aux délégués officiels des Gouvernements auprès du Congrès, ainsi qu'à M. Gariel et aux dames présentes à cette réunion, par M. R.-B. Sharpe, le nouveau Président du Comité ornithologique, et par M. Chatain, délégué du ministère des Affaires étrangères.

L'ACTIVITÉ DÉPLOYÉE

DANS LE

DOMAINE ORNITHOLOGIQUE

SUR LE TERRITOIRE

DE LA PÉNINSULE DES BALKANS

par le Muséum de Bosnie-Herzégovine

A SARAJEVO

PAR

OTHMAR REISER

Conservateur au Musée de Bosnie-Herzégovine
et délégué du gouvernement au Congrès ornithologique de 1900.

Il y a quelques années encore, nos connaissances relatives à l'ornithologie de la péninsule des Balkans se réduisaient aux données fragmentaires fournies par quelques monographies, remarquables à la vérité, mais ne reposant pas sur un plan d'ensemble.

L'exploration avait notamment porté sur les régions voisines de la mer et, plus particulièrement, sur les côtes de la Grèce moderne.

Mais les résultats acquis étaient loin d'être satisfaisants. Les renseignements fournis étaient embrouillés et inexacts, s'ils n'étaient pas, ce qui fut souvent le cas, manifestement erronés.

Aussi régnait-il, comme sur tant d'autres questions touchant à la presqu'île des Balkans, une ignorance incroyable de la faune de ce pays et de son ornithologie en particulier. Il en était ainsi, notamment, pour l'intérieur de la péninsule.

Le présent rapport a pour but d'exposer les efforts faits par le Muséum de Bosnie-Herzégovine en vue de faire cesser cette ignorance dont les naturalistes européens doivent éprouver quelque honte. Ce que ledit établissement se proposait avant tout, c'était l'étude, aussi approfondie que possible, de la faune et de la flore du territoire occupé. Ce travail fut entrepris à partir de l'année 1886. On reconnut bientôt combien il était nécessaire d'avoir égard à la flore respective des différentes contrées pour résoudre des problèmes de géographie zoologique; cela est surtout vrai pour la presqu'île des Balkans. Par le moyen indiqué, on parvient souvent à connaître rapidement le caractère réel de la faune, la configuration du terrain étant excessivement variée. Par des excursions répétées en Bosnie et en Herzégovine, on est arrivé à distinguer, au moyen des exemplaires réunis dans le Muséum, 298 différentes espèces, non compris un grand nombre de variétés que ces espèces comportent. On trouva, en outre, dans presque toute la Bosnie la faune de l'Europe centrale, tandis que, chose curieuse, l'Herzégovine, à peu près dans les limites exactes de son étendue politique actuelle, possède la faune des pays méditerranéens. L'Herzégovine est cependant complètement dépourvue de certaines catégories d'Oiseaux qui ne vivent qu'à proximité de la mer et qui, par conséquent, ne quittent d'ordinaire pas la Dalmatie voisine.

Un envoyé du Muséum a parcouru, de 1890 à 1894, le territoire limitrophe du Monténégro. Il y fit parfois d'heureuses trouvailles. Ces recherches furent menées à bien par une expédition organisée par notre Muséum, expédition qui visita presque toutes les parties du Monténégro, de la mer Adriatique jusqu'aux sommets arides du Kom et du Durmitor. Après quelques additions ultérieures, la collection de sujets recueillis sur les lieux et conservée au Muséum de Sarajevo ne comprend pas moins de 246 espèces d'Oiseaux provenant du pays des

montagnes Noires. Un chercheur persévérant arriverait
certainement à dépasser encore ce chiffre, car sur le petit
territoire de la principauté se trouvent réunies les conditions d'existence les plus variées, celles que réclament
non seulement les espèces méditerranéennes, mais les
Oiseaux de la plaine, ceux de la montagne moyenne et
ceux des hautes régions.

Trois expéditions, ayant pour objectif le vaste territoire
de la Bulgarie et de la Roumélie orientale, ont été entreprises en 1890, 1891 et 1893, dont deux plus longues au
printemps et une de moindre durée en automne. Ces expéditions portèrent en premier lieu sur les marais du Danube,
de Lom Palanka à Silistria, dont les voyages de Hodek
avaient déjà rendu célèbre la richesse ornithologique ;
on y établit pendant un certain temps, sur les points les
plus importants, des stations centrales de dépôt.

On parcourut ensuite, pendant plusieurs semaines, en
faisant des collections, les côtes de la mer Noire dans les
environs de Varna et de Burgas. On étudia ensuite les
dépressions de terrain de la Tundza, près de Jamboli.

Les collections déjà obtenues furent notablement enrichies par quelques semaines consacrées, pendant le mois
d'octobre, aux alentours de Burgas, à la recherche des
Oiseaux des côtes et des Oiseaux de mer : les Oiseaux
pullulent, en effet, à cette époque, notamment aux abords
des trois grands lacs d'eau saumâtre qui avoisinent la
ville. Ces excursions furent couronnées par un voyage
circulaire à travers les plus hautes montagnes du pays,
en longeant d'abord les crêtes de l'antique Hæmus, de la
Stara Planina, d'Etropol à Kalofer, et en traversant
ensuite tout le massif du Rhodope, de Philippople jusqu'à
Samakov.

Au nombre des expéditions qui eurent le plus de succès,
il convient incontestablement de citer celles qui, en 1894,
1897 et 1898, furent dirigées en Grèce et dans l'archipel
grec. Ces trois voyages ne furent pas seulement employés
à réunir un grand nombre de types intéressants, se
rattachant par des traits caractéristiques à l'Europe

méridionale ; mais ils permirent surtout, grâce à des recherches minutieuses opérées sur place, de rectifier un grand nombre d'erreurs commises par différents auteurs.

Sur le continent grec on visita les contrées ci-après :

Thessalie : Volo. Velestino, et les environs du lac de Karla.

Grèce centrale : l'Attique, Locris avec les montagnes de Kiona et de Korase, l'Akarmanie et l'Etolie, avec quartier général à Missolonghi pendant deux mois.

Péloponèse : Argos, Arcadie, Elis, Messénie et Laconie (avec le Taygetos).

Iles grecques visitées : Corfou (quatre fois), Céphalonie, Petalá, Oxyá, Zante, Strophades, Cerigo, Milos et Erimomilos, Naxos, Makaries, Stronghilo, Syra, Skopelos, Xero, Gramsa, Ioura et Psathura.

Plusieurs de ces îles ne peuvent être abordées que sur des chaloupes à voile et ne sont visitées que très rarement. C'est là surtout que l'on fit des découvertes stupéfiantes d'Oiseaux maritimes peu connus et de plantes rares, voire même absolument inconnues jusqu'ici. Lors d'un passage dans la capitale grecque on eut la bonne fortune de s'assurer le concours des Strimmeneas, famille de préparateurs qui veillèrent à ce que, dans les intervalles d'un voyage à l'autre, on continuât à collectionner dans l'intérêt du Muséum. Celui-ci eut aussi la chance, grâce à l'intervention du Dr Krüper, zoologue éminent qui habite Athènes, d'opérer un premier choix, dans la collection ornithologique de l'anglais Merlin, amateur et sportsman bien connu. Le Dr Krüper, l'un des meilleurs connaisseurs de l'ornithologie grecque, s'est distingué dans l'étude des Balkans et s'est acquis des titres tout particuliers à notre reconnaissance.

Les résultats obtenus par ces acquisitions et ces différentes expéditions sont représentés par 296 espèces d'Oiseaux de provenance grecque conservées actuellement à Sarajevo. Le musée de l'Université d'Athènes ne possède que 20 espèces ne figurant pas dans le nôtre.

Disons, en passant, que le nombre des Reptiles et

des Insectes collectionnés en même temps est également considérable.

Il y a lieu de mentionner enfin le fait que, de la même façon que pour les autres territoires visités, l'étude de l'ornithologie de la Serbie a été entreprise l'an dernier par une première excursion de trois mois opérée le long de la frontière orientale et méridionale de ce pays.

Comme on pouvait d'emblée s'y attendre, les résultats de cette première tournée ne présentent, pour ainsi dire, d'intérêt qu'au point de vue zoologique. Le fait le plus surprenant qui fut constaté à cet égard, c'est que tant dans la partie orientale que notamment aux alentours de Nisch et plus au midi dans la vallée de la Morava il existe des sortes d'oasis peuplées de la faune méditerranéenne. A cela près, le monde ailé de la Serbie a naturellement une grande ressemblance avec celui des pays voisins, la Bulgarie, d'une part, et la Bosnie, d'autre part.

Les recherches en Serbie seront vraisemblablement terminées d'ici quelques années par l'étude des contrées qui n'ont pas encore été explorées; il ne restera alors à explorer que le territoire, considérable à la vérité, de la Turquie d'Europe actuelle. Mais c'est là précisément que l'explorateur rencontrera les plus grands empêchements et des difficultés sans nombre. De sorte que l'on ne saurait prévoir à l'heure qu'il est comment il sera possible de se livrer à des recherches sérieuses et scientifiques dans des contrées où les troubles et les rixes sanglantes sont constamment à l'ordre du jour et qu'habite une population méfiante et fanatique. Cela d'autant plus que l'ornithologiste, qui, de par sa profession, est constamment armé d'un fusil, ne saurait passer inaperçu dans une contrée où il exerce son activité; il attire nécessairement à un haut degré l'attention d'une population guerrière, à demi sauvage, telle que, par exemple, celle de l'Albanie. Le botaniste, le collectionneur d'Insectes, de Coquillages, etc., est bien mieux loti à cet égard. Or, ce sont précisément ces contrées de l'Albanie qui, au point de vue ornithologique, sont encore une terre absolument inconnue. Il est vrai

que pour l'ornithologie de l'Europe l'exploration de la
partie orientale de la Turquie, des environs de Constanti-
nople, de la côte jusqu'à Salonique et des grandes îles
longeant la côte, aurait encore plus d'importance ; il y a
lieu d'espérer, en effet, de retrouver dans ces parages,
en territoire européen, plus d'une des espèces particulières aux côtes de l'Asie-Mineure.

Tel est, retracé à grands traits, le tableau des tâches
que le Muséum de Sarajevo se propose d'accomplir dans
l'avenir.

Nous dirons quelques mots seulement de la façon d'obtenir et du mode de disposer et de conserver les pièces
de la collection ornithologique. La recherche de ces objets
dans les pays des Balkans ne peut s'opérer de la même
façon que dans l'Europe centrale et occidentale.

Il n'existe pas partout, dans les Balkans, des voies de
communication commodes, des logements confortables,
des moyens de ravitaillement convenables, tels qu'on en
trouve ailleurs. Il est vrai que de grands progrès ont
déjà été réalisés à cet égard ; mais l'Eldorado de l'ornithologiste se trouve généralement à l'écart du grand
trafic, dans des contrées isolées où les bienfaits de la civilisation n'ont pas encore pénétré. Pour parvenir dans ces
déserts de montagnes dont parfois aucun touriste étranger n'a encore foulé le sol vierge, ou dans ces plaines
marécageuses et sauvages s'étendant à perte de vue, le
naturaliste ne possède d'autres moyens de locomotion que
cet admirable cheval des Balkans qui, de son pas sûr et
infatigable, lui fait franchir les passages les plus difficiles ;
à défaut de cheval, il en est réduit à utiliser ses propres
jambes, ce qui est même préférable, attendu que la
marche pédestre, plus que tout autre genre de locomotion
plus commode, tient l'œil en éveil et favorise les
recherches. Voilà pourquoi, jusqu'à présent, toutes les
expéditions du Muséum, à partir de la station de chemin
de fer ou du débarcadère, ont toujours et partout été
exécutées à pied. Les impressions que vous laissent les
différents paysages aperçus dans ces marches souvent fort

pénibles restent mieux gravées dans la mémoire, et c'est là un avantage dont on tire toujours profit pour bien caractériser les Oiseaux d'une contrée et leur genre de vie.

Seuls les bagages, dont on ne doit jamais se séparer dans ces pays, doivent toujours être transportés sur des bêtes de somme — chevaux ou mulets — que par bonheur l'on trouve toujours assez aisément. Les provisions, les instruments, les munitions, les objets recueillis sont transportés dans des caisses étroites, pas trop longues et imperméables, construites *ad hoc*. L'une des bêtes de somme porte les tentes-abris qui ne doivent jamais manquer. Bref, il se forme petit à petit une sorte de caravane telle qu'on n'a coutume d'en rencontrer que sous les tropiques. En tête et sur les deux flancs, les chasseurs battent le pays, faisant halte aux endroits plus particulièrement engageants pour collectionner à leur aise. Leur activité ne s'arrête qu'à la tombée de la nuit; à ce moment, toute la société se trouve réunie autour du feu du campement sur lequel chante gaiement le chaudron qui sert à préparer le repas du soir.

Mais lorsque, comme c'est souvent le cas dans les plaines de la Grèce, il a régné pendant la journée une chaleur extrême, il est nécessaire de dépouiller tous les Oiseaux le soir même, sous peine de les perdre immanquablement; aussi la tâche incombant au préparateur est-elle des plus ardues s'il ne veut pas compromettre le succès de l'expédition.

Les peaux d'Oiseaux obtenues et conservées au prix de de tant de peines sont ensuite dirigées sur la station centrale; lorsqu'elles ont eu le temps de sécher, elles sont en condition d'être expédiées: moyennant un bon emballage, elles parviennent en bon état au lieu de leur destination. Lorsqu'on les expédie directement, quels que soins que l'on voue à l'emballage, leur forme se modifie tellement que l'on est contraint de leur faire subir au Muséum une nouvelle préparation.

Il importe de remarquer ici que, même dans les contrées les plus reculées où pénètrent les expéditions du

Muséum, il régnait la sécurité la plus absolue. Aucune de ces excursions n'a été troublée par quelque aventure de brigands, telle qu'en relatent si fréquemment les récits de voyages dans les Balkans. Et malgré toutes les fatigues endurées, malgré une nourriture à laquelle ils n'étaient pas habitués, les membres des expéditions ont toujours joui d'une santé enviable, à cette seule exception près que presque tous furent sujets à des attaques plus ou moins violentes de malaria produites par les émanations pernicieuses des marais saumâtres de la mer Noire.

C'est par les moyens que nous venons d'exposer et grâce à l'appui d'amateurs et de savants, non seulement en Bosnie et en Herzégovine, mais sur tout le territoire de la péninsule des Balkans, qu'il a été possible de constituer pendant ces quatorze dernières années une collection de plus de 6 000 exemplaires dont quelques séries peuvent soutenir la comparaison avec celles des plus grands musées du monde. Pour ne citer que quelques trouvailles curieuses et des séries d'une rareté plus particulière, nous relèverons brièvement les quelques espèces ci-après :

De la Bosnie et de l'Herzégovine : *Lusciniola melanopogon* (comme Oiseau hivernal de l'Utovo blato), *Montifringilla nivalis* (Visočica planina, qu'on trouva plus tard au Monténégro et même en Grèce), *Calcarius lapponicus* (Ilidže), *Otocorys penicillata* (trouvé successivement comme Oiseau caractéristique dans les plus hautes montagnes de tous les pays du Balkan), *Carine passerina* (Montagnes d'Igman et du Glamoč), *Gypaëtus barbatus* (formant avec les exemplaires provenant de la Grèce une série de 15 individus de tous les âges), *Tetrao tetrix* × *urogallus* (Hrbljina), *Phalaropus fulicarius* et *Larus marinus* (Saraj polje), *Anas marmorata* (Ostrožac, au bord de la Narenta), etc.

Du Monténégro : *Astur brevipes* (Zeta), 6 exemplaires ; *Falco Feldeggi* (Podgorica), 4 exemplaires ; *Anser neglectus* (lac de Scutari).

De la Serbie : *Acrocephalus aquaticus* (Kladovo), *Grus grus* (poussin) (lac de Vlasina), etc., etc.

De la Bulgarie : *Saxicola albicollis amphileuca* (Stanimaka), *Passer hispaniolensis* (Philippople), *Dendrocopus syriacus* (Sreberna), *Aquila melanætus* (une série de 18 exemplaires dans toutes les phases d'évolution choisis parmi 48 individus reçus), *Ortygometra pusilla* (Sofia), *Ardea ibis* (Rahova), *Glareola melanoptera* (Svišlov), etc.

De la Grèce : *Budytes flavus taivanus* (Psathura), *Nisaëtus fasciatus* (♀ dans l'aire sur le Petala), 28 exemplaires *Falco Eleonoræ* (Iles grecques), *Numenius tenurostris* (3 exemplaires dans la Grèce occidentale), *Larus Audouini* (sur la falaise de Melissa, près de Pelagonisi), etc.

Pour ce qui est de l'installation des collections ornithologiques au musée de Sarajevo, nous dirons que les locaux dont il dispose actuellement n'ont permis d'exposer au grand public par groupes biologiques quasi vivants, imitant la nature, tout en respectant d'ailleurs les lois de la systématique, que les Oiseaux de Bosnie et d'Herzégovine seulement. Tous les autres objets de la collection ornithologique, y compris les riches provisions d'œufs et de nids, sont conservés dans les armoires à l'abri de la poussière, des Insectes et de la lumière.

Mentionnons pour terminer les observations régulières, organisées depuis quelque temps, de la migration des Oiseaux en Bosnie et en Herzégovine. Depuis l'automne 1897 il a été institué, à l'instar du réseau d'Autriche-Hongrie, un réseau de trente-cinq stations d'observation qui envoient régulièrement des rapports sur les migrations de printemps et d'automne. Ces stations d'observation sont réparties d'une manière à peu près égales sur tout le territoire; elles se trouvent à des altitudes variables : c'est ainsi que, par exemple, celle de Mostar est située à 59 *mètres*, l'observatoire, sur la Bjelašnica près de Sarajevo à 2067 mètres au-dessus du niveau de la mer.

La configuration du terrain et le nombre relativement restreint des observateurs ne permettent pas encore d'organiser les stations d'observation en un système de zones.

Les grandes voies de migration du pays sont incontestablement formées par les vallées profondément entaillées qui vont du midi au nord ; d'autre part, la Narenta dirige un grand nombre d'Oiseaux migrateurs vers les côtes de l'Adriatique.

Qu'il nous soit permis d'adresser ici le témoignage de notre reconnaissance à toutes les personnes qui ont bien voulu prêter leur appui au Muséum de Bosnie-Herzégovine dans ses recherches ornithologiques.

Nous nous plaisons à espérer que cet établissement continuera comme par le passé à se consacrer à sa tâche purement scientifique et qu'il parviendra à la mener à bien.

Si ces quelques lignes pouvaient contribuer à recruter de nouveaux adhérents à ce programme dont la réalisation doit intéresser toutes les nations, leur but serait amplement atteint.

DIE WICHTIGSTEN ERGEBNISSE

ORNITHOFAUNISTISCHER UNTERSUCHUNGEN

IN CENTRAL-SIBIRIEN

WÄHREND DES JAHRES 1899

VON

HERMANN JOHANSEN

Assistenten am Zool. Museum der Kaiserlichen Universität zu Tomsk.

Im Laufe des vergangenen Jahres wurden ornithologische Beobachtungen in Central-Sibirien von folgenden Personen ausgeführt.

Herr Prof. Dr. Nih. Th. Kastschenko bereiste im Laufe des Sommers im Auftrage der Universität im Verein mit dem Verfasser dieses vorläufigen Berichts und einigen anderen Personen beträchtliche Theile der sibirischen Bahn zum Zwecke zoologischer Untersuchungen. Mir wurde der Auftrag zu Theil während dieses Reise hauptsächlich die Ornis des Gebiets zu durchforschen. Mit der Bearbeitung des während dieses Expedition gesammelten ornithologischen Materials bin ich noch zur Zeit beschäftigt.

Herr Stud. med. A. P. Welishanin war in der Umgegend der Stadt Barnaul während der Frühlings-und Sommermonate, und bei Tomsk im Herbst sammlerisch thätig. Sowohl das zoologische Museum der Universität, als auch meine Privatsammlung verdankt schöne und seltene Exemplare diesem gewandten Schützen und geschickten

Präparator. Im Laufe des Frühjahrs sammelte ich selbst in der Umgegend der Stadt Tomsk.

Es sei mir gestattet, hier mir die wichtigsten Resultate dieser Arbeiten den zum Congress in Paris versammelten Fachgenossen vorzulegen.

1. Calliope kamtschatkensis Gmel. ist in der Nähe von Barnaul nach Welishanin's Untersuchungen, wie auch in der Umgegend von Tomsk nach meinen Beobachtungen Brutvogel.

2. Hypolais icterina Vieill. Bis jetzt aus Sibirien so gut wie unbekannt. Herrn Stud. Welishanin gebührt das Verdienst, diese Art in der Nähe von Barnaul als häufigen Brutvogel aufgefunden zu haben, wo er mehrere Exemplare erbeutete.

3. Hypolais caligata Licht. ist längs der Sibirischen Bahn in den Grenzen des Tomsker Gouvernements überall im westen wie im Osten gleich häufig als Brutvogel von der Expedition angetroffen worden.

4. Arundinax aëdon Pall. Neu für das Tomsker Gouvernement. Diese interessante Art wurde von mir am 4. August (neuen Stils) bei der Eisenbahnstation Krassnaja (Kreis Mariinsk) in bloss einem Exemplare (ad. ♀) beobachtet und erbeutet. Weiter westlich ist diese ostasiatische Art noch nie beobachtet worden.

5. Acrocephalus phragmitis Bechst. ist sehr häufiger Brutvogel in dem Gebiete der Baraba und in der Umgegend der Stadt Barnaul.

6. Lusciniola fuscata Blyth wurde von mir auch in diesem Jahre als Brutvogel der centralen und auch östlichen Theile des Gouv. Tomsk constatiert. Nach unserer bisherigen Kenntniss bildet der Riesenstrom Obj die Westgrenze des Verbreitungsgebiets dieser Art.

7. Locustella lanceolata Temm. wurde von mir unweit Tomsk in einigen Exemplaren am 12. Juni (neuen Stils) erbeutet. Bisher nicht aus den Grenzen des Tomsker Gouvernements bekannt.

8. Locustella straminea Ssew. ist Brutvogel bei Barnaul.

9. Pœcile obtecta Cab. wurde in einigen Exemplaren am 5. Nov (neuen Stils) von Stud. Welishanin bei der Stadt Tomsk beobachtet und erbeutet.

10. Lanius phœnicurus Pall. erreicht in der Umgegend von Tomsk seine westliche Grenze als Brutvogel. Ist in den östlichen Theilen des Gouv. im Gebiete der Sibirischen Bahn überaus häufiger Brutvogel.

11. Tetrao tetrix Tschusii H. Johansen kommt sowohl in den westlichsten, als auch in den östlichsten Theilen des Tomsker Gouvernements vor.

12. Porzana Bailloni Vieill. wurde von A.-P. Welishanin bei der Stadt Barnaul Anfang August und Mitte September in mehreren Exemplaren erbeutet. Bisher nicht aus den Grenzen des Tomsker Gouvernements bekannt.

13. Charadrius fulvus Gmel. Am 24 September (neuen Stils) bei Barnaul auf dem Durchzuge von Herrn Stromberg geschossen.

14. Numenius tenuirostris Vieill. An der Sibirisschen Bahn bei der Station Kotschenewo unweit der Stromes Obj von der Expedition am 12 Juli (neuen Stils) erbeutet. Bestimmt nach Prof. M. Menzbiers Werk *Die Vögel Russlands* ». Neu für Central-Sibirien.

15 u. 16. Tringa minuta Leisl und **Tringa subarquata** Güld. sind Brutvogel der Tomsker Gouvernements.

17. Gallinago stenura Temm. Von A.-P. Welishanin wurde ein ♀ ad am 22 August in der Nähe von Barnaul erbeutet.

18. Sterna longipennis Nordm. Neu für das Tomsker Gouvernement. Am Flusse Tschulym, an der Ostgrenze des Gouvernements, wurde diese Art von mir aufgefunden.

CATALOGUE

DES

OISEAUX DU MUSÉE LEHUÉDÉ

A BATZ (LOIRE-INFÉRIEURE

Novembre 1894 : Grue cendrée (*Grus cinerea* tuée à Pornichet.

Décembre 1895 : Cigogne noire (*Ciconia nigra*, tuée à Machecou.

Octobre 1896 : 23 Mouettes de Sabine (*Xema Sabinei*) jeunes et adultes tuées à Pornichet, par une tempête.

Décembre 1897 : 2 jeunes Goélands bourguemestres (*Larus glaucus*) tués en mer, Croisic.

Janvier 1900 : 1 *Larus glaucus* adulte, très blanc et fort rare, tué sur la côte de Batz par une tempête.

Février 1900 : 1 Cormoran nigaud (*Phalacrocorax carbo*) rare, tué dans les marais salants. Batz.

Janvier 1900 : Harle piette (*Mergus albellus*) rare.

Février 1900 : Grand Plongeon imbrim (*Colymbus glacialis*).

Mai 1900 : Spatule (*Platalea leucorodia* sur la côte de Batz.

Mai 1900 : 2 Cigognes blanches, mâles et femelles, (*Ciconia alba*) tuées à Guérande.

Dans les grands froids, on tue des Canards tadornes, des Macareux moines, des Cygnes et beaucoup d'espèces plus ordinaires telles que : Sternes, Goélands (*Larus marinus, argentatus, ridibundus* et *tridactylus*, Stercoraires des rochers (*Stercorarius pomarinus*, grands Puffins, Avocettes et Mouettes pygmées, etc.

ON A COLLECTION OF BIRDS

MADE

IN MONGOLIA

by Dr. Donaldson Smith

and Messrs. J.-E. and G.-L. Farnum.

BY

R. BOWDLER SHARPE, L. L. D., F. Z. S., ETC.

In the *Geographical Journal* for 1898 (vol. XI, p. 498-509), will be found an account of Dr. Donalson Smith's « Journey through the Khin-ghan mountains », with his two friends. Leaving Peking on the 19th of May 1897, the route of the travellers lay to the northward through the Khin-ghan mountains to Dolon-Nor, « a large trading centre between China and Mongolia », and thence in a north-easterly direction to Tsitsihar and Vladivostock.

On their journey the three travellers made natural history collections, and they have very kindly presented the British Museum with a set of the birds, of which I have prepared a list. The synonymy I have added affords a better idea of the species and their distribution in Eastern Asia than any long explanation I might give, as it points out whether the species are already known to be Mongolian or Chinese. Most of them are to be found in the pages of Prjevalski's work and in the account of Berezowski's collections in Gan-su; while the majority of them are also included in David and Oustalet's *Oiseaux de la Chine* and Taczanowski's *Faune ornithologique de la Sibérie orientale*. The chief interest in the collection made by Dr. Donaldson Smith and the Messrs. Farnum consists in the fact that all the birds were obtained during the summer, and that probably every one was nesting in the localities where it was procured. In this respect the records are certainly of considerable importance.

GALLIFORMES.

1. Perdix daurica.

Perdix barbata (Verr.), Prjev. in *Rowley's Orn. Misc.* II, p. 423 (1877); David et Oustalet, *Ois. Chine*, p. 392 (1877); Berez. et Bianchi, *Aves Exped. Potan. Gan-su*, p. 12 (1891); Tacz., *Mém. Acad. Imp. St. Pétersb.* (7), XXXIX, p. 776 (1893).

Perdix daurica (Pall.), Ogilvie Grant, *Cat. B. Brit. Mus.*, XXII, p. 192 (1893).

a. b. ♂ ♀ ad. Shiao-Ho-Tzu, June 11, 1897.

COLUMBIFORMES.

2. Turtur orientalis

Turtur orientalis (Lath.), Berez. et Bianchi, *Aves. Exped. Potan. Gan-su*, p. 27 (1891); Salvad., *Cat. B. Brit. Mus.*, XXI, p. 403 (1893).

Turtur rupicola (Pall.), Prjev. in *Rowley's Orn. Misc.* II, p. 381 (1877); David et Oustalet, *Ois. Chine*, p. 385 (1877); Tacz., *Mém. Acad. St. Pétersb.* (7), XXIX, p. 733 (1893).

a. imm. Dolon-Nor.

LARIFORMES.

3. Sterna longipennis

Sterna longipennis (Nordm.), David et Oustalet, *Ois Chine*, p. 526 (1877); Saunders, *Cat. B Brit. Mus.* XXV, p. 67 (1896).

Sterna fluviatilis longipennis, Berez. et Bianchi, *Aves Exped. Potan. Gan-su*, p. 1 (1891).

Sterna camtschatica (Pall.), Tacz., *Mém. Acad. Imp. St. Pétersb.* (7), XXXIX, p. 1011 (1893).

a. b. ♂ ♀, ad. Dolon-Nor. May 31, 1897.

CHARADRIIFORMES.

4. Glareola orientalis.

Glareola orientalis (Leach), Prjev. in *Rowley's Orn. Misc.* II, p. 435 (1877); David et Oustalet, *Ois. Chine*, p. 437 (1877); Tacz., *Mém. Acad. Imp. St. Pétersb.* (7), XXXIX, p. 813 (1893); Sharpe, *Cat. B. Brit. Mus.* XXIV, p. 58 (1896); id., *Handl. B.* 1, p. 171 (1899).

a. ♀ ad. Cha-Hou-Mu-Lun-Ho, June 5, 1897.

5. Microsarcops cinereus.

Chettusia cinerea, David et Oustalet, *Ois. Chine*, p. 422 (1877).

Lobivanellus cinereus, Berez. et Bianchi, *Aves Exped. Potan. Gan-su*, p. 12 (1891).

Microsarcops cinereus (Blyth), Sharpe, *Cat. B. Brit. Mus.* XXIV, p. 133 (1896).

Chettusia inornata (Temm. et Schl.), Prjev. in *Rowley's Orn. Misc.* II, p. 433 (1877).

a. ♀ ad. Cha-Hou-Mu-Lun-Ho, June 5, 1897.
b. ♂ juv. Kan-Lung-Ho, July 29, 1897.

6. Vanellus vanellus.

Vanellus cristatus (Wolf. et Meyer), Prjev. in *Rowley's Orn. Misc.* II, p. 433 (1877); David et Oust. *Ois. Chine*, p. 422 (1877); Berez. et Bianchi, *Aves Exped. Potan.*

Gan-su, p. 3 (1891): Tacz., *Mém. Acad. Imp. St. Pétersb.* (7), XXXIX, p. 838 (1893).

Vanellus vanellus (Linn.), Sharpe, *Cat. B. Brit. Mus.*, XXIV, p. 166 (1896).

   a. ♀ Ku-Chia-Tuen, Khin-ghan-Mts, May 31, 1897.
   b. ♂ Cha-Hou-Mu-Lun-Ho, June 28, 1897.

7. Agialitis dubia.

Agialitis dubia (Scop), David et Oustalet, *Ois. Chine*, p. 429 (1877): Sharpe, *Cat. B. Brit. Mus.*, XXIV, p. 263 (1896).

Agialitis curonicus (Gm.), Prjev. in *Rowley's Orn. Misc.*, II, p. 435 (1877).

Agialitis minor (Wolf et Meyer), Berez. et Bianchi, *Aves Exped. Potan. Gan-su*, p. 2 (1891); Tacz., *Mém. Acad. Imp. St. Pétersb.* (7), XXXIX, p. 830 (1893).

   a. b. ♂ ♀ ad. Mi-Yuen-Chan, May 23, 1897.

8. Numenius variegatus.

Numenius variegatus (Scop.), Sharpe, *Cat. B. Brit. Mus.*, XXIX, p. 361 (1896); id. *Handl. B.* I, p. 158 (1899).

Numenius phæopus (part.), David et Oust., *Ois. Chine*, p. 457 (1877); Prjev. in *Rowley's Orn. Misc.*, III, p. 52 (1878).

Numenius phæopus variegatus, Tacz., *Mém. Acad. Imp. St. Pétersb.* (7) XXXIX, p. 943 (1893).

   a. ♂ Dolon-Nor, June 5, 1897.

9. Limosa limosa.

Limosa melanuroides (Gould), Prjev. in *Rowley's Orn. Misc.*, III, p. 53 (1878).

Limosa brevipes (Gray), David et Oustalet, *Ois. Chine*, p. 460 (1877).

Limosa melanura melanuroides, Berez. et Bianchi, *Aves Exped. Potan. Gan-su*, p. 5 (1891).

Limosa melanura brevipes, Tacz., *Mém. Acad. Imp. St. Pétersb.* (7), XXXIX, p. 929 (1893).

Limosa limosa (L.), Sharpe, *Cat. B. Brit. Mus.*, XXIV, p. 381 (1896); id., *Handl. B.* I, p. 159 (1899).

a. ♂ Hu-Pu, June 19, 1897.

10. Totanus calidris.

Totanus calidris (Linn.), Prjev. in *Rowley's Orn. Misc.*, III, p. 88 (1878); David et Oustalet, *Ois. Chine*, p. 464 (1877); Berez. et Bianchi, *Aves Exped. Potan. Gan-su*, p. 4 (1891); Tacz., *Mém. Acad. Imp. St. Pétersb.* (7), XXXIX, p. 866 (1893); Sharpe, *Cat. B. Brit. Mus.* XXIV, p. 414 (1896); id., *Handl. B.* I, p. 160 (1899).

a. ♀ Hu-Pu, June 9, 1897.
b. ♂ Hu-Pu, July 9, 1897.

11. Gallinago stenura.

Gallinago stenura (Kuhl.), David et Oustalet, *Ois. Chine*, p. 478 (1877); Tacz., *Mém. Acad. Imp. St. Pétersb.* (7), XXXIX, p. 959 (1893); Sharpe, *Cat. B. Brit. Mus.*, XXIV, p. 619 (1896); id., *Handl. B.* I, p. 165 (1899).

Gallinago heterocerca (Cab.), Prjev. in *Rowley's Orn.*, III, p. 91 (1898).

a. ♂ Nan-Chan-Tuen, Hang-Ho River, May 26, 1897.

ACCIPITRIFORMES.

12. Erythropus amurensis.

Cerchneis amurensis (Radde), Sharpe, *Cat. B. Brit. Mus.*, I, p. 445 (1874).

Falco amurensis (Radde), David et Oustalet, *Ois. Chine*, p. 34 (1877).

Erythropus amurensis, Prjev. in *Rowley's Orn. Misc.*, II, p. 151 (1877); Berez. et Bianchi, *Aves Exped. Potan. Gan-su*, p. 42 (1891); Tacz., *Mém. Acad. Imp. St. Pétersb.* (7), XXXIX, p. 93 (1893); Sharpe, *Handl. B.* I, p. 278 (1899).

a. ♀ ad. Mi-Yuen-Chan, May 23, 1897.
b. ♂ ad. Lu-Chia-Yang, May 26, 1897.

STRIGIFORMES.

13. Scops stictonotus.

Scops stictonotus, Sharpe, *Cat. B. Brit. Mus.*, II, p. 54 (1875); David et Oustalet, *Ois. Chine*, p. 42 (1877); Sharpe, *Handl. B.* I, p. 284 (1899).

a. ♀ Vladivostock, Sept. 7, 1897.

CORACIFORMES.

14. Alcedo ispida.

Alcedo ispida (Linn.), Sharpe, *Cat. B. Brit. Mus.*, XVII, p. 141 (1892); id., *Handl. B.* II, p. 50 (1900).

Alcedo bengalensis (Gm.), David et Oustalet, *Ois. Chine*, p. 74 (1877).

Alcedo ispida bengalensis, Tacz., *Mém. Acad. Imp. St. Pétersb.* (7), XXXIX, p. 194 (1893).

a. b. ♂ ♀ ad. La-Ho-Ku, May 25-28, 1897.

15. Upupa epops.

Upupa epops (Linn.), David et Oust., *Ois. Chine*, p. 79 (1877); Prjev. in *Rowley's Orn. Misc*, II, p. 164 (1877); Berez. et Bianchi, *Aves Exped. Potan. Gan-su*, p. 46 (1891);

Salvin, *Cat. B. Brit. Mus.*, XVI, p. 4 (1892); Tacz., *Mém. Acad. Imp. St. Pétersb.* (7), XXXIX, p. 196 (1893); Sharpe. *Handl. B* II, p. (1900).

a. ♂ ad. Shiao-Ho-Tzu. June 11, 1897.

CUCULIFORMES.

16. Cuculus canorus.

Cuculus canorus (Linn.), David et Oustalet, *Ois. Chine*, p. 65 (1877); Berez. et Bianchi, *Aves Exped. Potan. Gansu*, p. 44 (1891); Shelley, *Cat. B. Brit. Mus.*, XIX, p. 245 (1891).

Cuculus canorinus (Cab. et Heine), Prjev. in *Rowley's Orn. Misc.*, II, p. 319 (1877).

Cuculus canorus borealis. Tacz., *Mém. Acad. Imp. St. Pétersb.* (7), XXXIX, p. 685 (1893).

a. ♂ ad. Shiao-Ho-Tzu, June 11, 1817.

PASSERIFORMES.

17. Colæus dauricus.

Colæus dauricus (Pall.), Sharpe, *Cat. B. Brit. Mus.*, III, p. 28 (1877); Berez. et Bianchi, *Aves Exped. Potan. Gansu*, p. 121 (1891).

Lycos dauricus, David et Oust., *Ois. Chine*, p. 370 (1877); Prjev. in *Rowley's Orn, Misc.*, II, p. 285 (1877); Tacz., *Mém. Acad. Imp. St. Pétersb.* (7), XXXIX, p. 521 (1893).

a. ♂ ad. Tu-Shing-Yung, May 30, 1897.

18. Colæus neglectus.

Colæus neglectus (Schl.), Sharpe, *Cat. B. Brit. Mus.*, III, p. 28 (1877); Berez. et Bianchi, *Aves Exped. Potan. Gansu*, p. 121 (1891).

Lycos neglectus, David et Oust., *Ois. Chine*, p. 370 (1877); Tacz., *Mém. Acad. Imp. St. Pétersb.* (7), XXXIX, p. 524 (1893).

a. ♂ ad. San Yi-Ying, May 29, 1897.

19. Cyanopolius cyanus.

Cyanopolius cyanus (Pall.), Sharpe, *Cat. B. Brit. Mus.*, III, p. 68 (1877); Tacz., *Mém. Acad. Imp. St. Pétersb.* (7), XXXIX, p. 512 (1893).
Cyanopolius cyanus, David et Oustalet, *Ois. Chine*, p. 374, pl. 84 (1877); Berez. et Bianchi, *Aves Exped. Potan. Gan-su*, p. 122 (1891).

a. b. ♂ ♀ Sha-Ho, north of Peking, May 20, 1899.

20. Sturnia sturnina.

Temenuchus dauricus (Pall.), David et Oustalet, *Ois. Chine*, p. 362 (1877); Prjev. in *Rowley's Orn. Misc.*, II, p. 286 (1877); Tacz., *Mém. Acad. Imp. St. Pétersb.* (7), XXXIX, p. 547 (1893).
Sturnia sturnina (Pall.); Sharpe, *Cat. B. Brit. Mus.*, XIII, p. 71 (1890).

a. b. ♂ ♀ ad. San-Lao-Ho-Tzu, June 12, 1897.

21. Spodiopsar cineraceus.

Spodiopsar cineraceus (Temm.), Sharpe, *Cat. B. Brit. Mus.*, XIII, p. 44, 665 (1890); Berez. et Bianchi, *Aves Exped. Potan. Gan-su*, p. 124 (1891).
Sturnus cineraceus, David et Oustalet, *Ois. Chine*, p. 361 (1877); Prjev. in *Rowley's Orn. Misc.*, II, p. 287 (1877); Tacz., *Mém. Acad. Imp. St. Pétersb.* (7), XXXIX, p. 544 (1893).

a. ♂ ad. Tu-Shing-Yung, May 31, 1897.

22. Buchanga atra.

Buchanga atra (Herm.), Sharpe, *Cat. B. Brit. Mus.*, III,
p. 246 (1877); Berez. et Bianchi, *Aves Exped. Potan.
Gan-su*, p. 105 (1891).
Dicrurus cathœcus (Swinh.), David et Oustalet, *Ois.
Chine*, p. 108 (1877).

a. ♀ ad. Mi-Yuen-Chan, May 23, 1897.

23. Oriolus diffusus.

Oriolus diffusus, Sharpe, *Cat. B. Brit. Mus.*, III, p. 197
(1877); David et Oustalet, *Ois. Chine*, p. 559 (1877); Berez.
et Bianchi, *Aves. Exped. Potan. Gan-su*, p. 120 (1891);
Tacz., *Mém. Acad. Imp. St. Pétersb.* (7), XXXIX, p. 459
(1893).
Oriolus chinensis (nec Linn), David et Oustalet, *Ois.
Chine*, p. 132 (1877).
Oriolus cochinchinensis (nec Briss.), Prjev. in *Rowley's
Orn. Misc.*, II, p. 271 (1877).

a. b. ♂ ♀ ad. Lu-Hai-Kow, May 24, 1897.

24. Montifringilla davidiana.

Pyrgilauda davidiana, Prjev. in *Rowley's Orn. Misc.*, II,
p 292 (1877); David et Oustalet, *Ois. Chine*, p. 339
(1877).
Montifringilla davidiana (Verr.), Sharpe, *Cat. B. Brit.
Mus.*, XII, p. 265 (1888).

a. ♂ ad. Dolon-Nor, June 10, 1897.
This is a very rare species in Museums, and in 1888,
when I wrote the Catalogue of Birds, it was not repre-
sented in our collection. It was originally discovered in
Chinese Mongolia by Abbé David.

25. Carpodacus erythrinus.

Carpodacus erythrinus (Pall.), David et Oustalet, *Ois. Chine*, p. 350 (1877); Prjev. in *Rowley's Orn. Misc.*, II, p. 298 (1877); Sharpe, *Cat. B. Brit. Mus.*, XII, p. 391 (1888); Berez. et Bianchi, *Aves Exped. Potan. Gan-su*, p. 133 (1891); Tacz., *Mém. Acad. Imp. St. Pétersb.* (7), XXXIX, p. 659 (1893).

a. ♂ ad. Yang-Shon-Pai, Khingan Range, June 14, 1897.

26. Emberiza passerina.

Emberiza passerina (Pall.), Sharpe, *Cat. B. Brit. Mus.*, XII, p. 485 (1888).
Schœnicola Pallasii (Cab.), David et Oustalet, *Ois. Chine*, p. 321 (1877).
Cynchramus polaris (Midd.), Prjev. in *Rowley's Orn. Misc.*, II, p. 309 (1877); Berez. et Bianchi, *Aves Exped. Potan. Gan-su*, p. 126 (1891).
Schœnicola passerina, Tacz., *Mém. Acad. Imp. St. Pétersb.* (7), XXXIX, p. 600 (1893).

a. ♀ ad. Ar-Er-Ha-Shing, July 17, 1897.

27. Emberiza pusilla.

Emberiza pusilla (Pall.), David et Oustalet, *Ois. Chine*, p. 323 (1877); Prjev. in *Rowley's Orn. Misc.*, II, p. 308 (1877); Sharpe, *Cat. B. Brit. Mus.*, XII, p. 487 (1888); Berez. et Bianchi, *Aves Exped. Potan. Gan-su*, p. 126 (1891); Tacz., *Mém. Acad. Imp. St. Pétersb.* (7), XXXIX, p. 594 (1893).

a. ♀ ad. Sha-Ho, May 21, 1897.

28. Emberiza aureola.

Emberiza aureola (Pall.), David et Oustalet, *Ois. Chine*, p. 332 (1877); Sharpe, *Cat. B. Brit. Mus.*, XII, p. 509

(1888); Berez. et Bianchi, *Aves Exped. Potan. Gan-su*, p. 127 (1891).

Euspiza aureola, Prjev. in *Rowley's Orn. Misc.*, II, p. 307 (1877); Tacz., *Mém. Acad. Imp. St. Pétersb.* (7), XXXIX, p. 603 (1893).

a. ♀ ad. Nu-han-Chan, May 22, 1897.
b. ♂ ad. Dolon-Nor, June 5, 1897.

29. Emberiza fucata.

Emberiza fucata (Pall.), David et Oustalet, *Ois. Chine*, p. 325 (1877); Sharpe, *Cat. B. Brit. Mus.*, XII, p. 493 (1888); Tacz., *Mém. Acad. Imp. St. Pétersb.* (7), XXXIX, p. 577 (1893).

a. ♂ ad. Yang-Chu-Ku, June 24, 1897.

30. Melanocorypha mongolica.

Melanocorypha mongolica (Pall.), David et Oustalet, *Ois. Chine*, p. 319, pl. 88 (1877); Prjev. in *Rowley's Orn. Misc.*, II, p. 316 (1877); Sharpe, *Cat. B. Brit. Mus.*, XIII, p. 558 (1890); Berez. et Bianchi, *Aves Exped. Potan. Gan-su*, p. 51 (1891); Tacz., *Mém. Acad. Imp. St. Pétersb.* (7), XXXIX, p. 417 (1893).

a. ♂ ad. Hua-Shin, June 4, 1897.
b. ♂ juv. Chan-Ye-Ho, July 29, 1897.

31. Alauda Blakistoni.

Alauda Blakistoni. Stejn., *Proc. Biol. Soc. Washington*, II, p. 98 (1884).

Alauda arvensis (part.), David et Oustalet, *Ois. Chine*, p. 312 (1877); Prjev. in *Rowley's Orn. Misc.*, II, p. 314 (1877); Sharpe, *Cat. B. Brit. Mus.*, XIII, p. 567 (1890).

Alauda arvensis japonica, Tacz., *Mém. Acad. Imp. St. Pétersb.* (7), XXXIX, p. 441 (1893).

a. ♂ ad. Dolon-Nor, June 10, 1897.

32. Calandrella thibetana.

Calandrella thibetana (Brooks), Sharpe, *Cat. B. Brit. Mus.*, XIII, p. 585 (1890).
? *Calandrella brachydactyla* (nec Leisl.), David et Oustalet, *Ois. Chine*, p. 318 (1877).

a. ♂ ad. Dolon-Nor, June 6, 1897.
b. ♀ ad. Ho-Yen-Ko-La. July 21, 1897.

33. Motacilla leucopsis.

Motacilla leucopsis (Gould), Sharpe, *Cat. B. Brit. Mus.*, X, p. 482 (1885); Berez. et Bianchi, *Aves Exped. Potan. Gan-su*, p. 54 (1891); Tacz., *Mém. Acad. Imp. St. Pétersb.* (7), XXXIX, p. 368 (1893).
Motacilla luzoniensis (nec Scop.), Prjev. in *Rowley's Orn. Misc.*, II, p. 192 (1877).
Motacilla alboides, *M. paradoxa*, et *M. frontata*, David et Oustalet, *Ois. Chine*, p. 298, 299, 301 (1877).

a. b. ♂ ♀ ad. Lu-Hai-Kau, May 25, 1897.

34. Motacilla citreola.

Motacilla citreola (Pall.), Sharpe, *Cat. B. Brit. Mus.*, X, p. 503 (1885).
Budytes citreola, David et Oustalet, *Ois. Chine*, p. 304 (1877); Prjev. in *Rowley's Orn. Misc.*, II, p. 193 (1877); Berez. et Bianchi, *Aves Exped. Potan. Gan-su*, p. 53 (1891); Tacz., *Mém. Acad. Imp. St. Pétersb.* (7), XXXIX. p. 387 (1893).

a. b. ♂ ♀ ad. Dolon-Nor, June 8, 1897.

35. Motacilla borealis.

Motacilla borealis (Sundev.), Sharpe, *Cat. B. Brit. Mus.*, X, p. 522, pl. VII, fig. 1-3 (1883).

Budytes cinereocapillus (nec Savi), David et Oustalet, *Ois. Chine*, p. 303 (1877); Prjev. in *Rowley's Orn. Misc.* II, p. 193 (1877); Berez. et Bianchi, *Aves Exped. Potan. Gan-su*, p. 54 (1891).

Budytes flava borealis, Tacz., *Mém. Acad. Imp. St. Pétersb.* (7), XXXIX, p. 382 (1893).

a. ♂ ad. Dolon-Nor.

36. Anthus maculatus.

Anthus maculatus (Hodgs.), Sharpe, *Cat. B. Brit. Mus.*, X, p. 547 (1885); Berez. et Bianchi, *Aves Exped. Potan. Gan-su*, p. 52 (1891).

Anthus agilis (nec Sykes), David et Oustalet, *Ois. Chine*, p. 308 (1877); Prjev. in *Rowley's Orn. Misc.*, II, p. 195 (1877).

Pipastes maculatus, Tacz., *Mém. Acad. Imp. St. Pétersb.* (7), XXXIX, p. 391 (1893).

a. ♀ ad. Nu-Chuin-Tsu, May 27, 1897.
b. ♂ ad. Vang-Shon-Pai, June 14, 1897.

37. Anthus Richardi.

Anthus Richardi (Vieill.), Sharpe, *Cat. B. Brit. Mus.*, X, p. 564 (1885); Berez. et Bianchi, *Aves Exped. Potan. Gan-su*, p. 53 (1817); Tacz., *Mém. Acad. Imp. St. Pétersb.* (7), XXXIX, p. 395 (1893).

Corydalla Richardi, David et Oustalet, *Ois. Chine*, p. 309 (1877); Prjev. in *Rowley's Orn. Misc.*, II, p. 195 (1877).

a. ♂ ad. Nul-Lan-Chan, May 22, 1897.

38. Ægithalus consobrinus.

Ægithalus consobrinus (Swinh.), David et Oustalet, *Ois. Chine*, p. 67 (1877); Tacz., *Mém. Acad. Imp. St. Pétersb.* (7), XXXIX, p. 446 (1893).

a. ♂ ad. Tu-Ye-Ho, July 23, 1897.

39. Lanius sphenocercus.

Lanius sphenocercus (Cab.), David et Oustalet, *Ois. Chine*, p. 92, pl. 76 (1877); Berez. et Bianchi, *Aves Exped. Potan. Gan-su*, p. 107 (1891); Tacz., *Mém. Acad. Imp. St. Pétersb.* (7) XXXIX, p. 485 (1893).
Collyrio sphenocercus, Prjev. in *Rowley's Orn. Misc.*, II, p. 272 (1877).

a. ♂ juv. Chan-Ye-Ho, July 30, 1897.

40. Lanius lucionensis.

Lanius lucionensis (Linn.), David et Oustalet, *Ois. Chine*, p. 99 (1877).
Otomela lucionensis, Berez. et Bianchi, *Aves Exped. Potan. Gan-su*, p. 105 (1891); Tacz., *Mem. Acad. Imp. St. Pétersb.* (7), XXXIX, p. 502 (1893).

a. ♂ ad. Ko-Pi-Kow, May 24, 1897.

41. Sylvia curruca.

Sylvia curruca (L.), David et Oustalet, *Ois. Chine*, p. 240 (1877); Seebohm, *Cat. B. Brit. Mus.*, V. p. 16 (1880); Tacz., *Mém. Acad. Imp. St. Pétersb.* (7), XXXIX, p. 277 (1893).

a. ♂ ad. Dolon-Nor, May 30, 1897.
This specimen seems to be a somewhat pale form of

S. curruca, but after comparison with a series of our European bird, I have come to the conclusion that it cannot be specifically distinguished, though it is somewhat lighter in colour. Abbé David found the Lesser Whitethroat nesting in the mountains of N. E. China, and in the Ourato mountains in Mongolia. Among the birds from Gilgit, collected by Colonel Biddulph are two specimens which I refer to the true *S. curruca*, a species not yet recorded within the Indian area.

42. Phylloscopus borealis.

Phylloscopus borealis (Blas.), David et Oustalet, *Ois. Chine*, p. 271 (1877); Prjev. in *Rowley's Orn. Misc.*, II, p. 171 (1877); Seebohm, *Cat. B. Brit. Mus.*, V, p. 40 (1880)
Phyllopneuste borealis, Tacz., *Mém. Acad. Imp. St. Pétersb.* (7), XXXIX, p. 254 (1893).

a. ♂ ad. San-Ti-Ying, May 29, 1897.

43. Lusciniola thoracica.

Lusciniola thoracica (Blyth), Seebohm, *Cat. B. Brit. Mus.*, V, p. 124, pl. VI (1880).
Dumeticola affinis (Hodgs.), David et Oustalet, *Ois. Chine*, p. 247 (1877); Prjev. in *Rowley's Orn. Misc.*, II, p. 169 (1877); Tacz., *Mém. Acad. Imp. St. Pétersb.* (7), XXXIX, p. 250 (1893).

a. ♂ ad. San-Lao-Ho-Tsu, June 16, 1897.

44. Lusciniola fuscata.

Lusciniola fuscata (Blyth), Seebohm, *Cat. B. Brit. Mus.*, V, p. 127 (1880); Tacz., *Mém. Acad. Imp. St. Pétersb.* (7), XXXIX, p. 272 (1893).
Phyllopneuste fuscata, David et Oustalet, *Ois. Chine*,

p. 267 (1877); Prejv. in *Rowley's Orn. Misc.*, II, p. 171 (1877).

    a. ♂ ad. Yang-Shou-Pai, June 14, 1897.

45. Acrocephalus orientalis.

Acrocephalus orientalis (Temm. et Schl.), Seebohm, *Cat. B. Brit. Mus.*, V, p. 97 (1880); Berez. et Bianchi, *Aves Exped. Potan. Gan-su*, p. 85 (1891)
    Calamodyta orientalis, David et Oustalet, *Ois. Chine*, p. 252 (1877); Prjev. in *Rowley's Orn. Misc.*, II, p. 169 (1877).
    Calamoherpe turdoides orientalis, Tacz., *Mém. Acad. Imp. St. Pétersb.* (7), XXXIX, p. 234 (1893).

    a. ♂ ad. Shiao-Ho-Tsu, June 11, 1897.

46. Acrocephalus bistrigiceps.

Acrocephalus bistrigiceps (Swinh.), Seebohm, *Cat. B. Brit. Mus.*, V, p. 94 (1880).
    Calamodyta Maackii (Schrenck), David et Oustalet, *Ois. Chine*, p. 254 (1877).
    Calamoherpe Maackii, Tacz., *Mém. Acad. Imp. St. Pétersb.* (7), XXXIX, p. 236.

    a. ♀ ad. Dolon-Nor, June 10, 1897.

47. Saxicola morio.

Saxicola morio (Hempr. et Ehr.), David et Oustalet, *Ois. Chine*, p. 166 (1877); Prjev. in *Rowley's Orn. Misc.*, II, p. 183 (1877); Seebohm, *Cat. B. Brit. Mus.*, V, p. 372 (1880); Berez. et Bianchi, *Aves Exped. Potan. Gan-su*, p. 88 (1891); Tacz., *Mém. Acad. Imp. St. Pétersb.* (7), XXXIX, p. 347 (1893).

a. ♂ ad. Ku-Men-Tzu, May 30, 1897.
b. ♀ ad. Tsao-Hu-Ku, June 26, 1897.

48. Saxicola œnanthe.

Saxicola œnanthe (Linn.), David et Oustalet, *Ois. Chine*,
p. 165 (1877); Prjev. in *Rowley's Orn. Misc.*, II, p. 183
(1877); Seebohm, *Cat. B. Brit. Mus.*, V, p. 391 (1880);
Tacz., *Mém. Acad. Imp. St. Pétersb.* (7), XXXIX, p. 352
(1893).

a. ♀ ad. Tsao-Hu-Ku, June 27, 1897.

49. Saxicola isabellina.

Saxicola isabellina (Cretzschm), David et Oustalet, *Ois.
Chine*, p. 164 (1877); Prjev. in *Rowley's Orn. Misc.*, II,
p. 184 (1877); Seebohm, *Cat. B. Brit. Mus.*, V, p. 399
(1880); Berez. et Bianchi, *Aves Exped. Potan. Gan-su*,
p. 88 (1891); Tacz., *Mém. Acad. Imp. St. Pétersb.* (7),
XXXIX, p. 349 (1893).

a. ♂ juv. Dolon-Nor, June 2, 1897.

50. Ruticilla aurorea.

. *Ruticilla aurorea* (Gm.), David et Oustalet, *Ois. Chine*,
p. 170, pl. 26 (1877); Prjev. in *Rowley's Orn. Misc.*, II,
p. 173 (1877); Seebohm, *Cat. B. Brit. Mus.* V, p. 345
(1880); Berez. et Bianchi, *Aves Exped. Potan. Gan-su*,
p. 92 (1891); Tacz., *Mém. Acad. Imp. St. Pétersb.* (7),
XXXIX, p. 326 (1893).

a. ♂ ad. Ku-Chia-Tuen, May 29, 1897.

51. Muscicapa albicilla.

Muscicapa albicilla (Pall.), Sharpe, *Cat. B. Brit. Mus.*,
IV, p. 162 (1879).

Erythrosterna albicilla, David et Oustalet, *Ois. Chine*, p. 120, pl. 79 (1877); Berez. et Bianchi, *Aves Exped. Potan. Gan-su*, p. 71 (1891).

Erythrosterna parva albicilla, Tacz., *Mém. Acad. Imp. St. Pétersb.* (7), XXXIX, p. 469 (1893).

a. ♀ ad. Lu-Chia-Yang, May 22, 1897.

52. Hemichelidon sibirica.

Hemichelidon sibirica (Gm.), Prjev. in *Rowley's Orn. Misc.*, II, p. 272 (1877); Sharpe, *Cat. B. Brit. Mus.*, IV, p. 120 (1879); Tacz., *Mém. Acad. Imp. St. Pétersb.* (7), XXXIX p. 474 (1893).

Butalis sibirica, David et Oustalet, *Ois. Chine*, p. 122 (1877).

Hemichelidon fuliginosa (Hodgs)., Berez. et Bianchi, *Aves Exped. Potan. Gan-su*, p. 70 (1891).

a. ♂ ad. Ku-Men-Tzu, May 30, 1897.

53. Cotile riparia.

Cotile riparia (Linn.), David et Oustalet, *Ois. Chine*, p. 128 (1877); Prjev. in *Rowley's Orn. Misc.*, II, p. 162 (1877); Sharpe, *Cat. B. Brit. Mus.*, X, p. 96 (1885); Tacz., *Mém. Acad. Imp. St. Pétersb.* (7), XXXIX, p. 186 (1893).

a. ♂ ad. Ar-Er-Ha-Shing, July 18, 1897.

54. Hirundo rustica.

Hirundo rustica (Linn.), Sharpe, *Cat. B. Brit. Mus.*, X, p. 128 (1885).

a. ♂ ad. Dolon-Nor, June 7, 1897.
b. ♀ ad. Yang-Chu-Ku, June 25, 1897.
This specimen must be considered to be true *H. rustica* and not *H. gutturalis*.

UNE PETITE COLLECTION FAITE PAR LE PÈRE HUGH

DANS LA PROVINCE DU SHEN-SI

ET D'AUTRES PARTIES DE LA CHINE SEPTENTRIONALE

PAR

R. BOWDLER SHARPE, L. L. D., F. L. S., ETC.

———

Il est toujours intéressant d'avoir des listes d'Oiseaux recueillis dans les différentes parties de l'Empire chinois ; c'est pourquoi j'ai rédigé un petit mémoire sur une collection formée par le Père Hugh, jeune missionnaire anglais, attaché à la mission catholique italienne en Chine. Cette collection est la première que le British Museum ait reçue de ce naturaliste. Nous avons encouragé le Père Hugh à continuer ses recherches et j'espère qu'il vit encore et peut continuer à travailler pour la science, quoiqu'on n'ait plus eu de ses nouvelles depuis l'insurrection des Boxers dans le cours de laquelle, comme chacun sait, un grand nombre de missionnaires ont été massacrés dans le Shen-si.

1. Phasianus torquatus.

Phasianus torquatus (Gm.), David et Oustalet, *Ois. Chine*, p. 409 (1877) ; Prjev. in *Rowley's Orn. Misc.*, II, p. 385 (1877) ; Berez. et Branchi, *Aves Exped. Potan. Gan-su*, p. 18 (1891) ; Tacz. *Mém., Acad. Imp. St-Pétersb.* (7), XXXIX,

p. 785 (1893); Ogilvie Grant, *Cat. B. Brit. Mus.*, XXII,
p. 333 (1893).

a. ♂ Ad. Shen-si.

2. Sterna fluviatilis.

Sterna fluviatilis (Naum.), David et Oustalet, *Ois. Chine*,
p. 525 (1877); Saunders, *Cat. B. Brit. Mus.*, XXV, p. 54
(1896).
Sterna fluviatilis tibetana, Berez. et Bianchi, *Aves, Exped.
Potan. Gan-su*, p. 1 (1891); Tacz., *Mém. Acad. Imp. St-Pétersb.* (7), XXXIX, p. 1010 (1893).

Un mâle adulte du Shen-si, sans indication de localité
précise. J'ai montré ces spécimens et les suivants à mon
ami Howard Saunders, qui les a déterminés pour moi.
Il est très intéressant de rencontrer ces deux espèces de
Sternes ensemble dans la Chine septentrionale.

3. Sterna longipennis.

Sterna longipennis (Nordm.), Saunders, *Cat. B. Brit.
Mus.*, XXV, p. 67 (1896).
Sterna camtschatica (Pall.), Tacz., *Mém. Acad. Imp. St-
Pétersb.* (7), XXXIX, p. 67 (1893).

a. Ad. « near River Wei, Paochi Shan, Shen-si, August 1898. »
b. Ad. Shen-si.

4. Nipponia nippon.

Ibis nippon (Temm.), David et Oustalet, *Ois. Chine*,
p. 453, pl. 116 (1877) (Corée, Mandchourie).
Nipponia nippon, Berez. et Bianchi, *Aves, Exped. Potan.
Gan-su*, p. 71, 144 (1891); Tacz., *Mém. Acad. Imp. St-Pé-

tersb. (7), XXXIX, p. 967 (1893); Sharpe, *Cat. B. Brit. Mus.*, XXVI, p. 15 (1898).

Un mâle parfaitement adulte, en plumage blanc, montrant une belle nuance rose, et portant la huppe complètement développée.

5. Ardea cinerea

Ardea cinerea (L.), David et Oustalet, *Ois. Chine*, p. 437 (1877) (Pékin, nichant); Prjev. in *Rowley's Orn. Misc.*, III, p. 48 (1878); Tacz., *Mém. Acad. Imp. St-Pétersb.* (7), XXXIX, p. 980 (1893) (Corée, rare); Sharpe, *Cat. B. Brit. Mus.*, XXVI, p. 74 (1898).

Deux exemplaires adultes.

6. Ægialitis dubia.

Ægialitis dubia (Scop.), Sharpe, *Ornis*, t. XI, p. 158.

No. 20, ad. Ki-san.

7. Microsarcops cinereus.

Microsarcops cinereus (Blyth), Sharpe, *Ornis*, t. XI, p. 157

No. J. Shen-si.

8. Ibidorhynchus Struthersi.

Ibidorhynchus Struthersi (Vig.), David et Oustalet, *Ois. Chine*, p. 456 (1877); Prjev. in *Rowley's Orn. Misc.*, III, p. 51 (1878); Berez. et Bianchi, *Aves. Exped. Potan. Gansu*, p. 4 (1891); Sharpe, *Cat. B. Brit. Mus.*, XXIV, p. 335 (1896).

Un exemplaire du Shen-si.
M. l'abbé A. David a trouvé cette espèce dans les montagnes de la Chine septentrionale et méridionale.

9. Helodromas ochropus.

Totanus ochropus (L.), David et Oustalet, *Ois. Chine*, p. 465 (1877) ; Prjev. in *Rowley's Orn. Misc.*, III, p. 86 (1878) ; Tacz., *Mém. Acad. Imp. St-Pétersb.* (7), XXXIX, p. 872 (1893).

Helodromas ochropus, Sharpe, *Cat. B. Brit. Mus.*, XXIV, p. 437 (1896).

No. 16. Juv. Ki-gan, oct. 1898.
« On streams in the mountains of Kigan and Tao-che. »

10. Gallinago solitaria.

Gallinago solitaria (Hodgs.), David et Oustalet, *Ois. Chine*, p. 476 (1877) ; Prjev. in *Rowley's Orn. Misc.*, III, p. 91 (1878) ; Sharpe, *Cat. B. Brit. Mus.*, XXIV, p. 654 (1896).

Gallinago hyemalis (Eversm.), Tacz., *Mém. Acad. Imp. St-Pétersb.* (7), XXXIX, p. 953 (1893).

a. Ad. Shen-si

11. Casarca casarca.

Casarca rutila (Boie), David et Oustalet, *Ois. Chine*, p. 497 (1877); Prejv. in *Rowley's Orn. Misc.*, III, p. 100 (1878) (Mongolie) ; Berez. et Bianchi, *Aves, Exped. Potan. Gan-su*, p. 6 (1891) ; Tacz., *Mém. Acad. Imp. St-Pétersb.* (7), XXXIX, p. 1121 (1893); Salvad., *Cat. B. Brit. Mus.*, XXVII, p. 177 (1895).

Casarca casarca (Linn.), Sharpe, *Handl. B.*, I, p. 215 (1899).

No. 2. Ki-san-Shien. Trouvé en hiver dans les champs où l'on récolte l'opium.

12. Circus cyaneus.

Circus cyaneus (Linn.), David et Oustalet, *Ois. Chine*, p. 27 (1877); Berez. et Bianchi, *Aves, Exped. Potan. Gan-su*, p. 29 (1891); Sharpe, *Handl. B.*, I, p. 245 (1899)
Strigiceps cyaneus, Tacz., *Mém. Acad. Imp. St-Pétersb.* (7), XXXIX, p. 116 (1891).

Un mâle adulte.

13. Buteo leucocephalus.

Buteo leucocephalus (Hodgs.), Blanf. *Faun. Brit. Ind. Birds*, III, p. 392 (1895).
Buteo ferox (part.), Sharpe, *Cat. B. Brit. Mus.*, I, p. 176. (1874).
Buteo hemilasius (Temm. et Schl.), David et Oustalet, *Ois. Chine*, p. 19 (1877).

a. b. Ad. Shen-si.

14. Archibuteo strophiatus.

Archibuteo strophiatus (Hodgs.), Sharpe, *Cat. B. Brit. Mus.*, I, p. 199, pl. VII, fig. 2 (1874); David et Oustalet, *Ois. Chine*, p. 20 (1877).
Archibuteo hemiptilopus (Blyth), Berez. et Bianchi, *Aves, Exped. Potan. Gan-su*, p. 34 (1891); Blanf. *Faun. Brit. Ind.*, III, p. 395 (1895).

a. Ad. Shen-si.

15. Falco peregrinus.

Falco peregrinus (Tunst.), Sharpe, *Handl. B.*, I, p. 273 (1899); Sharpe, *Cat. B. Brit. Mus.*, I, p. 376 (1874).
Falco communis (Gm.), David et Oustalet, *Ois. Chine*,

p. 32 (1877) ; Tacz., *Mém. Acad. Imp. St-Pétersb.* (7), XXXIX, p. 77 (1893).

No. 1. ♀ juv. Ki-san. « Winters in the plain of Ki-san-Shien. »

16. Falco æsalon, Tunst.

Falco regulus (Pall.), Sharpe, *Cat. B. Brit. Mus.*, I, p. 406 (1874) ; David et Oustalet, *Ois. Chine*, p. 34 (1877).
Hypotriorchis æsalon. Prjev. in *Rowley's Orn. Misc.*, II, p. 151 (1877).
Æsalon regulus, Berez. et Bianchi, *Aves, Exped. Potan. Gan-su*, p. 42 (1891).
Lithofalco æsalon, Tacz., *Mém. Acad. Imp. St-Pétersb.* (7), XXXIX, p. 87 (1893).
Falco merillus (Gerini), Sharpe, *Handl. B.*, I, p. 275 (1899) (err.).

No. 8, ad. Ki-san.
Le nom exact pour ce Faucon me semble être *Falco æsalon.* C'est par erreur que le nom de *F. merillus* a paru dans mon *Handlist*, car je n'emploie jamais les noms de Gerini.

17. Falco subbuteo.

Falco subbuteo (Linn.), David et Oustalet, *Ois. Chine*, p. 33 (1877) (Chine, en général, en hiver) ; Tacz., *Mém. Acad. Imp. St-Pétersb.* (7), XXXIX, p. 84 (1891) (Corée, pendant les migrations) ; Sharpe, *Handl. B.*, I, p. 274 (1899).

Une femelle adulte.

18. Eudynamis honorata.

Eudynamis honorata (Linn.), Shelley, *Cat. B. Brit. Mus.*, XIX, p. 316 (1891).

Eudynamis malayana (Cab et Hein.) : David et Oustalet, *Ois. Chine*, p. 61 (1877).

a. Ad. Shen-si.

19. Gecinus canus.

Gecinus canus (Gm.), David et Oustalet, *Ois. Chine*, p. 51 (1877); Prjev. in *Rowley's Orn. Misc.*, II, p. 279 (1877); Hargitt, *Cat. B. Brit. Mus.*, XVIII, p. 52 (1891); Tacz., *Mém. Acad. Imp. St-Pétersb.* (7), XXXIX, p. 697 (1893).

a. b. ♂ ♀, ad. Shen-si.
c. ♂ imm. Shen-si.

20. Dendrocopus Cabanisi.

Picus mandarinus (Malh.), David et Oustalet, *Ois. Chine*, p. 47 (1877).
Dendrocopus Cabanisi, Hargitt, *Cat. B. Brit. Mus.*, XVIII, p. 218 (1890); Sharpe, *Handl. B.*, II, p. 243 (1900).
Picus mandarinus Cabanisi, Berez. et Bianchi, *Aves, Exped. Potan. Gan-su*, p. 49 (1891).

Deux femelles adultes du Shen-si.

21. Urocissa erythrorhyncha.

Urocissa erythrorhyncha (Gm.), Sharpe, *Cat. B. Brit. Mus.*, III, p. 74 ; Berez. et Bianchi, *Aves, Exp. Potan. Gan-su*, p. 122 (1891).
Urocissa sinensis (Linn.), David et Oustalet, *Ois. Chine*, p. 375, pl. 83 (1877).

Deux exemplaires du Shen-si. Quoique nous ayons à présent une série d'exemplaires d'*Urocissa* de la Chine plus nombreuse que lorsque j'ai étudié ce groupe pour la publication du *Catalogue*, j'arrive toujours à la même conclusion que *U. brevivexilla* de Swinhoe n'est pas une forme distincte.

22. Cyanopolius cyanus.

Cyanopolius cyanus (Pall.), Sharpe, *Cat. B. Brit. Mus.*, III, p. 68 (1877); Tacz., *Mém. Acad. Imp. St-Pétersb.* (7), XXXIX, p. 511 (1891).

Cyanopolius cyaneus, David et Oustalet, *Ois. Chine*, p. 374, pl. 84 (1877); Berez. et Bianchi, *Aves, Exped. Potan. Gan-su*, p. 122 (1891).

Un seul exemplaire adulte.

23. Graculus graculus.

Graculus graculus (Linn.), Sharpe, *Cat. B. Brit. Mus.*, III, p. 146 (1877).

Fregilus graculus, David et Oustalet, *Ois. Chine*, p. 371 (1877); Prjev. in *Rowley's Orn. Misc.*, II, p. 285 (1877).

Fregilus graculus himalayanus, Berez. et Bianchi, *Aves, Exped. Potan. Gan-su*, p. 123 (1891).

Fregilus graculus brachypus (Swinh.), Tacz., *Mém. Acad. Imp. St-Pétersb.* (7), XXXIX, p. 538 (1893).

No. 3. Ki-san. Existe aussi dans le Shen-si et le Tché-li.

24. Opodiopsar sericeus.

Sturnus sericeus (Gm.), David et Oustalet, *Ois. Chine*, p. 362, pl. 87.

Poliopsar sericeus (Gm.), Sharpe, *Cat. B. Brit. Mus.*, XIII, p. 44 (1890).

Opodiopsar sericeus (Gm.), Sharpe, *Cat. B. Brit. Mus.*, XIII, p. 665 (1890).

25. Oriolus diffusus.

Oriolus diffusus, Sharpe, *Ornis*, t. XI, p. 163.

Un exemplaire adulte.

26. Fringilla montifringilla.

Fringilla montifringilla (Linn.), David et Oustalet, *Ois. Chine*, p. 333 (1877); Sharpe, *Cat. B. Brit. Mus.*, XIII, p. 178 (1888); Berez. et Bianchi, *Aves, Exped. Potan. Gan-su*, p. 128 (1891); Tacz., *Mém. Acad. Imp. St-Pétersb.* (7), XXXIX, p. 636 (1893).

No. 19. Rison.
Un mâle adulte, presque en plumage de noces complet.

27. Emberiza pusilla.

Emberiza pusilla (Pall.) : Sharpe, *Ornis*, t. XI, p. 164.

No. 18. Shen-si.

28. Emberiza castaneiceps.

Embeirza cioides, pt., David et Oustalet, *Ois. Chine*, p. 328 (1877).
Emberiza castaneiceps (Moore), Sharpe, *Cat. B. Brit. Mus.*, XII, p. 344 (1888).
Emberiza cioides castaneiceps, Tacz., *Mém. Acad. Imp. St-Pétersb.* (7); XXXIX, p. 636 (1891) ; Berez. et Bianchi, *Aves, Exped. Potan. Gan-su*, p. 127 (1891).

Adulte et jeune du Shen-si.

29. Alauda cœlivox.

Alauda cœlivox (Swinh), David et Oustalet, *Ois. Chine*, p. 314 (1877).

Alauda gulgula (Frankl, pt.) : Sharpe, *Cat. B. Brit. Mus.*, XIII, p. 575 (1890).

Alauda gulgula cœlivox, Berez. et Bianchi, *Aves, Exped. Potan. Gan-su*, p. 50 (1891).

Un adulte du Shen-si.

30. Motacilla leucopsis.

Motacilla leucopsis (Gould) : Sharpe, *Ornis*, t. XI, p. 166.

a. Ad. Shen-si.

31. Anthus striolatus.

Anthus striolatus (Blyth.), Sharpe, *Cat. B. Brit. Mus.*, X, p. 568 (1885); Berez. et Bianchi, *Aves, Exped. Potan. Gan-su*, p. 53 (1891); Tacz., *Mém. Acad. Imp. St-Pétersb.* (7), XXXIX, p. 401 (1893).

a. Imm. Shen-si.

32. Tichodroma muraria.

Tichodroma muraria (Linn.), Prjev. in *Rowley's Orn. Misc.*, II, p. 166 (1877); Berez. et Bianchi, *Aves, Exped. Potan. Gan-su*, p. 126 (1891).

Tichodroma muralis (Briss.), David et Oustalet, *Ois. Chine*, p. 88 (1877).

a. Ad. Shen-si.

33. Parus minor.

Parus minor (T. et S.), David et Oustalet, *Ois. Chine.*, p. 278 (1877) (Mongolie et Chine); Prjev. in *Rowley's Orn. Misc.*, II, p. 187 (1877) (Kan-su); Tacz., *Mém. Acad. Imp. St-Pétersb.* (7), XXXIX, p. 428 (1891) (Corée); Berez. et Bianchi, *Aves, Exped. Potan. Gan-su*, p. 107 (1891).

Un seul exemplaire adulte du Shen-si.

34. Parus palustris.

Parus palustris (Linn.), Swinh., *Ibis*, 1874, p. 156.
Pœcile palustris, David et Oustalet, *Ois. Chine*, p. 288 (1877).
Parus sp. n. Kleinschm. *J. f. O.*, 1897, p. 105.

a. Ad. Shen-si.

35. Lanius sphenocercus.

Lanius sphenocercus (Cab.) : Sharpe, *Ornis*, t. XI, p. 168.

No. 6. Ad. « Near Wei River, Pao Chi-shai, Aug. 1898. »

36. Lanius lucionensis.

Lanius lucionensis (Linn.), David et Oustalet, *Ois. Chine*, p. 99 (1877).
Otomela lucionensis, Berez. et Bianchi, *Aves, Exped. Potan. Gan-su*, p. 105 (1891); Tacz., *Mém. Acad. Imp. St-Pétersb.* (7), XXXIX, p. 502 (1891).

Un oiseau adulte du Shen-si.

37. Merula fuscata.

Merula fuscata (Pall.), Seebohm, *Cat. Brit. Mus.*, V, p. 262 (1881); Berez. et Bianchi, *Aves, Exped. Potan. Gan-su*, p. 102 (1891).
Turdus fuscatus, David et Oustalet, *Ois. Chine*, p. 155 (1877); Prjev. in *Rowley's Orn. Misc.*, II, p. 196 (1877); Tacz., *Mém. Acad. Imp. St-Pétersb.* (7), XXXIX, p. 289 (1893).

a. Imm. Ki-san.
b. Ad. Shen-si.

38. Merula ruficollis.

Merula ruficollis (Pall.), Seebohm, *Cat. B. Brit. Mus.*, V, p. 269 (1881); Berez. et Bianchi, *Aves, Exped. Potan. Gan-su*, p. 101 (1891).

Turdus ruficollis, David et Oustalet, *Ois. Chine*, p. 156 (1877); Prjev. in *Rowley's Orn. Misc.*, II, p. 197 (1877); Tacz., *Mém. Acad. Imp. St-Pétersb.* (7), XXXIX, p. 300 (1893).

a. b. Ad. Shen-si.
c. Ad. Ki-san.

39. Merula obscura.

Merula obscura (Gm.), Seebohm, *Cat. B. Brit. Mus.*, V, p. 273 (1881); Berez. et Bianchi, *Aves, Exped. Potan. Gan-su*, p. 102 (1891).

Turdus obscurus (Gm.), David et Oustalet, *Ois. Chine*, p. 153 (1877); Tacz., *Mém. Acad. Imp. St-Pétersb.* (7), XXXIX, p. 306 (1893).

Turdus pallens (Pall.), Prjev. in *Rowley's Orn. Misc.*, II, p. 198 (1877).

a. b. Ad. et juv. Shen-si.

40. Ruticilla aurorea.

Ruticilla aurorea (Gm.), Sharpe, *Ornis*, t. XI, p. 171.

a. b. ♂ ad, c. ♀ ad. Shen-si.

41. Saxicola morio.

Saxicola morio (Hempr. et Ehr.) : Sharpe, *Ornis*, t. XI, p. 170.

a. Imm. Chine.

42. Cinclus Pallasi.

Hydrobata Pallasi, David et Oustalet, *Ois. Chine*, p. 146 (1877).

Cinclus Pallasi, Sharpe, *Cat. B. Brit. Mus.*, VI, p. 316 (1881); Berez. et Bianchi, *Aves, Exped. Potan. Gan-su*, p. 103 (1891); Tacz., *Mém. Acad. Imp. St-Pétersb.* (7), XXXIX, p. 216 (1893).

No. 10. Ad. Shen-si.

43. Henicurus sinensis.

Henicurus sinensis (Gould), Sharpe, *Cat. B. Brit. Mus.*, VII, p. 313 (1883).

Henicurus Leschenaulti (nec. Vieill.) : David et Oustalet, *Ois. Chine*, p. 295, pl. XXXVII (1877).

a. Ad. Shen-si.

44. Tarsiger cyanurus.

Nemura cyanura, Prjev. in *Rowley's Orn. Misc.*, II, p. 179 (1877).

Tanthia cyanura, David et Oustalet, *Ois. Chine*, p. 231, pl. 28 (1877).

Tarsiger cyanurus (Pall.), Sharpe, *Cat. B. Brit. Mus.*, IV, p. 255 (1879); Berez. et Bianchi, *Aves, Exped. Potan. Gan-su*, p. 80 (1891).

a. ♂ *b. c.* ♀ Ad. North Mountain, Ki-san.

ANOMALIE REMARQUABLE CHEZ DEUX OISEAUX

PAR

CH. VAN KEMPEN

J'appelle l'attention des membres du Congrès sur deux Oiseaux de ma collection d'histoire naturelle, qui intéressent très vivement les ornithologistes qui la visitent. Ce sont un OEdicnème Criard (*OEdicnemus crepitans* Tem.) et un Bécasseau Cocorli (*Tringa subarquata* Tem.). Tous deux portent, au sommet de la tête, une huppe volumineuse, formée d'une touffe de plumes blanches. Le premier de ces Oiseaux a été trouvé par moi sur le marché de Saint-Omer, département du Pas-de-Calais, en novembre 1880 : c'est une femelle. Le second provient de l'île d'Helgoland, sans indication de l'époque de la capture.

Je crois que peu de musées contiennent des anomalies aussi curieuses ; c'est pourquoi j'ai pensé devoir les faire connaître.

TROIS EXEMPLAIRES

D'UNE

FORME PARTICULIÈRE DE « TETRAO TETRIX FEMELLE »

PEUT-ÊTRE FEMELLES DE « TETRAO MEDIUS »

PAR

V. FATIO.

Je présente au Congrès trois individus à peu près semblables d'une curieuse forme ou variété de *Tetrao tetrix*
femelle tués, à différentes époques, en Savoie, non loin
de Genève, dans des montagnes où cette espèce est encore
assez commune, où *Urogallus* est par contre devenu, selon
les endroits, rare ou très rare, et où l'on a rencontré, à
deux ou trois reprises, le bâtard mâle de ces deux Tétras,
le *T. medius* dans sa livrée foncée, avec poitrine violacée.
Assez embarrassé par l'aspect étrange de ces Oiseaux, je
sollicite l'opinion des éminents ornithologistes réunis en
ce Congrès pour obtenir, si possible, une explication plau-
sible de la livrée particulière que je vais rapidement
décrire et des raisons de celle-ci ou de son origine probable.

Deux mots seulement sur la provenance des sujets en
question, sur les principales particularités de leur plumage et sur quelques hypothèses concernant ces dernières.

La première de ces femelles (n° 1), recueillie par mon
père et faisant partie de ma collection, a été tuée,
en 1839, dans les montagnes qui avoisinent Sallanches,
sur la rive gauche de l'Arve, aux deux tiers environ de la

distance entre Genève et Chamonix ; la seconde (nº 2),
capturée dans les mêmes localités, environ vingt ans
plus tard, faisait partie de la collection de feu G. Lunel et
appartient maintenant à M. L. D., à Genève ; la troisième
(nº 3), propriété de M. M. T., également à Genève, a été
tuée, en juin 1894, dans les montagnes des Bornes,
toujours sur la rive gauche de l'Arve, mais plus près de
Genève.

Avec une taille plutôt forte, soit au-dessus de la
moyenne, ces trois femelles se distinguent à première
vue de la femelle ordinaire de *Tetrix* : par la couleur d'un
brun cendré, légèrement olivâtre et assez uniforme,
qu'elles portent sur le dos, le croupion, les ailes et la
queue, où les taches et barres transversales noires et
rousses sont en très grande majorité effacées ; par la présence d'étroites verges médianes roussâtres et de larges
triangles terminaux blanchâtres sur les scapulaires et les
couvertures alaires, les grandes couvertures ne laissant
paraître aucune trace du miroir blanc des rémiges secondaires ; enfin et surtout, par le glacis luisant qui recouvre
et, dans un certain éclairage, fait briller chez elles toutes
les plumes, aussi bien grises et brunes que noires, des
faces supérieures et latérales voisines, depuis le dos
jusqu'au bout des rectrices à peu près. Le reste de leur
livrée, tête, cou et faces inférieures, rappelle plus ou
moins ce qui se voit chez *T. tetrix*, femelle ordinaire.
Elles ont, avec cela, le bas de la jambe blanc ou blanchâtre, la tache axillaire blanche plus ou moins accusée,
les lamelles digitales médiocrement ou passablement
développées, le bec noirâtre et moyen.

Leur queue plutôt petite ou ne dépassant pas la
moyenne, subcarrée ou faiblement échancrée et sans
courbure des rectrices latérales, qui sont à peine égales
aux voisines ou sensiblement plus courtes, et la forme
même des rectrices, moins larges et plus arrondies au
bout ou moins évasées au bord externe, semblent à l'encontre de l'idée de femelles stériles ou très vieilles tendant
à prendre le plumage du mâle ; aussi bien, du reste, que

la grande réduction chez elles des taches dorsales noires
et le défaut de reflets bleus sur celles-ci (1), la présence
de nombreuses macules noires et rousses aux sous-caudales et l'absence de tache blanche à la gorge.

Leur taille assez grande, la tendance à l'uniformisation
de la couleur brunâtre sur leurs faces dorsales et surtout
le glacis luisant qui recouvre ces dernières, luisant qui
m'a frappé chez plusieurs mâles de *T. medius* à queue en
lyre avec poitrine violacée, soit pouvant être considérés
comme ayant *Tetrix* pour père, en feraient plutôt une
forme de la femelle, si mal connue encore, du bâtard de
nos deux Tétras (*T. tetrix* ♂ et *Urogallus* ♀).

En tout cas, la quasi-identité des sujets 1 et 2 et la
très grande ressemblance du numéro 3, sur les principaux
points, formes et proportions des rectrices, coloration et
luisant de la livrée qui distinguent franchement ces trois
Oiseaux du type ordinaire de l'espèce, feraient de ceux-ci
d'intéressants représentants d'une curieuse variété.

Mais, c'est sur le *glacis luisant* très particulier de tout
le plumage dorsal que je désire attirer plus spécialement
l'attention des ornithologistes ; car, abstraction faite du
brillant propre aux taches noires, il ne se voit pas chez les
femelles ordinaires de *Tetrix*, tandis qu'il se remarque
de suite soit chez les mâles dans l'espèce, soit chez
T. medius mâle (forme *Tetrix*), comme chez les trois femelles
en litige. Je me demande, en effet, s'il ne constituerait
pas peut-être un caractère particulier, un héritage pater-
nel des bâtards de *Tetrao tetrix*, au moins de ceux résultant de l'accouplement du mâle de celui-ci avec *Urogallus*
femelle qui diffère volontiers de *Tetrix* femelle ordinaire
par plus de brillant sur les taches dorsales noires à
reflets bleuâtres, et même par un certain luisant des
rectrices en dessus.

J'ai vu quelques prétendues femelles de *Tetrao medius*.
J'en possède même une, censée de Suisse (de l'Entlebuch),
qui, à première vue, paraît indiscutable, tant elle rap-

(1) Défaut complet de reflets bleus chez les numéros 1 et 2, quelques
légères traces sur le croupion du numéro 3.

pelle, par la tête, le cou et la poitrine surtout, la femelle d'*Urogallus*, avec teinte rousse moins foncée cependant, plus de blanc et le plastron peu accusé, et tant elle répond, par là, aux descriptions et aux figures des auteurs (1). Sa taille est moyenne dans l'espèce, sa queue est légèrement en lyre, elle porte un peu de barbe, ses sous-caudales sont presque entièrement blanches, elle montre sur les ailes un large miroir blanc, à peu près comme *Tetrix* mâle, et elle ne présente pas de luisant aux faces dorsales qui sont toutes barrées de noir et de roux. Cependant, je conserve des doutes sur l'origine et la provenance de cet individu, ainsi que sur celles d'un sujet analogue vendu, à la même époque, il y a tantôt six ans, par un naturaliste commerçant du pays. Ces Oiseaux, comparés à de nombreuses femelles de différents âges, de Suisse et de Savoie, me paraissent plutôt de provenance étrangère, peut-être de contrées de moindre altitude, mais plus septentrionales, et pouvoir fort bien, ainsi que beaucoup d'autres prétendues femelles hybrides, n'être que de très vieilles femelles de *Tetrix*, ou peut-être des sujets stériles déjà en voie de transformation dans le sens du plumage du mâle.

Les trois individus qui font le sujet de cette petite communication ont, pour moi, jusqu'à nouvel ordre, des titres plus sérieux que bien d'autres à la qualification de bâtards des *Tetrao tetrix* ♂ et *T. urogallus* ♀, soit de femelles de *Tetrao medius*, forme *tetrix*.

Genève, 24 juin 1900.

---

(1) Je regrette de n'avoir pu apporter au Congrès cet Oiseau, comme point de comparaison; mais, très légèrement monté et déjà un peu détérioré par un précédent voyage, il n'eût pas, sans grands dangers, supporté, je crois, un nouveau déplacement.

DESCRIPTIONS
D'OISEAUX NOUVEAUX DU PÉROU CENTRAL

RECUEILLIS

PAR LE VOYAGEUR POLONAIS JEAN KALINOWSKI

PAR

LE COMTE VON BERLEPSCH

ET

JEAN STOLZMANN

Les espèces nouvelles décrites dans cette note ont été recueillies par M. J. Kalinowski, qui a formé des collections très importantes pour le musée de M. le comte Branicki à Varsovie. Elles peuvent être caractérisées de la manière suivante :

1. Nothoprocta Oustaleti Berl. et Stolzm.

N. supra brunnea nigro maculata, his maculis fasciis irregularibus brunneis punctulis nigris variis instructis, lateraliter linea stricta fulvescenti-alba marginalis, plumis dorsi etiam colore pure cinereo pogonio utroque late marginatis; pilei plumis nigris apice late brunneo marginalis his marginibus nigro punctulatis, quibusdam plumis pogonio externo stria fulvo-alba marginalis; mento albo, gula, jugulo, capitis collique lateribus fulvo-albis plumis apice brunneo aut cinereo marginalis; pectore clare cinereo, plumis fulvo-albo maculatis, pectore inferiore cum lateribus ventris læte fulvo isabellinis; abdomine medio tibiisque pure albis; alarum tectricibus superioribus pallide brunneis, fulvo nigroque variis necnon maculis fulvo-albis instructis, apice fulvo-albo marginalis; remigibus primariis maculis albis, secundariis lineis fulvis pogonio externo fasciatis ; tectricibus subalaribus pallide brunneis, fulvo variis ; maxilla cornea, mandibula flava apice corneo, tarsis pedibusque flavis. Long. tot. 235 ($\mathrm{\mathcal{O}}$), 220 ($\mathrm{\mathcal{Q}}$) ; al. 158 ($\mathrm{\mathcal{O}}$), 166 ($\mathrm{\mathcal{Q}}$) ; caud. 45($\mathrm{\mathcal{O}}$),47($\mathrm{\mathcal{Q}}$) ; culm. 26 1/2 ; tars. 37 ($\mathrm{\mathcal{O}}$),38($\mathrm{\mathcal{Q}}$).

Habitat: in Peruvia occidentali : circum Cora-Cora (prov. Ayacucho).

Typus : in Mus. Branicki in Varsovia : $\mathrm{\mathcal{O}}$ et $\mathrm{\mathcal{Q}}$ de Cora-Cora (hauteur de 11 500 pieds) du 19 et 29 juillet 1893 (coll. J. Kalinowski).

Observatio : N. N. Pentlandi dictæ affinis differt dorsi plumis pogonio utroque lateraliter pure cinereo nec brunneo marginalis, fronte superciliisque brunneis nigro variis nec cinereis, pectore inferiore lateribusque isabellino-fulvis, abdomine medio tibiis pure albis (nec sordide fulvo-albis), necnon alis pedibusque longioribus.

Cette jolie espèce, que nous nous permettons de dédier à M. le docteur Oustalet, président du Congrès ornithologique international, paraît alliée à la N. Pentlandi (Gray), mais est tout à fait distincte par les bordures des plumes du dos, d'un gris ardoisé pur au lieu de brunâtre ; par les stries dorsales latérales blanchâtres, plus larges et plus prononcées ; par le front et les sourcils brunâtres au lieu d'un gris ardoisé ; par la poitrine et les côtés du ventre d'un roux isabelline clair au lieu d'un blanc grisâtre mélangé de gris brunâtre ; par les taches fauves sur la poitrine plus larges sur un fond gris plus pâle et plus clair, moins brunâtre ; par le milieu de l'abdomen et les tibias d'un blanc pur au lieu d'un blanc roussâtre terne ; par les tectrices sus-caudales plus jaunâtres et olivâtres, moins brunâtres ; enfin par le bec plus large, les tarses et les pieds plus forts et plus longs, les ailes aussi plus longues.

La femelle unique ne se distingue du mâle que par un bec plus long ; par la partie blanchâtre du milieu de l'abdomen plus étendue, le gris des bordures latérales des plumes du dos moins pur, plus brunâtre et les stries blanches plus larges et plus prononcées : enfin par le dessin brunâtre du dessus plus roussâtre.

2. Nothoprocta Kalinowskii Berl. et Stolzm.

N. corpore supra obscure olivaceo-brunneo, plumis dorsi maculis magnis nigris brunneo variis, lateraliter stria tenui fulva marginalis

instructis; pilei plumis nigris brunneo variegatis ad apicem olivaceo-brunneo vel fulvescenti-albo marginatis; gula, jugulo, cap tis
collique lateribus fulvo albis, harum plumis — gula superiore excepta
— apicibus nigro marginatis, pectore superiore obscure schistaceo,
inferiore lateribusque corporis pallidius schistaceis, harum plumis
fasciis 5 punctulariis fulvescenti-albis variis, abdomine medio fere
concolori sed magis fulvescenti lavato; primariis pogonio externo
fasciis fulvo-albis, secundariis ibidem fasciis fulvo-rufescentibus
instructis, cætero nigro-brunneis; tectricibus subalaribus cinereo-
brunneis, fulvo indistincte maculatis sive fasciatis; maxilla cornea,
mandibula flavescente apice obscuro; pedibus flavescenti-brunneis.

♂ Long. tot. 290, al. 183, caud. 75, culm. 25, tars. 40 mm.

Habitat : in Peruvia centrali : circum Licamachay, Kordiljery.

Typus : in Mus. Branicki in Varsovia : ♂ Licamachay, Kordiljery
(hauteur de 15000 pieds), du 1ⁿ mai 1894 (coll. J. Kalinowski,
n° 2072).

Observatio : N. N. *Branickii* dictæ affinis sed major, alis imprimis
longioribus, pectore inferiore abdomineque griseis fasciis punctulariis albo-rufescentibus variis, nec fulvo-rufescentibus unicoloribus,
necnon secundariis pogonio externo fulvescenti-rufis nec castaneo
rufis diversa.

Cette espèce nouvelle, que nous dédions au voyageur
intrépide M. Jean Kalinowski, se rapproche de la *N. Branickii* Tacz., mais elle est plus grande, surtout à ailes plus longues. En outre, presque toutes les parties inférieures à
l'exception de la gorge, sont presque uniformément grises,
tandis que chez la *N. Branickii* ce n'est que la poitrine
supérieure qui prend cette couleur. Chez cette dernière,
le bas de la poitrine et l'abdomen sont d'un roux roussâtre rappelant la coloration de la *N. ornata* de la Bolivie.

Le dessin des parties supérieures est presque le même
que celui de la *N. Branickii*, à l'exception des stries fauves
qui paraissent plus étroites, moins nettes et moins prononcées; le fond brun olivâtre paraît un peu plus obscur,
les plumes uropygiales plus prolongées et plus abondantes, les tectrices sus-alaires plus grisâtres, les bandelettes des barbes externes des rémiges secondaires beaucoup plus pâles, plutôt d'un roux roussâtre pâle au lieu
d'un roux intense; la coloration de la tête est presque la
même, mais les bordures noirâtres des plumes de la base

du cou sont plus étroites ; le haut de la poitrine est d'un gris plus foncé ; les autres parties inférieures d'un gris un peu mêlé de roussâtre, surtout au milieu de l'abdomen, plus uniforme sur les côtés ; le roussâtre se répand sous forme de petites bandelettes pointillées à peu près au nombre de cinq sur chaque plume ; les tectrices sous-caudales sont aussi d'un brun schistacé plus uniforme que chez la *N. Branickii*, moins roussâtres et sans bandelettes noirâtres bien prononcées.

3. Geositta fortis Berl. et Stolzm.

G. G. crassirostris dictæ valde affinis sed major, rostro multo longiore et crassiore, necnon coloribus supra clarioribus distinguenda.

♂♂ Long. tot. 179, 176, al. 98 1/2, 94 1/2, caud. 64, 60, culm. 30 1/2, 28 1/2, tars. 28 1/2, 26 1/2 mm.

[G. crassirostris Scl. typ. in Mus. Brit. Lima (Nation) : Long. al. 91, caud. 53, culm. 23 1/2, tars. 25 1/2 mm.

Habitat : in Peruvia occidentali : Pauza, Loichos.

Typus : in Mus. Branicki in Varsovia : ♂ Pauza, Loichos (hauteur de 7 500 pieds), du 15 novembre 1894 (coll. J. Kalinowski, n° 2050).

M. Jean Kalinowski a recueilli plusieurs individus de cette *Geositta* à bec très gros et très fort. D'après la description et la figure données par M. Sclater de sa *G. crassirostris* de Lima, l'un de nous, H. von Berlepsch, était d'abord disposé à rapprocher les Oiseaux de Pauza de cette espèce, mais plus tard, les ayant comparés avec le type de la *G. crassirostris* (jusqu'à présent unique encore), il a pu constater qu'il s'agit de deux espèces alliées, mais tout à fait distinctes. L'espèce de Pauza a le bec beaucoup plus long et plus fort, elle présente les ailes et la queue également plus longues et les parties supérieures du corps d'une couleur plus pâle.

4. Grallaria sororia Berl. et Stolzm.

G. dorso pileoque anteriore brunnescenti griseo-olivaceis, pileo posteriore nuchaque griseis, plumarum apicibus nigro marginatis, marginibus in dorso latioribus in pileo angustioribus, tectricibus auricularibus gulaque obscure olivaceo-brunneis, regione infraauriculari et regione malari albo et brunneo variis, torque juguli semilunari superiore albo, inferiore nigro (plumarum apicibus nigris); pectore lateribusque corporis pallide rufescenti-brunneis maculis fuscis irregularibus vix conspicuis instructis, abdomine medio pallidiore fulvo; hypochondriis crisso tectricibusque subcaudalibus et subalaribus necnon remigum marginibus internis læte fulvorufis; alis extus rectricibusque rufescenti olivaceo-brunneis; maxilla cornea, mandibula pedibusque carneo-brunneis.

♂ Long. tot. 158, al. 107 1/2, caud. 40 1/2, culm. 22 3/4, tars. 45 1/2 mm.

Habitat : in Peruvia centrali orientali : circum Idma, Santa Ana.

Typus : in Mus. Branicki in Varsovia : ♂ Idma, Santa Ana (hauteur 4600 pieds), du 19 novembre 1894 (coll. J. Kalinowski, n° 2397).

Observatio : G. G. *regulo* dicta cui forma similis affinis sed abdomine pallide fulvo (fere ut in G. *varia*) primo visu distinguenda.

Cette *Grallaria* nouvelle se distingue au premier coup d'œil de la *G. regulus* de l'Équateur par la poitrine et l'abdomen d'une couleur fauve très pâle ressemblant à celle de la *G. varia* et de la *G. imperator*, au lieu d'être d'un roux vif comme chez la *G. regulus*. Néanmoins ces parties ne sont pas pourvues de bandes transversales comme chez les grandes espèces, mais ne présentent que des petites taches foncées presque invisibles sur la poitrine et les côtés. Le dos est d'un brun-olive grisâtre à bordures terminales noires, tandis que chez la *G. regulus* le fond est d'un brun olivâtre très foncé et d'un brun-olive roussâtre chez les deux autres espèces. En outre, le dessin de la coloration rappelle plus celui de la *G. regulus* mais les couleurs sont partout plus claires et plus olivâtres, surtout sur les ailes et la queue. Le collier et la région mystacale sont blancs au lieu de roussâtres. Enfin les ailes sont plus longues, le bec plus court que chez la *G. regulus*.

NOTE SUR QUELQUES OISEAUX

RAPPORTÉS

Par M. le comte H. de La Vaulx

DE SON VOYAGE DANS LA RÉPUBLIQUE ARGENTINE EN 1897

De son voyage dans la République Argentine, M. le comte Henri de La Vaulx a rapporté au Muséum d'histoire naturelle de Paris un certain nombre de spécimens de Mammifères et d'Oiseaux mis en peau ou conservés dans l'alcool. Quelques-uns de ces spécimens étaient accompagnés de renseignements qu'ils nous a paru intéressant de transcrire ici parce qu'ils complètent les données que l'on possédait sur les mœurs et le mode de nidification de certains Échassiers, Palmipèdes et Coureurs de l'Amérique australe.

Ainsi M. de La Vaulx a obtenu des œufs du *Vanellus occidentalis* Harting ou *Vanellus chilensis* Molina à cinq lieues de Rocca, au sud de Rio Negro et a remarqué que cet Oiseau ne pondait jamais que quatre œufs qu'il déposait simplement dans une excavation du sol. Il a recueilli dans la même localité des œufs du *Pato real* (*Cairina moschata* L.) qui vit là au milieu des lagunes et pond généralement huit ou neuf œufs, sur le sol, au milieu des roseaux. Enfin, le même voyageur a constaté que le nid du *Calodromas elegans* (d'Orb. et Geoffr.) trouvé à San Maria, dans le nord de la Patagonie, consistait en une légère excavation pratiquée dans le sol et garnie de plumes, et renfermait six œufs.

E. O.

SUR

QUELQUES ESPÈCES NOUVELLES OU PEU CONNUES

RECUEILLIES

DANS LE DÉPARTEMENT DE CUZCO (PÉROU CENTRAL)

Par M. Otto Garlepp

PAR

LE COMTE H. VON BERLEPSCH

La collection qui fait l'objet de cette note a été recueillie par M. Otto Garlepp qui voyage pour le Muséum de M. von Berlepsch. Elle renfermait une belle série de mâles et de femelles de la *Xenodacnis parina* Cab., espèce de la famille des *Cœrebidæ* très rare encore dans les collections.

En outre, M. Otto Garlepp a réussi à tuer un exemplaire splendide de l'*Oreomanes Fraseri* Scl. (« ♀ Anta, Cuzco 3 500 mètres, le 3 août 1899 »), espèce qui jusqu'à présent n'était connue que des montagnes élevées de l'Équateur, du Chimborazo et des localités voisines.

Il y avait aussi quelques échantillons de l'Oiseau-Mouche très rare et fameux *Oreonympha nobilis* Gld.

Enfin il y avait sept exemplaires d'une nouvelle espèce du genre *Stiptornis*, espèce dont voici la diagnose :

Siptornis Ottonis Berl. sp. nov.

S. corpore supra obscure brunneo, plumis frontalibus rigidis apice acuminatis læte rufo-brunneis stria superciliari tenui fulvescenti-albo ; corpore subtus sordide griseo, gula pectoreque indistincte albo striatis, macula mentali rufa, alis caudaque extus læte brunneo-

rufis, rectricibus submediis pogonio interno plus minusque brunneo-
nigro marginatis, subalaribus et remigibus margine interiore cinna-
momeo-rufis, tectricibus subcaudalibus fulvescentibus.

♀ macula mentali flavescenti-alba.

Long. tot. ♂♂ 197-170, al. 60-57 1/2, caud. 111-85, culm. 13 1/4-
12 1/4, tars. 22 1/2-21 1/2 mm.

Long. tot. ♀♀ 193-170, al. 60-56 1/2, caud. 116 1/2-90 1/2,
culm. 13 12 1/2, tars. 22-21 mm.

Habitat : in Peruvia centrali : circum Cuzco.

Typus : in Mus. H. von Berlepsch ♂ Anta Cuzco (3 500 mètres),
du 28 juillet 1899 (coll. O. Garlepp, n° 867).

Observatio : S. S. *pudibundæ* Scl. dictæ forsan affinis, sed fronte e
plumis rigidis rufo-brunneo et pictura caudæ, necnon cauda multo
longiore primo visu distinguenda.

Cette espèce tout à fait nouvelle est dédiée à M. Otto
Garlepp, qui l'a découverte sur les hautes montagnes
autour de Cuzco.

ON AN

OVERLOOKED INDIAN SWIFT

BY

ERNST HARTERT

In 1865 Blyth described in the *Ibis* for the first time a Swift, under the name of *Cypselus acuticauda*. The original description is not a very good one, but two of the principal characters are mentioned, *i. e.* the deep black colour of the plumage and the much pointed lateral rectrices. The majority of recent ornithologists have either passed this species over with silence, or placed Blyth's name as a synonym among the litterature on the Common Swift (*Apus apus*) or its eastern representative form (*Apus apus pekinensis*). Hume in his once famous *List of Indian Birds* placed *Cypselus acuticauda* as a separate species, but the specimens in his collection labelled, and mentioned in his writings as that species are merely birds of the year of *Apus apus pekinensis*. Probably this latter fact has been the principal reason which led me to place Blyth's name as a synonym of *Apus apus pekinensis* on p. 445 of vol. XVI of the *Catalogue of Birds in the British Museum*, but more recently, in 1897, on p. 85 of no. 1 of the *Tierreich*, I added a query. At about the same time Dr Blanford in vol. III of his series on Birds in his *Fauna of British India* quoted *acuticauda* without a query as a synonym of *Apus apus*. Doubtless Dr Blanford and I overlooked the sentence of Blyth saying that his type was in Liverpool, or either of us would most probably have tried to see the type.

When arranging the more recent additions to Dr Rothschild's Museum in Tring, I was not a little surprised to come across a Swift which I did not know at all! I soon began to read Blyth's description and as I found it to agree with the Bird in hand I wrote to Dr Forbes, who most readily sent me Blyth's type, which I find in every detail to agree with the Bird in question. The latter has ben shot at Cherrapunji in the Khasia Hills in India by captain H.-J. Elwes, at an elevation of 4500 feet above the sea, on September 24th 1886, while the type was from Nepal. The comparison of the two Birds shows clarly that **Apus acuticauda** (Blyth) is a most distinct species, which is probably spread over a considerable portion of India.

Its rectrices (specially the outermost pair) are much more pointed than in *Apus apus* and its subspecies. The colour of the upperside is not at all brownish black, but deep steel-blue or bluish black. The throat is white with blackish shaft-lines; the rest of the underside from the foreneck to the belly is black with wide white borders to the feathers, the under tail-coverts blue-black. The wings are longer than in the subspecies of *Apus apus*, but in the specimens examined they are moulting, and quite exact measurements can therefore not be given. On the underside *Apus acuticauda* resembles much more the well-known *Apus pacificus* than *Apus apus*, but the rump is blue-black, not white!

It is most extraordinary that none of the numerous energetic collectors of Mr. Alan O. Hume, nor others, have come across this swift, and it is, I think, possible, that its breeding grounds are in the north, and that it is only a winter visitor to India, but more information is required about it in any case.

DESCRIPTIONS

DE TROIS

ESPÈCES NOUVELLES DE LA FAMILLE DES TROCHILIDÆ

PAR

E. SIMON

Phæthornis fuliginosus sp. nov.

Ph. corpore supra viridi-æneo, capite obscuriore et fusca, super-caudalibus longe fulvo-cinereo-fimbrialis, subtus gula colloque omnino atro-fuliginosis, plumis angustissime cinereo-marginatis, pectore sensim dilutiore, abdomine albido vix luteo-tincto, imma-culato, subcaudalibus pallide fulvis, capite utrinque vitta suboculari nigra notata sed vitta superciliosa carente, rectricibus mediis (su-perne visis) obscure viridi-cyaneis, extremitatem versus sensim nigris sed apice longe et acute albis, reliquis rectricibus (inferne visis) nigris, exterioribus 1ª et 2ª concoloribus, reliquis apice albidis, rostro longo, leviter arcuato, mandibula superiore nigra, inferiore lutea apice infuscata, pedibus albidis. — Long. : rostri 34,5 mm. ; alae 58 mm. ; rectr. med. 50 mm. — Colombia.

Cette espèce, voisine du *Ph. anthophilus* Bourc. et Muls., s'en distingue par son menton et sa gorge entière-ment d'un noir de suie, avec les plumes très étroitement bordées de gris obscur, sa poitrine graduellement plus pâle, son abdomen plus blanc à peine teinté de fauve, sans mélange de plumes grises ; par sa tête dépourvue de bandes claires au-dessus et au-dessous de l'œil, mais marquée, de chaque côté, d'une bande d'un noir plus intense que celui de la gorge, enfin par ses deux rectrices externes de chaque côté entièrement noires sans bordure blanche.

Un seul exemplaire du *Ph. fuliginosus* E. S. a été trouvé dans un lot d'Oiseaux de Colombie sans localité précise.

Leucippus Baeri sp. nov.

Leuc. corpore supra viridi-cupreo, capite sensim obscuriore et opaca, subtus pallide cinereo-fulvo, basi abdominis subcaudalibusque, amplis et longis, niveis, rectricibus mediis obscure-viridibus apice sensim æneis vel usque ad basin æneis, lateralibus albidis, area subapicali lata nigra notatis, alis pallide atris, tectricibus pennisque tenuissime cinereo-marginatis, rostro, longo et leviter arcuato, omnino nigro. — Long. corp. 65-67 mm. — Peruvia sept. occid. : Tumbez (G.-A. Baer).

Diffère du *L. leucogaster* (Tschudi), par le dessous du corps d'un gris fauve pâle au lieu de blanc, par les rectrices latérales blanches avec une large barre subterminale noire échancrée au sommet par la partie blanche apicale, enfin par le bec entièrement noir ; ce dernier caractère, exceptionnel dans le genre *Leucippus*, indique des rapports avec le genre *Talaphorus*.

Cette curieuse espèce a été découverte en 1898 par notre ami G.-A. Baer, au Grao de Tumbez (nord du Pérou), dans une région maritime désertique, où ne poussent que de rares plantes frutescentes fréquentées aussi par une autre espèce de Trochilides, le *Myrmia micrura* (Gould).

Nous en possédons deux individus, dont le sexe n'a pas été déterminé, et qui diffèrent l'un de l'autre par leurs rectrices médianes : dans l'un ces rectrices sont d'un vert cuivreux, plus vif et plus rouge vers l'extrémité ; dans l'autre, elles sont d'un vert tirant un peu sur le bleu et passant au cuivré seulement à l'extrémité.

Polyxemus Harterti sp. nov.

Pol. corpore supra omnino obscure viridi, subtus collo squamoso rubro-violaceo nitido, utrinque breviter et obtuse producto, macula postoculari minutissima lineari et torque pectorali lato albidis, abdomine obscure viridi, plumis tarsalibus extus albis intus nigricantibus apice cervinis, subcaudalibus obscure viridibus anguste cinereo-albido fimbriatis, alis atris, cauda atra, rectricibus longioribus (2ᶦˢ) intus ad basin tenuissime et vix distincte cervino-marginatis, rostro pedibusque nigris. Rostro tenui, recto, capite paulo longiore, alarum penna 1ᵃ 2ᵃ paulo longiore, caudae rectricibus quatuor mediis brevibus, latis et ovatis, rectricibus lateralibus 1ᵃ et 2ᵃ longis sat validis rectis apice attenuatis sed obtusis, 2ᵃ altera (interiore) evidenter longiore, rectrice 3ᵃ (exteriore) præcedentibus saltem 1/4 breviore et duplo angustiore, sed parallela et obtusa, nec acuminata nec setiformi. — Long. : corp. 43 mm. ; rostri 14,5 mm.; alae 34 mm. ; caudae 26 mm. — Colombia occidentalis.

Cette espèce, que nous dédions à M. E. Hartert, le savant conservateur du musée de Tring, est surtout voisine du *P. (Chætocercus) Berlepschi* E. Sim., des Andes de l'Équateur ; elle en diffère par sa tache gulaire d'un rouge plus violet, rappelant beaucoup plus celle du *Calliphlox amethystina* (Gmel.), mais un peu prolongée et très obtuse de chaque côté, et par la forme et la proportion de ses rectrices externes qui sont toutes un peu plus larges et plus obtuses, rappelant aussi un peu celles des *Calliphlox* ; la deuxième est un peu plus longue que la première (interne), ce qui fait une queue fourchue, mais la troisième (externe) est environ d'un quart plus courte et de moitié plus étroite que la deuxième, néanmoins parallèle et obtuse, ni sétiforme ni acuminée comme celle des autres espèces du genre *Polyxemus*. Ces caractères font du *P. Harterti* E. Sim., une forme de transition des plus intéressantes reliant les *Chætocercus* et *Polyxemus* aux *Calliphlox*.

Nous maintenons, au moins provisoirement, le genre *Polyxemus* de Mulsant, que M. E. Hartert a récemment proposé de réunir au genre *Chætocercus*, dans lequel il formerait toujours une section naturelle comprenant les *Ch. bombus* Gould, *Berlepschi* E. Sim. et *Harterti* E. Sim.

NOTE SUR UNE PETITE COLLECTION D'OISEAUX
DU VENEZUELA

PAR

M. E. OUSTALET

En 1898, M. Yvon, chef de travaux de micrographie à la Faculté de médecine de Paris, a donné au Muséum une petite collection d'Oiseaux provenant de Mérida (Venezuela) et offrant un certain intérêt en raison des indications de l'altitude à laquelle ont été rencontrées les diverses espèces savoir :

Chlorostilbon stenura (Cab. et Heinn.), à 4 000 mètres.

Helianthea eos (Gould), à 2 500 mètres.

Bourcieria Conradi (Bourc.), à 2 500 et 3 000 mètres.

Gyanolesbia forficata var., à 2 000 mètres.

Metallura tyrianthina (Lodd.), à 4 000 mètres.

Heliangelus Spencei (Bourc.), à 2 500 mètres.

Oxypogon Lindeni (Boiss.), à 4 000 mètres.

Eriocnemis cupreiventis (Fras.), à 4 000 mètres.

Acestrura Heliodori (Bourc.), à 4 000 mètres.

Chœtocercus rosæ (Bourc. et Muls.), à 2 500 et 4 000 mètres.

Ochthœca nigrita (Scl. et Salr.), à 2 500 mètres.

Picolaptes lacrymigu (Des M.), à 3 465 mètres.

Grallaria nigro-lineata (Berl.), à 4 000 mètres.

Cyanocitta armillata var. *meridana* (Scl. et Salv.), à 4 000 mètres.

LISTES

DE

TROCHILIDÆ DU VENEZUELA

ET DE LA COLOMBIE OCCIDENTALE (1)

PAR

E. SIMON

ET

LE COMTE DE DALMAS

I

TROCHILIDÆ DU VENEZUELA NORD-ORIENTAL ET MÉRIDIONAL

Les Oiseaux qui font l'objet de cette première liste proviennent des croisières du yacht *Chazalie* à l'île de Trinidad et sur les côtes du golfe de Paria et nord-orientales du Venezuela, en mars-avril 1895 et janvier-février 1896 ; d'un voyage à l'île de Trinidad en février 1897 ; de deux expéditions dans les Andes de Cumana en mars 1897 et de décembre à mars 1899 ; enfin, de deux expéditions au sud de l'Orénoque, dans le bassin de l'un de ses affluents, la Caura, en octobre-novembre 1897 et de janvier à mars 1898.

La pointe extrême nord-orientale du Venezuela, appelée côte de Paria, est la terminaison de la grande chaîne sud-

____

(1) Les Oiseaux étudiés dans les deux listes font partie de la collection du comte de Dalmas et ont tous été recueillis par lui ou par ses chasseurs.

américaine des Andes. L'île de Trinidad en fait partie par sa ligne de hauteurs septentrionale, qui en est le prolongement coupé seulement par l'étroite faille des Bouches du Dragon. Cette côte de Paria, constituée par une arête aiguë couverte de grandes forêts peu explorées, possède une faune assez apparentée avec celle de Colombie et des Cordillères.

Le massif montagneux au sud de l'Orénoque forme au contraire une masse compacte, totalement isolée du système andin par l'immensité plate des llanos de l'Orénoque et des bois humides des tributaires de l'Amazone. L'intérieur de cet amas de hautes montagnes, long de 1 000 kilomètres et large de 500, était encore inconnu et sa faune se rattache plutôt à celle du Brésil et surtout à celle des Guyanes qui le bordent à l'est.

Les récoltes dans cette région ont été faites, à peu près au centre du massif, en remontant assez loin la rivière Caura et en s'élevant le long de ses chutes et rapides, à travers une contrée couverte de splendides forêts presque impénétrables.

Dans les collections européennes et dans plusieurs descriptions, les dépouilles, provenant du commerce de la plume, sont indiquées comme venant de Trinidad uniquement à cause de leur préparation. L'un de nous a pu s'assurer sur place que, à l'époque où de grandes quantités de peaux d'Oiseaux étaient expédiées de Trinidad, une très forte proportion des chasses étaient faites sur le continent dans toutes les directions ; on peut donc mettre en doute l'habitat insulaire de toutes les espèces dont on ne possède pas d'échantillons de localité authentique.

Nous ferons précéder les noms de localités de la lettre A lorsque l'espèce a été tuée dans la chaîne côtière, y compris la Trinidad, et de la lettre B celles trouvées au sud de l'Orénoque.

1. Phæthornis Augusti (Bourcier).

A. Andes de Cumana.

2. **Phæthornis hispidus** Gould.

B. Caura.

Le *Ph. hispidus* de la Caura ressemble à celui du versant oriental des Andes et répond au *Ph. Oseryi* Bourc. et Muls. (du Rio Pastaza) et probablement au *Ph. hispidus* Gould, dont le type est indiqué de Bolivie (*sec.* Salvin) : il est donc de forme typique. On peut dire seulement que la teinte gris-blanc (sans mélange de roux) de la partie inférieure du dos y est plus étendue et que le dessus de la tête offre aussi une teinte grisâtre et moins foncée, tandis que le milieu du dos est d'un vert moins bronzé.

Le *Ph. hispidus* de la Colombie centrale, décrit par Lawrence sous le nom de *Ph. villosus* (type de Santa-Fé-de-Bogota), diffère du précédent par les plumes de la partie inférieure du dos frangées de fauve tirant un peu sur le roux; caractère analogue à celui qui distingue le *Ph. longirostris* Less. et Del. du *Ph. superciliosus* L., et le *Ph. Berlepschi* Hart. du *Ph. syrmatophorus* Gould ; ce *Ph. villosus* Lawr. peut donc, au même titre, être considéré comme une race locale ou sous-espèce :

Ph. HISPIDUS Gould.

Trochilus Oseryi Bourc. et Muls.

Venezuela (Caura), Andes orientales de l'Équateur, du Pérou et de la Bolivie.

Ph. HISPIDUS VILLOSUS Lawrence.

Colombie centrale (Bogota).

3. **Phæthornis superciliosus consobrinus** Reich.

B. Caura.

4. Phæthornis Rupurumi Boucard.

B. Caura.

Comparé au type, au Muséum d'histoire naturelle de Paris.

5. Phæthornis Guyi (Less.).

A. Trinidad, Yacua, Andes de Cumana.

Cet Oiseau, à l'encontre de la plupart des *Trochilidæ*, fait entendre un chant brillant et très puissant, semblable chez le mâle et la femelle. Sa mandibule inférieure est rouge-sang, mais non charnue (Cte de D.).

6. Phæthornis caurensis n. sp.

B. Caura.

Ph. corpore supra viridi-aeneo, capite obscuriore et opaca, uropygio laete rubro, subtus pallide flavido-rufescenti, vitta pectorali arcuata nigro-purpurea et utrinque vitta postoculari nigra notato, subcaudadibus flavido-rufescentibus, rectricibus lateralibus nigris (haud aeneis) rufescenti-marginatis, rectricibus mediis (superne visis) rubro-aeneis apicem versus leviter et sensim nigricantibus sed apice minute albidis, rostri mandibula superiore in dimidio basali pallide-flava, in dimidio apicali nigra. — Longit. 85-86 mm., rostri 24 mm., caudæ 30-35 mm., alæ 33-36 mm.

Très voisin des *Ph. rufigaster* (Vieill.), *episcopus* Gould et *nigrocinctus* Lawr.

Il diffère du *Ph. rufigaster* par ses rectrices latérales noires à la base comme celles du *Ph. episcopus*, et par ses rectrices médianes bronzé rouge passant graduellement au noirâtre, mais avec l'extrême pointe blanche sans teinte rousse.

Il diffère du *Ph. episcopus* par la teinte de ses rectrices médianes et surtout celle de leur tige qui est d'un roux vif jusqu'à la base comme celle du *rufigaster* (les rectrices médianes du *Ph. episcopus* sont d'un vert bronzé passant au noir surtout à leur côté externe, mais longuement pointées de fauve rouge ; leur tige noirâtre dans la partie noire devient très pâle dans la partie rousse).

Il diffère enfin du *Ph. nigrocinctus* Lawr. par ses rectrices latérales noires et sa mandibule inférieure noire dans toute sa moitié apicale ; mais les rectrices médianes sont en dessus à peu près semblables dans les deux espèces.

M. E. Hartert a fait descendre le *Ph. nigrocinctus* Lawr. au rang de sous-espèce du *Ph. rufigaster* (Vieill.), tout en maintenant le *Ph. episcopus* Gould qui ne paraît cependant pas en différer par des caractères plus importants.

Les *Ph. nigrocinctus, episcopus* et *caurensis* doivent-ils être considérés comme des espèces propres, ou des races ou sous-espèces du *Ph. rufigaster*? Les matériaux que nous avons à notre disposition sont encore insuffisants pour trancher cette question ; nous pouvons dire seulement que nous n'avons observé aucun passage entre ces quatre formes sur les exemplaires assez nombreux (sept pour le *Ph. caurensis*) que nous avons étudiés.

7. Campylopterus ensipennis (Swains.).

A. Andes de Cumana.

8. Florisuga mellivora (L.).

A. B. Yacua, Caura.

9. Leucippus fallax (Bourc.).

A. Carupano, Cariaco, Cumana.

L'habitat de cet Oiseau paraît très spécial et restreint aux petits bois arides du littoral méridional de la mer des Antilles. Son existence en Colombie semble douteuse, car, en trois semaines consécutives de chasses à Santa-Martha, dans des localités semblant convenir particulièrement bien à l'espèce, aucun exemplaire n'a été vu, tandis qu'à Cariaco on a pu s'en procurer plus de soixante individus en trois jours. Les échantillons tués par Simons en Colombie proviennent peut-être de la péninsule Goajire, qui fait géographiquement et presque politiquement partie du Venezuela.

En tout cas le *Doleromyia pallida* Richmond (*Auk*, vol. XII, 1895, p. 369) de l'île Margarita est l'Oiseau typique même ; cette île est pour ainsi dire une partie de la presqu'île de Cariaco, dont elle n'est séparée que de quelques centaines de mètres.

La teinte de la face inférieure est légèrement variable, certains individus ayant des places plus foncées. Les deux sexes sont semblables.

10. **Agyrtria maculata** (Vieill.).

Ag. viridissima Berlepsch, Salvin, Hartert (ex Lesson).
Ag. Tobaci Elliot, E. Simon (ex Gmelin).
Thaumatias apicalis Gould.
Agyrtria terpna Heine.

B. Ciudad-Bolivar.

Cette espèce, désignée par les auteurs modernes sous le nom de *Tobaci* Gmelin (Elliot, E. Simon) et de *viridissima* Lesson (Berlepsch, Salvin, Hartert), doit, à notre avis, s'appeler *Agyrtria maculata* (Vieillot). La description de Vieillot (*Oiseaux dorés*, 1, p. 106, pl. XLIV), en tenant compte de son époque, et surtout la figure qui l'accompagne, s'y appliquent très bien ; l'auteur ignorait la provenance de son type, mais la majeure partie des trochilides connus à ce moment venaient de Cayenne et des Antilles.

Le nom de *Tobaci* Gmelin doit disparaître de la nomenclature : la description très sommaire de Gmelin convient

à la vérité à l'*Agyrtria*, mais l'espèce ne paraît pas se
trouver à Tobago (1); d'un autre côté, elle est inappli-
cable au *Saucerottea erythronota* de Tobago qui n'offre
aucune partie blanche. Quant à l'*Ornismyia viridissima*
de Lesson, il est de beaucoup postérieur.

Les exemplaires d'*Agyrtria maculata* (Vieill.) de Ciudad
Bolivar sont normaux quant au bec, mais leurs rectrices
latérales, presque noires, sauf à la base externe où elles
sont étroitement bronzées avec de légères variations indi-
viduelles, ressemblent à celles de l'*Agyrtria apicalis*
(Gould) = *terpna* Heine. Ce dernier, maintenu comme espèce
par certains auteurs, peut à peine selon nous être regardé
comme une sous-espèce de l'*Ag. maculata*, car ses limites
sont insaisissables.

L'espèce a été trouvée dans les broussailles des llanos
de l'Orénoque ; nous ignorons si elle se rencontre à Trinidad, mais elle ne paraît pas se trouver sur la Côte de
Paria.

11. **Agyrtria niveipectus** Cab. et Heine.

A. B. Trinidad, Caura.

Trouvé dans la partie montagneuse de Trinidad, ainsi
que dans les parties basses du sud de l'île.

12. **Saucerottea erythronota** (Less.).

A. Trinidad.

Très commun dans toute l'île.

13. **Saucerottea erythronota Feliciæ** (Less.).

Amazilia Aliciæ Richmond (*Auk*, vol. XII, 1895, p. 368).

A. Guiria, Carupano, Cariaco, Andes de Cumana.

(1) Pendant deux mois consécutifs de chasses à l'île de Tobago, on n'a
pas eu connaissance de cette espèce, ni d'aucun autre Oiseau du genre
Agyrtria (Cte de D.).

Cette race remplace la forme typique sur le Continent et montre même quelques légères différences d'une région à l'autre.

O. Salvin (*C. B. M.*, t. XVI, p. 226) et M. E. Hartert (*Das Tierreich, Trochil.*, 1900, p. 55) donnent, par suite d'un lapsus, comme synonyme de cette espèce *Ornismyia Feliciana* Lesson. (*O. Feliciana* Less. est synonyme de *Damophila Juliæ* Bourc. et ne peut même être considéré comme sous-espèce, la soi-disant différence de taille de l'Oiseau ne provenant que des modes de préparation habituels en Colombie et dans l'Équateur.)

14. Hylocharis cyanus (Vieill.).

A. B. Andes de Cumana, Caura.

Souvent écrit à tort *H. cyaneus*. Le nom de Vieillot a pour origine la plante vulgairement appelée « le Bluet » (E. S.).

15. Chrysuronia Œnone (Less.).

A. Andes de Cumana.

16. Chlorestes cæruleus (Vieill.).

B. Caura.

17. Chlorostilbon caribbeus (1) Lawr.

Ile de Curaçao.

18. Chlorostilbon caribbeus Lessoni n. subsp.

A. B. Carupano, Cariaco, Andes de Cumana, Ciudad-Bolivar.

Le *C. caribbeus* Lawr. (*Chlorestes Atala* Reich., *Chlorostilbon Atala* Gould, nec *Ornismyia Atala* Lesson) est très

---

(1) Écriture conforme à l'orthographe anglaise de l'adjectif caraïbe : *the caribbean Sea, the caribbee Islands* (Cᵗᵉ de D.).

commun dans le nord du Venezuela, de Trinidad à Curaçao, et dans le bassin de l'Orénoque, car nous le connaissons de Ciudad-Bolivar et de San-Fernando-de-Apure (1).

Il diffère des *Ch. prasinus* Less. de Cayenne (*Ch. brevicaudatus* Gould, *Intr. Trochil.*, p. 178) (2), *subfurcatus*, Berlepsch et *Daphne* Bourc. par le dessous du corps entièrement garni de larges plumes squamiformes d'un vert brillant à peu près semblables entre elles de la base du bec à l'extrémité de l'abdomen (dans les trois formes citées plus haut, les plumes sont plus larges et plus brillantes sur la poitrine que sur l'abdomen, formant une sorte de large plastron coupé droit en arrière), par les sous-caudales d'un vert brillant semblable à celui de l'abdomen (d'un vert plus sombre chez le *Ch. Daphne*), enfin, par les rectrices d'un noir moins bleu avec les externes un peu moins larges et un peu plus longues que les subexternes, rendant la queue légèrement fourchue.

Le *Ch. caribbeus* Lawr. offre deux races qu'on peut regarder comme des sous-espèces :

La forme typique, propre à Curaçao et décrite de cette localité, a le dessous du corps d'un vert doré à peu près uniforme; ses rectrices externes sont un peu plus longues mais presque aussi larges que les subexternes, non atténuées et obliquement tronquées à l'extrémité.

La forme du Continent, que nous appellerons *Ch. caribbeus Lessoni* n. subsp., a le milieu de la poitrine légèrement bleuté (analogue de teinte à celle du *Ch. subfurcatus* Berlepsch dont nous allons parler); ses rectrices externes sont toujours un peu plus étroites que les subexternes, légèrement atténuées dans leur quart apical, obtuses au lieu d'être tronquées et proportionnellement plus longues, rendant la queue nettement fourchue; la sous-espèce *Lessoni* s'éloigne donc plus que le type du *Ch. prasinus* Lesson.

---

(1) L'indication du Venezuela donnée par Lawrence pour son *Ch. nitens* (= *Haberlini* Reich.) est probablement erronée.
(2) Nous ne connaissons pas la forme brésilienne du *Ch. prasinus* Less.

Les *Chlorostilbon prasinus* Less., *subfurcatus* Berlepsch, *Daphne* Bourc., regardés par le comte Berlepsch comme des espèces propres, réunis comme de simples synonymes par O. Salvin, ont été en dernier lieu rétablis à titre de sous-espèces par E. Hartert, ce qui est probablement la meilleure solution.

Quoi qu'il en soit, le *Ch. subfurcatus* Berlepsch, du Roraima (Guyane anglaise), se distingue du *Ch. prasinus* Less. de Cayenne par ses rectrices latérales plus obliquement tronquées à l'extrémité interne avec le sommet arrondi et un peu plus longues que les subexternes, figurant une queue très légèrement fourchue, par son bec un peu plus faible et plus court et sa poitrine plus nettement teintée de bleu.

Le *Ch. Daphne* Bourcier (*Ch. Daphne* et *napensis* Gould), du haut Amazone et de ses affluents au pied des Andes de la Colombie, de l'Équateur et du Pérou, diffère des *Ch. prasinus* et *subfurcatus* par son bec plus fort et plus long, sa poitrine très nettement teintée de bleu et ses sous-caudales d'un vert plus sombre tirant sur le bleu, souvent aussi (mais non toujours) par le duvet anal grisâtre (très blanc dans les autres formes); sa queue est exactement celle du *Ch. subfurcatus*.

19. Chlorostilbon Aliciæ (Bourc. et Muls.).

A. Andes de Cumana.

20. Thalurania refulgens Gould.

A. B. Andes de Cumana, Caura.

Deux exemplaires de la Caura ont l'abdomen bleu franc au lieu de violet, mais ne diffèrent à part cela en rien des autres spécimens tués en même temps dans la même localité.

21. Petasophora cyanotis (Bourc. et Muls.).

A. Andes de Cumana.

22. Lampornis nigricollis (Vieill.).

A. B. Trinidad, Andes de Cumana, Caura.

23. Chrysolampis mosquitus (L.).

A. B. Trinidad, Guiria, Cariaco, Caura.

Cet Oiseau-Mouche semble être la seule espèce habitant les petites îles vénézolanes de la mer des Antilles (Los Testigos, Blanquilla, Tortuga), où il se nourrit des fleurs de plantes grasses qui y sont abondantes.

24. Cyanolesbia Berlepschi Hartert (*Bull. Orn. Club*, vol. VIII, 1898, p. 16).

A. Andes de Cumana.

M. Hartert a donné une très bonne description de cette espèce. Nous ajouterons seulement que la femelle a les sous-caudales d'un blanc pur, mais que son abdomen est quelquefois teinté de fauve sur les flancs. Les sous-caudales du mâle, vertes au disque, sont, à l'encontre des autres espèces du genre, bordées de blanc au lieu de fauve plus ou moins vif.

25. Heliotrix auritus (Gmel.).

B. Caura.

26. Floricola longirostris (Vieill.).

A. Trinidad, Yacua, Andes de Cumana.

27. Calliphlox amethystina (Gmel.).

A. Andes de Cumana.

28. Lophornis ornatus (Bodd.).

A. Andes de Cumana.

II

TROCHILIDÆ DE LA COLOMBIE OCCIDENTALE

Les espèces citées dans cette seconde liste ont été recueillies de mars à mai 1899, entre le rivage de l'océan Pacifique à Buenaventura et le sommet de la Cordillère occidentale des Andes, au pied du groupe de pics nommés Parallones de Cali et d'une altitude de 3000 mètres environ. Les diverses stations de chasses se trouvent échelonnées le long du cours de la rivière Dagua, en pénétrant dans le massif montagneux au travers de ses gorges.

Voici la liste de ces stations et leurs altitudes observées :

Buenaventura	littoral.
El Paillon	—
San Felix	180 mètres.
San José	200 —

(Pays ondulé, couvert d'épaisses forêts marécageuses ; pas de saison sèche, pluies quotidiennes toute l'année.)

Espinal de Dagua	550 mètres.

(Premières gorges de la Dagua.)

Naranjo	640 mètres.
Plano de los Monos	860 —
Cali	940 —
El Carmen	1400 —

(A Naranjo, à la sortie des premières gorges, commence une savane ouverte, boisée seulement sur les sommets et dans les gorges des montagnes. Le régime météorologique est essentiellement différent de celui de la côte et offre de rudes et brusques saisons sèches et pluvieuses. Cali et El Carmen sont au milieu de grandes savanes).

La Tigra.................................... 1 750 mètres.
Las Cruces................................. 2 200 —

(Les forêts du versant ouest de la Cordillère commencent à La Tigra et s'étendent jusqu'à Las Cruces, presque au faîte de la grande chaîne et au pied des aiguilles abruptes des Parallones de Cali.)

Pour plus de clarté, nous diviserons les habitats, très variés quoique relativement voisins, en trois régions :

A. Région littorale, pluvieuse toute l'année, grandes forêts jusqu'aux premières montagnes, comprenant : Buenaventura, El Paillon, San Felix et San José ;

B. Savanes à mi-côte, à saisons très tranchées, comprenant : Naranjo, Plano de los Monos, Cali et El Carmen ;

C. Forêts élevées du versant occidental de la Cordillère jusqu'au sommet, comprenant : La Tigra et Las Cruces.

1. Phæthornis syrmatophorus Gould.

C. La Tigra, Las Cruces.

2. Phæthornis Guyi Emiliæ (Bourc. et Muls.).

C. La Tigra, Las Cruces.

Un mâle (probablement très vieux) est presque entièrement d'un vert-bleu très foncé ; le sourcil est tout à fait effacé et la bande médiane de la gorge réduite à quelques plumes rousses au menton ; les rectrices latérales sont en dessous entièrement noires, les médianes n'ont un peu de blanc qu'à la pointe qui est très aiguë. Un individu de la collection E. Simon provenant du Chiriqui montre des caractères analogues à un degré moindre.

3. Phæthornis Yaruqui (Bourc.).

A. Buenaventura.

Les *Ph. Yaruqui* de Buenaventura (localité nouvelle
pour l'espèce) diffèrent de ceux de l'Équateur central par
leur bande sous-oculaire plus ou moins teintée de fauve
au lieu de blanc, rappelant celle du *Ph. Guyi* Less., et
par leur bande blanche gulaire plus prolongée en arrière,
atteignant la poitrine où elle se dilate en produisant une
tache blanche allongée.

4. Phæthornis striigularis Gould.

B. Naranjo.

5. Eutoxeres aquila (Bourc.).

E. heterura Gould.
E. Salvini Gould.

B. Plano de los Monos.

Un seul exemplaire, ressemblant surtout à la forme
de l'Amérique centrale (*E. Salvini* Gould).
Les deux *Eutoxeres heterura* et *Salvini* sont basés sur
des caractères si variables et si peu certains, que, d'après
nous, ils ne peuvent même être considérés comme des
sous-espèces.

6. Florisuga mellivora (L.).

C. Las Cruces.

7. Agyrtria Franciæ (Bourc. et Muls.).

C. La Tigra.

8. Eucephala Grayi (Del. et Bourc.).

B. C. Espinal de Dagua, Naranjo, El Carmen, La Tigra Las Cruces.

Très commun dans ces deux régions.

9. Eucephala Humboldti (Bourc. et Muls.).

A. Buenaventura, El Paillon.

Description du Trochilus Humboldti par Bourcier et Mulsant (*Ann. Soc. nat. d'agriculture, d'hist. nat. et des arts utiles de Lyon*, 1852) :

« Male. — *Bec* couleur de chair du vivant de l'animal avec l'extrémité noire ou noirâtre. *Tête* ornée sur le front de plumes squamiformes d'un bleu-violet très brillant à certains jours, cette plaque suivie jusqu'au vertex de plumes d'un vert foncé, graduellement un peu moins obscur. *Nuque, couvertures des ailes* et *dessus du corps* jusqu'à l'extrémité du croupion d'un beau vert, en partie d'un vert doré ou d'un vert-rouge de cuivre. *Couverture caudale* d'un vert mi-doré. *Queue* presque égale, à rectrices externes un peu plus courtes : toutes d'un vert légèrement bleuâtre, luisant ; les médiaires à barbules médiocrement larges, les subexternes et surtout les externes sensiblement plus étroites, grisâtres à l'extrémité. *Ailes* à peu près aussi longuement prolongées que la queue, d'un brun légèrement violacé. *Dessous du corps* d'un vert doré ; tache pleurale blanche. *Région anale* à duvet blanc. *Couverture sous-caudale* à plumes flexibles et soyeuses, blanches ou d'un blanc légèrement flavescent. *Page inférieure de la queue* d'un vert plus clair que la supérieure.

« Femelle. — *Mandibule supérieure* ordinairement d'un brun clair jusqu'à la partie noire de l'extrémité. Moitié antérieure de la tête revêtue de plumes d'un vert doré frangées de brun. *Rectrices* intermédiaires à externes d'un cendré blanc graduellement plus clair et sur une longueur progressivement moins courte à l'extrémité. *Dessous du corps* blanc ou d'un blanc cendré, avec les côtés mouchetés de vert. Le reste comme dans l'autre sexe.

« Patrie : les bords de la rivière Mira, province d'Esmeraldas (République de l'Équateur). »

Nous reproduisons cette description originale complète, parce qu'elle nous a semblé être la seule donnant exactement les caractères de l'espèce. Celle de Mulsant (*Hist. nat. des Oiseaux-Mouches*) est complètement défigurée ; celle d'Elliot et surtout celle de O. Salvin (*C. B. M.*, t. XVI), copiée par Hartert (*Das Tierreich*, 1900), sont inexactes, particulièrement en ce qui concerne le dessus de la tête et du corps.

En effet, le mâle très adulte a le dessus de la tête d'un vert-bleu très foncé s'atténuant graduellement en arrière, il est orné d'une étroite bande frontale d'un bleu-violet brillant semblable à celui de la gorge ; le dessus du dos est d'un vert mordoré à peu près uniforme, un peu plus doré seulement sur la nuque et le croupion. Chez certains mâles adultes l'étroite bande brillante frontale fait même défaut et n'est représentée que par quelques plumes nasales sur les côtés.

Le très petit nombre d'individus connus de cette rare espèce, provenaient de la province d'Esmeraldas (Équateur). Les neuf exemplaires que nous avons sous les yeux proviennent du littoral Pacifique de Colombie et indiquent que l'habitat de l'espèce s'étend au nord dans une contrée identique.

De même que dans l'Équateur, cette espèce en Colombie occidentale remplace la précédente dans les régions basses.

10. **Lepidopyga** sp. ?

A. San Felix.

Un seul mâle très jeune. Probablement *L. Goudoti* (Bourc.).

11. Saucerottea Saucerotti (Bourc. et Muls.).

B C. Cali, La Tigra, Las Cruces.
Espèce décrite sur des individus provenant de Cali
même.

12. Amazilia Riefferi (Bourc.).

B Naranjo.

13. Chlorostilbon pumilus Gould.

B C. Naranjo, La Tigra.

14. Thalurania Fanniæ (Del. et Bourc.).

A. B. Buenaventura, El Paillon, Naranjo.
Les auteurs modernes ont donné comme synonymes
les *Thalurania Fanniæ* (Del. et Bourc.), et *verticeps*
Gould, faute probablement d'avoir pu comparer des
exemplaires de provenance authentique. M. E. Hartert
seul a tout récemment distingué le *Th. verticeps* du *Fanniæ*
comme sous-espèce, encore ne s'appuie-t-il que sur deux
caractères secondaires : la longueur du bec et la présence, dans le *Th. Fanniæ*, de quelques plumes bleues au
bord postérieur de la plaque verte céphalique (1).

D'après l'étude que nous venons de faire d'une nombreuse série de *Th. Fanniæ*, provenant de la même
localité que le type de Delâtre et Bourcier, les différences sont plus nombreuses et justifient amplement la
séparation spécifique des deux formes ; ajoutons qu'un
caractère correspondant existe chez les femelles.

Le mâle du *Th. Fanniæ* est en dessus d'un noir presque
mat passant graduellement en arrière, sur les tectrices,
au vert-bleu très foncé ; la tête est ornée de plumes
squamiformes d'un vert brillant formant une plaque,

(1) Ce dernier caractère se montre accidentellement aussi dans le
Thalurania eriphile (Less.) du Brésil.

tronquée en arrière et n'atteignant pas le vertex ; le milieu du dos est occupé par une large ceinture entière de plumes bleu-violet semblables à celles de l'abdomen.

Le mâle du *Th. verticeps* est en dessus d'un vert doré foncé, souvent plus cuivreux dans la première moitié ; le dessus de la tête est orné de larges plumes squamiformes d'un vert brillant formant une plaque ovale, un peu atténuée et obtuse en arrière où elle s'étend jusqu'au vertex ; le dos présente de chaque côté une petite tache bleue faisant suite à celle de l'épaule, mais point de ceinture.

La queue du *Th. Fanniæ* est plus longue et plus fourchue que celle du *Th. verticeps* et d'un noir plus bleu. En dessous les deux Oiseaux sont à peu près semblables, l'abdomen du *Th. Fanniæ* est seulement d'un violet plus franc analogue à celui du *Th. refulgens*.

Chez la femelle du *Th. verticeps* les petites couvertures alaires sont d'un vert semblable à celui du dos ou à peine teinté de bleu ; chez celle du *Th. Fanniæ* au contraire les mêmes plumes sont d'un bleu plus franc formant une tache scapulaire bien définie.

Thalurania hypochlora Gould est une simple variété du *Thalurania verticeps* Gould (1).

15. Chalybura Buffoni (Less.).

B. Naranjo.

Semblable au type, sauf le bec un peu plus court.

16. Heliodoxa jacula Gould.

A. San José.

17. Homophania cœligena colombiana Elliot.

C. La Tigra, Las Cruces.

(1) E. SIMON, *in Mém. Soc. zool. de France*, 1889, p. 220.

18. Spathura Underwoodi (Less.).

C. La Tigra, Las Cruces.

19. Adelomyia cervina Gould.

C. La Tigra, Las Cruces.

L'*A. cervina* Gould n'est pas, comme nous l'avons cru longtemps, une variété accidentelle de l'*A. melanogenys* (Fraser), mais une forme constante que l'on peut considérer comme une espèce propre, comme le prouvent les onze exemplaires que nous avons sous les yeux.

A. cervina se distingue de *A. melanogenys* par sa taille plus grande, le dessous du corps beaucoup plus roux, les taches de la gorge brun bronzé beaucoup plus petites (à peine indiquées dans certains individus), disposées en séries plus régulières et, contrairement à ce qui a lieu dans les autres espèces, strictement limitées à la gorge ; la poitrine et l'abdomen sont en effet unicolores, mais les flancs offrent parfois quelques plumes vertes espacées ; la tache apicale des rectrices est plus petite et plus fauve, ressemblant davantage à celle de *A. æneotincta* E. Simon. Le bec est un peu plus court que celui de *A. melanogenys*, un peu plus long et un peu plus fort que celui de *A. æneotincta*.

20. Cyanolesbia Emmæ Berlepsch.

C. Las Cruces.

Nous donnons une description de la femelle de cet Oiseau, qui était inconnue et dont nous n'avons qu'un seul exemplaire reconnu par dissection :

Dessus de la tête vert brillant légèrement bleuâtre ; dos vert bronzé devenant plus vif et plus brillant progressivement jusqu'aux sus-caudales semblables à la portion supérieure exposée des rectrices ; cou antérieur, poitrine, abdomen et sous-caudales uniformément roux vif, sauf les plumes anales qui sont blanches; gorge blanche, chaque plume montrant un grand disque vert brillant qui atteint son bord, cachant ainsi totalement la partie blanche des plumes sauf au centre de la gorge et sous les yeux, seuls endroits où l'on voit encore un peu de blanc; ce même caractère des plumes ornées de grands disques verts se continue sur le cou antérieur fauve, nettement tranché de la gorge blanche, sur les côtés de la poitrine et sur les flancs. Rectrices externes terminées de blanc, les subexternes avec une tache blanche sub-apicale dans leur bord interne; face inférieure de toutes les rectrices ainsi que la partie couverte de leur face supérieure noir-violet. Bec long et fort, un peu plus long que celui du mâle, à l'encontre des autres espèces du genre. (Cte de D.)

Ptilopus Huttoni
(femelle)

Masson et Cⁱᵉ, éditeurs.

SUR LE PTILOPUS HUTTONI

Salvadori (Cat. B. Br. Mus., t. XX, p. 111).

(PTILINOPUS HUTTONI, Finsch, Proc. Z. S., 1874, p. 92)

PAR

LE PROF. GIACINTO MARTORELLI

(Pl. 1)

L'Oiseau dont je présente aujourd'hui une figure colo-riée n'appartient pas à une espèce récemment découverte, puisqu'il a été décrit dès l'année 1874 par Finsch dans les *Proceedings* de la Société zoologique de Londres.

Il avait reçu cet exemplaire, qui est resté unique jusqu'ici, du professeur Hutton de l'Université d'Otago à la Nouvelle-Zélande, et il lui donna le nom de *Ptilinopus Huttoni*.

A la diagnose et à la description très précises et très détaillées de M. Finsch était jointe une gravure repré-sentant la tête de l'Oiseau, mais aucune planche coloriée de cette espèce n'avait encore paru jusqu'ici.

L'exemplaire est marqué comme femelle sur l'étiquette du collecteur; il provient de la petite île de *Rapa* ou *Opara* dans l'océan Austral, située entre le 27° 1/2 degré de latitude *sud* et le 144° degré de longitude *ouest*, mais on ne connaît rien de plus sur son origine et on ne connaît pas non plus la date précise de sa capture; toutefois, si l'on en juge par son bon état de conservation, on peut supposer qu'il n'a pas été pris très longtemps avant l'époque où il a été décrit.

Peut-être aurait-on pu recueillir d'autres exemplaires de la même espèce si la ligne de navigation entre la Nouvelle-Zélande et Panama, qui, comme l'a fait remarquer M. Finsch lui-même, passait par l'île d'Opara, n'avait pas été abandonnée.

C'est précisément dans l'espoir que cette espèce, très différente de toutes ses congénères, pourra être encore recueillie sur cette île presque oubliée du Pacifique austral que j'ai jugé utile de la rappeler à l'attention des ornithologistes en en donnant une figure coloriée. M. Finsch a déjà fait remarquer les différences principales entre le *Ptilopus Huttoni* et les autres membres de la *sous-famille* des *Ptilopodinæ* et il l'a qualifié comme *un des plus extraordinaires Ptilopi connus.*

En effet, sa ressemblance avec le *Ptilopus roseicapillus* et le *P. Mercieri* se borne aux deux taches violettes à la base de la mâchoire inférieure ; mais M. Finsch a observé justement que le *Ptilopus Huttoni* possède au milieu de la poitrine, une tache violette qui a une étendue bien plus grande que dans toutes les autres espèces congénères, et qu'il a le menton d'une couleur lilas clair qui ne se trouve dans aucune autre espèce.

Le même naturaliste a encore remarqué que la grandeur du *Ptilopus Huttoni* dépasse de beaucoup celle des autres *Ptilopi* et que son bec est plus effilé et allongé, s'éloignant même par sa forme de celui des Colombidés en général.

. Je dois ajouter à ces différences celles qui nous sont offertes par la queue qui est plus grande et plus allongée que chez les autres *Ptilopi* et qui est d'une couleur noirâtre uniforme en dessous, sans aucun signe de cette large bordure cendrée que l'on voit constamment dans les autres espèces.

La description de Finsch a été depuis reproduite par Elliot dans sa monographie du genre *Ptilopus*, publiée dans les *Proceedings* de la Société zoologique de Londres en 1878 (p. 838). L'auteur dit, au sujet de ce Pigeon, que *de l'île de Rapa on a reçu probablement le représentant le plus important de ce genre.*

Le *Ptilopus Huttoni* est aussi compris parmi les espèces *polynésiennes* du genre *Ptilopus* énumérées par Wiglesʷort dans le tome III de l'*Ibis* (oct. 1891, p. 573).

Enfin M. le comte Salvadori a récemment décrit d'après nature ce même Pigeon dans le *Catalogue des Oiseaux du Musée britannique* (vol. XXI, p. 111), mais, comme il ne s'agissait pas d'un exemplaire appartenant à ce musée, il ne lui fut pas possible d'en donner une figure dans le *Catalogue*.

Comme on ne connaît pas d'autres exemplaires que celui que je représente ici et qui appartient à la collection Turati conservé dans le Musée civique d'histoire naturelle de Milan, il serait hasardeux de dire quels peuvent être les véritables caractères de cette espèce. En effet, étant donné que l'exemplaire connu est femelle, on peut seulement supposer par analogie, comme l'a fait M. Finsch, que le mâle n'est pas très différent, mais il ne faut pas oublier en même temps que, cette espèce étant aberrante, elle peut présenter aussi des différences sexuelles très marquées.

NOTE SUR LE « DACELO ACTÆON » DE LESSON

PAR

M. E. OUSTALET

Dans son Catalogue des Alcédinidés du Musée britannique (1), mon collègue et ami R.-B. Sharpe indique, parmi les synonymes de l'*Halcyon semicæruleus* Desf. de l'Afrique occidentale et orientale, le *Dacelo Actæon* de Lesson (2). C'est là une légère erreur. En effet, comme M. le Dr Pucheran l'avait déjà fait observer (3), les types du *Dacelo Actæon*, qui existent encore dans les collections du Muséum d'histoire naturelle, ont été rapportés de San Yago (îles du Cap-Vert) par Delalande, en 1820 ; ils proviennent donc exactement de la même île que les types de l'*Halcyon erythrogastra* de Gould (4) et du *Dacelo jagoensis* de Bolle (5), espèces qui ont été ramenées du reste, avec raison, par Sharpe au rang de simples variétés de l'*Halcyon semicæruleus*. En d'autres termes le *Dacelo Actæon* est identique, non pas à la forme continentale, la plus longuement répandue de l'*Halcyon semicæruleus*, mais à la variété insulaire, propre à l'île San Yago. Par suite, en vertu des lois de priorité, le nom d'*Actæon* doit être substitué à celui d'*erythrogaster* et la variété de San Yago doit être appelée *H. semicæruleus* var. *Actæon*.

(1) *Cat. Birds Brit. Museum*, 1892, t. XVIII, p. 234.
(2) *Traité d'ornithologie*, 1831, p. 247.
(3) Études sur les types peu connus du Musée de Paris (*Revue et Magasin de zoologie*, 1853, p. 392).
(4) *Proceed. Zool. Soc. Lond.* 1837, p. 22, et *Voy. Beagle, Birds*, 1841, p. 41.
(5) *Journ. f. Ornith.*, 1855, p. 23. — H. Schlegel a indiqué à tort (*Museum des Pays-Bas, Alcedines*, 1863. p. 29, et 1874, p. 29 un des types de l'*Alcedo erythrogaster* de Temminck, qui se trouve au Musée de Leyde, comme étant originaire des Canaries.

Jacquerat lith.

Imp. Lth L. Lafontaine

Turdus obscurus & Turdus iliacus.

Masson et Cie. éditeurs

NOTE

SUR UN HYBRIDE PROBABLE

DE

TURDUS OBSCURUS × TURDUS ILIACUS

PAR

LE PROF. G. MARTORELLI

(Pl. II)

La Grive, dont j'ai l'honneur de présenter au Congrès une figure, que j'ai coloriée moi-même, appartient à la Collection Turati du Musée civique d'histoire naturelle de Milan. Elle ne porte, malheureusement, sur son étiquette aucune indication de provenance, mais je l'ai trouvée parmi la série des *Turdus obscurus*, sous ce même nom, avec un point d'interrogation.

Comme elle semble avoir été obtenue *en chair* il y a quelque probabilité qu'elle a été prise en Italie même, comme plusieurs exemplaires de *Turdus obscurus* Gmelin (1), dont j'ai registrées les captures dans mcn article sur *Les apparitions des Turdidés sibériens en Europe* qui vient d'être publié dans l'*Ornis* (2) par les soins de notre illustre Président.

En voyant la couleur rouge fauve des couvertures inférieures de l'aile de cet exemplaire, je reconnus, au premier abord, qu'il ne pouvait appartenir à l'espèce *Turdus obscurus* dont les couvertures sous-alaires sont toujours d'un gris-brun, plus ou moins foncé.

(1) *Turdus pallens* Pall. ; *Merula obscura* Seebohm.
(2) T. X, n° 3, p. 241.

Le *Turdus iliacus* étant la seule espèce qui ait les couvertures sous-alaires rouges, je crus d'abord qu'il s'agissait d'un hybride né du croisement du *Turdus obscurus* avec le *Turdus iliacus* parce que l'individu que je décris paraissait être exactement intermédiaire entre ces deux espèces.

En effet, la couleur jaunâtre des flancs est légèrement mêlée, çà et là, de roux et la teinte grisâtre du plastron présente des traces nébuleuses correspondantes aux taches qui se trouvent à cette même place chez le *Turdus iliacus*.

Enfin, il y a au milieu des flancs une dizaine de petites taches arrondies et brunâtres ressemblant à celles que l'on trouve chez certains individus jeunes du *Turdus iliacus*. La couleur des parties supérieures étant la même dans les deux espèces, qui sont, d'ailleurs, de même grandeur, je dois signaler seulement la présence de bordures blanchâtres à l'extrémité des grandes couvertures supérieures de l'aile, comme on l'observe régulièrement dans les jeunes *Turdus obscurus* (1).

Ainsi cet exemplaire offrirait, selon moi, des caractères certains de jeunesse et, en même temps, des caractères d'hybridité.

Or, l'on sait maintenant que les deux espèces de Grives indiquées ci-dessus se rencontrent souvent pendant l'été dans une même région de l'Asie, celle de l'Yénisséi. Comme on les y a trouvées aussi nichant ensemble, ces cas d'hybridité s'expliquent aisément et il ne semble pas donner raison aux ornithologistes qui ont séparé du genre *Turdus* le *Turdus obscurus* de Gmelin, en les plaçant parmi les *Merulæ*, car l'hybridisme, dans ce cas, étant spontané les deux espèces de Grives paraissent être bien plus proches parentes qu'on ne le croyait.

Même dans le cas où il ne s'agirait pas d'un cas d'hybridité, mais simplement d'une variété de coloration, on pourrait admettre que cet individu de *Turdus obscurus* présentant des caractères propres au *Turdus iliacus*, offre

(1) Ce caractère ne se voit pas sur la figure.

un exemple remarquable d'*atavisme*, c'est-à-dire un retour des caractères propres à une ancienne espèce de laquelle seraient dérivés le *Turdus iliacus* et le *Turdus obscurus*.

Il s'agit donc, en tout cas, d'un exemplaire remarquable, quoique malheureusement privé de toute indication d'origine.

L'affinité entre les deux espèces susdites nous aide encore à comprendre les fréquentes apparitions en hiver dans le *sud-ouest* de l'Europe du *Turdus obscurus*, qui habite l'est de la zone palæarctique; cela peut être une conséquence des causes cosmiques que j'ai tâché de faire connaître dans un article précédent.

LES

OISEAUX A L'EXPOSITION

PAR

M. CH. VAN KEMPEN

Pendant mes courtes visites à travers l'Exposition, j'ai été fort étonné de voir et d'entendre des Oiseaux dans les endroits les plus bruyants. Voici les quatre espèces que j'ai aperçues : le Moineau domestique, *Passer domesticus* (Briss.), quoique très familier d'ordinaire, se montre peu ; pourtant, presque partout, la nourriture ne lui manquerait pas et il trouverait de tous côtés des miettes de pain à profusion. Le Pinson vulgaire, *Fringilla cœlebs* (Linn.) chantait dans les arbres qui avoisinent le Vieux Paris et dans ceux qui se trouvent derrière le pavillon du Mexique, cependant l'animation est fort grande dans ces deux emplacements qui servent de passage pour se rendre au Trocadéro. Le Merle noir, *Turdus merula* (Linn.), se tient dans les bosquets entourant le pavillon du Congo, unissant sa voix si perçante aux concerts exotiques, que l'on entend de toutes parts aux alentours. Mais ce qui m'a surtout surpris, c'est l'appel perçant du Rouge-queue tithys, *Ruticilla tithys* (Brehm) au sommet du fac-similé de l'Hôtel de Ville d'Audenarde : peu après j'entendis un autre mâle, au haut du Grand Palais. Selon toute probabilité, ces Oiseaux auront fait leur nid dans l'Exposition.

Cette observation date du 27 juin.

L'Alethe (d'après d'Arcussia).

L'Alethe parmi d'autres Oiseaux de haut vol (d'après Huber).
(L'Alethe porte le n° 6).

NOTICE SUR L'ALETHE

PAR

LE Dr L. ARBEL

(Pl. III et IV)

J'ai l'honneur d'appeler l'attention des membres du Congrès sur une espèce d'Oiseau de proie employée jadis à la chasse au vol et qui semble aujourd'hui disparue.

Cet Oiseau, signalé pour la première fois dans le livre de fauconnerie de d'Arcussia, en 1521, et en dernier lieu par Huber de Genève, en 1784, est appelé l'Alethe.

Schlegel, qui fait loi en pareille matière, se borne à reproduire le passage de d'Arcussia que voici :

« Ces Oiseaux viennent des villes occidentales nouvellement trouvées et sont apportés en Espagne où ils sont vendus aucunes fois trois cents écus la pièce à l'arrivée des vaisseaux, tant ils sont prisés des Espagnols. On les nomme l'*Alethes*, mot grec qui est autant dire que véritable et courageux. Aussi sont-ils les plus asseurez Oiseaux qui volent la Perdrix, arrêtant au buisson comme un Autour, si bien qu'on n'en perd jamais par leur faute. Pour leur taille, elle est presque comme celle d'un tiercelet de Faucon et le pennage par dessus tout de même. Leur devant est de couleur orangée pâle tirant au Perroquet avec un croissant fait en forme de fer à cheval au bas vers les cuisses qui est de couleur brune.

« Ce sont Oiseaux de courage pour les Oiseaux qu'ils volent qui est proprement la Perdrix. On les jette du point ; leur inclination est de voler droit et roide faisant leur effet de vitesse ; ils prennent la branche et ne se soutiennent de leur naturel; ils ne volent pas de compagnie et ne s'en voit point de niais. » (D'Arcussia, *Fauconnerie*, première partie, chap. XXVII, p. 55 à 57.)

Cette description de l'Alethe est des plus sommaires et tout à fait insuffisante pour déterminer avec certitude l'espèce à laquelle se rapporte cet Oiseau. D'Arcussia ne parle ni de la couleur de l'œil, ni de la forme du bec, ni des serres, ni de la longeur relative des ailes par rapport à la queue. Mais malgré ces lacunes, il semble résulter de la description de d'Arcussia qu'il s'agissait là d'un Oiseau de bas vol, Autour ou Épervier. Cela ressort très clairement de la manière de voler de l'Oiseau, si bien décrite par cet auteur. Le dessin très grossier figurant à côté du texte ne donne qu'une idée bien vague de ce que pouvait être l'Oiseau. La seule observation que l'on puisse faire, c'est que les ailes fermées atteignent l'union du tiers supérieur avec le tiers moyen de la queue comme chez l'Autour. Il ne faut rien conclure de l'absence de la dent que l'on observe à la mandibule supérieure chez tous les Faucons, car si l'on se reporte aux autres dessins du même ouvrage représentant des Faucons, cette caractéristique des Oiseaux nobles manque tout autant que sur le dessin de l'Alethe.

En résumé, si l'on s'en rapporte seulement au livre de d'Arcussia, l'Alethe serait un Oiseau de bas vol se rapprochant de l'Autour et de l'Épervier.

Malheureusement, nous trouvons une contradiction flagrante de cette classification de l'Alethe dans le livre d'Huber de Genève intitulé *Observation sur le vol des Oiseaux de proie*. A la fin de ce volume se trouvent des planches de gravures représentant les Oiseaux de proie employés à la chasse au vol, et parmi les Oiseaux de haut vol figure l'Alethe, très reconnaissable à son fer à cheval des plus caractéristiques. Il est placé sur la même perche de fauconnerie que le Faucon pèlerin, le Hobereau, la Crécerelle, tous Oiseaux de haut vol, et au-dessous, les Oiseaux de bas vol ne comportent que l'Autour et l'Épervier. De plus les ailes de l'Oiseau désigné sous le nom d'Alethe présentent ici le signe distinctif des Oiseaux de haut vol ; elles sont pointues comme celles du Pèlerin et atteignent, lorsqu'elles sont fermées, l'extrémité de la queue.

Voici donc deux dessins représentant le même Oiseau à deux siècles de distance et en contradiction formelle l'un avec l'autre.

J'ai cru qu'il serait intéressant de soumettre au Congrès la question de savoir si l'Alethe est un Oiseau de haut ou de bas vol et quel est exactement le nom qui doit lui être attribué.

Malgré mes recherches dans les vitrines du Muséum de Paris et malgré le concours aussi éclairé que bienveillant de notre honorable président M. Oustalet, il ne m'a pas été possible de retrouver la trace de cette espèce. On a écrit plusieurs traités sur la faune des îles Açores, mais aucun Oiseau de ce pays ne pourrait passer pour l'Alethe.

Je serai donc très reconnaissant à ceux de nos collègues qui ont plus particulièrement étudié l'ornithologie américaine de vouloir bien me faire part de leurs observations. J'ai peine à croire que cette espèce, qui a été pendant deux cents ans réputée comme un des meilleurs auxiliaires de l'homme, soit disparue précisément à l'époque où la Révolution française portait un coup mortel à la fauconnerie.

Notre grand poète national Victor Hugo rapporte dans *Marion Delorme* qu'une dispute survint brusquement entre deux gentilshommes dont l'un soutenait : « que l'Alethe au grand vol ne vaut pas l'Alphanet ».

On sait très bien aujourd'hui que l'Alphanet est le *Falco Feldeggi* ; qui nous dira le nom propre de l'Alethe ?

Je joins à cette notice la reproduction photographique des deux dessins de d'Arcussia et d'Huber de Genève.

LA
DEMOISELLE DE NUMIDIE DANS L'ALLIER

PAR

M. G. DE ROCQUIGNY-ADANSON

Nous signalons la capture, dans la région moulinoise, de l'*Anthropoïdes virgo* L., vulgairement appelée Demoiselle de Numidie.

Cette Grue s'est laissée prendre, à la suite d'un coup de fusil, le 18 juin 1900, vers onze heures du matin, sur les bords de l'Allier, au lieu dit la Motte de Villars, près des verdiaux de notre domaine de Villefranche.

Très grièvement blessée à l'aile droite, elle est restée cependant en vie jusqu'au 23 juin, à deux heures de l'après-midi.

Nous avons pu examiner cet élégant Oiseau tout à loisir et constater que sa tête était entièrement couverte de plumes et, de plus, ornée de chaque côté, en arrière de la région parotidienne, d'une touffe mobile de plumes blanches.

NOTA.

INTORNO AD UNA PRESUNTA NUOVA SPECIE DI ATHENE

TROVATA IN ITALIA (1)

DEL

PROF. ENRICO H. GIGLIOLI

Il 13 Novembre 1899, il mio amico Onorevole Comm. Emidio Chiaradia, andando a Roma per la riapertura della Camera, mi portava vivente una Civetta che lo aveva colpito pel singolare aspetto, cosí diverso da quello delle nostre Civette comuni. Su questo strano uccello era corso previamente una corrispondenza tra noi, e onde por fine ai dubbi da me espressi, l'Onor. Chiaradia lo aveva acquistato vivente dal calzolaio di Sacile (Udine) che lo teneva, e me lo pórto in una cassetta, come dono alla Collezione centrale dei Vertebrati italiani, da me formata nel R. Museo Zoologico di Firenze.

Quando la mattina dopo esaminai questa Civetta, sempre viva, trovai che l'amico mio, provetto cacciatore e buon osservatore, aveva ben ragione di essere stato colpito dal singolarissimo suo aspetto. Ne fui colpito anch'io, e come ornitologo mi trovai in serio imbarazzo : avevo innanzi a me non una varietà casuale, non un caso teratologico e neppure uno dei rari casi di ibridismo tra due specie affini;

---

(1) M. le professeur Giglioli nous a remis, au lieu du texte manuscrit de sa communication, cette Note plus explicite, qu'il avait rédigée le 13 juin 1900, et qui a paru peu de temps après dans le tome IV, fasc. 29-30 de l'*Avicula*, journal ornithologique italien publié à Sienne (Note de la Réd.).

ma un individuo *specificamente* diverso non solo dalla nostra comune *Athene noctua*, ma da tutte le Civette esotiche conosciute sinora. Mi era assolutamente impossibile classarlo per un' *Athene noctua*, ma confesso di aver lungamente esitato a pubblicarlo come tipo di *specie nuova* sinora sconosciuta affatto, e ciò per ovvie ragioni : non si tratta qui di un uccello proveniente da lontana e poco nota regione, ma di un uccello nato in Italia, nel cuore dell' Europa, in paese ornitologicamente assai bene esplorato. E si tratta di specie eminentemente sedentaria, appartenente a genere comune, diffuso e notissimo. Ma le singolarità di quest'uccello sono tali e tanto evidenti, che non potevano sfuggire anche all' osservatore il più superficiale. Dobbiamo dunque concludere che questo tipo di Civetta è assai raro e forse molto localizzato ; e ritenere che l' individuo oggetto di questa nota sia uno dei pochi superstiti di una specie che sta per sparire. Non abbiamo un caso quasi identico nella *Sitta Whiteheadi*, scarsa e localizzata nei monti della Corsica e diversa affatto dalle sue congeneri ?

Queste riflessioni e l'opinione unanime degli Ornitologi che hanno veduto questa Civetta, tra i quali rammenterò : E. Cavendish Taylor., l'Onor. Walter Rothschild ed il Dott. Suschkin dell' Università di Mosca, che volle aiutarmi nel descriverla, mi hanno persuaso a considerarla come tipo di specie nuova, per la quale propongo il nome di *Athene Chiaradiæ*, dedicandola all'amico che me l'ha fatta conoscere. Eccone la descrizone.

Esemplare unico, maschio, giovane nel primo abito autunnale con traccie del piumaggio di nidiaceo. Le estremità delle remiganti e delle timoniere sono alquanto fruste, e le penne sui piedi sono guaste ; effetti della vita in schiavitù e di legami. Questo uccello infatti venne preso nel nido, giovane ancora, nei ruderi del Castello di Caneva, Sacile, nel Luglio 1899, da un ragazzo ; questi lo vendette al calzolaio di Sacile, il quale se ne servì poi per la caccia agli uccelletti colle panie. Da questo calzolaio lo acquistò l Onor. Chiaradia ; l' ebbi da lui vivente, ma lo feci

uccidere l'indomani e preparare, perchè si dibatteva
guastando ancora più le proprie penne. Dall' esame dei
visceri nessun carattere notevole venne notato, tranne le
dimensioni forti dei testicoli; anche lo scheletro del torace
e pelvico, studiato dal prof. Ettore Regàlia, non presentò
particolarità. Notai però che il cranio, rimasto naturalmente
nella preparazione, è relativamente più alto e più stretto
che non nelle Civette comuni; infatti anche nella preparazione la testa è notevolmente più piccola, più tonda,
meno larga e meno depressa che nell' *Athene Noctua*. Il
carattere che colpiva maggiormente l' osservatore in questo
curisso esemplare era senza dubbio il color bruno cupo,
quosi nero, dell' iride: precisamente come negli occhi del
Syrnium aluco; le palpebre erano però nerastre. Tutte le
specie e sottospecie del genere *Athene*, che sono sei, hanno
l' iride di un bel color giallo chiaro. Inoltre nell' *Athene
Chiaradiæ* l'occhio nero appare relativamente più grande,
e ciò forse anche per la piccolezza della testa. In questo
uccello i tratti caratteristici del genere *Athene* sono palesi;
ma il becco è più robusto, più alto; la mandibola superiore
ha uno spessore di 8,5 mm., mentre in una *A. Noctua* ♂
ad. proveniente da Pieve di Badore con un becco di uguale
lunghezza, questo spessore od altezza è di 7,5 mm., ciò
però non è carattere di valore generico. Non si riscontrano
infine caratteri di altri generi del gruppo dei Rapaci
notturni, onde dobbiamo ritenere che questo uccello
appartiene indubbiamente al genere *Athene*.

Per le dimensioni questo uccello pare essere alquanto
più piccolo delle medie dell' *A. noctua*, e facendo il con-
fronto col ♂ di questa specie sopracitato (N. 3066, Cat.
Ucc. ital.) abbiamo:

	A. Chiaradiæ.	*A. noctua.*
Lunghezza tot............	0,200	0,220
Ala.......................	0,145	0,165
Coda...	0,065	0,075
Tarsi.....................	0,025	0,035

Nell' uccello sotto esame il tipo della colorazione delle
penne è affatto diverso da quello che si vede nell' *A. noctua*

e in tutte le altre specie note del genere *Athene*. Così nell' *A. Chiaradiae* predominano le strisce e le macchie longitudinali, non trasversali; e ciò si nota più special- mente sulle remiganti, ove manca qualsiasi traccia delle macchie chiare trasversali, invece nelle primarie il vessillo esterno presenta una marginatura longitudinale bianca ben marcata, che si allarga più volte (2-4), nel più dei casi; le remiganti secondarie mostrano questi margini ed altre pure longitudinali e larghissime sul vessillo interno. Sulle timoniere vediamo riprodotti i caratteri delle remiganti e queste penne hanno un margine bianco stretto e longitudinale che orla il vessillo esterno, uno più largo su quello interno; e ciò in luogo delle macchie tonde che formano le fasce trasversali sulla coda dell' *A. noctua* e di tutte le specie congeneri sinora conosciute. Tutte le macchie chiare delle parti superiori sono notevolmente allungate, specialmente quelle delle cuopritrici alari; onde l' *A. Chiaradiæ* appare qui assai più maculata che non la Civetta comune. Tutte le penne della parte superiore del petto hanno una macchia scura apicale; quelle del petto inferiore, dell' addome e dei fianchi anno strisce longi- tudinali scure strette lungo lo stelo. Le penne del disco facciale sono quasi affatto bianche, immacolate.

Il colore delle parti oscure del piumaggio è ovunque un bruno-bigio scuro; onde in ciò è ovvia la somiglianza colle tinte oscure della *Nyctala Tengmalmi* o della *Surnia ulula*. Questo colore è puro specialmente sulla parte superiore della testa e nelle strisce longitudinali sulle parti inferiori del corpo. Le tinte fulvo-rossiccie, così marcate nell' *A. noctua* e nelle specie congeneri sinora conosciute, mancano affatto. Le parti chiare del piumaggio dell'*A. Chiaradiæ* sono di un bianco puro, leggermente tinto di bigio; si nota una leggerissima tinta giallastra, soltanto sulle parti chiare delle remiganti, delle timoniere e di alcune delle cuopritrici alari.

Sulla parte superiore del collo, sul dorso e tra le scapo- lari, vedonsi tuttora gli avanzi del piumaggio nidiaceo. Queste penne hanno una colorazione più bruna che non quelle dell' abito perfetto (adulto), ma non sono rossiccie come nell'*A. noctua*, ed il carattere delle macchie è quasi identico a quello delle penne dell'abito di adulto.

L'iride, come ho detto sopra, è di un bruno cupo, quasi nero ; il becco è di un giallo verdastro più puro e più esteso che non nell' *A. noctua*.

Riassumendo e concludendo, dai caratteri dati sopra dobbiamo indubbiamente considerare questa singolare Civetta come appartemente al genere *Athene*. Non possiamo ritenerla anomalia di una delle specie note di questo genere, perchè differisce da tutte non solo nei caratteri della colorazione e nel tipo della macchiettatura delle penne, senza presentarne uno solo teratologico ; ma per le dimensioni assolute e per quelle relative del becco, nonchè per la colorazione cosí diversa dell' iride. Tali fatti danno ben fondato motivo a considerare questo uccello come specie nuova e ben distinta, più diversa da tutte quelle sinora note del genere *Athene*, che queste non siano fra loro. Questa posizione isolata nel gruppo a cui appartiene, e la sua eccessiva rarità, ci conducono a considerare questa Civetta come uno dei pochi superstiti di una specie in via di estinzione.

Non avrei davvero bisogno di richiamare l'attenzione dei nostri cultori di Ornitologia sull' interesse grande che ha per l'Avifauna italica la scoperta di questa specie, e di pregarli caldamente a voler iniziare minuziose indagini per trovare possibilmente qualche altro esemplare del sigolarissimo *Athene Chiaradiæ*; e rivolgo questa preghiera più specialmente a coloro che vivono nel Friuli e nel Veneto. Non havvi dubbio che il tipo ed unico esemplare sinora noto di questa strana Civetta aveva nel Castello di Caneva di Sacile i genitori simili a lui, e se l'amico mio Chiaradia non fosse stato colpito da grave infermità è probabile che a quest'ora sarebbero nelle mie mani. Come ho detto sopra e ripetuto, l'aspetto dell'*Athene Chiaradiæ* è cosí diverso da quello della Civetta comune che anche il più ignaro di Ornitologia può subito distinguerla ; basterebbe poi il colore nero e non giallo degli occhi. L'esemplare, sin qui unico e *tipo*, di questa nuova specie si conserva nella serie ornitica della Collezione centrale dei Vertebrati italiani, ove porta il N° 3750. La rupe ove sono i ruderi del Castello di Caneva, Sacile (Udine), sorge a circa 200 metri sopra il livello del mare.

LES
LÉGENDES SUR LE COUCOU

PAR

XAVIER RASPAIL

Les légendes sur le Coucou subsistent toujours et loin de s'amender, elles semblent au contraire s'augmenter dans le sens absurde, témoin cette assertion toute récente, accueillie par la presse, et qui ne tend à rien moins qu'à transformer le Coucou en un Rapace similaire de l'Épervier. On verra dans un instant que je n'exagère pas.

Un ornithologiste distingué, notre regretté collègue M. le baron d'Hamonville, a dit le mot juste : « La vie intime du Coucou est entourée d'erreurs qui masquent la vérité. »

Eh bien, ces erreurs qui sont tenaces et qu'il est plus difficile de détruire que de faire entrer une vérité nouvelle dans la science, menacent de s'éterniser. Les quelques ouvrages, assez rares du reste, qui se publient de nos jours sur l'Ornithologie les reproduisent fidèlement ou se contentent de renvoyer le lecteur à « la Vérité sur le Coucou » publiée par O. des Murs, en 1879. Or, en terminant cette étude très documentée et d'un mérite incontestable, l'auteur déclare lui-même qu'il ne pense pas être arrivé à faire la lumière sur cet Oiseau, mais qu'il espère avoir consciencieusement réuni les pièces du procès, de façon à fournir amplement à d'autres les éléments nécessaires pour parvenir à ce résultat.

Le meilleur moyen pour l'atteindre n'était pas, à mon

avis, de disserter sur des hypothèses présentées d'une façon plus ou moins ingénieuse par tel ou tel auteur, mais de chercher à faire disparaître les mystères du Coucou en recourant à l'observation qui seule devait permettre la connaissance sinon de toutes, du moins d'une notable partie de ses mœurs.

Les difficultés que présente ce genre d'études ne sont pas aussi grandes que pourrait le faire croire l'ignorance dans laquelle sont restés, sur ce point, les naturalistes depuis les temps les plus anciens jusqu'à nos jours ; le tout était d'y consacrer le temps nécessaire à de minutieuses investigations et d'y apporter l'attention suffisante pour éviter de s'égarer en complétant par des hypothèses des faits mal ou incomplètement observés.

J'ai donc été étonné de la facilité avec laquelle je suis arrivé à élucider plusieurs points jusqu'ici inconnus de la biologie du Coucou. Les résultats de mes recherches ont été publiés dans les *Mémoires de la Société zoologique de France* (1), je n'y reviendrai donc pas ici ; je mentionnerai toutefois la réfutation que j'ai pu faire de l'étrange explication que Jenner avait donnée de l'isolement du jeune Coucou dans le nid, Il en avait fait un criminel à sa sortie même de la coquille, ayant pour premier soin de jeter par-dessus bord les œufs légitimes ou ses frères de couvée, s'ils étaient nés avant lui.

Certes, la description que nous a donnée Jenner des manœuvres employées par le jeune fratricide pour transporter sa victime, présente un côté dramatique bien fait pour séduire l'imagination. Cependant, l'emploi des ailes comme moyen de retenir le corps en équilibre sur le dos n'était guère admissible ; aussi le Dr J. Franklin, pour expliquer ce manège, prétendit que la nature avait tout exprès doté le jeune Coucou d'une dépression entre les deux épaules lui permettant d'y faire tenir œufs ou petits

---

(1) *Recherches et considérations sur l'adoption par les Passereaux de l'œuf du Coucou (Mém. Soc. zool. de France, t. VII, 1894). — Durée de l'incubation de l'œuf du Coucou et de l'éducation du jeune dans le nid (Ibid., t. VIII, 1895).*

pendant les manœuvres qu'il devait exécuter pour les jeter
hors du nid et, pour répondre à l'avance aux objections qui
n'auraient pas manqué d'être soulevées par les naturalistes
s'appuyant sur la conformation normale du Coucou adulte,
il avait soin d'ajouter que ce creux s'effaçait peu à peu
avec l'âge et disparaissait complètement.

Faut-il dire que ce n'était là de la part de Franklin
qu'une fiction à l'aide de laquelle il croyait donner plus de
créance à cette autre fiction avancée par Jenner? Ce n'est
pas inutile en présence du nombre des naturalistes
qui adoptèrent l'une et l'autre et, je dirai, qui y croient
encore, de nos jours, puisqu'en 1899, on les retrouve telles
dans un article consacré au Coucou. Comme exemple
curieux, je citerai la façon dont Toussenel, pourtant un
esprit judicieux, allie l'hypothèse de Jenner à celle non
moins fantaisiste de J. Franklin :

« Le petit Coucou, dit-il avec conviction, quand il vient
au monde, est un être très difforme, dont le dos est creusé
en forme de cuvette. Mais cette difformité couvre un but
cruel de la nature. L'oiseau, à peine sorti de la coquille,
se donne des mouvements tout particuliers et tente des
efforts inouïs pour faire tomber dans son entonnoir perfide
tout ce qui l'entoure, œufs ou petits, et, aussitôt qu'il sent
ses épaules chargées, il s'achemine vers le bord du nid et
verse son fardeau par-dessus. »

Il est temps de rejeter, une bonne fois, tout cela dans le
domaine de l'imagination pure.

De toutes les espèces d'Oiseaux dont j'ai pu suivre les
phases de la reproduction, le jeune Coucou est justement
celui qui demande le plus de temps pour sortir de l'état de
faiblesse, je dirai mieux de torpeur où il reste après sa
naissance ; au bout de quarante-huit heures, alors qu'il
a déjà grossi notablement, il reste encore dans le fond du
nid incapable de se déplacer, tout au plus soulève-t-il la
tête qu'il agite toute tremblante en ouvrant le bec, quand
on touche le nid et qu'il croit qu'il va recevoir la becquée.
Évidemment, ni Jenner, ni le Dr Franklin n'ont vu naître
un Coucou et, dans leur ignorance de la cause de son iso-

lement dès la première heure, ils n'ont rien trouvé de mieux que d'imaginer cette scène d'un très haut intérêt si elle était vraie, mais qui a fait malheureusement tache jusqu'ici dans la science où rien ne doit être avancé avant d'avoir été prouvé par l'observation.

L'auteur de l'enlèvement des œufs légitimes, car jamais ils n'éclosent avant l'œuf intrus (1), n'est autre que la femelle Coucou elle-même qui, loin d'être une mauvaise mère, ainsi qu'on pouvait le croire sur les apparences parce qu'elle ne couve pas, se montre au contraire attentive à surveiller les progrès de l'incubation de l'œuf qu'elle a confié à des étrangers. C'est elle qui, enlevant les œufs des parents adoptifs au moment où son jeune vient de naître, ou les frappant de mort d'un coup de bec s'ils paraissent devoir éclore les premiers, lui assure la somme de nourriture nécessaire à son développement normal et que toute l'activité du couple nourricier parvient à peine à lui fournir.

C'est en 1895 que j'ai publié ces observations avec la certitude de ne pas avoir été égaré par des apparences trompeuses ; mais je dois déclarer qu'antérieurement un naturaliste consciencieux, Ad. Walter, avait déjà fait justice de cette fable qui faisait du jeune Coucou un véritable acrobate à la sortie de l'œuf. On doit donc savoir gré à M. le Dr Alphonse Dubois d'avoir donné une large place à l'observation de Ad. Walter dans son bel ouvrage la *Faune illustrée des Vertébrés de la Belgique*.

La femelle Coucou, en faisant le vide autour de son jeune, agit évidemment dans le but de concentrer sur lui seul toute la sollicitude des parents adoptifs ; elle détruit ainsi, il est vrai, une couvée de précieux insectivores, mais elle ne le fait que pour obéir à une loi naturelle qui lui enlève la faculté de couver, et, en somme, elle supprime le côté cruel qu'il y aurait eu à laisser les jeunes légitimes naître en même temps que l'intrus dont ils auraient été destinés

---

(1) Lorsque, par exception, on trouve un nid contenant les jeunes légitimes en même temps qu'un jeune Coucou, c'est que le Coucou femelle a été détruit avant l'éclosion des œufs.

à devenir fatalement les victimes lentement étouffés sous le développement de son corps qui ne tarde pas à déborder et à faire éclater les parois du nid.

Mais, à côté de ces erreurs scientifiques, il est d'autres légendes qu'il serait beaucoup plus regrettable de laisser accréditer parce qu'elles tendent à représenter le Coucou comme un mangeur d'œufs et de jeunes, voire même à l'assimiler aux Oiseaux de proie. C'est en reproduisant des inepties de ce genre que les journaux à grand tirage faussent l'esprit du public et le résultat est que les braves gens de la campagne, qui prennent pour véridique ce qu'ils ont lu, en arriveraient à chercher à détruire le Coucou qui doit être classé parmi nos Oiseaux les plus utiles. Cet Oiseau est le seul à qui un estomac particulier permet de se nourrir de chenilles velues. Aussi, si cette précieuse espèce venait à disparaître ou seulement à diminuer, aucune autre ne saurait la remplacer pour restreindre la reproduction du Bombyx processionnaire et des *Liparis dispar* et *monacha* dont la pullulation ne tarderait pas à amener la ruine de nos forêts.

En 1897, un journal illustré ayant publié une série de planches en couleur d'Oiseaux et d'Insectes utiles et nuisibles, signées d'un artiste de talent doublé d'un naturaliste distingué, reçut d'un lecteur habitant la Savoie, une protestation indignée parce que le rédacteur de l'article explicatif de ces belles planches, avait placé le Coucou parmi les Oiseaux utiles.

« A peine arrivé dans le pays depuis deux à trois jours, écrivait-il, cet Oiseau cruel a tué un de mes Canaris que j'avais en cage ; je l'ai vu essayant d'attirer sa victime à travers les barreaux pour la manger. »

Certes, un brave homme peu versé en ornithologie peut parfaitement s'y tromper et confondre, même à courte distance, un Coucou avec un Épervier; de sa part, c'est pardonnable, mais ce qui ne l'est pas, c'est qu'un naturaliste accepte cette grossière erreur et cherche à s'excuser en déclarant qu'il n'a fait que se conformer à la décision de la Commission internationale qui avait dressé la liste

des Oiseaux à protéger et y avait inscrit le Coucou.
« Quant à lui, ajoute-t-il, il est bien convaincu que le
Coucou jouit à juste titre d'une abominable réputation,
c'est l'Oiseau de tous les crimes et de toutes les perfidies. »

Pauvre Coucou, qui se conforme simplement au rôle
que la nature lui a dévolu ; il était pourtant facile de le
disculper de telles accusations en répondant que son bec
n'est pas fait pour déchirer une proie, que ses pattes ne
peuvent lui servir de serres, qu'il est l'Oiseau des sombres
feuillées où son chant révèle seul sa présence, qu'enfin,
jamais on ne l'a vu s'approcher assez près des habitations
pour venir se poser sur une cage accrochée à un mur.

Voilà pourtant comment une nouvelle légende s'introduit dans la biologie d'un Oiseau par l'ignorance d'une part,
et le manque de jugement de l'autre.

Il est généralement admis que le Coucou est un mangeur d'œufs, même de petits des espèces dans le nid desquelles il dépose le sien, et les ornithologistes sont rares
qui, comme Degland et Gerbe et Alphonse Dubois ont
protesté contre cette croyance ; aussi en 1899, bien près
de nous comme on voit, ai-je encore trouvé sans trop
d'étonnement, mais non sans regret, dans le journal cyné-
gétique suisse *Diana*, un article intitulé « Le Coucou »
dans lequel l'auteur, tout en faisant cependant preuve de
certaines connaissances ornithologiques, dit textuellement :
« Le Coucou dévalise les nids, mangeant non seulement
les œufs mais aussi les jeunes en duvet, petits Merles,
Grives, Fauvettes, etc. »

Plus loin, cet écrivain réédite en l'accentuant la même
affirmation : « Il ne pense qu'à faire du mal à son prochain ;
surveillant les nids des Oiseaux, il s'empresse de s'y pré-
cipiter dès que les parents s'éloignent pour dévorer leurs
œufs et même les petits en duvet. Les chasseurs feront
bien de ne pas l'épargner malgré la loi fédérale qui le met
au rang des Grimpeurs avec l'innocent Grimpereau, la
Sitelle, etc.

« C'est un Rapace et non un Insectivore que, quant à
moi, je ne ménage jamais. Je me fais un plaisir d'ôter ce

triste sire du nid qu'il a accaparé, pour permettre aux Rouges-gorges ou autres pauvres parents abusés de recommencer une jolie nichée pour eux seuls. »

Souhaitons que cet irréconciliable ennemi du Coucou n'ait pas beaucoup d'imitateurs et que ses détestables conseils trouvent le moins d'écho possible.

Le Coucou est si peu un mangeur d'œufs qu'il jette à terre et les y laisse, ceux qu'il enlève du nid dans lequel vient de naître son petit; et pourtant, perdus pour perdus, il serait excusable de les manger ; en ne le faisant pas, il montre suffisamment que ce genre de nourriture ne lui est pas habituel.

Sur ce point, les observations de Walter et les miennes ne laissent place à aucun doute.

Du reste, le Coucou ne saurait être mieux vengé de ces absurdes accusations que par les intéressantes observations inédites sur le *Régime alimentaire des Oiseaux* de feu Florent Prévost et que M. le Dr Oustalet a très heureusement publiées et commentées dans le fascicule de *l'Ornis* de mai 1900. Sur vingt et un Coucous autopsiés au cours de tous les mois du séjour de cet Oiseau en France, c'est-à-dire depuis son arrivée au printemps jusqu'à son départ à la fin de l'été, Florent Prévost n'a trouvé dans leurs estomacs que Chenilles, Phalènes, Larves, Coléoptères et Orthoptères.

On lui reproche, enfin, de causer la perte d'un certain nombre de Passereaux et par conséquent de précieux auxiliaires de l'Agriculture ; il est bien obligé de le faire puisque la perpétuation de son espèce en dépend ; mais il compense cette perte par la destruction d'Insectes qui, sans lui, n'auraient aucun frein dans leur pullulation excessive. A ceux donc qui le chargent de cette accusation irraisonnée, le baron d'Hamonville a répondu en naturaliste éclairé qu'il était : « Le Coucou recherche les chenilles velues et lanigères dédaignées par les autres Oiseaux insectivores ; à ce titre, il nous rend les plus grands services. Son mode de propagation enraye, il est vrai, la reproduction des Passereaux qu'il charge du soin de ses petits, mais le bénéfice est encore pour nous. »

En terminant ce succinct exposé, je m'estimerai heureux si j'ai pu attirer l'attention des nombreux et éminents ornithologistes réunis dans ce Congrès sur des légendes qui sont non seulement préjudiciables à la conservation d'Oiseaux les plus utiles, mais surtout déplorables, à notre époque, au point de vue de la vérité scientifique.

PHOTOGRAPHIES D'UN OISEAU-MOUCHE

PRISES D'APRÈS LE VIVANT

M. Marco de Marchi a présenté au Congrès ornithologique une série très curieuse de quinze photographies

d'un Oiseau-Mouche de l'espèce *Chlorostilbon splendidus*.
Ce Colibri avait été pris à Cordoba (République Argentine)
le 20 décembre 1898 ; il est mort à Milan le 22 mai 1899,
après avoir vécu, par conséquent, cinq mois en captivité.

Pour obtenir, d'après le vivant, ces photographies on a eu à vaincre de grandes difficultés résultant de la petitesse et de l'extrême mobilité du sujet. On était obligé, en effet, de mettre l'appareil tout près de l'Oiseau que cet objet nouveau effarouchait, et il fallait avoir des épreuves instantanées, ce qui exigeait une vive lumière. On a réussi à l'aide du dispositif suivant :

On a mis le Colibri en liberté dans une petite pièce d'où l'on avait eu soin de retenir préalablement tout ce qui pouvait attirer l'attention de l'Oiseau ou lui fournir un point d'appui autre que celui qu'on lui avait ménagé près d'une fenêtre, en plein soleil, et qui était entouré d'appâts tels que fleurs et eau sucrée. Ce perchoir avait été préalablement mis au point de l'appareil et l'on attendit avec patience que l'oiseau vînt l'occuper.

Grâce à ces précautions on a pu photographier l'Oiseau en diverses situations, d'abord lorsqu'il s'approchait des pots-à-fleurs et des petits tubes contenant de l'eau sucrée pour y chercher sa nourriture, puis lorsqu'il accourait au bruit de l'eau pour prendre son bain, ensuite lorsqu'il plongeait son bec dans l'eau sucrée contenue dans un verre qu'on lui tendait.

Une autre photographie présentée par M. de Marchi montrait le Colibri faisant sa toilette dans la grande cage qui lui avait servi de demeure pendant la traversée de Buenos-Ayres en Europe. Dans cette cage se trouvait un petit tonneau contenant des fruits en fermentation d'où sortaient de petites Mouches qui constituaient le principal aliment de l'Oiseau.

OBSERVATIONS SUR UN COUPLE D'HIRONDELLES

PAR

M. PAUL VACQUEZ

A Villemonble (1), dans la salle à manger de ma maison, à la suite de travaux de maçonnerie faits au printemps 1896, la porte-fenètre donnant sur les jardins étant restée ouverte pendant que les plâtres séchaient, des Hirondelles sont entrées et ont construit un nid au-dessus de l'ogive de la porte gothique donnant accès au vestibule.

Ce nid, elles le bâtirent tout en haut de l'ogive, près du plafond, en apportant (le printemps était pluvieux) de petites mottes de terre humide qu'elles posaient délicatement — le mâle et la femelle travaillant avec la même ardeur — sur le plâtre de l'ogive, puis qu'elles enfonçaient plus rudement (2) à mesure que s'élevait le nid.

Lorsqu'il atteignit 9 centimètres de hauteur, elles le meublèrent de plumes de Pigeons qu'elles prenaient autour des volières ou sur le corps même de mes Volants quand ils s'élevaient dans le ciel et volaient.

La femelle pondit cinq œufs à la fin de mai et le couple éleva cinq petits qui abandonnèrent le nid et la pièce vers le 15 juillet suivant.

Jusqu'à leur départ annuel, en octobre, les parents seuls rentraient quelquefois dans la salle, pour y pratiquer la chasse aux Mouches.

(1) Département de la Seine.
(2) J'ai relevé l'empreinte d'une cavité faite par le mâle avec le bec dans le but de bien tasser la terre : elle mesurait 17 millimètres de profondeur.

Le 11 avril 1897, par un temps froid, la porte étant fermée, une Hirondelle revint voleter aux vitres. Nous lui ouvrîmes la porte; elle entra, se posa sur le nid et fut plusieurs jours seule à aller et venir; puis, ramena une compagne. Je remarquai que cette femelle n'était pas la même que celle de l'année précédente. La première se tenait, excepté pendant la période d'incubation, perchée sur un plat en faïence ancienne accroché au mur près du nid, et sortait peu. La nouvelle ne se posait que sur le nid et était très coureuse.

Le couple nettoya le nid, emportant au dehors à l'aide du bec toutes les impuretés qu'il contenait. Ensuite il livra de grandes batailles pour garder ses prérogatives dans la pièce, car d'autres couples — peut-être des jeunes élevés l'année précédente — voulaient s'y installer. Les nouvelles venues commencèrent la même construction d'un nouveau nid sur le côté gauche de l'ogive.

Nous eûmes jusqu'à six Hirondelles qui, avec un bruit assourdissant, se battaient en volant au-dessus de nos têtes.

La femelle pondit quatre œufs, le couple éleva trois petits (le quatrième œuf était infécond) et toute la famille émigra en octobre.

Le 17 avril 1898 le mâle était de retour; la femelle venait le rejoindre le 23.

Comme l'année précédente le couple nettoya le nid, la femelle pondit quatre œufs. Le couple éleva quatre petits.

En 1899, le mâle revint seul, le 20 avril. Il passa les deux jours qui suivirent son retour sur le nid ou dans la pièce. Puis il alla se poser sur les gouttières et chéneaux des propriétés voisines et là chantait éperduement. Il paraissait avoir abandonné définitivement le nid et j'avais perdu tout espoir de revoir mes Hirondelles lorsque, dix-sept jours après son retour, il revint dans la pièce ramenant une femelle. Celle-ci fit quelque difficulté avant de prendre possession du nid; le mâle, semblant la pousser, la ramenait de force, en voletant derrière elle. Il se posait sur le bord du nid près d'elle; mais aussitôt qu'il allait au dehors, elle s'enfuyait.

Elle pondit cinq œufs, éleva quatre petits jusqu'à l'âge de trois semaines où presque tout emplumés, sans motif apparent, je les ai trouvés morts dans le nid.

En 1900 les Hirondelles sont revenues toutes les deux ensemble, le 22 avril. Elles élèvent actuellement quatre petits sur cinq œufs pondus.

Ces Hirondelles n'ont jamais été sauvages. Les jours où nous recevons à déjeuner, elles vont et viennent librement au dessus de nos têtes ; à diner, malgré une grosse lampe et le lustre allumés, malgré la fumée des cigares ou cigarettes, elles reposent paisiblement sur le bord du nid.

Je ferme, chaque soir, les volets des fenêtres et portes aussitôt les Hirondelles rentrées, et je ne les ouvre qu'à six ou sept heures du matin. J'ai même par curiosité gardé mes Hirondelles prisonnières jusqu'à dix heures sans les incommoder.

Les Hirondelles, contrairement aux paresseux Serins, et même aux Pigeons que j'ai étudiés, élèvent tous les jeunes de leur couvée, tandis que ces différents Oiseaux laissent généralement mourir les derniers venus. Cela tient à ce qu'ils nourrissent de préférence les plus criards, les plus forts de leurs jeunes, tandis que l'Hirondelle s'applique avec un soin jaloux et un ordre remarquable à nourrir également, très régulièrement tous ses enfants.

Les petits des Hirondelles sont placés dans le nid tous les becs du même côté — je crois même que la mère les fait placer ainsi ; — à l'âge de neuf à dix jours, ils se développent très rapidement, les jeunes montent sur le bord du nid ; les parents viennent s'accrocher aux parois et donnent la nourriture à leurs jeunes à tour de rôle, malgré tous les becs également tendus, en commençant par le numéro 1 pour finir par le 4 ou 5 et recommencer sans jamais se tromper et sans que les jeunes essayent de changer de place.

Quand les parents jugent que les jeunes sont en état de prendre leur vol, ils ne les nourrissent plus et viennent les appeler en voletant sur place, à 30 ou 40 centimètres du nid. Ce vol sur place est curieux de la part d'un Oiseau connu pour la rapidité de son vol : le corps de l'Hirondelle est presque immobile et les ailes battent frénétiquement pendant quatre à cinq minutes; l'Oiseau sort, prend rapidement son vol, décrit un très large cercle dans l'espace et vient recommencer son manège jusqu'à ce que les petits entraînés le suivent.

NOTE SUR L'HABITAT DU CASSE-NOIX

(*NUCIFRAGA CARYOCATACTES*)

PAR

P. BERNARD

Les auteurs étant d'accord pour considérer le Casse-noix
comme un habitant des régions septentrionales, des forêts,
des hautes montagnes, nous croyons utile de faire connaître que cet Oiseau habite aussi des pays tempérés et à
une altitude relativement peu élevée.

Plusieurs ornithologistes seront étonnés d'apprendre
que le Casse-noix vit constamment et niche régulièrement
en France dans le département du Doubs.

C'est à l'extrême frontière de l'arrondissement de Montbéliard, à une altitude de 600 à 800 mètres, sur les pentes
abruptes bordant la vallée au fond de laquelle coule le
Doubs, qu'il se reproduit chaque année. En suivant le
cours de la rivière, de Goumois au Refrain, on le rencontre
assez fréquemment; mais c'est surtout dans les endroits
solitaires, peu fréquentés par l'homme, où les rochers à
pic baignent leurs pieds dans l'eau, où les vieux sapins
se mêlent aux noisetiers, qu'il est le plus commun. Il
affectionne particulièrement les environs de La Charbon-
nière et du Moulin-de-la-Mort. Les rares habitants de
cette partie sauvage de la vallée lui ont donné le nom de
Geai noir.

Chose singulière, le Casse-noix des bords du Doubs
n'aime pas à séjourner sur les plateaux dont la plupart
atteignent 1 000 mètres et sont boisés en partie de splen-

dides Conifères, Sapins et Epicéas. Il préfère vivre à mi-côte et même dans le fond de la vallée.

Le naturaliste Brehm, en parlant de cet Oiseau, dit : « Son aire de dispersion est liée à celle du *Pinus cembra* : là où croît ce Conifère, là aussi se trouve le Casse-noix, vulgaire ».

Or, si nous consultons la *Flore des Alpes* du Dr Bouvier, président de la Société botanique de Genève, ancien vice-président de la Société botanique de France, nous trouvons que l'Arole (*Pinus cembra*) ne descend guère au-dessous de 2000 mètres.

Chez nous, dans notre vallée du Doubs, ce n'est pas à une hauteur aussi élevée que vit le Casse-noix ; mais, ainsi que nous l'avons vu, à une altitude moyenne de 700 mètres seulement. En sorte que si, avec les naturalistes, il est acquis que cet Oiseau a pour véritable patrie les pays froids et les montagnes élevées, on n'en doit pas moins conclure qu'il s'accommode aussi des climats tempérés et des altitudes moyennes.

M. A. Sahler, dans son *Catalogue des animaux vertébrés qui se rencontrent dans l'arrondissement de Montbéliard*, publié en 1863, avait déjà signalé le Casse-noix comme séjournant et nichant dans notre montagne.

Il serait intéressant de connaître s'il se reproduit aussi dans les départements du Jura et des Vosges, et à quelle altitude (1).

(1) Nous rappellerons que deux importants Mémoires sur la distribution géographique et les déplacements du Casse-noix, d'un côté en Autriche-Hongrie, de l'autre en Allemagne, en Russie, en Norvège, en Suède et en Danemark, ont été publiés dans ce Recueil par M. de Tchusi-Schmidhoffen et par M. le professeur-docteur R. Blasius. (*Ornis*, t. VIII, p. 213 à 252.)

E. O.

RECHERCHES

SUR

L'ORIGINE DE LA TOURTERELLE A COLLIER

(*TURTUR RISORIUS*)

PAR

E. OUSTALET

Dans son *Catalogue des Pigeons du Musée britannique* (1) M. le comte T. Salvadori a donné la synonymie complète de la *Tourterelle à collier* de Buffon (2), et de Daubenton (3), ou *Turtur torquatus* de Brisson (4), ou *Columba risoria* de Linné (5) et parmi les descriptions, figures ou renseignements publiés par les auteurs sous les rubriques *Columba risoria, Turtur risorius* ou *Streptopelia risoria*, il a fait le départ de ce qui revient au *Turtur risorius* de Linné et de ce qui doit être attribué au *Turtur risorius* de Pallas (6) qu'il désigne, pour éviter toute confusion, sous le nom de *Turtur douraca*, emprunté à Hodgson (7). Le *Turtur douraca* est une espèce qui est répandue *à l'état sauvage* sur la plus grande partie de l'Asie et qui s'avance même jusque dans l'Europe orientale : on le trouve au Japon, en Chine, en Birmanie, dans l'Inde, à Ceylan, dans

(1) *Catalogue of the Birds in the British Museum*, 1893, t. XXI, Columbæ, p. 414, note.

(2) *Histoire naturelle, Oiseaux*, 1771, t. II, p. 550 et pl. XXVI.

(3) *Planches enluminées*, n° 244.

(4) *Ornithologie*, 1760, t. I, p. 95.

(5) *Systema Naturæ*, 1766, t. I, p. 285, n° 33.

(6) *Zoographia Rosso-Asiatica*, 1811, t. I, p. 565.

(7) *Gray's Zoological Miscellanies*, 1844, p. 85.

l'Asie centrale, en Perse, en Palestine, en Turquie, dans les provinces danubiennes et dans la Russie méridionale (1). Le *Turtur risorius* est une *forme domestique* qui, maintenant, se rencontre un peu partout et que l'on voit très communément en cage dans nos pays ; mais dont, selon M. Salvadori, on ne peut indiquer avec certitude la souche sauvage. Il est évident tout d'abord que la Tourterelle à collier, ou *Tourterelle blonde* des marchands, ne peut être réunie, à titre de race domestique, comme on l'admettait autrefois, à la Tourterelle des bois ou *Turtur auritus* (2) qui habite, au moins pendant une partie de l'année, l'Europe, l'Asie Mineure et l'Asie Centrale, et qui se rend en hiver dans le nord et dans le nord-est de l'Afrique et dans le sud de l'Asie.

La Tourterelle à collier et la Tourterelle des bois diffèrent l'une de l'autre par les proportions, par les dessins du plumage et, notamment, par la disposition du collier, qui s'étend en croissant sur la nuque chez la première, et qui est formé de deux plaques d'aspect écailleux chez la seconde ; en outre, elles ne donnent généralement, par leur croisement, que des hybrides stériles. Si l'on a admis parfois la possibilité d'une filiation entre les deux formes, c'est parce que l'on croyait que la Tourterelle des bois avait été réduite en domesticité par les anciens Grecs et Romains et que, dès lors, elle avait pu, dans le cours des âges, se modifier assez profondément en captivité pour devenir enfin la Tourterelle à collier, puis la Tourterelle blanche. Or, comme Isidore Geoffroy-Saint-Hilaire l'a déjà montré (3), c'est là une hypothèse inexacte. Des Tourterelles des bois étaient, il est vrai, nourries en grand nombre par les Romains dans leurs maisons de campagnes ; mais elles ne s'y reproduisaient point (4) ; elles n'étaient

(1) *Cat. Birds Brit. Mus.*, t. XXI, p. 432.
(2) Ray, *Syn.* p. 184. *Columba turtur* L.
(3) *Histoire naturelle générale des règnes organiques*, 1860, t. III, 1ʳᵉ partie, p. 55, et *Acclimatation et domestication des animaux utiles*, 4ᵉ édit., 1861, p. 180.
(4) « *Educatio supervacua*, dit Columelle..... *In ornithone nec perit nec excludit* (ou *excudit*?) » (*De re rustica*, lib. VIII, cap. IX ; passage cité par Isid. Geoffroy-Saint-Hilaire, *loc. cit.*).

pas considérées comme des oiseaux d'agrément et étaient destinées aux mêmes usages que les Grives, c'est-à-dire qu'après avoir été engraissées elles étaient sacrifiées pour la table.

La Tourterelle à collier ne peut pas davantage être rapprochée d'autres espèces africaines ou asiatiques, telles que *Turtur isabellinus* Bonaparte, *T. ferrago* Eversm., *T. orientalis* Latham, *T. lugens* Rüppell, qui gravitent autour de *T. auritus* et qui constituent la section des Tourterelles typiques (*Turtur* Selby) ; elle ressemble encore moins aux Tourterelles à teintes vineuses de Madagascar des Seychelles et des Comores (*Turtur picturatus* Temminck, *T. aldabranus* Sclater, *T. comorensis* E. Newton, *T. Coppingeri* Sharpe et *T. rostratus* Bonaparte) qui forment la section *Homopelia* de Salvadori (1), et doit évidemment être rattachée à la section *Streptopelia* de Bonaparte. Or, de toutes les espèces de cette dernière section, il n'y en a que deux, *Turtur roseogriseus* Sundeval (*T. risorius* Rüppell) qui habite le nord-est de l'Afrique Hodgson et *T. douraca*, dont j'ai indiqué la répartition géographique, qui par les teintes pâles de leur plumage se rapprochent étroitement du *T. risorius* L.

D'après le capitaine Shelley (2), ce serait le *T. roseogriseus* qui devrait être considérée comme la souche de la Tourterelle à collier dont le berceau se trouverait ainsi en Abyssinie ; suivant moi, au contraire, c'est le *T. douraca*, ce qui place en Asie le berceau d'origine de la forme domestique. En laissant de côté les dimensions qui sont à peu près les mêmes dans les trois formes pour ne considérer que les couleurs, nous voyons, en effet, que si le ventre est presque blanc chez le *T. roseogriseus* comme dans la race domestique, les nuances des parties supérieures sont sensiblement moins claires et plus vineuses que chez celle-ci où la tête et le dos sont d'un gris foncé ou

____

(1) *Cat. Birds British Museum*, t. XXI, p. 409.
(2) C'est du moins l'opinion que lui prête M. le comte Salvadori (*op. cit.*, p. 430) quoique dans l'*Ibis* (1883, p. 308), M. Shelley sépare du *T. roseogriseus* le *T. risorius* qu'il assimile au *T. douraca* Hodgs.

isabelle très pâle, bien plus voisin de la couleur de la tête et du manteau du *T. douraca*. En outre, chez le *T. douraca* les pennes médianes de la queue sont d'un gris isabelle pâle, comme chez le *T. risorius*, tandis qu'elles sont d'un brun terreux chez le *T. roseogriseus*. Enfin, le bec d'un brun de corne clair, les yeux d'un rouge orangé et les pattes roses de la Tourterelle à collier paraissant résulter simplement d'une décoloration du bec noirâtre, des yeux rouges et des pattes rouges carmin du *T. douraca*, décoloration parallèle à celle qui a frappé le plumage, et qui, en s'accentuant davantage, a produit l'albinisme total de certaines Tourterelles domestiques.

L'opinion que j'exprime ici avait déjà été formulée dans nos *Oiseaux de la Chine* (1), où M. l'abbé David et moi avons considéré les Tourterelles à collier de nos volières comme identiques spécifiquement à celles qui vivent à l'état sauvage dans les provinces du nord-ouest de l'Empire chinois, sur les confins de la Mongolie et dans le nord du Chensi. M. David a constaté d'ailleurs qu'en Chine les Tourterelles rieuses (*Turtur douraca*), de même que les Tourterelles chinoises (*T. chinensis* Scop.), recherchent le voisinage de l'homme, pénètrent dans les villages et dans les villes et nichent sous les grands arbres qui entourent les habitations. Elles ont donc un caractère sociable qui rendrait leur domestication particulièrement facile.

Plus anciennement encore, dans ses recherches sur les origines de nos animaux domestiques (2), Isidore Geoffroy-Saint-Hilaire s'était prononcé nettement en faveur de l'origine asiatique de la Tourterelle à collier qui, disait-il, offre, avec une taille un peu plus grande et des teintes un peu plus claires, les caractères du type primitif, tel qu'on le trouve dans l'Asie orientale et tel que l'avaient des individus envoyés de Chine par M. de Montigny. Isidore Geoffroy-Saint-Hilaire ajoutait que si l'on ignorait l'époque

(1) P. 387.
(2) *Histoire naturelle générale des règnes organiques*, t. III, part. I, p. 55, et *Acclimatation et domestication des animaux utiles*, 4ᵉ édit., 1861, p. 180.

de l'arrivée en Europe de cette Tourterelle, on pouvait affirmer qu'elle y existait à l'état domestique depuis trois siècles au moins et que ses anciens noms de *Colombe indienne*, *Colombe turque* semblaient indiquer la voie par laquelle elle était parvenue jusqu'à nous.

Le nom de *Turtur indicus* a été déjà employé par Aldrovande en 1645 (1) et par Jonston en 1650 (2); mais pour ces deux auteurs, ou, tout au moins, pour le dernier, il sert à désigner, je crois, à la fois la forme sauvage et la forme domestique. C'est, en effet, dans le troisième paragraphe du chapitre III, paragraphe exclusivement consacré aux Colombidés sauvages (*De columbis sylvestribus*) que Jonston parle de la Tourterelle des bois et de la Tourterelle indienne, et donne de celle-ci la description suivante (3) : « *Ex Indicis fœmina, pedibus exceptis, qui rubri, et rostro, quod nigricans, tota est candida. Mari caput, collum, pectus; alæ et remiges, dorsum ad uropygium dilute rufescit, nec ulla macula respergitur. Iris in oculis miniaceo colore resplendet. Torquis tenuis et nigra circum quoque callum acutit. Venter prope anum lutescit. Pedes rubri tabellis albicantibus ornantur.* » Cette description, il est vrai, convient aussi bien, et peut-être mieux, à la forme domestique qu'à la forme sauvage (*Turtur douraca*), et la livrée blanche que Jonston assigne à la femelle est même caractéristique de la variété domestique albine que Temminck a désignée sous les noms de *Tourterelle blonde blanche* et de *Columba alba* (4); mais la figure qui accompagne le texte de Jonston représente plutôt, sous le nom de *Turtur indicus*, le *T. douraca* à manteau gris (5).

La Tourterelle rieuse a été mentionnée par Lesson dans

(1) U. Aldrovandus, *Ornithologia, hoc est de Avibus historiæ libri XII*, 3 vol. Bonniæ, 1645-1646.

(2) *Historia naturalis de avibus libri VI*, Francofurti ad Mœnum, 1650.

(3) *Op. cit.*, p. 93.

(4) Temminck et Knip, *Pigeons*, 1808-1811, t. I, p. 102, pl. LXVI; voyez aussi Boitard et Corbié, *Histoire naturelle et monographie des Pigeons domestiques*, 1824, p. 237 (*Columba veneris*) et Buffon, *Histoire naturelle des Oiseaux*, nouvelle édition, 1775, t. II, pl. LVI (*Tourterelle blanche*).

(5) Dans l'édition de l'ouvrage de Jonston que je possède et dont le frontispice porte la date 1650, le titre qui vient à la page suivante porte le millésime 1756.

son *Traité d'Ornithologie* (1) comme se trouvant à l'état sauvage sur les îles Tonga ; mais cette indication de localité, que M. le comte T. Salvadori avait déjà fait suivre d'un point de doute en la citant dans la bibliographie relative au *Turtur risorius* (2), est certainement inexacte, la Tourterelle rieuse n'ayant jamais été rencontrée dans l'archipel Tonga par les voyageurs modernes. J'ai eu la curiosité de rechercher d'où pouvait provenir l'erreur de Lesson, et voici ce que j'ai trouvé.

Il existe dans les collections du Muséum un très ancien spécimen de Tourterelle qui porte, sous le plateau, ces renseignements manuscrits :

Tourterelle sauvage.

Détroit de Bouton,

Iles des Amis.

Par M. de la Bilardière (3),

et, d'une autre écriture, qui paraît être celle de feu Pucheran :

Columba risoria L., Tem. *pl.* 44. *Je doute de cette indication de provenance. Ne serait-ce pas le type d'Enl.* 244 *et même de la description de Brisson ?*

Cette dernière hypothèse n'est pas exacte. En effet, le spécimen en question a bien été rapporté par Labillardière et donné par lui au Muséum le 18 mars 1816, car je le trouve mentionné sur l'inventaire des collections de ce voyageur sous le n° 37 et sous cette rubrique : *Tourterelle isabelle tuée dans l'état sauvage*, mais sans aucune indication de localité.

L'exemplaire n'est donc entré dans les collections du Muséum que vingt-huit ans après la mort de Buffon et dix ans après celle de Brisson ; il ne peut, par conséquent, avoir été ni décrit ni figuré par ces auteurs ; mais c'est certainement l'Oiseau que Lesson a eu sous les yeux et qu'il a cru originaire des îles Tonga.

Passons maintenant à la question de localité.

(1) P. 473.
(2) *Cat. Birds Brit. Museum*, 1893, t. XXI, *Columbæ*, p. 414, note.
(3) *Sic.* Il faut lire Labillardière.

Labillardière, dans le cours du voyage à la recherche
de La Pérouse, visita bien l'île de Tonga-Tabou en germinal an I (1792), et y recueillit diverses collections.
Dans sa relation il fait allusion à des Pigeons de l'espèce
appelée *Columba ænea* qui furent apportés à bord par des
indigènes avec des fruits de l'arbre à pain, des cocos, des
ignames et des bananes; mais il ne parle point de Tourterelles blondes (1).

D'autre part, ce même voyageur traversa plus tard, en
vendémiaire an II (1793), le détroit de Bouton et toucha à
l'île du même nom; mais, à propos de cette île, il n'est
point question, dans la relation, de la capture d'une
Colombe, quoique l'auteur parle de divers Oiseaux, tels
que la Perruche d'Alexandre (*Psittacus Alexandri*) et du
Cacatoès à huppe blanche (*Ps. cristatus*), qui furent
apportés par les naturels. Labillardière ajoute cependant
qu'il profita de la courte relâche à l'île Bouton pour
descendre à terre et tirer quelques Singes (2).

Les deux indications qui assignent comme lieu d'origine
au spécimen cité par Lesson l'une des îles Tonga, l'autre
les rives du détroit de Bouton, ou plutôt l'île de ce nom, ne
reposent donc ni l'une ni l'autre sur un fait précis.
Néanmoins la seconde me paraît la plus vraisemblable.
Voici pourquoi: l'île de Bouton était déjà, à l'époque où
Labillardière la visita, placée sous la domination hollan-
daise. Les indigènes y cultivaient le riz, le maïs, la canne
à sucre; ils élevaient des Poules, des Canards et des
Chèvres et ils apportèrent aux navigateurs français quelques-uns de ces animaux et de ces produits végétaux qui
n'étaient pas originaires du pays même, mais qui y avaient
sans doute été introduits par les Hollandais et qui provenaient soit de l'Europe, soit plutôt du sud de la Chine.
L'île de Bouton, en effet, n'est pas très éloignée des ports
de la Chine méridionale avec lesquels les Hollandais ont
entretenu, dès le commencement du xvii⁰ siècle, des rela-

(1) *Relation du voyage à la recherche de La Pérouse*, Paris, an VIII,
t. II, p. 97.
(2) *Op. cit.*, p. 301.

tions commerciales. On peut supposer que par la même voie l'île de Bouton avait pu recevoir de bonne heure des Tourterelles domestiques; que quelques descendants de ces Oiseaux s'échappaient de temps en temps, et que c'est l'un de ces sujets *marrons* qui a été tué par Labillardière et qui a été considéré comme le représentant d'une espèce sauvage et autochtone. L'exemplaire rapporté par Labillardière ressemble beaucoup aux Tourterelles blondes des marchands : il a le manteau d'un fauve clair, le sommet de la tête d'un gris-perle légèrement jaunâtre, le cou orné d'un collier noir très net, mais interrompu largement en avant et en arrière, les ailes fauves, légèrement nuancées de gris sur les couvertures et de brunâtre sur les rémiges, la gorge blanchâtre, la poitrine et l'abdomen couleur café au lait, les pattes et le bec jaunâtre.

Il a exactement les mêmes dimensions que deux spécimens de *Turtur douraca* dont l'un a été donné au Muséum par M. de Souza et provient de l'Inde anglaise, tandis que l'autre a été pris par M. Bonvalot et le prince Henri d'Orléans dans le steppe entre Kurla et le Tien-Chan.

L'Oiseau de Labillardière appartient donc à une race décolorée, semi-albine, de *Turtur douraca;* race dont quelques individus ont pu retourner à l'état sauvage sur l'île de Bouton, et qui a été introduite en Europe, il y a trois siècles au moins, probablement par les Hollandais, auxquels on doit l'importation dans nos contrées de nombreux animaux domestiques de la Chine et du Japon. Peut-être même le *Turtur douraca* a-t-il été domestiqué également en Turquie et en Palestine à une époque reculée.

LE
POUSSIN DU RHINOCHETUS JUBATUS

PAR

ROD. BURCKHARDT,
Professeur à l'Université de Bâle.

Au mois de novembre de l'année 1899, M. Amstein, tapissier-décorateur à Nouméa, dans la colonie française de la Nouvelle-Calédonie, a envoyé à son frère à Bâle un poussin accompagné d'un œuf vide qu'il désignait comme provenant d'un Oiseau très rare, nommé Kagou, et qu'il destinait aux collections du Muséum d'histoire naturelle de Bâle. M. Fréd. Sarasin, chef du département de zoologie, après avoir confirmé que cette indication était probable et que le poussin du Kagou était encore inconnu à la science, m'a confié cet objet pour en donner une description détaillée. Je viens de finir mon travail qui sera publié plus tard, et j'ai l'honneur de soumettre au Congrès les résultats que j'ai obtenus.

Le Kagou est un des Oiseaux les plus caractéristiques de la Nouvelle-Calédonie en particulier, et de la région australienne en général. C'est, comme chacun sait, à deux naturalistes français, J. Verreaux et O. Des Murs, que revient l'honneur d'avoir fait connaître cette espèce et d'avoir fourni, dès 1860, des renseignements déjà fort complets sur son genre de vie et ses caractères anatomiques. Ils lui ont donné le nom de *Rhinochetus jubatus*, sous lequel il est connu dans la science et qui fait allusion à l'opercule corné qui recouvre les orifices des narines.

Un grand nombre de savants distingués se sont occupés de l'anatomie et de la classification du Kagou, et l'on a fini par le regarder comme le représentant d'une famille spéciale des Gruiformes, savoir les Rhinochétides. Tous mes collègues savent qu'il est absolument isolé par sa vie insulaire, et qu'il est caractérisé par la perte de la faculté de voler et par les modifications anatomiques qui en résultent dans la structure de l'appareil sternal et du membre antérieur. C'est un vrai moribond destiné à partager le sort d'autres Oiseaux de l'hémisphère austral, de la *Poule rouge à bec de Bécasse*, de l'*Erythromachus*, des Pigeons et des Râles éteints dans les temps historiques.

Ç'a donc été une singulière aubaine que de parvenir, quarante ans après la découverte de l'espèce, à trouver encore ce poussin avant que l'Oiseau déjà très rare fût absolument éteint. Quoique le rôle qu'on doit attribuer à l'anatomie des poussins ne soit point du tout fixé, je crois que l'opinion exprimée par MM. Fürbringer et Martorelli, à savoir que l'anatomie des poussins nous révèle quelquefois des caractères phylogénétiques, est admirablement justifiée par un examen minutieux de ce sujet. Il est impossible de retracer ici tout le chemin que j'ai parcouru pour arriver à cette conviction. Toutefois, je donnerai un résumé succinct de mes recherches en mettant sous les yeux de mes collègues et l'objet lui-même et mes dessins, photographies et radiographies que l'on retrouvera, accompagnés de tous mes arguments, dans un Mémoire qui paraîtra prochainement.

L'œuf du *Rhinochetus* offre une identité absolue avec celui que M. Bartlett a représenté dans les *Proceedings of the Zoological Society*. Par sa forme ovoïde et par ses taches irrégulières il ressemble étonnamment à celui des Grives.

Le Poussin lui-même, dont je présente au Congrès un spécimen extrait du liquide conservateur et momentanément séché, en même temps qu'une esquisse peinte sur une photographie, offre, dans son mode de coloration si remarquable, une grande ressemblance avec les poussins

des Gruiformes et, en particulier, avec ceux des Grives européennes qui ont été décrits par M. Marchand. Il est facile
de constater sur ce sujet les règles que nous devons à
M. Martorelli, et de reconnaître qu'il y a deux centres de

coloration, l'un sur la tête et l'autre sur le croupion. La
rayure longitudinale fait place plus tard à une rayure
transversale. D'un autre côté le poussin du *Rhinochetus*
fait exception à la loi qui veut que les couleurs du côté
ventral soient en général plus prononcées; au contraire,

vous les trouverez ici diffuses, sans contours bien accentués, et troublées par les teintes intérieures du duvet.

Quant aux taches jaunes, je pense que leur distribution est un moyen de protection et qu'elles font l'impression de lichens. Elles sont d'une asymétrie excessive, ce qui semble prouver qu'elles sont un caractère de déchéance. Je ne sais pas si c'est aller trop loin que de regarder aussi la distribution des bandes jaunes comme un moyen très efficace d'effacer les formes du corps qui seraient les plus révélatrices par leur plastique. Car en jetant d'en haut un coup d'œil sur la tête on voit deux masses latérales incohérentes plutôt qu'une seule tache ovoïde qui trahirait le porteur de cette tête. D'un autre côté les bandes jaunes du dos s'étalent sur les ailes et effacent de cette manière la séparation des masses du dos et des ailes. Quoi qu'il en soit de cette hypothèse, il me suffit de l'avoir indiquée. J'insisterai en revanche sur les taches du gosier et les deux systèmes de taches au-dessus et au-dessous de l'œil parce que j'y rattacherai plus tard mes conjectures phylogénétiques.

De ce vêtement du poussin nous ne retrouvons chez l'adulte que peu d'éléments : les couleurs brunes du croupion et des ailes, le gris jaunâtre des cuisses, et c'est tout. Même les couleurs du bec et des jambes passent complètement au jaune orange.

La ptérylose correspond parfaitement à celle qu'a décrite Forbes chez le *Rhinochetus* adulte, et dont nous ne possédons pas même encore de dessin. Rien n'a été plus facile que de lire ce document systématique sur le corps à demi séché. J'ajoute aux ptéryles que l'on distingue ordinairement une ptéryle nuchale et deux paires d'intercostales et précollaires qui sont recouvertes de plumes d'un type très inférieur au type général quant à la couleur qui est simplement grise. Ces dernières ptéryles font plus tard partie des taches duveteuses, dont une autre partie naît sous forme de petits germes qui viennent de percer la peau.

Le bec et les pattes du poussin diffèrent considérablement des mêmes organes de l'adulte. Le bec comprimé présente deux marteaux, l'un au bec supérieur que l'on observe généralement, l'autre qu'on a rencontré seulement dans quelques genres, par exemple chez les *Tringa*. La phalange terminale du deuxième doigt de la main est pourvue d'un petit ongle courbé. Ce qu'il y a de plus caractéristique, c'est le revêtement des pieds. Le nombre des écailles antérieures est absolument identique chez le poussin et chez l'adulte : trente-huit en avant du métatarse et au haut du doigt moyen, seize au doigt extérieur et dix-sept à l'intérieur. Ce qui change, c'est les proportions entre le doigt moyen et le métatarse car, tandis que le doigt croît de vingt-sept millimètres à soixante-cinq, le métatarse grandit du double. On serait donc tenté de voir dans ces différences de proportions une particularité propre au *Rhinochetus*, qui pourrait dénoter des relations intimes avec la famille des Aptornithides. Mais les proportions correspondantes entre les poussins et les adultes, que j'ai pu étudier, avec l'aimable assistance de M. Martorelli au Muséum de Milan, chez beaucoup d'espèces, m'ont démontré que la famille des Grues présente à peu près les mêmes phénomènes que le *Rhinochetus*. Les grands changements du bec, des pieds et des couleurs indiquent qu'il faut chercher le nid du *Rhinochetus* dans les fourrés obscurs et humides des forêts vierges.

Le squelette est assez développé puisqu'il doit servir dès les premiers jours chez les autophages. Les vertèbres sont visibles dans mes radiographies, même dans la région pelvienne, où elles se trouvent encore séparées, ainsi que dans la colonne thoracale. Ce dernier point me semble assez important, car les Rhinochétides adultes diffèrent des autres Géranomorphes par la coalescence des cinq vertèbres thoracales. Ensuite, on observe que le bord antérieur du bassin coïncide avec la septième vertèbre thoracale chez le poussin et que dans la vie post-embryonnaire il s'avance de deux vertèbres. Le sternum à son extrémité xiphoïde n'est pas coupé tout droit ; mais il semble qu'il y ait des échancrures latérales des deux côtés. Le squelette de l'aile conserve des formes bien générales, ne montrant ni un développement plus avancé, qui serait la reproduction d'un état palingénétique précédant la réduction du vol ; ni un retard qui s'expliquerait par la cénogénèse. Il serait nécessaire que beaucoup d'Oiseaux voisins du nôtre fussent étudiés au point de vue de leurs proportions afin qu'on pût établir des conclusions irrécusables. Malheureusement nous sommes loin de posséder encore une connaissance de l'anatomie des poussins, qui permettrait de préciser l'importance phylogénétique de cette partie de l'ornithologie.

D'après les descriptions de M. Vian qui se rapportent aux poussins des Oiseaux européens, il semble que c'est le poussin de notre Grue qui ressemble le plus à celui du *Rhinochetus*. Mais il ne faut pas oublier que nous ne connaissons pas encore suffisamment la famille avec laquelle les relations des Rhinochétides semblent être encore plus intimes, les Mésitides de Madagascar. C'est M. Bartlett qui le premier a émis l'hypothèse de leur parenté ; puis Forbes l'a vérifiée en montrant que la ptérylose des deux genres *Rhinochetus* et *Mesites* est à peu près la même et diffère considérablement de celle des autres Gruiformes. Dès lors on a rapproché les deux familles comme vous pouvez le voir dans notre Code de l'ornithologie systématique, dans le Catalogue du British Museum de M. Sharpe. Les conclusions qui résultent de mes recherches confirment de nouveau cette opinion. D'abord le déplacement du bassin en avant prouve que le *Rhinochetus* provient d'ancêtres qui possédaient un plus grand nombre de vertèbres et dont les jambes étaient situées encore plus en arrière et par conséquent encore moins développées. Puis la ressemblance entre les couleurs du poussin du Kagou et du *Mesites* adulte, spécialement dans la distribution des rayures jaunes sur la tête, est très évidente, surtout si nous comparons le mâle adulte du *Mesites*, dont on peut voir un exemplaire dans les galeries du Jardin des Plantes et que feu M. Milne-Edwards a admirablement décrit. Avec le *Mesites* la ressemblance est trop frappante pour être expliquée par le hasard ou par l'analogie seulement. Malheureusement le plumage d'adulte de cette dernière espèce est encore trop mal connu pour qu'on puisse établir une comparaison minutieuse. Et ne l'oublions pas : nous ne connaissons pas encore le poussin du *Mesites*. Étant données les ressemblances si frappantes qui existent entre le poussin du Kagou et le *Mesites* adulte, il est vraisemblable qu'elles seraient encore plus grandes entre les Poussins des deux genres. Quant aux Aptornithides, je ne suis plus disposé à établir un rapprochement quelconque entre ces Oiseaux et les Gruiformes depuis la publication du travail de M. Andrews. Ce sont plutôt des Râles ou des Gallinacés gigantesques ; par conséquent, les proportions des pieds semblables à celles du jeune *Rhinochetus* ne prouvent rien en faveur des relations génétiques entre les deux familles.

On sera peut-être étonné que dans ce cas j'accorde autant de valeur aux caractères extérieurs de l'Oiseau. Mais sur ce point je suis parfaitement d'accord avec M. Gadov qui a fait l'observation suivante : d'abord les ornithologistes ont jugé les Oiseaux trop exclusivement d'après leur extérieur ; puis nous avons passé par une époque où l'on a trop fait prédominer l'anatomie ; enfin, on a fini par comprendre que la meilleure méthode est de discuter de la manière la plus soigneuse et la plus critique aussi bien les formes extérieures que l'anatomie de l'Oiseau, et je me permets d'ajouter : ne nous bornons pas à la seule étude des adultes ; mais joignons-y le plus possible la connaissance des poussins.

PROPOSITION

D'UNE

MÉTHODE DE RECHERCHES DES AFFINITÉS

A PROPOS DE LA COMMUNICATION DE M. BURCKHARDT

PAR

M. REMY SAINT-LOUP

La très intéressante communication de M. Burckhardt, relative au poussin du *Rhinochetus jubatus*, a soulevé la discussion de l'importance des caractères anatomiques et morphologiques de l'adulte et du poussin pour l'arrangement des espèces dans les classifications.

Le problème est évidemment des plus difficiles car, il faut l'avouer, ni la comparaison anatomique, ni la comparaison morphologique ne donnent une complète satisfaction pour arriver à des conclusions vraiment complètes, non seulement quand il s'agit de l'adulte, mais encore quand il s'agit du poussin. Aussi on peut se demander, et je consulte sur ce point les éminents naturalistes du Congrès, s'il ne serait pas désirable de rechercher une solution du problème des affinités dans l'étude pour ainsi dire chronologique de l'apparition des phases typiques au cours de l'évolution de l'œuf; j'entends ainsi l'étude comparative de la vitesse de formation des organes homologues et ainsi l'arrangement systématique basé sur l'analogie de phénomènes qui sont en rapport en même temps avec la forme des êtres et avec ces propriétés naturelles et souvent distinctives, de la vitesse d'évolution.

NOTE SUR LE POUSSIN DU CHIONIS MINOR

PAR

TH. STUDER
Professeur à l'Université de Berne.

A propos de l'intéressante communication de M. Burckhardt sur le poussin du *Rhinochetus jubatus*, j'appellerai l'attention sur un autre type isolé dans le système, le *Chionis
minor*. Le *Chionis* a la base du bec et les narines couvertes
d'une gaine cornée, qui forme une sorte de voûte et qui
protège les narines quand l'Oiseau cherche sa nourriture
en ouvrant des œufs de Cormorans et de Manchots, dont
il est très friand. Le poussin, qui est aveugle au sortir de
l'œuf et doit être nourri par ses parents, est couvert d'un
duvet qui ressemble par sa couleur et la forme des plumes
à celui des Mouettes ; l'index est muni d'un ongle bien
développé qui se trouve encore chez l'adulte, mais de
très petites dimensions. La gaine du bec est composée
de trois pièces indépendantes l'une de l'autre, une dorsale
et deux latérales. La dorsale, qui va jusqu'au bord postérieur des narines, peut être comparée à la plaque cornée
qui couvre le dos de la base du bec chez les *Lestris* ; les
pièces latérales dépassent un peu le bord postérieur des
narines. Elles trouvent une analogie dans les plaques
latérales du bec qui se trouvent chez les Thinocorides et
chez le Kagou (*Rhinochetus*). D'après son anatomie, le *Chionis* a des rapports avec les *Charadriidæ* et aussi avec les
Mouettes ; il se pourrait que cette forme isolée et probablement ancienne réunît encore des caractères des deux
groupes.

Kidder et Coues ont cru que la gaine du bec des *Chionis*
les rapprochait encore des *Tubinares*. Mais l'embryogénie
de ceux-ci montre que la formation des tubes nasaux est
d'une origine toute différente. Chez l'embryon déjà
avancé la base du bec des *Oceanites*, *Halodroma*, *Æs-
trelata*, qui ont pu être examinés, est couverte d'une
cire molle qui entoure des narines déjà placées sur la
partie supérieure des mâchoires. Cette membrane forme
un pli autour des narines en se prolongeant, suivant la
distance plus ou moins éloignée entre les ouvertures nasales, en deux tubes ou un seul tube ; puis elle descend sous
un angle oblique vers le bord du bec corné, qui chez les
embryons est encore très court. Après l'éclosion, quand
le bec a sa forme normale, la cire se durcit et devient
cornée ; elle forme alors les tubes nasaux et la base du
bec, qui se détache encore par un sillon du bec antérieur.
Le bec de l'embryon montre avec sa cire molle une ressemblance avec le bec des Rapaces diurnes et celui des
Stéganopodes jeunes.

Déjà Garrod avait trouvé que les *Tubinares* avaient des
caractères communs avec ces Ciconiiformes qui réunissent les *Pelargi*, *Herodiones*, *Accipitres* et les Stéganopodes. Forbes les rapprochait des Stéganopodes, et la même
opinion est soutenue par Pycrafft dans ses observations
sur l'ostéologie des Tubinares. Ce lien de parenté relevé
d'abord par Garrod est confirmé ainsi par l'embryogénie.
Il est évident qu'une étude des poussins et des embryons
des différents Oiseaux pourrait contribuer beaucoup à la
connaissance des rapports des différentes familles des
Oiseaux entre elles et de leur phylogénie, et fournir les
éléments d'une classification naturelle qu'il est encore
si difficile d'établir.

DISTRIBUTION GÉOGRAPHIQUE EN FRANCE

DE

L'OUTARDE CANEPETIÈRE

(OTIS TETRAX)

D'APRÈS LES DONNÉES DE L'ENQUÊTE TERRITORIALE DE 1886

PAR

M. L. TERNIER

Je n'ai eu à compulser, au sujet de cet Oiseau, que les feuilles de 1886.

Le résultat de l'examen de ces feuilles d'enquête a été négatif en ce qui touche le sens de la migration des Canepetières.

Il a été assez satisfaisant en ce qui concerne les dates d'arrivée et de départ des Oiseaux, et leur distribution géographique dans ses grandes lignes.

Les observations sur la nidification m'ont paru suffisamment exactes pour être notées. Quelques-unes concordent, du reste, avec ce que j'ai pu constater personnellement.

Mais il reste bien entendu qu'en ce qui regarde l'ensemble des observations je me borne ici, comme je l'ai fait jusqu'à présent, à condenser simplement les résultats de l'enquête pour en former un tout, sous la seule responsabilité des observateurs consultés, après avoir seulement écarté les erreurs trop manifestes ou les confusions entre un Oiseau et un autre.

Voici le tableau résumant les observations pour l'année 1886.

La première partie comprend les départements sur lesquels l'Outarde canepetière est marquée comme commune ou assez commune ; la seconde englobe ceux sur lesquels elle est rare ou accidentelle :

DÉPARTEMENTS SUR LESQUELS L'OUTARDE CANEPETIÈRE
EST COMMUNE OU ASSEZ COMMUNE

1. — Aisne.

Commune.
Séjourne en août et septembre seulement.

2. — Marne.

Commune.

3. — Haute-Marne.

Assez commune aux environs de Saint-Dizier et de Vassy.
Rare ailleurs.

4. — Aube.

Très commune, troupes nombreuses.
Arrivée : mars, avril.
Départ : septembre.
Niche en mai, juin ; 4 à 5 œufs.

5. — Yonne.

Commune aux environs de Sens.
Rare ailleurs.
Arrivée : février, mars.
Départ : septembre, octobre.
Niche, mai, juin, juillet ; 4 à 5 œufs.

6. — Cher.

Commune sur certains points.
Rare ailleurs.
Arrivée : avril, mai.
Départ : septembre, octobre.
Niche en juin ; 2 à 5 œufs.
Noms locaux : *Canepetière, Pétrille, Canepétraire, Canepétrote.*

7. — Indre.

Commune (observations de M. Martin et observation personnelle).
Arrivée : mars, avril.
Départ : octobre.
Niche en avril (M. Martin) et mai ; 4 à 5 œufs.
Nom local : *Pétrat*.

8. — Loir-et-Cher.

Commune.
Arrivée : mars, avril.
Départ : octobre.
Niche en mai ; 2 à 4 œufs.
Noms locaux : *Canepetière, Canepétrasse*.

9. — Eure-et-Loir.

Très commune.
Arrivée : avril, mai.
Départ : septembre, octobre.
Niche en mai, juin ; 4 œufs.
Noms locaux : *Outarde, Canepétrasse*.

DÉPARTEMENTS SUR LESQUELS L'OUTARDE CANEPETIÈRE
EST RARE OU ACCIDENTELLE.

10. — Meurthe-et-Moselle.

Accidentelle.

11. — Vosges.

Accidentelle.

12. — Nord.

Accidentelle ; rencontrée trois fois seulement aux environs de
Bergues (de Neezemacker).

13. — Somme.

Indiquée comme très rare par un observateur.
Commune, suivant un autre.
Sans autres indications.

14. — Eure.

Accidentelle (observation personnelle).

15. — Seine-et-Oise.

Accidentelle.

16. — Seine-et-Marne.

Rare.
Passe en avril et en octobre.

17. — Loiret.

Rare.
Passe en février, mars.

18. — Sarthe.

Rare.

19. — Mayenne.

Accidentelle.

20. — Manche.

Très rare.

21. — Côtes-du-Nord.

Rare.
Arrivée : mai, juin.
Départ : septembre, octobre.
Nicherait en juin ; 3 à 5 œufs.

22. — Finistère.

Accidentelle.

23. — Loire-inférieure.

Rare.
Arrivée : mars, avril.
Départ : septembre, octobre, novembre.
Nicherait en juin ? ?

24. — Vendée.

Indiquée comme commune par un observateur.
Rare suivant les autres.

25. — Charente-Inférieure.

Rare ; passe mars, avril, septembre et octobre.
Nicherait en mai ?

26. — **Allier.**

Très rare ; je ne l'ai jamais vue personnellement.

27. — **Haute-Loire.**

Passerait en février, mars, septembre, octobre et novembre.

28. — **Lozère.**

Passerait en mars, avril, et septembre et octobre.

29. — **Vaucluse.**

Accidentelle.
Noms locaux : *Estarde, Poule de Carthage.*

30. — **Pyrénées-Orientales.**

Rare.
Passe en mai, juin, août et septembre.

31. — **Ariège.**

Indiquée comme commune par un observateur.
Comme rare, par les autres.
Confondue par un d'eux.
Arriverait en avril et mai.
Repartirait en octobre.
Renseignements très douteux.

32. — **Haute-Garonne.**

Passerait en août et octobre.

33. — **Gers.**

Rare.
Passe en automne.

34. — **Hautes-Pyrénées.**

Rare.
Passerait au printemps et à l'automne.

35. — **Basses-Pyrénées.**

Rare.
Passe en mars, avril, mai, septembre, octobre, novembre et
décembre.

La carte dressée suivant les données de ce tableau présente trois zones.

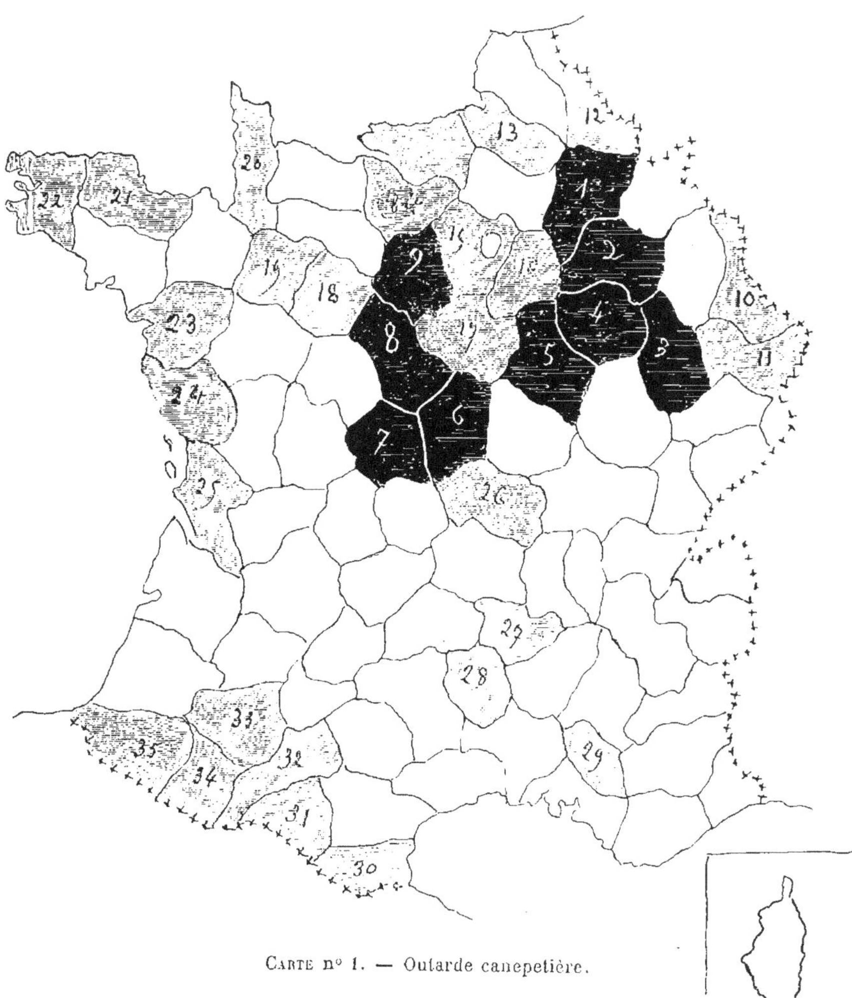

CARTE n° 1. — Outarde canepetière.

La première, teintée en noir, indique ceux des départements sur lesquels l'Outarde canepetière est commune ou assez commune.

La seconde teintée en gris comprend ceux sur lesquels l'Outarde canepetière est rare ou accidentelle.

La troisième en blanc figure ceux sur lesquels les renseignements font défaut ou sont insuffisants.

L'examen du tableau et de la carte ne révèle rien qui puisse choquer les connaissances acquises sur la distribution géographique de la Canepetière en France, sur ses dates d'arrivée et de départ ni sur la nidification.

L'Outarde canepetière se cantonne de préférence dans les plaines de la Champagne et de la Beauce ; sur les départements de l'Aube, de la Haute-Marne, de la Marne, de l'Aisne, de l'Yonne, du Cher, de l'Indre, du Loir-et-Cher, de l'Eure-et-Loir.

Je l'ai observée personnellement sur quelques-uns de ces départements.

J'ai constaté sa présence accidentelle sur quelques autres, l'Eure notamment.

Elle affectionne les grandes plaines, et celles du centre de la France, dans sa partie de plus bas niveau, paraissent lui convenir plus particulièrement.

Les Canepetières arrivent, d'après l'enquête, au printemps et repartent de septembre à novembre.

Quant à la nidification, les observations paraissent exactes puisqu'elles indiquent un nombre d'œufs variant en moyenne de 3 à 5 avec écarts d'un ou deux œufs, ce qui représente le chiffre normal des pontes de la Canepetière.

L'enquête de 1886 sur la Canepetière ne présente peut-être pas un bien grand intérêt comme observations inédites. Elle a cependant prouvé une fois de plus que les observateurs en majorité ont consciencieusement répondu aux questions qui leur étaient posées. Cette constatation n'est pas sans intérêt.

OBSERVATIONS ORNITHOLOGIQUES [1]

PAR

M. GEORGES COCU

Instituteur à Fourquenies (Oise).

Je n'ai pas connaissance de l'existence d'un nid de Bécassine sourde (*Gallinago gallinula*), dans l'Oise, en 1899, mais en 1898 il y a eu un nid en juillet. Le 13 juillet il y avait dans ce nid six jeunes, dont les tuyaux de plumes étaient bien marqués. Il était situé dans un pré, à 50 mètres environ du Thérain, tout près d'un fossé d'irrigation et à quelques mètres d'un petit bosquet, au milieu d'une touffe de Joncées. Les parents étaient familiers, ils ne s'envolèrent pas, mais se sauvaient en courant très vite. Ils n'étaient pas toujours dans le nid. Je les ai crus partis plusieurs fois et je les revoyais les jours suivants Je garantis que ce nid était de *Gallinago gallinula*.

La Bécasse (*Scolopax rusticola*) niche aussi dans le département de l'Oise : en 1895, un de mes élèves de Carlepont m'en a apporté une qu'il avait prise sur le nid situé dans la forêt d'Ourscamp ; c'était la semaine qui suivait Pâques.

(1) Extrait d'une lettre adressée à M. Ternier.

SUR LES PLUMAGES DE LA MOUETTE DE SABINE

(*XEMA SABINEI*)

PAR

LE Dr LOUIS BUREAU

Directeur du Muséum d'histoire naturelle de Nantes,
Professeur à l'École de médecine,
Correspondant du Muséum de Paris.

Le baron d'Hamonville, dont la perte récente a été
vivement ressentie par les ornithologistes, a publié dans
le tome IX de l'*Ornis*, pour 1897-98, une note sur le
Séjour de la Mouette de Sabine sur les côtes de Bretagne (1),
d'après des échantillons capturés, dans l'été de 1896, aux
environs du bourg de Batz (Loire-Inférieure), qu'il avait
acquis de M. Lehuédé, cordonnier et naturaliste dans cette
localité.

Dans cette note, d'Hamonville a parlé du passage
de 1896, d'après les renseignements qu'il avait recueillis ;
puis, il a décrit le *jeune en premier plumage* et l'*adulte en
noces*.

Mais il n'a pas été favorisé pour l'étude du plumage de
l'*adulte en hiver*, au sujet duquel les auteurs ne s'accordent
pas, comme on peut s'en rendre compte par les descriptions différentes qui en ont été données.

N'ayant à sa disposition que des spécimens adultes,
perdant le plumage de noces pour prendre celui d'hiver,

---

(1) La synonymie et la bibliographie de *Xema Sabinei* ont été données
d'une façon très complète par M. Howard Saunders, *Catalogue of the
Birds in the British Museum*, 1896, vol. XXV, p. 162. Je renvoie donc le
lecteur à cet important ouvrage, p. 257 à 260.

c'est à l'aide de ces sujets imparfaits qu'il a, en effet, interprété, comme il suit, la livrée de l'adulte en hiver :

Adultes en transition. — Coloration générale semblable à celle des adultes en noces pour tout l'Oiseau, à l'exception de la tête. Celle-ci se couvre, comme le collier, de légères taches blanches formées par les plumes naissantes de cette nuance qui percent à travers les anciennes, et les remplacent peu à peu. Chez notre sujet tué le 4 octobre, le blanc a presque complètement remplacé le brun et le noir, en sorte que ces deux nuances ne sont plus rappelées que par quelques taches isolées. *Aussi j'en conclus que les adultes en hiver ont la tête entièrement blanche, sans apparence de brun ou de noir* (1). »

Nous verrons que l'adulte en hiver a un plumage très différent de celui qui est décrit ci-dessus.

On ne s'explique pas, non plus, pourquoi Taczanowski (2) a écrit : « *En plumage d'hiver, la tête et le haut du cou sont blancs sans aucune trace de collier noir* », puisqu'il ajoute que ses descriptions sont faites sur la collection du Dr Marmottan, au Muséum de Paris. Or, deux adultes, en plumage d'hiver, de cette collection, l'un ♂, l'autre ♀, tués à Arcachon, le 18 octobre 1886, ont la tête blanche, avec une large *tache noire* qui s'étend sur la nuque et le haut de la partie postérieure du cou (3).

---

(1) Les spécimens de la collection d'Hamonville sont, d'après le catalogue manuscrit de sa collection qui m'a été obligeamment communiqué :

« Adulte, en noces. Labrador, par Constant H. Reçu de Mœschler père, 1878.
« Adulte, été, transition (type), fin sept. 1896. Bourg de Batz, Lehuédé.
« Adulte en transition, presque en hiver, même provenance.
« Jeune, premier plumage (type), même date et même provenance.
« Bel œuf, paraissant typique. Groënland ex Dr Schaufuss, 1885 ».

(2) Taczanowski, *La Faune ornithologique de la Sibérie orientale.* Œuvre posthume, Saint-Pétersbourg, 1893, p. 1047.

(3) Les sujets de la collection du Dr Marmottan sont :

Premier plumage :
♀ Le Crotoy, 23 sept. 1869.
♂ Arcachon, 22 sept. 1873.
♂ Arcachon, 19 oct. 1886.
Adultes en hiver :
♂ Arcachon, 8 oct. 1886.
♀ Arcachon, 18 oct. 1886.

En raison de ces assertions, il m'a semblé utile d'attirer de nouveau l'attention sur la *livrée de l'adulte en hiver* et de faire l'exposé des connaissances, encore incomplètes, que nous possédons sur la biologie de cet oiseau.

Dans un intéressant article faisant suite à la note de d'Hamonville, mon savant ami, M. E. Oustalet, a retracé la distribution géographique de la Mouette de Sabine et donné la liste des sujets capturés en Europe (1).

Je rappelerai seulement, d'après ce travail, les faits généraux suivants :

Europe. — La Mouette de Sabine. est rare en France, sur les côtes de la Manche et de l'Océan.

Sa présence n'a pas encore été constatée dans le bassin de la Méditerranée.

On doit considérer comme tout à fait accidentelle son apparition dans l'intérieur des terres : Sarthe, Saône-et-Loire.

Les captures faites sur les côtes de l'Angleterre, de l'Écosse et de l'Irlande, tant sur la mer du Nord que sur l'Océan et la Manche, sont assez rares pour qu'on ait, jusqu'ici, jugé utile de les signaler.

Quelques sujets seulement ont été observés en Hollande et sur les côtes de l'Allemagne dépendant du bassin de la mer du Nord.

L'espèce n'est pas connue en Russie.

Un seul sujet a été signalé, par M. R. Collett, sur les côtes occidentales de la Norvège.

Un jeune spécimen a été tué en automne, en Suisse, sur le lac Léman (V. Fatio).

L'espèce visite, au moins accidentellement, l'île Jan-Mayen.

Asie. — Elle niche abondamment dans le nord de la

Adultes en noces ou perdant ce plumage :
  ♀ Arcachon, 17 sept. 1880. Perdant le plumage de noces.
  ♂ La Bernerie, Loire-Inf., 2 sept. 1883. En noces.
  ♂ La Bernerie, Loire-Inf., 2 sept. 1883. En noces.
(1) E. Oustalet, *Note sur la distribution géographique de la Mouette de Sabine (Xema Sabinei), Ornis,* 1897-1898, IX, p. 261-270.

Sibérie orientale, en compagnie de *Sterna macrura* Naumann, dans les tundras et les petites îles d'alluvions de la rivière Taïmyr et des lacs situés au delà du 70° de latitude nord, où elle a été rencontrée par Middendorff.

Amérique. — L'espèce paraît répandue dans les régions boréales, aussi bien sur le Pacifique que sur l'Atlantique. Elle se reproduit sur les bords de la rivière Anderson, par 128° w. Long. Greenw. et 68°30 lat. ; dans la baie de Franklin et dans le Groënland, au nord d'Upernivik.

En automne et en hiver, elle descend sur les côtes du Pacifique jusqu'au Pérou, et, sur celles de l'Atlantique, jusqu'aux Bermudes.

I

Passages de la Mouette de Sabine sur les côtes de Bretagne.

Les passages de la Mouette de Sabine sur les côtes de la Loire-Inférieure et du Morbihan ne sont pas aussi rares qu'on pourrait le supposer. Mes observations sont même assez nombreuses pour montrer qu'ils ont lieu, très probablement, chaque année, et il n'est pas douteux qu'il en soit ainsi sur d'autres points des côtes océaniques de France.

Mais il y a lieu de distinguer : 1° le passage des adultes ; 2° celui des jeunes en premier plumage.

1° Passage des adultes.

Les adultes forment des bandes, parfois nombreuses. S'ils échappent aux ornithologistes, c'est uniquement parce qu'ils n'approchent qu'exceptionnellement des côtes. C'est ainsi qu'un observateur chassant, chaque année, au Croisic, à la fin d'août et en septembre, c'est-à-dire au moment de l'arrivée de ces Oiseaux, ne verra peut-être l'adulte qu'une ou deux fois dans sa vie, comme cela est arrivé en 1896, année dans laquelle des spécimens adultes en noces, perdant ce plumage, ou même déjà en plumage presque complet d'hiver, se sont approchés de la côte et ont pénétré dans les marais salants.

Les passages se font, en Bretagne, à 25 ou 30 kilomètres au large, principalement entre le plateau du Four et les îles d'Hoedik et Houat, et l'arrivée des premiers spécimens a lieu à une époque qui est, chaque année, sensiblement la même.

On pourra s'en rendre compte par la liste suivante, dans laquelle sont énumérés les spécimens adultes observés en France, *dont on connaît les localités et les dates de capture*, et qui, seuls, sont utilisables pour l'étude des migrations.

Liste des Mouettes de Sabine, Xema Sabinei adultes, observées sur les côtes de France, dont on connaît les localités et les dates de capture.

1872, 27 août. Adulte en noces, tué entre le plateau du Four et Hœdik. C'est à ce sujet de ma collection, le plus anciennement capturé sur les côtes de Bretagne, que fait allusion M. Howard Saunders dans la 4ᵉ édition de Yarrell en l'attribuant au 25 août. (*A History of British Birds,* 1884, III, p. 376.)

1880, 17 septembre, 2 ♀ adultes perdant le plumage des noces. Arcachon. (Coll. du Dʳ Marmottan au Muséum de Paris.)

1883, 2 septembre 2 ♂ adultes en noces. La Bernerie, Loire-Inférieure. (Coll. Marmottan.)

1886, 18 octobre, ♂ et ♀ adultes en hiver. Arcachon. (Coll. Marmottan). Rémiges très usées.

1893, 15 août. Adulte perdant le plumage de noces. Environs du plateau du Four.

25 août ♀ adulte en noces. Environs du Four. Deux sujets se tenaient ensemble ; le second n'a pas été tué.

Fin août, 2 adultes. Environs du Four : l'un perdant le plumage des noces, l'autre en plumage presque complet d'hiver.

1896, 30 août, 4 adultes en noces, ou perdant ce plumage. Environs du Four. Un cinquième sujet n'a pas été conservé, vu son mauvais état. Ce même jour, plus de cinquante adultes se tenaient près Hœdik.

18 septembre, adulte. Baie de Pornichet (Loire-Inférieure) par M. Lehuédé. (Coll. de M. Ernest Bonjour, à Nantes.)

Fin septembre, un spécimen perdant le plumage de noces et un second perdant également ce plumage ; mais plus avancé en mue. Bourg de Batz (Loire-inférieure) par M. Lehuédé. (Coll. d'Hamonville.) Le passage de 1896 a été particuliè-

rement remarquable. Il a duré du 30 août (R. Levesque)
au 5 octobre environ (Lehuédé).

1897, 30 août, 6 adultes en noces ou prenant le plumage d'hiver.
Un sujet en noces est dans la collection de M. E. Bonjour. Un
autre, blessé et élevé en captivité, est mort le 11 janvier 1898 ;
il perdait son capuchon au moment de la capture et, dès ce
moment, il y eut arrêt dans la mue. Les rémiges et la queue
n'ont pas mué pendant la captivité.

1898, 23 août, ♂ et ♀ adultes en noces. (Coll. E. Bonjour.)
27 août. Plusieurs centaines de sujets, tous adultes, se tenaient
au voisinage des Grands-Cardinaux, ilots voisins d'Hœdik ;
15 furent tués, les uns en noces, les autres perdant ce plumage pour prendre celui d'hiver. (Un sujet en transition,
coll. de M. le comte Arrigoni Degli Oddi, à Padoue.)

1899, 22 août, 12 adultes ♂ et ♀, dont 11 en noces et 1 prenant le
plumage d'hiver. Environs d'Hœdik. (Un ♂ en noces, Musée
de Florence.)
23 août, 20 adultes ♂ et ♀ en noces ou prenant le plumage
d'hiver. Même localité. (Un ♂ en noces, coll. E. Bonjour.)

1900, 29 août, 7 adultes en noces ou en plumage de transition.
Environs d'Hœdik.

Les spécimens que je viens d'énumérer, à l'exception
de ceux des collections Marmottan et d'Hamonville et de
celui de la collection E. Boujour, provenant de Pornichet,
ont été tués à bord de l'*Hébé*, yacht à vapeur appartenant
à M. Rogatien Levesque, au large du plateau du Four
(Loire-Inférieure), dans des promenades auxquelles j'ai
parfois pris part. Le plus grand nombre ayant été généé-
reusement mis à ma disposition, une belle série a été pré-
levée pour le Muséum de Nantes. D'autres spécimens
sont allés enrichir les collections de plusieurs de mes
amis. Enfin, quelques-uns ont été offerts à des dames qui,
ayant assisté à ces chasses, manifestèrent le désir d'en
faire préparer en sacs, en écrans ou pour garnitures de
chapeaux. Plusieurs exemplaires, dont parle d'Hamonville, ont été employés aux mêmes usages ; aussi a-t-on pu
voir, dans nos bains de mer de la Loire-Inférieure,
quelques élégantes parées de la jolie Mouette de Sabine
en plumage de noces.

De la liste qui précède découlent quelques renseignements précis :

La capture du 15 août 1893 est la plus hâtive qui ait

été constatée, malgré de nombreuses excursions faites, presque chaque année, avant cette époque, dans les parages que fréquente d'ordinaire la Mouette de Sabine (1). On peut donc considérer cette date comme donnant, aussi exactement que possible, pour les côtes océaniques de France, le début du passage.

Quelques jours plus tard, assez régulièrement du 20 au 30 août, les adultes se montrent en petites troupes, parfois en bandes nombreuses, La migration est alors à son maximum d'activité.

Elle se continue toutefois en septembre et se prolonge jusqu'au 5 octobre (1896, Lehuédé), ou même jusqu'au 18 octobre (1886, coll. Marmottan).

Je ne connais pas de capture d'adulte postérieure à cette date, sur les côtes de France. Mais il est bon de noter que, dès le commencement de septembre, la saison n'étant plus aussi propice à la navigation de plaisance, les observations n'ont pas été faites d'une façon suivie. Nous ne sommes donc pas autorisé à conclure qu'après cette époque les adultes ont complètement disparu.

Le passage de retour des adultes vers le nord ne m'est pas connu.

2° *Passage des jeunes en premier plumage.*

Les jeunes en premier plumage commencent seulement à se montrer vers la mi-septembre (18 septembre 1896), date la plus précoce que je connaisse, c'est-à-dire un mois après les premiers spécimens adultes (15 août 1893). Au plus fort du passage de ces derniers (du 20 août à mi-septembre) les jeunes ne sont certainement pas encore arrivés.

Mais bientôt ils se montrent isolément ou par petites bandes de 4 à 5 spécimens et rencontrent les adultes qui, à ce moment, fréquentent les côtes de l'Océan.

(1) Cependant, M. Edw. Bidwell a cité un spécimen en plumage d'adulte tué, le 10 août 1892, dans la baie de Bridlington, Yorkshire (*Proceed. Roy. Phys. Soc. Edimb.*, 1883-1884, p. 131 ; *Ibid.*, 1885, p. 222).

Les jeunes approchent davantage du rivage et c'est, je crois, la raison pour laquelle ils sont plus répandus dans les collections.

De même que pour les adultes, les observations me manquent pour fixer l'époque du départ des jeunes qui n'ont pas atteint un an révolu.

Je puis dire, toutefois, qu'on en voit encore au milieu de décembre (le Croisic, mi-décembre 1891, coll. E. Bonjour), et même en janvier (Concarneau, janvier 1897, ménagerie du Muséum de Paris) (1).

Comme je l'ai fait pour les adultes, je donne la liste des jeunes en premier plumage tirés sur les côtes de France, dont on connaît les localités et les dates de capture

Liste des Mouettes de Sabine, Xema ‹Sabinei jeunes en 1ᵉʳ plumage, observées sur les côtes de France dont on connaît la localité et la date de capture.

1862, Septembre. La Loire à Bellevue, en amont de Nantes, par Péligry. (Coll. Bonjour.) Premier plumage complet, sans trace de mue.
1869, 23 septembre ♀. Le Crotoy. (Coll. Marmottan.)
1873, 22 septembre ♂. Arcachon. (Coll. Marmottan.)
1883, Fin septembre. Marais salants du Pouliguen, (Loire-Inférieure), par J. Prié, autrefois naturaliste préparateur au Pouliguen. (Muséum de Nantes.)
1886, 19 octobre ♂. Arcachon. (Coll. Marmottan.)

(1) « Au mois de janvier de l'année 1897, dit M. Oustalet, plusieurs Mouettes de Sabine, prises vivantes à Concarneau (Finistère), ont été envoyées à la ménagerie du Muséum de Paris par Mᵐᵉ Guillou-Deyrolle. *Ces Mouettes étaient en plumage d'hiver, avec le front blanc, le sommet de la tête strié de brun fuligineux, la nuque ornée d'un collier noir assez bien marqué.* » (*Ornis*, IX, p. 262).

Ces oiseaux n'ont pas vécu. L'un d'eux ayant été conservé, en peau, j'ai pu l'examiner, grâce à l'obligeance de M. Oustalet. C'est un jeune sujet, encore en grande partie dans son premier plumage, avec bande noirâtre à l'extrémité de la queue et effectuant sa première mue qui aurait donné le deuxième plumage ou plumage du jeune après la première mue.

J'ignore si les autres spécimens étaient des jeunes de la même année, ayant déjà terminé leur première mue, ou des adultes de deux ans révolus, en plumage d'hiver, la présence ou l'absence de bande noire à l'extrémité de la queue n'ayant pas été notée. Toutefois, *le sommet de la tête d'un brun fuligineux,* caractère qui manque chez les adultes, me fait croire qu'il s'agissait de jeunes après la première mue.

1889, 25 septembre. Croix-de-Vie (Vendée), par M. Mollat-Bonamy.
(Muséum de Nantes.)
— Décembre. Environs de Nantes. Acquis de M. Sautot. (Coll.
Bonjour.) La première mue commence : une plume gris
cendré se voit sur le dos.
1891, Mi-décembre. Le Croisic. (Coll. Bonjour.)
1893, 6 octobre. Bande de 5 sujets, Sainte-Marie-près-Pornic. (Loire-
Inférieure). (1 spécimen, Muséum de Nantes.)
1896, 18 septembre. Baie de Pornichet (Loire-Inférieure) par
M. Lehuédé. (Coll. Bonjour.) Cet intéressant spécimen opère
sa première mue. Il porte déjà quelques plumes gris cendré
sur le dos, et, en relevant les plumes de la partie postérieure
du cou, on voit *quelques plumes noires* en voie de céveloppement. C'est un premier indice de la tache noire que
l'oiseau aurait porté dans son second plumage, ou plumage
du jeune en hiver.

II

Description des plumages de la Mouette de Sabine.

Jeune en duvet. — « Le poussin en duvet est, en dessous,
d'un gris blanchâtre ; en dessus, jaune roussâtre parsemé
çà et là de taches noires. Les plumes aspergées de noir
bleuâtre, bordées de jaune roussâtre sur le dos ne se
distinguent presque pas, au premier coup d'œil, de la
livrée duveteuse, au moment où les plumes commencent
à se développer. » Middendorff (1).

Jeune en premier plumage ou avant la première mue. —
Front, gorge, devant du cou, poitrine, abdomen, couvertures inférieures et supérieures de la queue blanc pur ;
dessus de la tête, derrière et côtés du cou, *parties supérieures du corps gris brunâtre avec bordures gris clair.*

Ailes : couvertures supérieures et plumes du bord radial,
comme les parties supérieures du corps : plumes du bord
et de la face externe du carpe brun noirâtre ; les 6 premières
rémiges primaires brun noirâtre, largement bordées, sur
les barbes internes, de blanc moins pur que chez les vieux,
les 3 ou 4 premières ne portant pas, à l'extrémité, les larges

(1) *Sibirische Reise*, St-Pétersbourg, 1853, *Wirbelthiere*, p. 245, pl. XXIV,
fig. 5, représentant le poussin 2/3 grandeur naturelle.

taches blanches qui caractérisent les vieux ; les 2 ou 3 suivantes, seulement, offrent un liséré blanchâtre à la pointe ; les 4 dernières rémiges primaires et les 12 premières secondaires blanc pur, comme chez l'adulte ; les 4 ou 5 suivantes de la couleur des scapulaires et du dos, c'est-à-dire brunâtres avec bordures gris clair.

Queue : moins échancrée que chez l'adulte ; blanche à la base ; terminée à l'extrémité par une *bande noirâtre,* large de deux centimètres.

Bec noirâtre dans toute sa longueur ; paupières brunes : pattes brun clair ; iris brun.

MUE PARTIELLE :

Les ailes et la queue ne muent pas.

Jeune après la première mue. — Ce plumage m'est incomplètement connu. Ses principaux caractères sont les suivants :

Parties supérieures gris cendré ; une *tache noire* ou noirâtre sur le derrière de la tête et du cou.

Ailes et queue du jeune en premier plumage (voy. la biologie).

MUE PARTIELLE :

Les ailes et la queue ne muent pas.

Premier plumage de printemps. — Ce plumage est hypothétique, comme la mue qui le précède. S'il existe, il a pour caractères :

Parties supérieures gris cendré ; *capuchon* plus ou moins complet, *bleu ardoisé,* comme chez les adultes en noces.

Ailes et queue du jeune en premier plumage (voy. la biologie).

MUE TOTALE :

Tout le plumage est renouvelé.

Adultes en hiver, mâle et femelle. — Parties supérieures du corps gris cendré ; dessus et côtés de la tête, devant du cou, base de la partie postérieure du cou, poitrine, abdomen, couvertures inférieures et supérieures de la queue d'un blanc pur ; une large *tache noire s'étendant sur la nuque, le haut et le milieu des parties postérieures et latérales du cou.* Cette tache, plus ou moins étendue, suivant les sujets, a pour centre le collier noir qui limite en bas le capuchon des spécimens en plumage de noces et s'étend au-dessus et au-dessous de ce collier.

Ailes : petites et moyennes couvertures *gris cendré ;* grandes couvertures gris cendré à la base, blanches à la pointe ; bord radial d'un blanc pur se continuant avec les couvertures inférieures des ailes qui sont de même couleur ; plumes du bord et de la face externe du carpe d'un noir profond ; les 6 premières rémiges primaires noires, *terminées par une tache blanche* et largement bordées de blanc sur les barbes internes ; les 4 dernières rémiges primaires et les 12 premières secondaires d'un blanc pur, formant ensemble un large miroir ; les 4 ou 5 suivantes gris cendré avec la pointe blanche ; les dernières uniformément gris cendré.

Queue : d'un *blanc pur,* plus échancrée que chez les jeunes.

Bec noir avec la pointe des deux mandibules jaune ; paupières brun rougeâtre ; commissure et intérieur du bec rouge orangé ; pattes noirâtres, parfois plus ou moins teintées de gris de plomb ; iris brun foncé.

MUE PARTIELLE :

Les ailes et la queue ne muent pas.

Adultes en noces, mâle et femelle. — Plumage en tout semblable à celui de l'adulte en hiver, à l'exception de la tête qui est revêtue d'un *capuchon bleu ardoisé,* bordé inférieurement d'un étroit *collier noir* complet ; poitrine et abdomen d'un blanc lavé d'une belle *teinte rose* (1),

---

(1) Cette coloration est encore bien visible chez les spécimens en plumage de noces, tués fin d'août ; mais elle disparaît en collection.

qui s'efface peu à peu après la saison des amours ; sous-caudales et couvertures supérieures de la queue blanches.

Ailes et queue de l'adulte en hiver. — ·Bec et pattes comme chez l'adulte en hiver ; paupières rouges ; commissures et intérieur du bec rouge orangé vif (1).

Différence entre le mâle et la femelle. — La femelle ne diffère du mâle que par une taille généralement plus petite. Mais certaines femelles atteignent la taille de mâles de petites dimensions, comme le montre le tableau que nous donnons page 297.

III

Essai sur la biologie de la Mouette de Sabine.

Reproduction. — Au début de cette note, j'ai dit que la Mouette de Sabine se reproduit en Amérique dans la baie de Franklin et dans le Groënland, au nord d'Upernivik.

Sur l'ancien continent d'où viennent, sans doute, les sujets qui visitent les côtes océaniques de France, cette espèce n'a été observée que par Middendorff, dans le nord de la Sibérie orientale.

J'emprunterai donc à cet auteur ce qui est relatif à la ponte et au jeune en duvet.

Middendorff rencontra cette Mouette, le 17 juin, sur le fleuve Taïmyr, au 73° trois quarts de latitude nord, et ne la vit plus ensuite. Puis il la retrouva dans les tundras et les petites îles d'alluvions du fleuve et des lacs, situées au-delà du 70° de latitude, nichant en grand nombre, en société de *Sterna macrura* Naumann. Les œufs, très couvés, ont été découverts le 22 juillet, reposant, par deux, au milieu de la mousse, dans une cavité tapissée d'herbes de l'année précédente. Le 29 juillet, on trouva quelques

(1) La couleur de l'intérieur du bec est bien différente chez la Mouette rieuse adulte, à la même époque. J'ai pu faire, en même temps, la comparaison : l'intérieur du bec de la Mouette rieuse est rouge carmin.

Tableau des dimensions de la mouette de Sabine « Xema Sabinei ».

Adultes en noces ou perdant ce plumage pour prendre le plumage d'hiver.

SEXES.	LONG. TOTALE prise sur l'oiseau en chair.	ENVERGURE.	LONGUEUR de l'aile pliée.	Les ailes dépassent la queue de :	LOCALITÉS ET DATES. OBSERVATIONS.
1. Mâle....	0^m,370	0^m,880	?	0^m,040	Entre le Four et Hœdik, 27 août 1872. Noces. Poids, 187 gr.
2. —	0 ,385	0 ,915	0^m,285	0 ,035	Parages d'Hœdik, 22 août 1899. Noces.
3. —	0 ,360	0 ,865	0 ,265	0 ,035	Id. Noces.
4. —	0 ,363	0 ,870	0 ,280	0 ,035	Id. Noces.
5. —	0 ,375	0 ,880	0 ,265	0 ,035	Id. Perdant le plumage de noces.
6. —	0 ,365	0 ,895	0 ,274	0 ,035	Id. Noces.
7. —	0 ,380	?	0 ,285	?	Id. Noces.
8. —	0 ,380	0 ,880	0 ,285	0 ,035	Id. Noces.
9. —	0 ,370	0 ,890	?	0 ,035	Parages d'Hœdik, 23 août 1899. Noces.
10. —	0 ,375	0 ,890	?	0 ,030	Id.
11. —	0 ,365	0 ,860	?	0 ,030	Id.
12. —	0 ,395	0 ,900	?	0 ,030	Id.
13. —	0 ,380	0 ,890	?	0 ,030	Id. } En noces ou perdant le plumage de noces.
14. —	0 ,370	0 ,870	?	0 ,025	Id.
15. —	0 ,360	0 ,850	?	0 ,030	Id.
16. —	0 ,370	0 ,870	?	0 ,030	Id.
17. —	0 ,370	0 ,870	0 ,272	0 ,015	Id.
1. Femelle.	?	?	0 ,260	?	Au large du plateau du Four, 25 août 1893. Noces.
2. —	?	?	0 ,255	?	Au large du Four, 30 août 1896. Perdant le plum. de noces.
3. —	?	?	0 ,265	?	Au large du Four. Noces.
4. —	0 ,355	0 ,850	0 ,255	0 ,035	Parages d'Hœdik, 22 août 1899. Noces.
5. —	0 ,360	0 ,830	0 ,265	?	Id. Noces.
6. —	0 ,380	0 ,880	?	?	Parages d'Hœdik, 23 août 1899. Noces.
7. —	0 ,358	0 ,850	?	0 ,030	Id. Noces.
8. —	0 ,365	0 ,885	?	0 ,030	Id. Noces.
0. —	0 ,352	0 ,820	0 ,255	0 ,020	Id. Noces.
10. —	0 ,360	0 ,840	0 ,268	0 ,020	Id. Plumage d'hiver.

RÉCAPITULATION :

	Mâles.	Femelles.
Longueur prise sur l'oiseau en chair.	0^m,360 à 0^m,395	0^m,352 à 0^m,380
Envergure......................	0 ,850 à 0 ,915	0 ,820 à 0 ,885
La queue dépasse les ailes de.......	0 ,015 à 0 ,400	0 ,020 à 0 ,035
Aile pliée....................	0 ,265 à 0 ,285	0 ,255 à 0 ,268
Poids.........................	0^k,187 (1 mâle).	

298 DＲ LOUIS BUREAU.

poussins en duvet. Le 27 août, il y avait des jeunes assez gros, mais faiblement emplumés, qui plongeaient bien, tandis que les mères attaquaient les voyageurs en criant d'une manière semblable à celle de la Litorne (*Turdus pilaris*). Après avoir quitté la plaine d'alluvions et gagné la montagne, on ne trouva plus la Mouette de Sabine.

OEufs. — « Les œufs de cette Mouette sont longs de 43 millimètres sur 30 millimètres dans leur plus grande largeur et portent des taches brunâtres sur fond vert-jaunâtre sale. » (Middendorff.)

La description que je viens de reproduire est accompagnée de la figure d'un œuf (1).

De son côté, le professeur A. Newton a décrit et figuré l'œuf de cet oiseau d'après des spécimens recueillis, par Mac Farlane, dans la baie de Franklin (2).

Jeune en duvet. — L'éclosion, d'après les observations de Middendorff, aurait lieu vers la fin de juillet, époque très tardive si on la compare à celle des premiers œufs pondus par la Mouette rieuse, *Larus ridibundus*, qui, en Angleterre, a lieu vers le 5 mai. (Les derniers œufs pondus par la Mouette rieuse éclosent à une époque que je ne connais pas.)

Jeune en premier plumage ou avant la première mue. — Au commencement de septembre, les poussins de Middendorff auraient été en état de voler. Mais les éclosions sont évidemment échelonnées pendant un certain temps, puisque M. Dresser (3) décrit un jeune en premier plumage tué, à la fin de juillet, à Discö Bay, dans le Groënland.

Aussitôt après avoir revêtu leur premier plumage, les jeunes quittent les lieux de reproduction et nous les voyons arriver, sur les côtes de Bretagne, soit isolément, soit par petites troupes de quatre à cinq individus, à partir du 18 septembre. Ils portent, généralement encore, à la fin de ce mois leur premier plumage complet, et il

(1) Middendorff, *loc. cit.*, p. 245, pl. XXV, fig. 1.
(2) A. Newton, *Proceed. zool. Soc.*, 1871, p. 57, pl. IV, fig. 5.
(3) Dresser, *History of the Birds of Europe*. Londres, 1874, VIII.

en est même qui, à la fin de novembre, n'ont encore pris aucune plume du deuxième plumage (décembre 1889, un spécimen commençant à muer).

Par contre, quelques plumes d'un gris cendré commencent à se montrer sur le dos de certains sujets, un peu après la mi-septembre, tandis que chez d'autres elles ne font leur apparition qu'en décembre.

Il y a donc un grand écart, d'un spécimen à un autre, dans le début de la première mue et il est à remarquer qu'il en est de même aux autres mues de l'oiseau.

La cause de cette différence dans l'époque de la mue doit, sans doute, être attribuée à une éclosion plus ou moins tardive. Middendorff, en effet, n'a probablement observé que des arrière-couvées, comme semble l indiquer la présence de deux œufs, au lieu de trois, chiffre normal chez les Laridés, et l'apparition régulière, sur les côtes océaniques de France, de mâles et femelles adultes en noces, à partir du 15 août, date à laquelle les jeunes de la rivière Taïmyr n'étaient pas encore en état de voler.

Si nous comparons, comme je continuerai à le faire, l'évolution du plumage de la Mouette de Sabine à celle de la Mouette rieuse, nous remarquerons que l'époque, toujours tardive, à laquelle commence la première mue de la Mouette de Sabine (au plus tôt, un peu après la mi-septembre) et le grand écart que l'on constate dans l'époque du début de cette mue sont des phénomènes qui ne s'observent pas dans la biologie de la Mouette rieuse.

Chez cette dernière, en effet, la première mue débute toujours beaucoup plutôt : dès le commencement ou le milieu d'août, pour se continuer en septembre.

Jeunes après la première mue. — Cette livrée, comme je l'ai dit plus haut, m'est incomplètement connue. Mais l'évolution du plumage des Mouettes à capuchon, et particulièrement de la Mouette rieuse, ainsi que les premiers indices de mue qu'il m'a été donné de constater sur de jeunes spécimens capturés en France, ne me laissent aucun doute sur l'existence et sur les caractères essentiels de cette livrée.

Chez plusieurs spécimens, encore en grande partie dans leur premier plumage, j'ai constaté, en effet, sur le dos, l'apparition de plumes nouvelles d'un *gris cendré clair unicolore.* En outre, sur un spécimen, de même âge, de la collection de M. E. Bonjour (Pornichet, 18 septembre 1896), on voit, en relevant les plumes d'un gris brunâtre de la partie postérieure du cou, que des *plumes noires* en voie de développement auraient dessiné, plus tard, une tache analogue à celle que portent, en ce point, les adultes revêtus de leur plumage d'hiver.

Il est donc certain qu'une *première mue partielle,* c'est-à-dire respectant les ailes et la queue, donne, à la Mouette de Sabine un deuxième plumage ainsi caractérisé dans ses traits principaux :

Une *tache noire* sur la nuque et le haut de la partie postérieure du cou ;

Ailes et queue du premier plumage ; cette dernière étant, par conséquent, terminée par une *barre noire.*

Si des spécimens jeunes viennent à être capturés de janvier à mars, je ne fais aucun doute qu'ils portent cette livrée.

Premier plumage de printemps. — Ce plumage est hypothétique. Mais comme il existe chez les autres Mouettes à capuchon : *Larus ridibundus, Larus minutus,* etc., il est probable qu'il en est de même chez la Mouette de Sabine.

Chez les espèces que je viens de nommer il se fait, au printemps qui suit l'année de la naissance, une *deuxième mue partielle :* les ailes et la queue du premier et du second plumage persistent, cette fois encore ; le petit plumage seulement est renouvelé, et la tête se couvre d'un capuchon. Ces oiseaux ont donc, à l'âge de dix mois, un *premier plumage de printemps* (troisième plumage), analogue à celui que prendront, l'année suivante, vers la même époque, les adultes âgés de près de deux ans, avec cette différence qu'ils gardent encore les ailes et la queue du premier plumage.

En cet état, ils ne sont pas adultes. Ils forment, en

effet, des bandes distinctes, composées uniquement de spécimens âgés d'un an. Ils n'accompagnent pas les adultes de deux ans et plus, sur les places à nids, et ne se reproduisent pas.

Quelque chose de semblable doit se passer chez la Mouette de Sabine, en mai, juin et juillet de l'année qui suit celle de la naissance.

A cette époque cet oiseau, tout en conservant les ailes et la queue du premier plumage et du second plumage, doit prendre un capuchon, comme les adultes en noces.

Je dis qu'il doit en être ainsi, parce que cette espèce, par la présence d'un capuchon, en livrée de noces, se rattache étroitement à *Larus ridibundus* et *Larus minutus*, dont j'ai suivi la biologie d'une façon complète.

Cependant, comme toutes les Mouettes n'ont pas la même évolution de plumage, il nous faudra envisager, plus loin, la possibilité d'une seconde hypothèse.

Adultes en hiver, mâle et femelle. — C'est au second été qui suit le printemps de la naissance que la Mouette de Sabine revêt, pour la première fois, le plumage d'adulte en hiver, à la suite d'une *mue totale*, c'est-à-dire atteignant les ailes, la queue et le petit plumage.

Cette livrée est caractérisée par les parties supérieures et les couvertures des ailes d'un gris cendré ; la tête et le cou blancs avec une large tache noire à l'occiput ; les parties inférieures et la queue blanches.

Adultes au printemps, mâle et femelle. — Enfin, le deuxième printemps arrive ; les adultes, alors âgés de près de deux ans, subissent une *mue partielle*, c'est-à-dire épargnant les ailes et la queue et n'atteignant que le petit plumage.

Pour la première fois, ces oiseaux gagnent les places à nids, revêtus de leur beau plumage de noces : parties supérieures gris cendré ; tête revêtue d'un capuchon bleu ardoisé, limité inférieurement par un étroit collier noir ; parties inférieures d'un blanc coloré d'une belle teinte rose ; queue blanche.

Ils se reproduisent au nord de la Sibérie. Puis, une fois

les nichées terminées, mâles et femelles émigrent, en bandes composées d'individus des deux sexes, qui se montrent peu après sur les côtes occidentales de la France.

Les spécimens qui nous arrivent, fin d'août, sur les côtes de Bretagne, en bandes composées de mâles et femelles adultes en noces et dans toutes les transitions de ce plumage au plumage d'hiver, sont âgés de deux ans, au moins.

Il est aisé de voir, en effet, aux plumes blanches usées qui se détachent de la queue, sous l'action de la mue, et qui repoussent blanches, que c'est pour la seconde fois, au moins, — et non pour la première, — qu'ils revêtent le plumage des adultes en hiver. Tous, sans aucun doute, se sont reproduits et nous arrivent des places à nids. Je ferai remarquer aussi que la mue des ailes chez les adultes, en été, est en retard sur la mue de la queue et du petit plumage, ce qui n'a pas lieu chez toutes les Mouettes.

Autre hypothèse sur l'évolution du plumage
de la Mouette de Sabine.

Dans l'exposé que je viens de faire de la biologie de la Mouette de Sabine, il y a des faits acquis et une hypothèse :

Le *premier plumage* : le *plumage du jeune après la première mue* ; le *plumage d'adulte en hiver*, et celui *d'adulte au printemps* existent.

Mais on doit se demander si *un premier plumage de printemps* vient, ou non, s'intercaler, comme c'est le cas chez *Larus ridibundus* et *Larus minutus*, entre le plumage du jeune après la première mue et le plumage d'adulte en hiver.

J'ai exposé la première de ces hypothèses et ajouté qu'elle me paraît la plus probable.

Il faut tenir compte cependant que toutes les Mouettes n'ont pas la même évolution de plumage.

C'est ainsi que :

1° Les Mouettes à capuchon du genre *Larus* portent 5 plumages différents :

Premier plumage ou jeune avant la première mue : premier plumage ;

Deuxième plumage ou jeune après la première mue d'automne : premier plumage d'hiver ;

Troisième plumage ou jeune après la première mue de printemps : premier plumage de printemps ;

Quatrième plumage ou adulte après la deuxième mue d'automne : adulte en hiver ;

Cinquième plumage ou adulte après la deuxième mue de printemps : adulte au printemps.

Tandis que :

2° La Mouette tridactyle, *Rissa tridactyla*, ne porte que 4 plumages. Chez cette espèce, en effet, le troisième plumage, correspondant à celui de *Larus ridibundus*, n'existant pas, la succession des livrées est la suivante :

Premier plumage ou jeune avant la première mue : premier plumage ;

Deuxième plumage ou jeune après la première mue d'automne : deuxième plumage ;

Troisième plumage ou adulte après la deuxième mue d'automne : adulte en hiver ;

Quatrième plumage ou adulte après la première mue de printemps : adulte au printemps.

On peut donc se demander s'il n'en est pas ainsi chez la Mouette de Sabine.

En résumé, deux hypothèses sont en présence et, bien que la première soit la plus probable, la preuve n'en reste pas moins à faire.

Le tableau ci-joint met en évidence les deux hypothèses possibles.

LARUS RIDIBUNDUS.

Mouette à 5 plumages,
pourvue d'un capuchon en livrée de noces.

Espèce pourvue d'u[n...]
1re hypothèse (5 plumages).
← Comparez à *Larus ridibundus.*

	PLUMAGES.	DATES supposées.	AILES ET QUEUE.	TÊTE, PARTIES SUP. ET INF. DU CORPS.	DATES supposées.	AILES ET QUEUE.	TÊTE, PARTIES SU[P...] DU CO[RPS...]
PLUMAGES DU JEUNE AGE.	1er plumage : Jeune avant la 1re mue.	1900. JUIN. JUILL. AOUT.	1er plumage : Ailes : rémiges et couvertures du premier âge. Queue avec une bande noire à l'extrémité.	1er plumage : Tête et parties supérieures tachées de brun roussâtre. Parties inférieures blanches.	1900. JUILL. AOUT. SEPT. OCT. NOV. DÉC.	1er plumage : Ailes : rémiges et couvertures du premier âge. Queue avec une bande noire à l'extrémité.	1er plum[age] : Front et[...] inf. blanc[...] sus de la t[...] cou et[...] sup. gris[...] tre avec bo[...] gris clair.
	2e plumage : Jeune après la 1re mue d'automne ou 1er plumage d'hiver.	SEPT. OCT. NOV. DÉC. 1901. JANV. FÉVR. MARS.		MUE PARTIELLE. 2e plumage : Tête blanchâtre avec une tache auriculaire brune. Parties sup. gris cendré. Parties inf. blanches.	1901. JANV. FÉVR. MARS. AVRIL.		MUE PAR[TIELLE]. 2e plum[age] : Une tach[e] sur l'occi[put] derrière [...]
	3e plumage : Jeune après la 1re mue de printemps ou 1er plumage de printemps. (Ne se reproduit pas.)	AVRIL. MAI. (1 an) JUIN. JUILL. AOUT.		MUE PARTIELLE. 3e plumage : Tête avec un capuchon brun. Parties sup. gris cendré. Parties inf. blanc rosé.	MAI. JUIN. (1 an) JUILL. AOUT.	do (ut suprà)?	PLUMAGE INCONNU[...] Son existence est probléma[tique...] MUE PAR[TIELLE]. 3e plum[age] Tête au[...] capuchon[...] ardoisé, p[...] moins co[...]
PLUMAGES DE L'ADULTE.	4e plumage : Adulte après la 2e mue d'automne ou adulte en hiver.	SEPT. OCT. NOV. DÉC. 1902. JANV. FÉVR.	MUE COMPLÈTE. 2e plumage : Ailes : rémiges de l'adulte, couvertures des ailes gris cendré. Queue blanche.	4e plumage : Tête blanchâtre avec une tache auriculaire brune. Parties sup. gris cendré. Parties inf. blanc rosé.	SEPT. OCT. NOV. DÉC. 1902. JANV. FÉVR. MARS.	MUE COMPLÈTE. 2e plumage : Ailes : rémiges primaires portant une large tache blanche à l'extrémité; couvertures gris cendré. Queue blanche.	4e plum[age] : Tête e[t...] blancs av[ec...] large tach[e] sur l'occi[put] Parties[...] gris cend[...]
	5e plumage : Adulte après la 2e mue de printemps ou adulte au printemps. (Se reproduit pour la première fois.)	MARS. AVRIL. MAI. (2 ans) JUIN. JUILL. AOUT.		MUE PARTIELLE. 5e plumage : Tête avec un capuchon blanc. Parties sup. gris cendré. Parties inf. d'un blanc teinté d'une vive nuance rose.	AVRIL. MAI. JUIN. (2 ans) JUILL. AOUT.		MUE PAR[TIELLE]. 5e plum[age] Tête av[ec] capuchon[...] ardoisé, [...] en bas, [...] collier no[...] plet. Parties[...] gris cend[...]

INEI.

n en plumage de noces.

2º hypothèse (4 plumages).
Comparez à *Rissa tridactyla.* ⟶

RISSA TRIDACTYLA.

Mouette à 4 plumages,
dépourvue d'un capuchon en livrée de noces.

PLUMAGES.	AILES ET QUEUE.	TÊTE, PARTIES SUP. ET INF. DU CORPS.	DATES supposées.	AILES ET QUEUE.	TÊTE, PARTIES SUP. ET INF. DU CORPS.
er plumage : ine avant la 1re mue.	*1er plumage :* Ailes : rémiges et couvertures du premier âge. Queue avec une bande noire à l'extrémité.	*1er plumage :* Front et parties inf. blancs; dessus de la tête, du cou et parties sup. gris brunâtre avec bordures gris clair.	1900. JUILL. AOUT. SEPT.	*1er plumage :* Ailes : rémiges et couvertures du premier âge. Queue avec une bande noire à l'extrémité.	*1er plumage :* Tête, cou et parties inf. blancs; une petite tache noire à la partie antéro-inf. de l'œil; une autre sur les oreilles; un demi-collier sur le derrière du cou; manteau bleu cendré sans taches.
		MUE PARTIELLE.			MUE PARTIELLE.
2e plumage : une après la 1re mue d'automne.		*2e plumage :* Une tache noire sur l'occiput et le derrière du cou.	OCT. NOV. DÉC. 1901. JANV. FÉVR. MARS. AVRIL. MAI. JUIN. (1 an) JUILL. AOUT.		*2e plumage :* Diffère à peine du précédent et seulement par l'occiput lavé de bleu cendré et la tache auriculaire plus grande et plus cendrée.
	MUE COMPLÈTE.			MUE COMPLÈTE.	
3e plumage : ulte après la 2e mue d'automne ou ulte en hiver.	*2e plumage :* Ailes : rémiges primaires portant une large tache blanche à l'extrémité; couvertures gris cendré. Queue blanche.	*3e plumage :* Tête et cou blancs avec une large tache noire sur l'occiput. Parties sup. gris cendré.	SEPT. OCT. NOV. DÉC. 1902. JANV. FEVR. MARS.	*2e plumage :* Ailes : 2e, 3e et 4e rémiges primaires avec les barbes externes gris cendré à la base; couvertures gris cendré. Queue blanche.	*3e plumage :* Face blanche; occiput et derrière du cou bleu cendré; parfois une tache auriculaire noirâtre, pas de demi-collier noir. Parties sup. bleu cendré.
		MUE PARTIELLE.			MUE PARTIELLE.
e plumage : ulte après la 1re mue e printemps ou adulte t printemps. Se reproduit pour la emière fois.)		*4e plumage :* Tête avec un capuchon bleu ardoisé, limité, en bas, par un collier noir complet. Parties sup. gris cendré.	AVRIL. MAI. JUIN. (2 ans) JUILL. AOUT.		*4e plumage :* Tête et cou blancs. Parties sup. bleu cendré.

La découverte du *premier plumage de printemps* (première hypothèse) : bande noire à l'extrémité de la queue et tête revêtue d'un capuchon, ou celle d'un *spécimen en transition*, passant du plumage de jeune après la première mue à celui d'adulte en hiver (deuxième hypothèse) peut seule donner la solution du problème biologique que je viens d'énoncer.

On conçoit dès lors l'intérêt qu'il y aurait à faire un nouvel examen des spécimens contenus dans les collections.

Dans l'un ou l'autre cas, lorsque la Mouette de Sabine est parvenue à l'état adulte (deux ans révolus), elle subit deux mues, chaque année : l'une partielle, au printemps, lui donne le plumage de noces ; l'autre totale, en été, lui fait revêtir le plumage d'hiver.

Nourriture. — J'ai ouvert l'estomac de huit spécimens. Un contenait des débris de *Coléoptères*, probablement capturés sur Hœdik ou les îlots avoisinants ; les autres ne renfermaient que des petits Poissons, en trop mauvais état pour recevoir une détermination.

NOTE SUR UN SPÉCIMEN D'ÉMEU NOIR

(*DROMÆUS ATER*)

PAR

E. H. GIGLIOLI

Professeur d'Anatomie comparée et de Zoologie des Vertébrés
à l'Institut royal supérieur, et directeur du Musée d'histoire naturelle
de Florence.

De même que l'on admettait naguère encore que les
Autruches d'Afrique se rapportaient toutes à une seule et
même espèce, on attribuait tous les Émeus d'Australie à
une seule forme largement répandue. Mais on sait maintenant qu'il y a, outre l'espèce ordinaire, l'espèce que
Bartlett a fait connaître sous le nom de *Dromæus irroratus*
et une troisième forme, aujourd'hui complètement éteinte,
le *Dromæus ater*, dont notre cher Président a fait récemment
une étude complète dans un mémoire très intéressant
publié en collaboration avec feu A. Milne Edvards (1).

En 1803, le naturaliste Péron, attaché à l'expédition
de l'amiral Baudin, explora une île située sur la côte
méridionale de l'Australie, et appelée depuis l'île Decrès
ou île des Kanguroos. Cette île était peuplée d'Émeus que
Péron attribuait à l'espèce qu'on appelait alors le *Casoar
de la Nouvelle-Hollande*. L'expédition Baudin rapporta trois
individus vivants de cette espèce, qui furent conservés au
château de la Malmaison et au Jardin des Plantes, et dont
deux vécurent dans ce dernier établissement jusqu'en
1822. M. Oustalet a montré que le squelette et la dépouille
du *Dromæus ater* qui figurent dans les galeries de Zoologie
et d'Anatomie comparée du Muséum d'histoire naturelle

(1) Centenaire du Muséum d'histoire naturelle. Volume commémoratif,
Paris, 1893, p. 246 et suiv.

de Paris sont précisément les restes de ces deux individus.
Mais on ne savait ce qu'était devenu le troisième sujet :
c'est ce que je viens de parvenir à découvrir.

Dans les magasins dépendant du Musée de Florence,
que j'ai l'honneur de diriger, il y avait depuis longtemps
un squelette très sale, relégué dans un coin et employé
quelquefois pour des démonstrations aux élèves. Le
sternum et les os des ailes étaient remplacés par des
pièces en bois; le reste était naturel.

Ce squelette portait une étiquette ainsi conçue : « Casoar
d'Australie ou de la Nouvelle-Hollande. » La détermination
me paraissait douteuse, car le crâne n'était pas un crâne
de Casoar ; mais comme le sternum et les ailes avaient été
restaurés en bois, je me disais que l'on pouvait bien avoir
ajouté encore quelque autre pièce. Cependant la tête n'était
pas une tête de Ratité, pas même une tête de Nandou
ou d'Autruche. Je me promis donc d'étudier la question.

Or, dernièrement, ayant eu l'occasion de m'entretenir
avec l'honorable Walter Rotchschild qui rédigeait une
monographie des Casoars, mon attention fut attirée de
nouveau sur le squelette dont je viens de parler, et par
un examen plus approfondi je constatai deux choses : la
première, c'est que ce squelette appartenait à un *Dromæus
ater*; la seconde, qu'il provenait du troisième sujet rapporté
par Péron, car les os longs, les côtes, le crâne même
portaient en caractères français très lisibles, d'une calli-
graphie datant du commencement du siècle, ces mots :
« Casoar mâle ». J'ai eu, en outre, la preuve que de 1825
à 1830, durant les dernières années de la vie de Georges
Cuvier, des échanges de spécimens ont été opérés entre
le Muséum d'histoire naturelle de Paris et le Musée de
Florence.

Il n'y a donc aucun doute que cet exemplaire représente
le troisième des Émeus noirs rapportés par Péron de l'île
Decrès (1).

(1) Pendant que cette communication était à l'impression, M. le professeur Giglioli a fait paraître dans l'*Ibis* (n° de janvier 1901, p. 1 et suiv.)
un mémoire plus détaillé, accompagné d'une figure, sur le squelette du
Dromæus ater du Musée de Florence.

NOTE

SUR LA

PRÉSENCE DE LA MÉSANGE A LONGUE QUEUE D'IRBY

(*ACREDULA IRBYI*, Sharpe et Dresser)

DANS LE MIDI DE LA FRANCE

PAR

LE Dr LOUIS BUREAU

Les *Acredula* reconnues en Europe, sont au nombre de huit :

Acredula caudata (Linn. *Parus*). Suède, Norvège, nord de l'Allemagne, France, Italie (1).

Acredula rosea (Blyth *Mecistura*). Angleterre, France, Italie (2).

Acredula Irbyi Sharpe et Dresser. Espagne, Italie. midi de la France, Corse.

Acredula tephronota (Günther *Orites*). Turquie d'Europe, Asie-Mineure, Resht au sud de la mer Caspienne.

Acredula macedonica Salvadori et Dresser. Mont Olympe, Macédoine.

Acredula caucasica (Lorenz *Mecistura*) (3). Caucase.

Acredula dorsalis Madarasz. Piatigorsk, Caucase.

---

(1) Giglioli : *Avifauna italica, parte prima*, Florence 1889, p. 263.

(2) Giglioli, *ibid.*, p. 264. — J'ai reçu de M. Arrigoni Degli Oddi les échantillons suivants : ♂ janvier 1900, Ancône, Marche ; ♀ octobre 1898, Crémone, Lombardie ; janvier 1900, Spezia, Ligurie.

(3) Lorenz : *Mecistura Irbyi* subsp. *caucasica. Beitr. Orn. Faun. Kauk.* Nachtr., 1887, p. 60.

Acredula senex Madarasz. Piatigorsk, Caucase.

Acredula Irbyi n'a été signalée, jusqu'ici, qu'en Espagne, en Italie et en Corse. Cette courte note a pour but de faire connaître sa présence dans le midi de la France, l'espèce n'y ayant pas encore été signalée, même par les auteurs qui ont le plus récemment écrit sur cette région.

Il y a une dizaine d'années, je reconnus, dans la collection de M. A. Alléon, une *Acredula Irbyi*, tuée par lui dans les environs de Marseille. Quelques années plus tard, il envoya un spécimen de cette espèce à M. E. Bonjour, qui le possède, à Nantes, dans sa collection. Le court séjour de M. Alléon, à Marseille, ne lui permit pas de me procurer cette espèce, et malgré les efforts que je fis pour obtenir des sujets de même provenance ou des environs, ce n'est que l'année dernière que je reçus de M. Prulière, naturaliste à Marseille, deux spécimens tués, en automne, à Saint-Zacharie, département du Var.

J'ignore si l'espèce est sédentaire ou de passage dans cette localité.

Acredula rosea (Blyth) et *Acredula caudata*, ont été jusqu'ici confondues en France. *Acredula rosea* est très répandue, sédentaire et niche.

Acredula caudata (Linn.) s'y rencontre aussi. Je ne suis pas en mesure, en ce moment, de donner sa répartition en France ; mais il me paraît utile de signaler un mâle à tête blanche, tué en 1853, à Versailles, par Petit et qui figure dans la collection du baron d'Harmonville.

M. Jules Vian possède, dans sa collection, une *Acredula caudata* mâle adulte, avec la tête entièrement d'un blanc pur, tué dans le département de la Meurthe.

D'autre part, M. A. Besnard a publié une *Note sur une variété de Mésange à longue queue* (1), relative à un spécimen capturé dans les environs du Mans, qui, par « la tête, le cou et la poitrine d'un blanc très pur » a beaucoup

____

(1) Dᵣ Julius v, Madarasz. — *A Kaukazusi Acredula-fajokról. Természetrajzi füzetek*, 1900, XXIII.

(2) *Bull. Soc. Zool. de Fr.* 1877, II, p. 176 et Angers, *Ann. Soc. linn. de Maine-et-Loire*, 1874-75, XVI, p. 34-35.

de rapport avec *Acredula caudata*, tout en étant peut-être, cependant, un *Acredula rosea*, de la région, atteint d'albinisme partiel, comme semblerait l'indiquer la coloration du dos « parties supérieures du corps variées de noir et de cendré bleuâtre » qui ne concorde pas avec celle de ces mêmes parties chez *A. caudata* et *A. rosea*. N'ayant pas vu ce spécimen, je ne puis formuler une opinion.

PREMIERS RÉSULTATS DE L'ENQUÊTE

SUR LES

MIGRATIONS DE L'ÉTOURNEAU VULGAIRE

(STURNUS VULGARIS)

PAR

M. CH. C. MORTENSEN [1]

J'ai pu constater que deux Étourneaux marqués par moi ont péri ici à Viborg (Danemark), dans l'automne de 1899 ; on en a vu deux le 7 avril 1900, près Skanderborg, à 60 kilomètres au sud-est du Viborg, et quatre ont séjourné ici ce printemps ; il paraît que de ces derniers, trois au moins ont eu des petits. J'ai eu l'occasion d'observer assez souvent ces Oiseaux et je n'ai rien pu découvrir qui me porte à croire que l'anneau les gêne en aucune façon. J'ai pourtant constaté, sur des individus tués, une légère affection de la patte marquée : il s'est formé une espèce de durillon au-dessus du doigt de derrière.

Cette année-ci (1900), j'ai marqué encore des Étourneaux, de sorte que j'ai dépassé, maintenant, le nombre de 400 ; il est vrai que des derniers marqués, plusieurs ont déjà été tués, notamment par les Chats et les Martres. Les anneaux portent cette année, du côté externe, l'inscription de « Danmark » avec un numéro d'ordre, et à l'intérieur la date de la capture, ou bien, si l'Oiseau est jeune, « Fodt 1900 » (= Né 1900).

(1) Voyez, au sujet de cette enquête et de la méthode employée, *Ornis*, t. X, n°s 1 et 2, p. 119.

CONSIDÉRATIONS SUR LA MIGRATION DES OISEAUX [1]

PAR

LE Dʳ QUINET, DE BRUXELLES

Le monde des Oiseaux opère plutôt ses migrations en longitude qu'en latitude, et la direction générale de l'itinéraire suivi sur le vieux continent incline du *nord-est* au *sud-ouest* en automne, et inversement du *sud-ouest* au *nord-est* au passage du printemps. En d'autres termes, la plupart des Oiseaux migrateurs nichent et demeurent en été dans les contrées du nord, puis vont passer leur villégiature d'hiver aux pays du midi. Mais cette direction du nord-est vers le sud-ouest n'est pas inflexible ; quelques espèces se dirigent plutôt vers le sud, d'autres vers le sud-est.

Les migrateurs qui inclinent surtout vers le sud-ouest appartiennent aux ordres des Rémipèdes et des Échassiers, tandis que les Percheurs, les Rapaces, les Grues, les Cigognes, les Cailles, sont plutôt des migrateurs du Sud.

Les autres sont des *égarés* ou des voyageurs désorientés, qu'ils nous arrivent d'Amérique ou de l'une ou l'autre région des pôles. C'est ainsi que des Grives de l'Amérique du nord (voir la Grive erratique ou *Turdus migratorius*; la Grive de Swainson et ses variétés, de la collection du château de Mariemont) ; ou bien des Oiseaux des contrées

---

(1) Ces *Considérations sur la migration des Oiseaux* avaient été déjà exposées par M. le Dʳ Quinet dans son *Vade-mecum des Oiseaux observés en Belgique*, extrait de *Forêts, Chasse et Pêche*, publié par l'administration des Eaux et Forêts de Belgique.

méridionales, comme le Héron aigrette (voy. même collection), le Martin Roselin, le Rollier, etc., font de temps en temps leur apparition en Belgique. Tels encore les Becs-Croisés des régions du nord, le Casse-Noix des forêts de la Suisse, le Miquelon glacial, les Eiders du cercle polaire, ou encore les Thalassidromes, tempête ou de Leach, venus de l'Océan atlantique, qu'ils fréquentent toute l'année, et que nous tuâmes sur le Bas-Escaut en 1898. Ce sont des Oiseaux qui n'apparaissent chez nous que très rarement : les uns y sont jetés par la tempête (Thalassidromes); d'autres, doués d'un caractère cosmopolite et poussés par le besoin de déplacement, se transportent d'un pôle à l'autre deux fois par an — non pour le plaisir de voyager, mais pour obéir à des lois supérieures, immuables — et, dans leurs longues pérégrinations, des circonstances spéciales les font parfois dévier de leur route habituelle.

La plupart des questions relatives à la migration des Oiseaux se rattachent aux phénomènes qui sont sous la dépendance de la chaleur, et s'expliquent aisément par la connaissance de quelques notions de géographie, de météorologie et d'histoire naturelle.

Nous essayerons de résumer notre manière de voir, sur ce sujet, sous forme de quelques lois faciles à saisir et qui nous paraissent donner la clef des énigmes qui semblaient rester encore à résoudre jusque dans ces derniers temps.

De la connaissance des lois de la distribution de la chaleur solaire et de l'humidité, des mouvements des eaux et de l'atmosphère, de la lutte pour l'existence, du vol dans le vent et de la mue, se dégageront, le plus facilement du monde, les causes, les itinéraires, les moyens d'action de ces voyages vraiment extraordinaires et bien dignes de fixer un instant notre curiosité et notre admiration.

Nous avons noté l'habitat d'été ou le *lieu d'origine* des espèces rencontrées en Belgique, ainsi que leurs stations hivernales. *L'aire géographique*, ou de dispersion, de

chaque espèce sera donc comprise entre les points
extrêmes de ces deux termes.

Les aires de dispersion des Oiseaux sont très variables
en étendue : chez certaines espèces, cette aire est assez
restreinte, sans qu'on puisse y trouver de motifs plau-
sibles — question de caractère, sans doute, il y a des gens
casaniers partout ; — d'autres ont des habitudes voyageuses qui les transportent dans toutes les régions du
monde, comme les Oiseaux nageurs et certains Échassiers, par exemple le Canard sauvage, le Sanderling, le
Tourne-pierre à collier, etc.

Ce sont évidemment les Rémipèdes qui pourront le plus
aisément franchir les obstacles et vaincre les difficultés
qui s'opposent à leur dispersion : toutes les mers sont en
communication l'une avec l'autre ; il n'en est pas de
même des continents.

Il en résulte immédiatement que la masse des Échassiers,
pour ne parler ici que des plus favorisés après les Rémipèdes, se verra astreinte à borner ses excursions le long
des rives des océans, jusqu'aux confins de la région
glaciale, si vous voulez ; mais il leur est interdit, sous
peine de mort, à moins de circonstances heureuses toutes
particulières, de passer régulièrement du vieux continent
au nouveau, fantaisie que pourraient parfaitement se
permettre les Oiseaux nageurs, surtout les Piscivores.

Les barrières naturelles, comme les chaînes de montagnes (Alpes, Pyrénées), les glaciers, les déserts, qui sont
des obstacles réels à la migration de certains Oiseaux de
plaine ou de bois, n'existent pas pour les Oiseaux d'eau et
de rivage, qui peuvent infléchir leur passage vers le sud-
ouest et l'ouest.

On sait que c'est de la latitude que dépend en général
le climat ; mais on n'ignore pas que tous les points situés
sous les mêmes latitudes ne jouissent pas de climats identiques ; qu'il y a des différences énormes que la configuration du sol, les montagnes, les courants sous-marins
suffisent à expliquer.

On sait aussi que les lignes *isothermes* ou d'égale chaleur ne sont pas parallèles aux latitudes, et que les lignes isothères ou *isothermes d'été* ne s'y rapportent pas davantage, pas plus que les *isothermes d'hiver*. Leur écartement excessif donne lieu aux climats excessifs, leur rapprochement aux climats maritimes, et, entre les deux, se placent les climats tempérés, comme ceux de la Belgique, de la France, de l'Angleterre, etc.

Ces différences climatériques ont donné lieu à des faunes et des flores fort variables, susceptibles de se mêler aux confins de leurs limites respectives, mais ne pouvant se remplacer dans les régions où la nature les a répartis. Les naturalistes ont distingué trois zones principales, dont les climats constituent les barrières naturelles les plus importantes du globe et les plus infranchissables, sous peine d'extinction des êtres qui ne leur sont pas spéciaux. Ces zones sont, cependant, visitées et habitées pendant quelque temps par des quantités innombrables d'Oiseaux qui passent de l'une à l'autre avec une facilité et une audace incroyables. On dirait que ces migrations ne sont que des échanges périodiques entre les habitants ailés de la zone glaciale et ceux de la zone tempérée ou de la zone torride.

Les animaux et les plantes de la zone tempérée du nord pourraient vivre et prospérer dans la zone tempérée du sud, s'il leur était donné d'y atteindre ; seuls, les Oiseaux, encore une fois, ont pu franchir la zone torride, cette barrière infranchissable aux autres espèces, et quelques sujets comme le Vanneau suisse, le Tourne-pierre, le Pluvier de Kent, la Guignette, le Sanderling, le Bécasseau canut, le Courlis, etc., ont eu la curiosité grande de pousser une pointe de reconnaissance jusqu'à ces extrêmes limites.

Pour bien comprendre et se rendre parfaitement compte de la marche des armées aériennes *inflexiblement* du nord-est au sud-ouest à l'automne et, inversement, du sud-ouest au nord-est au printemps, il importe que nous rappelions encore quelques notions générales de géographie et d'histoire naturelle.

Distribution de la chaleur solaire. — Le docteur Charbonnier (1) formule la loi suivante, qui règle la distribution de la chaleur solaire à la surface du globe :

« Sur tout le globe, la chaleur diminue en allant de l'équateur aux pôles et en s'élevant au-dessus du niveau de la mer, et, dans le groupe de terres septentrional, en s'avançant de l'ouest à l'est.

« Quelques mots seulement suffisent pour démontrer les trois éléments de la loi sus-énoncée.

« *La chaleur diminue en allant de l'équateur aux pôles :*

A l'équateur, les rayons solaires, nombreux et verticaux, produisent une chaleur excessive toute l'année.

« Aux pôles, ils sont très rares et très obliques et font même défaut complètement pendant plusieurs mois, pour se montrer ensuite sans interruption pendant le même temps. Dans ces contrées, le froid est excessif pendant la plus grande partie de l'année.

« Entre les contrées équatoriales et polaires, se trouvent des régions intermédiaires où les rayons sont moins nombreux et moins verticaux que dans les premières, moins rares et moins obliques que dans les secondes, et où la chaleur est modérée et très supportable.

« *La chaleur diminue en s'élevant au-dessus du niveau de la mer :*

« Au pied de certaines montagnes, on constate la température élevée des contrées équatoriales ; à une certaine hauteur, on jouit du climat tempéré et, au sommet, on subit le froid rigoureux des régions polaires.

« Ce fait est prouvé par deux ordres de phénomènes.

« *Dans le groupe septentrional, la chaleur diminue en allant de l'ouest à l'est :*

« 1° Les différences notables de température qui existent pour les mêmes latitudes entre les côtes occidentales et les côtes orientales.

(1) Discours sur l'enseignement de l'histoire et de la géographie, 1893.

CÔTES OCCIDENTALES.		CÔTES ORIENTALES.	
Moyenne de janvier.		*Moyenne de janvier.*	
Lat. 38° Lisbonne........	10°	Lat. 43° Vladivostock..	—15°
— 38° San Francisco...	10°	— 42° New-York.....	—10°

« 2° Les différences n'existent pas seulement aux limites extrêmes des continents. Voici une série de faits qui établissent que la température s'abaisse graduellement en s'éloignant de l'ouest. Si l'on parcourt les régions situées entre les 40 et 50 degrés de latitude, on voit la glace apparaître sur les fleuves plus tôt et se fondre plus tard à mesure qu'on s'éloigne de l'Europe. La Meuse, l'Escaut et la Seine sont rarement gelés plus de quinze jours et avant le milieu de décembre. Le Dniester se gèle pendant soixante-dix jours, et dès la fin de novembre ; le Volga, pendant cent quarante jours ; l'Amour, pendant sept mois. En Amérique, le Saint-Laurent a son cours interrompu par la glace pendant sept mois, ce qui n'arrive pas sur les fleuves de l'ouest aux mêmes latitudes.

« Ainsi, s'éloigner des côtes occidentales et s'avancer vers l'Orient équivaut à se rapprocher des régions polaires : dans l'un et l'autre cas, on voit l'hiver empiéter sur l'automne et sur le printemps, et devenir rigoureux à l'extrême. »

Distribution de l'humidité. — « Par l'action des rayons solaires, une couche des eaux océaniques passe dans l'atmosphère sous forme de vapeur, en quantité variable, se condense, est versée sur le sol et retourne par les rivières et les fleuves aux océans, pour recommencer les mêmes transformations et les mêmes pérégrinations.

« Les quantités de vapeur d'eau atmosphérique, les précipitations, sous forme de pluie ou de neige, sont variables. *L'atmosphère contient une quantité de vapeur d'eau d'autant plus grande que sa température est plus élevée.*

« Voici la traduction *géographique* de cette loi *physique : La quantité de vapeur d'eau diminue en allant de l'équateur aux pôles, en s'élevant au-dessus du niveau de la mer et en s'avançant de l'ouest à l'est (dans le groupe septentrional).*

« Cette loi, qui est à peu près identique à celle de la chaleur, fait voir que les précipitations de la vapeur d'eau ont lieu partout où se rencontrent des causes de refroidissement. L'évaporation et les pluies sont plus abondantes à l'équateur, à une faible élévation et à l'Occident, que vers les pôles, sur les plateaux élevés et à l'Orient.

« Les pluies sont rares dans ce vaste espace compris entre l'Océan glacial et la chaîne de montagnes transversale qui, de la mer Noire, pénètre en Chine; tout aussi rares, sur les plateaux des montagnes Rocheuses et des Andes et sur le plateau central de l'Espagne.

« Toutefois, les versants des montagnes qui reçoivent les vents chauds et humides font l'office de condensateurs et sont abondamment arrosés. Tels sont les versants occidentaux des Alpes scandinaves et des Ghattes occidentales et les versants méridionaux de l'Himalaya. Quant aux versants opposés de ces mêmes montagnes et aux plateaux qui s'y appuient, ils sont remarquablement secs.

« La chaleur et l'humidité sont tellement les conditions indispensables de la vie organique que les manifestations vitales se réduisent dans les mêmes proportions que la chaleur et l'humidité diminuent. »

Lois des mouvements des eaux et de l'atmosphère. — « Dans les contrées équatoriales, les eaux, les terres et l'atmosphère s'échauffent et se dilatent par la radiation solaire, et ces mêmes éléments se refroidissent dans le voisinage des pôles. Ces différences de température déterminent dans les océans et dans l'atmosphère des courants qui se dirigent, les uns de l'équateur vers les pôles, les autres des pôles vers l'équateur. Ces courants constituent des magasins ambulants, qui vont réchauffer ou refroidir les pays qu'ils visitent.

« Sous ce rapport, les courants marins les plus importants sont le Gulf-stream, partant du Golfe du Mexique et se dirigeant vers l'Europe, et les deux courants froids qui baignent les côtes orientales de l'Asie et de l'Amérique du Nord.

« Grâce aux chaudes haleines du Gulf-stream, la côte

européenne est réchauffée sur une étendue de près de 500 lieues et jouit d'une chaleur humide et tempérée.

« Plus de 100 000 000 d'habitants doivent leur existence au Gulf-stream et, ce qui n'est pas moins important, c'est que cette population est la plus dense, la plus industrielle, la plus civilisée et la plus libre du monde.

« Les deux courants froids des côtes orientales asiatique et américaine rendent les terres presque inhabitables jusqu'au 40ᵉ degré, c'est-à-dire sur une étendue de 500 lieues.

« La mer, en face de Pékin, se gèle tous les ans et l'on sait avec quelle rigueur les hivers sévissent à New-York. En Europe, le climat est encore assez clément au 60ᵉ degré pour permettre la culture du froment; en Asie et en Amérique, sa culture n'est plus possible (sur les côtes) au delà du 40ᵉ.

« Des courants analogues aux premiers s'établissent dans l'atmosphère. Les uns partent de l'équateur : par suite de l'échauffement du sol, l'air s'élève, s'incline ensuite, se dirigeant vers les pôles, se refroidit vers le sol à la latitude de la zone tempérée. D'autres partent des pôles : celui du pôle Nord est le plus intéressant; il rase le sol, pour venir remplacer le vide produit au voisinage de l'équateur. Ce courant se dirige du nord-est au sud-ouest, en refroidissant les vastes plaines continentales de la Sibérie, de la Russie, de la Tartarie et du Canada. »

A l'aide de ces données incontestables, il est facile de se rendre compte des mouvements de translation bisannuelle des Oiseaux migrateurs des contrées du Nord vers celles du Midi. Ainsi, à l'automne, ces mouvements *doivent* se faire dans la direction du *nord-est* au *sud-ouest*, indiquée par les eaux du Gulf-stream et par le courant atmosphérique froid, qui descend du pôle Nord et chasse les Oiseaux vers l'équateur, s'ils ne veulent pas être gelés.

La *hauteur de leur vol* n'est jamais bien considérable, 1 000 mètres maximum, et s'explique par la raréfaction et le refroidissement de l'air en altitude. Les grands Échas-

siers se tiennent dans la nue ; la plupart de nos voyageurs,
à quelques centaines de mètres de hauteur ; les Alouettes
et les Hirondelles rasent souvent le sol.

La *régularité* extraordinaire avec laquelle la plupart de
nos migrateurs nous arrivent ou nous quittent, et qui est,
pour beaucoup d'entre nous, un sujet d'étonnement, une
chose incompréhensible, s'explique au contraire parfaitement si l'on réfléchit que ces phénomènes périodiques
ne sont pas le fait de leur caprice ou de leur volonté,
mais sont régis par les lois mécaniques immuables qui
gouvernent notre planète. Les jours, les nuits, les saisons,
les pluies, les vents, les courants, tout est réglé avec une
précision presque mathématique, par la *chaleur solaire*
(et les mouvements astronomiques), et comme c'est elle
qui distribue inégalement les climats ou les zones et leur
donne leurs caractères principaux, les Oiseaux, bien que
leur organisation supérieure et privilégiée en fasse des
enfants gâtés de la nature, sont tenus d'y obéir et de s'y
conformer, sous peine de déchéance et de disparition.

Ainsi, dans le *département chaud*, qui est placé à cheval
sur l'équateur, la chaleur est excessive toute l'année. Les
jours et les nuits sont toujours égaux. L'année se divise
en une saison humide et une saison sèche. Les pluies sont
périodiques et d'une abondance extrême ; elles suivent la
marche du soleil, et, comme nos Oiseaux suivent la
marche du soleil, on voit qu'ils redoutent la sécheresse,
qui tue les Insectes et la végétation dont ils doivent se
nourrir.

Au nord de l'équateur, les pluies tombent d'avril à
octobre, ce qui concorde avec leur présence dans cette
partie du globe, et la sécheresse suit, d'octobre à avril.

Les saisons ont une marche inverse de l'autre côté de
l'équateur. Les vents ou courants atmosphériques sont cons-
tants ou périodiques ; les plus importants de ces derniers
sont les *moussons* qui, au nord de l'équateur, soufflent du
sud-ouest pendant six mois, d'avril à septembre, et du
nord-est, d'octobre à mars. Or, comme la plupart des
migrateurs repassent chez nous en mars-avril, et que la

loi du vol veut que l'Oiseau voyage dans le vent, c'est-à-dire à *contre-vent*, ils partent précisément de la zone chaude avec la certitude d'être favorisés par un vent *nord-est*, tout juste ce qu'il leur faut pour entreprendre le voyage. Enfin, comme les côtes de la zone torride sont plus habitées et plus habitables que l'intérieur des continents, où la chaleur est plus insupportable à cause de sa sécheresse extrême, c'est sur les côtes que nos migrateurs ont soin de séjourner et d'hiverner.

Dans la *zone glaciale*, le froid est généralement excessif et prolongé ; à l'hiver succède une saison fort courte et improprement appelée été, qui n'accorde aux Oiseaux migrateurs que tout juste le temps nécessaire d'achever leurs couvées et de changer leurs habits de noces contre une tenue de voyage plus modeste. Le passage d'une saison à l'autre est brusque et se fait à date fixe, ce qui les force à quitter les lieux qui les ont vu naître, avec cette *régularité* qui fait notre étonnement.

Il est évident que l'obligation d'attendre un vent favorable et une foule de petites contrariétés locales, comme des pluies continuelles, des sautes de vent, des journées très chaudes ou très froides, et autres incidents de nos climats si variables de la zone tempérée, pourront jeter quelque perturbation dans cette direction absolue vers le sud-ouest et dans la régularité des passages de certaines espèces; mais les Oiseaux de haut vol et les grands voiliers, comme les Martinets, les Cigognes, la plupart des Oiseaux de rivage, nous quittent et nous reviennent avec la régularité d'un chronomètre, quasi au jour et à l'heure des années précédentes. Et, lorsque les vents contraires à la migration persistent, les voyageurs se décident à tirer des bordées, à louvoyer, mais à contre-cœur, parce qu'ils savent qu'ils marchent par le chemin le plus long, au risque d'épuiser leurs forces et de tarir leurs pelotes de graisse, magasin de réserve pour les mauvais jours où il faudra jeûner, quand ils seront surpris par les tourmentes ou la disette des lieux de stationnements.

L'action du froid, d'après nous, est *très accessoire*, pour la plupart de nos migrateurs, et, si nos Insectivores, Baccivores et Granivores trouvaient de quoi se sustenter l'hiver, ils n'entreprendraient pas, de gaîté de cœur, ces longs et périlleux voyages. Les preuves de cette assertion, nous les trouvons dans ces faits d'observation courante que, chez certaines de nos espèces migratrices, Granivores ou Baccivores, comme les Alouettes, les Pinsons, les Bruants jaunes, les Linottes, les Rouges-gorges, les Grives litornes, les petites Mésanges, beaucoup d'individus essayent de passer l'hiver chez nous, et ne nous quittent que contraints et forcés par les rigueurs de cette saison ou par les neiges abondantes qui suppriment pour eux tout moyen d'existence.

Et tenez, le plus bel exemple qu'on puisse donner ici de ce mépris du froid, tant qu'il y aura de quoi subsister, est celui de la Linotte de montagne, un petit Oiseau gros comme le pouce et qui hiverne tous les ans à l'île de Saeftingen et aux schorres de Santvliet, parce qu'il y trouve à manger jusqu'au mois de mars. On le rencontre là, depuis fin octobre pendant tout l'hiver, quelque rude qu'il soit, en bandes d'un millier d'individus. Nous l'y avons vu, par — 10°, alors que tout l'Escaut n'était qu'une glace, cramponné aux tiges des *Aster*, dont il épluchait les graines alors en pleine maturité.

D'autre part, on serait tenté de croire qu'il y a des Oiseaux qui émigrent pour le plaisir de voyager, par besoin de mouvement, de déplacement, de curiosité peut-être, alors qu'il y a encore abondance de nourriture pour eux dans les contrées qu'ils vont quitter pour suivre leur caprice ou obéir à la loi mystérieuse de l'hérédité. Il y a chez eux, comme chez les humains, des races plus vagabondes les unes que les autres ; il y a des espèces cosmopolites qui ne sont bien nulle part et sont travaillées par la nostalgie des voyages, sans motifs apparents. Les Oiseaux de rivage, dirait-on, sont de ceux-là, puisqu'ils peuvent séjourner l'hiver sur les côtes maritimes de l'ouest, où l'ourlet du flot leur apportera, à chaque marée, de quoi satisfaire leurs insatiables appétits. En apparence, oui ;

mais, en réalité, nous pensons que les Oiseaux de rivage, en général, ne trouvent plus sur les bords de la mer, en hiver, la même faune d'Insectes, Crustacés, Mollusques, Annélides, que pendant les autres saisons de l'année, et que, s'ils émigrent et subissent la double mue, ce n'est pas tout à fait pour satisfaire leurs goûts aventureux. Nous croyons qu'ils n'échappent pas à la loi générale, et que c'est contraints et forcés qu'ils émigrent à la recherche d'une nourriture appropriée à leurs besoins. Et, nous ajoutons que le *défaut de lumière*, par ces longues soirées et nuits d'hiver, qui peut être invoqué comme une *cause secondaire sérieuse* de migration pour les espèces qui se nourrissent le jour et voyagent en pleine lumière, ne saurait être mis en balance en faveur des Oiseaux de rivage, puisque la plupart d'entre eux sont noctambules, mangent surtout la nuit et émigrent par l'obscurité la plus profonde.

Et, nous avons, pour justifier cette manière de voir, deux Oiseaux bien connus du Bas-Escaut, le Courlis cendré et l'Huîtrier Pie-de-mer, pour ne citer que ceux-là. Voilà deux Echassiers qui hivernent chez nous et ne nous quittent pour ainsi dire jamais, tout simplement parce qu'ils trouvent leur subsistance toute l'année aux rives et aux *schorres* du fleuve. La Pie-de-mer se gorge de Moules toute l'année, et le grand Courlis sonde les vases jusqu'à extinction de Vers et autres proies à sa convenance.

La *lumière* pour beaucoup d'espèces est absolument indispensable à la recherche de leur nourriture, abstraction faite de leur amour du soleil, et l'on comprend que beaucoup d'Oiseaux ne puissent jeûner tous les jours, pendant des mois, depuis quatre à cinq heures du soir jusqu'au lendemain sept heures du matin. Ils émigrent, ceux-là, au pays du soleil, là où la longueur des jours leur permet de réparer les pertes et de subvenir plus souvent et plus longtemps à leurs besoins.

La *faim* donc, la faim toujours, est le seul et unique mobile des migrations et, tandis que cette impérieuse nécessité chasse de nos plaines, de nos bois, de nos marais

et de nos cours d'eau nos chanteurs et nos vadeurs, elle
force les armées des Oiseaux aquatiques, nés plus
au nord, à passer l'automne ou à séjourner l'hiver chez
nous.

Ainsi se font les échanges périodiques entre les Oiseaux
de l'extrême nord et ceux de la zone tempérée, où les mers
ne gèlent pas ; et ceux-ci leur cèdent la place pour aller
hiverner aux pays chauds. Telle cause de climat ou de
nourriture, qui décide le départ d'un Oiseau, est précisément celle qui détermine l'arrivée d'une autre espèce.

Même ceux qui en vivent, les brigands de l'air, les
Rapaces, suivent ou précèdent les bataillons ailés pour
décimer leurs bandes.

Ils savent par cœur les bons endroits de passage de telle
ou telle espèce ; ils connaissent les veines de migration, en
tel ou tel pays que les Oiseaux devront traverser, et deux
fois l'an, les forts, les espèces dites *nobles*, se voient
forcés d'abandonner leur aire natale comme le plus simple
oisillon de nos buissons.

« Le temps de migration, dit Michelet (*L'Oiseau*), est un
temps de carnage. La loi qui pousse au sud les tribus des
Oiseaux, pour des millions d'entre eux, c'est une loi de
mort.

« Beaucoup partent, quelques-uns reviennent ; à chaque
station de la route, il leur faut payer un tribut de sang.
L'Aigle attend sur son roc, l'homme attend dans la vallée ;
ce qui échappera au tyran de l'air, celui de la terre le
prendra. Beau moment, se dit l'enfant ou le chasseur ;
enfant féroce dont le meurtre est le jeu. Dieu l'a voulu
ainsi, dit le pieux glouton. Résignons-nous. Voilà les ju-
gements de l'histoire sur cette fête de massacre. Nous n'en
savons pas plus, l'histoire n'a pas écrit ce qu'en pensent
les massacrés. »

Il n'est donc pas étonnant qu'à la migration d'automne
les Oiseaux nous arrivent en bandes innombrables, surtout
si les couvées ont bien réussi, pour nous repasser au printemps en petites bandes disséminées, souvent même par
couple, après avoir vu leur nombre successivement cimi-

nuer en route par toutes espèces d'accidents, méfaits, sinistres.

Autant ils s'arrêtaient et s'amusaient, en automne, à jouir des beaux jours et à ceindre leurs reins d'une triple couche de graisse — réserve aux jours de disette, — autant ils ont hâte de remonter, au printemps, vers les contrées qui les ont vus naître, pour obéir à la grande loi de la reproduction et de la conservation de l'espèce.

Ils se disséminent ainsi et se répartissent sous les diverses latitudes, chacun selon ses besoins et ses facultés, mais toujours de façon à pouvoir élever leurs familles avec les ressources des milieux qu'ils se sont choisis et avec le plus de chances de sécurité pour leurs progénitures.

SUR LE RÉGIME ALIMENTAIRE DES OISEAUX

PAR

LE Dʳ QUINET, DE BRUXELLES

Les recherches sur le régime alimentaire des oiseaux sont demeurées isolées, et les tentatives entreprises dans ce sens par quelques ornithologistes manquent souvent de précision et d'exactitude nécessaires ; de plus, elles n'ont pas l'autorité voulue pour être admises par tout le monde, sans compter qu'elles se contredisent souvent.

Dans le Bulletin du Comité ornithologique international l'*Ornis*, tome X (1899), n° 3, se trouvent précisément consignés quelques tableaux indiquant le régime alimentaire de certains Oiseaux.

Ces recherches sur le contenu de leurs estomacs aux diverses époques de l'année sont dues à un modeste savant du Muséum de Paris, feu Florent Prévost, qui pendant vingt ans, paraît-il, s'acharna à vouloir substituer des données positives aux renseignements vagues, aux appréciations spéculatives ou sentimentales qui régnaient alors (de 1840 à 1860) et, il faut bien le dire, qui règnent encore aujourd'hui sur cette question si controversée.

C'est grâce aux fouilles faites dans les archives du laboratoire de Zoologie du Muséum d'histoire naturelle qu'un autre savant, M. le Dʳ Oustalet, a pu reconstituer ces précieux tableaux.

Je rends ici un hommage public à ces chercheurs infatigables qui ont tant fait pour cette belle science qu'est l'ornithologie, et qui se complètent si heureusement en cette occurrence le premier par ses études expérimentales, le second par les études comparatives qu'il a faites sur les documents similaires publiés dans le cours de ces dernières années par divers naturalistes, et par les remarques judicieuses dont il a fait suivre les observations de Florent Prévost.

Depuis quelques années, j'ai entrepris également des recherches de même ordre grâce à l'autorisation de capturer les Oiseaux réputés insectivores qu'a bien voulu me faire délivrer l'intelligente Direction des eaux et forêts de Belgique ; grâce aussi à mes chasses et tenderies qui me procurent la plupart des Oiseaux migrateurs d'Europe. Mais je m'aperçus bientôt que mes faibles connaissances en entomologie ne me permettaient pas de poursuivre avec fruit ce genre de recherches, et je confie désormais les autopsies des Oiseaux capturés à M. Séverin, entomologiste au Musée d'histoire naturelle de Bruxelles. Nous en ferons connaître les résultats plus tard, mon collaborateur étant malheureusement malade en ce moment.

J'estime que si l'on veut arriver à un résultat vraiment scientifique et pratique, il faudra que les Gouvernements des nations européennes confient à des naturalistes, qui ont fait de l'entomologie une science spéciale, la tâche souvent fort difficile de diagnostiquer les débris alimentaires dans le tube digestif des Oiseaux.

Pour vous convaincre de cette difficulté et du vague des renseignements fournis jusqu'à ce jour, qu'il me soit permis de passer au crible d'une légère critique un des tableaux de l'ornithologiste Florent Prévost publiés dans l'*Ornis* de juin 1900.

Je prendrai à dessein des Oiseaux bien connus de tout le monde, et dont la réputation de haute utilité est universelle.

J'aborde le Rossignol de Florent Prévost (*Ornis*), p. 132.

10 février : (Sicile) Larves (lesquelles?); chrysalides (lesquelles ?)

Si ces larves appartiennent à des Insectes utiles, ou si

ces chrysalides appartiennent à un Papillon nuisible, mais sont piquées par des Ichneumons, l'Oiseau a *mal* fait.

15 mars : Harpales. (Carabides carnassiers ; Insectes *utiles* à moins qu'ils ne fussent, des destructeurs d'Insectes utiles aux plantes.)

Lombrics (utiles ou du moins considérés comme tels, à moins que les Lombrics chargés de spores de champignons ne fussent des propagateurs de maladies aux végétaux). En ce cas l'Oiseau a *bien* fait.

C'est le cas de dire que les apparences sont souvent trompeuses.

17 mars : Mouches (utiles ; elles détruisent les matières en décomposition).

19 mars : Larves de Coléoptères (lesquels? Les uns sont phytophages, les autres carnassiers. J'en ai cité des masses qui sont utiles).

23 mars : Papillons (utiles ou nuisibles : sur quoi vivaient-ils? sur l'ortie, sur la ronce, sur la bruyère, sur le poirier, le pommier ?)

11 avril. Ténébrions?? (lesquels, les nuisibles ou les utiles ?) Mélosomes (indifférents). Vers de farine.

Dans une région on exploite une plante : elle est utile ; dans une autre région, on la détruit : elle est nuisible. Les bruyères, par exemple, dans le Brabant sont nuisibles ; dans les Ardennes, elles sont utiles, ou elles servent aux apiculteurs.

L'Oiseau est utile en Brabant, nuisible à Liège en mangeant les mêmes (?) Insectes.

Diptères (lesquels ? Cet ordre se compose surtout d'insectes plutôt incommodes comme les Mouches, les Cousins, les Taons, les Puces ; mais il y a beaucoup de Diptères utiles : tels les Entomobies dont les Larves vivent surtout en parasites sur les Chenilles des Lépidoptères ; les Asilides, les Leptides, les Empides, les Bombyles, les Syrphes dévoreurs de Pucerons ; les Muscides).

20 avril : Charançons (lesquels? Le *Tanymecus* est très commun sur les Orties ; donc utile).

Chenilles (lesquelles?)

23 avril : Curculionides? (Même question.)

28 avril : Forficule ou Perce-oreille. Si l'espèce est abondante dans un jardin elle peut être nuisible ; dans les bois où vit le Rossignol, elle doit être indifférente.

Noctuelles. (Papillons dont les Chenilles causent de grands dégâts aux plantations, aux cultures. Est-ce la Noctuelle des moissons, qui s'attaque aux Betteraves? est-ce la Noctuelle qui s'attaque aux Navets, aux Choux, aux Salades? Est-ce la Noctuelle des potagers? Ou celle du Pin? — Et si ces Chenilles étaient piquées par les Ichneumons?)

29 avril : Larves ou Diptères (?)

1er mai : Araignées, Vers. (L'Araignée prend de tout dans son filet, plutôt *utile*. Vers : utiles par leur fabrication d'humus, de terreau ; par l'ameublissement et l'oxygénation du sol.)

2 mai : Hannetons. Ah ! enfin, voilà au moins quelque chose ou nuisible ou vraiment nuisible ; l'Oiseau a bien fait de manger un Hanneton ou deux, mais pas plus ; ou trois, en tout cas, car son estomac est beaucoup plus petit qu'un seul Hanneton.

Larves, Iules, Vers. (Toujours la même question : lesquels?)

14 mai : Hannetons (toujours avec un *s.* : soit, passons). Larves, Vers (?)

17 mai : Chenilles, Larves, Vers rouges. (Voilà une indication déjà plus précise ; les Vers sont rouges, mais sont-ils utiles ou nuisibles? plutôt utiles, les Vers rouges servent d'amorce aux pêcheurs. Ce sont des larves de Tipules, grands Moustiques, qui ne piquent pas l'homme.)

1er juin : Sauterelle Clyte (*Clytus*).

Ce n'est pas de la Sauterelle d'Algérie, je suppose, qu'il s'agit et qui est presque aussi longue que le Rossignol.

Est-ce la grande Sauterelle verte (*Locusta viridissima*)? Celle-ci est un Insecte carnassier des plus utiles, qui dévore les chenilles et les larves sur les buissons et les arbres. Jamais elle ne mange de substance végétale. Est-ce une autre Sauterelle ? Et que mangeait-elle ? Je n'en sais rien. Les Sauterelles ne vivent d'habitude que dans les endroits arides, les prairies maigres suivant les espèces.

Mais que mangeait-elle donc, je vous en prie ? Mystère, l'Oiseau seul aurait pu le dire.

Clyte (*Clytus*), Coléoptères longicornes mangeur des bois. C'est un animal nuisible sans conteste ; mais si l'Insecte a déjà pondu ses œufs, sa destruction par l'Oiseau n'a plus d'importance. Mais admettons qu'il ait capturé une femelle, vierge, remplie d'œufs : dans ce cas seulement l'Oiseau aura fait excellente besogne, et œuvre utile.

15 juin : Araignées, Lombrics (à quinze jours de distance l'Oiseau détruit son œuvre et fait de la mauvaise besogne en dévorant des bêtes utiles).

19 juin : Scolytes (Coléoptères xylophages) tous très nuisibles aux bois ; mais les forestiers ont plus de confiance dans la décortication, le goudron et les arbres pièges, que dans l'appétit des Oiseaux pour s'en débarrasser.)

26 juin : Larves de processionnaires (Lépidoptères bombycides du Pin ou du Chêne ?

J'admets volontiers cette détermination : ces Insectes sont nuisibles ; mais les Oiseaux n'ont garde de toucher aux bourses pleines de Chenilles qui constituent les nids des chenilles processionnaires, sachant que des poils urticants s'en détacheraient et pourraient leur causer des douleurs fort vives aux yeux. Encore une fois ici leur action protectrice est mince, sinon nulle, et le feu des torches, en été pour le Chêne, en hiver pour le Pin, remplace le feu sacré que ne mettent guère les Oiseaux à en débarrasser nos arbres.

2 juillet : Pyrale des feuilles de la vigne (très nuisible, mais l'eau bouillante en arrosage sur les ceps détruit les chenilles). Vers (utiles, il y a compensation le 2 juillet).

7 juillet : Chrysomèles (lesquelles ? Celle de la Menthe qui est dans les prés humides ? elle est indifférente. Les autres vivent à terre de plantes basses indifférentes).

15 juillet : Lupère (*Luperus*)? Chrysomèles (vivant sur quoi ?)

19 juillet : Larves de Noctuelles (utiles ou nuisibles? renseignements incomplets).

28 juillet : Coléoptères, Vers (idem.).

29 juillet : Curculionides (?) Chrysomèles (?) Diptères (?)

1er août : Larves de Noctuelles, Vers rouges. (Même question.)

12 août : Lampyres (utiles et très jolies les soirs d'été ; double faute de la part de l'Oiseau).

14 août : Taupin (lesquels? Les Sautrillots ne sont guère nuisibles du reste).

Locuste (grande Sauterelle verte, très utile).

25 août : Mouches ; Noctuelles (?)

2 septembre : Mouches, Noctuelles, Vers de terre. (Destruction de 2 espèces de bestioles utiles, et d'une nuisible.)

14 septembre : Pucerons du Chêne. (Espèces utiles aux Fourmis ; le plus souvent les Pucerons sont indifférents, mais sales. Ce qu'en pourrait dévorer toute l'année un Rossignol ne compte pas en comparaison de leur multiplication par milliards.

23 septembre : Chermès (lesquels?)

Cercopis (Cercope sanglante, petit Insecte rouge des bois humides, insignifiant).

25 septembre : Sauterelles, utiles ou indifférentes.

7 octobre : Harpales (utiles). Grillons musiciens stridulents de la campagne : l'été ne feront jamais une concurrence bien sérieuse au roi des chanteurs, qui peut hardiment les laisser en paix ; ils ne gênent personne.)

Bilan pour une année.

1° Le régime alimentaire du Rossignol est exclusivement celui d'un Oiseau insectivore.

2° L'ornithologiste n'a pu déterminer qu'une dizaine d'Insectes véritablement nuisibles : Hannetons, Clytes, Scolyte, Pyrale de la vigne, Noctuelles, Chermès, Processionnaires, Pucerons.

3° A côté de ces dix Insectes Curculionides nuisibles, des masses d'Insectes probablement nuisibles vivant sur des plantes non cultivées et, au moins, dix Insectes, Arachnides et Vers utiles : Harpales, Lampyres, Locustes, Araignées, Vers de terre, Vers rouges, Mouches, et autres Diptères utiles.

C'est peu pour un Oiseau qui passe pour un insectivore utile au premier chef.

Que la protection universelle dont il jouit en Europe lui soit légitimement accordée pour l'éclat et la beauté incomparable de son chant, soit ; mais son utilité réelle, d'après le dossier dressé ci-dessus, est fort contestable.

Il en serait probablement de même de toute la famille des Rubiettes, des Fauvettes et autres insectivores, y compris les Hirondelles qui détruisent plus des trois-quarts d'Insectes dits utiles pour moitié d'Insectes dits nuisibles à nos intérêts.

Je bornerai là cet examen critique ; j'ai hâte d'arriver aux conclusions légitimes suivantes, but de ma communication :

En présence des résultats incomplets et souvent contradictoires des recherches expérimentales sur le contenu des estomacs de nos principaux Oiseaux d'Europe, nous sommes en droit de dire que le régime alimentaire de ces Oiseaux n'est pas *scientifiquement* établi jusqu'ici.

Je le répète : aux renseignements vagues, aux appréciations spéculatives ou sentimentales il faut substituer des données positives.

NOTE

SUR UN

CAS DE NIDIFICATION ANORMALE DU MARTIN-PÊCHEUR

(ALCEDO ISPIDA)

PAR

M. R. REBOUSSIN

On sait que le Martin-pêcheur a l'habitude de nicher dans des trous creusés au flanc des berges, des rivières ou des ruisseaux, ou sinon d'une faible distance de l'eau, comme je l'ai observé à Monplaisir (Sargé, Loir-et-Cher) où j'ai trouvé un nid de cette espèce établi dans une assise de sable, près d'un bois, à 25 mètres d'un ruisseau. Cependant le 6 mai 1898, sur le revers d'un coteau boisé, situé à 200 mètres du Loir, j'ai découvert dans un talus, sous une grosse racine, un couloir où un Martin-pêcheur avait établi son nid.

Une personne très digne de foi m'a cité un fait qui montre encore mieux que cet Oiseau ne s'astreint pas rigoureusement à nicher dans le voisinage des eaux. Elle connaissait, en effet, un nid de Martin-pêcheur placé dans un bois à 2 kilomètres environ de toute nappe d'eau.

NOTE

SUR LA

NÉCESSITÉ DE CLASSER LE MARTIN-PÊCHEUR

PARMI LES OISEAUX NUISIBLES

PAR

C. RAVERET-WATTEL

La station agricole du Nid-de-Verdier, près Fécamp, est visitée, chaque année, par de nombreux Martins-pêcheurs (*Alcedo ispida*). Ces oiseaux ne semblent pas nicher dans les environs immédiats de l'établissement, car nous ne les voyons guère apparaître que dans la première quinzaine de juin, et les jeunes sont déjà à peu près aussi forts que les adultes. C'est en août-septembre qu'ils se montrent le plus nombreux. Rarement on en voit, passé le 15 octobre.

En amenant le repeuplement des petits cours d'eau qui nous avoisinent, la création de la station de pisciculture paraît avoir augmenté l'abondance des Martins-pêcheurs dans la région. C'est, du moins, ce qui semble ressortir du relevé ci-après de nos captures depuis l'ouverture de l'établissement :

En 1892	26
1893	35
1894	37
1895	64
1896	78
1897	101
1898	112
1899	165
TOTAL	618

D'après ce que nous avons pu observer de leurs allures autour de nos bassins d'alevinage, ainsi que d'après l'examen fait du contenu de plusieurs estomacs, j'estime que la consommation journalière d'un Martin-pêcheur doit bien s'élever à une dizaine d'alevins déjà d'une certaine taille. Sur de tout jeunes alevins, la destruction peut être d'une cinquantaine par jour. On voit par là quel tort de semblables pillards causent aux pisciculteurs.

A l'instar de ce qui se fait à l'étranger, où les établissements de pisciculture ont également beaucoup à souffrir des déprédations des Martins-pêcheurs, nous avons jusqu'à présent détruit ces Oiseaux, soit à coups de fusil, soit avec des pièges, nous appuyant sur ce principe inscrit dans la loi que toute personne a le droit de repousser et de détruire, par tous moyens, les animaux qui causent un tort grave à la propriété, voire même au gibier et au poisson des étangs.

J'ajouterai qu'il est à ma connaissance que, dans plusieurs départements, des propriétaires d'établissements piscicoles sont obligés, eux aussi, de se servir du fusil ou d'engins destructeurs pour protéger leurs bassins d'alevinage contre l'invasion des Martins-pêcheurs, et qu'ils ne paraissent pas avoir été inquiétés pour ce fait.

Mais, malgré la nocuité indiscutable de ces Oiseaux, est-on réellement bien autorisé à les tuer où à les capturer ainsi à l'aide de pièges ?

Pour donner, à ce sujet, toute sécurité aux pisciculteurs ; pour leur permettre de défendre efficacement, et sans crainte d'aucune difficulté, la population de leurs bassins contre des maraudeurs qui détruisent des quantités considérables de poissons, il me paraîtrait indispensable que le Martin-pêcheur fût officiellement classé au nombre des Oiseaux nuisibles.

Aucune considération ne semble pouvoir militer en faveur d'une espèce qui ne fait que commettre des déprédations. Si certains Oiseaux, habituellement granivores ou frugivores, peuvent, bien que très dévastateurs, rendre temporairement quelques services, à l'époque de l'année où ils ont des petits, pour la nourriture desquels des Insectes leur sont nécessaires, rien de semblable n'existe pour le Martin-pêcheur qui, quel que soit son âge, ne vit jamais que de poisson, et prélève un très lourd tribut, aussi bien sur la population des rivières que sur celle des établissements de pisciculture.

Ce serait, d'ailleurs, à tort qu'on objecterait la rareté relative de cet Oiseau et qu'on s'appuierait sur son peu d'abondance pour le considérer comme souvent inoffensif.

Si le Martin-pêcheur n'est pas partout très abondant, c'est simplement parce que les rivières sont aujourd'hui dépeuplées. Précisément parce qu'il est uniquement ichthyophage, le Martin-pêcheur ne trouve pas partout à se nourrir, et c'est seulement l'état de ruine de nos cours d'eau qui l'empêche de pulluler. Comme le fait ressortir le relevé ci-dessus donné des captures faites au Nid-de-Verdier, dès que le repeuplement d'une rivière s'effectue, on voit le Martin-pêcheur se multiplier abondamment dans la région.

J'estime donc que le classement du Martin-pêcheur au nombre des Oiseaux nuisibles serait pleinement justifié.

NOTE

SUR UN

NID D'ÉTOURNEAU VULGAIRE

(*STURNUS VULGARIS*)

PAR

M. R. REBOUSSIN

En juin 1897, M. Léauté, contre-maître de la tannerie de mon père, trouva sous un comble un nid d'Étourneau d'une construction très remarquable, mais qui était en fort mauvais état, ayant été bâti l'année précédente et était alors occupé par un Martinet. Je ne pus donc le faire figurer dans ma collection de nids, et l'année suivante des Moineaux s'y établirent, d'où superposition d'un deuxième nid sur celui de Sansonnet. Celui-ci était entièrement tressé avec des violettes. Lorsqu'il était dans toute sa fraîcheur, il devait constituer une véritable merveille, d'autant plus surprenante qu'il appartenait à un genre d'Oiseaux qui nichent sans beaucoup d'art.

DER KRAMMETSVOGELFANG

BEI

HANS FREIHERR VON BERLEPSCH

Als erste Vorbedingung zu einem internationalen Vogelschutzgesetze erachte ich Beseitigung des Krammetsvogelfanges in Deutschland und ganz Mitteleuropa.

Wie können wir anderen Völkerschaften, speciell den Südländern einem Vorwurf machen, oder denselben gar verbieten wollen, dass sie unsere Vögel fangen, solange wir selbs jene Vögel, welche von Norden kommend bei uns Gastfreundschaft suchen (ein kleiner Theil der sogenannten Krammetsvögel sind bekanntlich nordische Drosseln) in gleicher Weise durch den Krammetsvogelfang vernichten ?

Nein, gewiss nicht !

Mit vollen Rechte verlachen uns deshalb auch die Südländer und sagen, das wir, wen wir solche Vorschriften geben wollen, doch erst mal vor der eigenen Thüre kehren möchten.

Wen wir somit Beseitigung des Krammetsvogelfanges hauptsächlich der Consequenz halber fordern müssen, so sprechen aber doch auch andere Gründe hinfür, wie unter anderen aus nachstehenden statistischen Notizen zur ersehen ist.

Im vergangenen Herbst wurde durch das Ministerium des Innern im Deutschen Reich eine Umfrage bezüglich des Krammetsvogelfanges erlassen. Die diesbezüglichen Acten für das Königreich Preussen liegen mir im Original vor, und ist daraus folgendes bemerkungs worth :

Im Regierungsbezirk Siegmaringen ist der Krammetsvo-

gelfang verboten, im Regierungsbezirk Cassel (und zwar
schon seit 1853) der Dohnenstieg. In den 35 Regierungs-
bezirken werden 1 159 796 Krammetsvögel gefangen in
einem Jahr.

Wieviel davon auf die einzelnen Drosselarten kommen,
ist nicht angegeben. Nach vorseitigen Aufzeichnungen
sind über die Hälfte Singdrosseln.

Die Frage : Ist eine Abnahme der Zahl der jährlich
gefangenen Krammetsvögel zu beobachten ? beantworten
6 Regierungsbezirke mit « nein », 2 mit « kaum », 27
mit « ja » (1).

In allen 36 Regierungsbezisken gehört der Krammets-
vogel ganz oder theilweise zu den « jagdbaren Vögeln ».

Einige statistische Notizen bez. des Krammetsvogelfanges.

Nach genauer Aufzeichnung des jetzigen Herrn Forst-
raths Ebers in Cassel (Originalacten liegen mir vor) ergab
der Krammetsvogelfang auf der Oberforsterei Heimbach zu
Gemund in 10 Jahren, von 1887-1886 folgendes Resultat :

JAHR.	I. SUMME ALTER VÖGEL.	II. KRAMMETS-VÖGEL (1).	III. SING-DROSSELN.	0/0 VON II.	IV. ANDERN VÖGEL.	0/0 VON I.	V. ROTH-KELCHEN.	0/0 VON IV.
1887.....	4 419	4 350	1 530	35,2	69	1,6	42	60,9
1888.....	4 321	4 164	2 395	57,5	157	3,6	103	65,6
889.....	4 588	4 461	3 578	80,2	127	2,8	66	52,0
1890.....	6 127	6 076	3 281	54,0	51	0,8	34	66,7
1891.....	6 359	6 219	3 149	50,6	140	2,2	82	58,6
1892.....	5 352	4 640	3 474	74,9	712	13,2	470	66,0
1893.....	5 901	5 778	2 920	50,5	123	2,1	64	52,0
1894.....	5 330	5 020	3 469	69,1	310	5,8	170	54,8
1895 (*)..	1 621	1 565	954	61,0	56	3,5	42	75,0
1896 (*)..	575	567	548	96,7	8	1,4	3	37,5
Summe..	44 593	42 840	25 298	59,1	1 753	3,9	1 076	61,4

Anmerkung :

(1) Das sind : Turdus musicus, merula, iliacus, pilaris, torquatus, viscivorus.
(*) Von den Jahren 95 u. 96 liegt mir nur ein kleiner Teil des Gesammtresultats vor.

(1) Nach meinen und anderen zuverlässigen Beobachtungen hat die Sing-
drossel in den letzten 30 Jahren sehr abgenommen.

Schlussfolgerung.

Von 1000 gefangenen Vögeln sind 961 sogenannte Krammetsvögel, von diesen ober 567 Singdrosseln gegen 394 andere Drosseln.

Tausend gefangene Vögel setzen sich also zusammen aus.

567 Singdrosseln.
394 anderen Drosseln.
24 Rothkelchen.
15 andern Vögel.
───────────
Summa........ 1000 Vögel.

Von allen gefangenen Vögeln bilden somit die Singdrosseln die beiweitem grössere Hälfte : 59,1 procent.

Traduction française abrégée.

Comme principe fondamental d'une loi de protection internationale des Oiseaux, je proposerai la suppression de la chasse aux Grives dans l'Europe centrale et septentrionale. Pouvons-nous, en effet, adresser un seul reproche aux autres peuples, et spécialement aux peuples méridionaux ou, à plus forte raison, leur interdire de capturer nos Oiseaux, si nous tuons nous-mêmes les Oiseaux qui nous arrivent du Nord et cherchent l'hospitalité chez nous, comme c'est le cas pour un certain nombre de Grives?

L'automne passé, le Ministère de l'Empire allemand a fait une enquête sur la chasse aux Grives dans les divers gouvernements. Je possède les documents originaux pour le royaume de Prusse et j'y remarque les faits suivants :

Dans le gouvernement de Sigmaringen, la chasse aux Grives est interdite; dans celui de Cassel l'usage de lacets est défendu (depuis 1853).

Dans les 35 gouvernements, on capture par an 1 159 796 Grives. Les différentes espèces de Grives ne sont pas indiquées ; mais, d'après le tableau précédent, plus de la moitié sont des Grives musiciennes.

A la question : Peut-on observer une diminution annuelle dans le nombre de Grives ?

Six gouvernements ont répondu « non ».

Deux gouvernements ont répondu « presque pas ».

Vingt-sept gouvernements ont répondu « oui » (1).

Dans les trente-cinq gouvernements, la Grive se trouve sur la liste des Oiseaux dont la chasse est plus ou moins légalement autorisée.

D'après les renseignements fournis par M. Ebert, inspecteur des eaux et forêts à Cassel, la chasse aux Grives dans le district forestier d'Heimbach, à Gemund (Allemagne), a donné en 10 cas les résultats consignés dans le tableau ci-dessus (2).

En résumé, sur 1000 Oiseaux capturés, il y a 961 Grives proprement dites, dont 567 Grives musiciennes et 394 autres Grives ; le reste comprend des Rouges-gorges (14) et d'autres Oiseaux (15).

Plus de la moitié des Oiseaux (59 p. 100) appartiennent donc à l'espèce de notre Grive musicienne.

(1) D'après mes recherches personnelles et celles de personnes expérimentées, le nombre des Grives musiciennes a beaucoup diminué au bout de trente ans.

(2) Voir ce tableau dans le texte allemand.

LES
OISEAUX UTILES ET NUISIBLES

PAR

AD. BOUCARD

Parmi les merveilles de la création, les Oiseaux occupent une place très importante. Environ douze mille espèces ont été décrites et tous les jours on en découvre de nouvelles.

Sans l'Oiseau le monde ne pourrait exister; s'il n'existait pas, il faudrait l'inventer.

Nous ne connaissons encore que très imparfaitement leur rôle ici-bas. De là, leur classification par certains naturalistes en espèces considérées comme utiles ou nuisibles à l'agriculture; mais, quand nous les connaîtrons mieux, il est probable que nous serons obligés de convenir qu'il n'y a pas d'espèces que l'on puisse considérer comme tout à fait nuisibles. Pour une raison ou une autre il arrive que certaines espèces se multiplient tellement qu'elles deviennent dangereuses pour l'agriculture; telles, par exemple: le Moineau, *Passer domesticus* L., dans l'Amérique du Nord et en Australie: le Moineau italien, *Passer Italiæ* V., en Italie et en Tunisie; le Sansonnet, *Sturnus vulgaris* L., en France et en Espagne; le Merle rose, *Pastor roseus* L., aux Indes; le Merle noir, *Turdus merula* L., les Grives musiciennes et mauvis, *Turdus musicus* L. et *iliacus* L., en Europe, et beaucoup d'autres espèces qu'il serait trop long d'énumérer dans ce petit mémoire; mais à côté du mal se trouve le remède.

Il suffit que chaque département ou commune ait le droit de permettre la destruction de ces espèces pendant certains mois de l'année, quand le nombre de ces Oiseaux aura atteint des proportions qui les rendent dangereux.

De ces massacres autorisés on pourra même tirer un excellent parti, car la chair de tous les Oiseaux granivores et frugivores est excellente et appréciée par un grand nombre de gourmets.

C'est du reste ce qui a déjà été fait avec la plupart de ces espèces considérées comme gibier, ou utiles au commerce de la plume.

On en tire de grandes quantités, non seulement pour la table, mais aussi pour leurs peaux dont certaines sont très recherchées pour la mode.

Pendant plusieurs années, un de mes amis organisa des chasses aux Sansonnets dans le sud de l'Espagne, et s'en procura des centaines de mille qu'il faisait dépouiller sur place. On lui payait de 5 à 10 centimes pour la chair de chaque Oiseau et de 25 à 50 centimes pour chaque peau.

Voici donc un résultat qui n'est pas à dédaigner et on aurait encore pu faire mieux en installant sur place une fabrique de pâtés, comme on le fait avec les Grives, Ortolans et autres Oiseaux.

Aux États-Unis le Moineau domestique s'est propagé d'une façon incroyable depuis 1850, l'époque de leur introduction dans ce pays. On calcule que dans le seul état de l'Ohio il en existe 40 000 000 (*quarante millions !*). Aussi la majorité des agriculteurs de ce pays opine pour leur destruction. A cet effet plusieurs États ont offert de payer 5 centimes par tête d'Oiseau. On en a ainsi détruit quelques centaines de mille ; mais c'est tout. Dans l'État de New-York on en détruit annuellement de grandes quantités, que l'on vend comme gibier sur le marché. On en fait d'excellents pâtés que l'on dit être supérieurs à ceux de Cailles.

Malgré tout ce que l'on a écrit sur cet Oiseau que les uns considèrent comme le plus nuisible entre tous, on n'est pas encore complètement d'accord là-dessus. Les uns demandent sa destruction totale, les autres au contraire le considèrent comme rendant de grands services à l'agriculture et demandent sa protection.

En 1889, le Département d'Agriculture de Washington, sous la direction du Dr Hart. Merriam et de son aide, M. Walter-B. Barrows, tous les deux ornithologistes distingués, a publié un Bulletin consacré entièrement au Moineau, *Passer domesticus* L.

Dans ce Bulletin de 405 pages, la question du Moineau est traitée sous toutes ses faces, depuis son introduction aux États-Unis jusqu'en 1889 ; et l'on indique son accroissement, son envahissement dans les États de New-York, Massachussets, Pensylvanie, Virginie, Caroline, Géorgie, Tennessee, Kentucky, Ohio, Michigan, Illinois, Wisconsin, Missouri, etc., etc.; les dégâts qu'il fait aux bourgeons, aux graines, aux fruits et aux légumes, sa principale nourriture, etc., etc. Le résultat de ce travail est que le Moineau s'est propagé de telle sorte aux États-Unis, depuis 1850, qu'il est grandement temps d'employer tous les moyens possibles pour arrêter cet accroissement.

Voici d'autre part ce que l'on pouvait lire le 1er juin 1900 dans le *Petit Journal :*

« *Guerre aux Moineaux tunisiens* (*Passer Italiæ* V.). Dans la région de Mateur on a envoyé une compagnie de tirailleurs pour aider à détruire les Moineaux. A Beckraïa, la compagnie attaqua un carré de 25 000 amandiers contenant de 10 à 12 nids par arbre, soit environ 200 000 nids contenant plusieurs centaines de milliers d'œufs. On va attaquer maintenant un bois d'Eucalyptus. »

En France, ce n'est pas d'hier que la destruction des Moineaux a été conseillée à nos agriculteurs.

En revanche, voici ce que M. Thiébaut de Bernéaud répondit en 1837, dans le *Dictionnaire pittoresque d'histoire naturelle*, à ceux qui conseillaient la destruction des Moineaux :

« Cultivateurs, écoutez les conseils de ces agronomes de

cabinet et bientôt les plantes parasites se multiplieront d'une manière effrayante; elles étoufferont vos semis: infecteront plusieurs années de suite vos champs, vos vignes, vos potagers. Les Insectes triompheront et rongeront tout depuis le duvet des gazons jusqu'aux arbres les plus durs. Vous regretterez alors le Moineau qui se nourrit principalement de graines coriaces de ces plantes: qui détruit chaque jour un très grand nombre de chenilles, larves et insectes parfaits. »

Aujourd'hui il y a encore beaucoup d'ornithologistes qui pensent de même.

Ce qui précède sur les deux espèces de Moineaux *Passer domesticus* L. et *Passer Italiæ* V. s'applique à toutes les espèces d'Oiseaux classées par les ornithologistes parmi les *Fringillidæ*. On peut même aussi y comprendre toutes les espèces formant les familles voisines des *Ploceidæ* et des *Tanagridæ*, qui sont aussi plus ou moins granivores.

Un autre ordre d'Oiseaux essentiellement granivores et frugivores est celui des *Psittaci* ou Perroquets, Perruches, etc. Ces Oiseaux, remarquables par la richesse de leur plumage, sont considérés comme nuisibles. Ils font de grands dégâts dans les plantations de maïs et d'autres céréales : mais en revanche leurs dépouilles ont une certaine valeur dans le commerce de la plume. En empêchant un trop grand accroissement de ces Oiseaux, par une chasse permise aux époques pendant lesquelles ils deviennent nuisibles aux récoltes, on obtiendra deux avantages : celui de détruire un certain nombre d'Oiseaux nuisibles, et celui de vendre leurs dépouilles aux plumassiers; avec la chair de ces Oiseaux on fait un excellent pot-au-feu.

Je terminerai par les Pigeons, ce qui est relatif aux Oiseaux granivores. A la fin du xviii° siècle un arrêt fut rendu contre les Pigeons considérés alors comme Oiseaux nuisibles, et les colombiers furent détruits.

Voici ce que M. de Vitry lut à ce sujet à la Société d'Agriculture de la Seine :

« Au moment de l'arrêt porté contre les Pigeons il y avait

quarante-deux mille colombiers. Il y avait des colombiers
où l'on comptait trois cents paires de Pigeons ; mais pour
aller au-devant de toute objection, je ne compterai que
cent paires par colombier et seulement deux pontes
par an.

« Or cent paires par colombier donneraient un total de
quatre millions deux cent mille paires. Chaque paire donnant facilement quatre Pigeons par an, il en résulte seize
millions huit cent mille pigeonneaux fournissant soixante-
quatre millions huit cent mille onces d'une nourriture
saine et appréciée qui fut perdue. En outre on tirait un
grand parti de la fiente de ces Oiseaux, un des plus puissants engrais connus. Ce fut donc une grande perte que
la destruction des colombiers. »

Toutes les espèces d'Oiseaux réunies sous le nom de
Gallinæ se trouvent dans le même cas, mais ce sont des
Oiseaux dont la chair est très recherchée pour la table. On
en tire annuellement de grandes quantités, plutôt trop ;
par conséquent leur nombre n'a jamais été considéré
comme un péril par les agriculteurs et les chasseurs en
demandent la protection à tout prix.

Les Merles et les Grives sont aussi des Oiseaux considérés par quelques-uns comme très nuisibles parce qu'ils
sont très friands de fruits et de légumes tendres, surtout
de cerises, de groseilles, de petits pois, etc.; mais, d'un
autre côté, ils font une chasse si acharnée aux Insectes que
beaucoup de naturalistes placent ces Oiseaux parmi les
espèces les plus utiles à l'agriculture.

Les Romains étaient si friands de la chair de ces
Oiseaux qu'ils les conservaient dans d'immenses volières avec des Ortolans et des Cailles. Chaque volière
en contenait plusieurs milliers. On les engraissait et on
en faisait des mets très recherchés. Voilà un exemple que
nous pourrions bien imiter.

Les Étourneaux ou Sansonnets sont considérés dans
le sud de l'Espagne comme des Oiseaux nuisibles, parce
qu'ils causent de grands dégâts dans les plantations d'oliviers ; mais, d'un autre côté, ils détruisent tellement d'In_

sectes nuisibles qu'ils doivent être regardés comme étant plutôt utiles que malfaisants.

Dans le *Petit Journal* du 14 mai 1900, à la troisième page, on peut lire un article important intitulé : *La chasse, les chasseurs et le gibier.*

Dans cet article, parmi les vœux formulés par l'Union des Sociétés de chasseurs de France, il s'en trouve un que je dois signaler, le suivant, pour les œufs et le gibier de repeuplement :

« Que les préfets soient invités à user des pouvoirs qu'ils tiennent de l'article 9 de la loi de 1844 pour interdire à tout le monde, même aux propriétaires sur leur propre terrain, de détruire et d'enlever les nids, les œufs et les couvées de tous Oiseaux quelconques, gibier ou non gibier, *autres que les Pies, Corbeaux, Oiseaux de proie* ou *nuisibles.* Exception faite seulement pour les œufs de Perdrix mis à découvert par la faux, à condition qu'ils soient mis immédiatement sous une Poule et pour les œufs de Faisans de parc dont l'origine serait prouvée. »

Il se peut que si ce vœu était exaucé, cela ferait l'affaire des chasseurs ; mais cela ne ferait pas du tout celle des agriculteurs, car les principaux naturalistes de ce siècle sont à peu près tous d'accord pour reconnaître que les *Pies, Corbeaux* et *Oiseaux de proie* sont des Oiseaux de la plus grande utilité pour l'agriculture.

Des travaux remarquables ont été faits sur ces Oiseaux aux États-Unis ; des milliers d'estomacs ont été examinés et le résultat acquis est que pour les Corbeaux la nourriture pendant l'année consiste de 14 p. 100 de blé, dont 3 p. 100 seulement de blé tendre, 1 p. 100 d'œufs et poussins et 85 p. 100 de graines sans valeur, d'Insectes et de Mammifères.

Parmi les Insectes c'est surtout les Sauterelles et les Hannetons qu'ils détruisent en très grandes quantités.

Pour les Oiseaux de proie, le résultat est encore plus significatif.

Sur 2212 estomacs examinés, 56 p. 100 contenaient des restes de Souris et autres petits Mammifères, 27 p. 100 : des

Insectes, et seulement 3,5 p. 100 des débris de poulets ou de gibier.

Le département d'Agriculture de Washington est convaincu que les Oiseaux de proie sont les meilleurs amis du fermier, et non seulement il lui dit : « Ne tuez pas les Oiseaux de proie, mais encouragez-les par tous les moyens possibles à vivre près de vos habitations. » Je suis de la même opinion.

En 1897, M. T.-E.-L. Beal, aide-naturaliste, a publié dans le *Farmer's Bulletin*, n° 54, édité sous les auspices du département de l'Agriculture de Washington, un petit travail intéressant intitulé *Some Common Birds in their relation to Agriculture*. En voici le résumé :

Coucous. — L'examen d'estomacs de ces Oiseaux a démontré qu'ils se nourrissaient principalement de Chenilles poilues, de Sauterelles et d'Insectes divers.

Pies. — La nourriture principale de ces Oiseaux consistait en Insectes divers, parmi lesquels un grand nombre de Fourmis et de Sauterelles. On a aussi trouvé dans leurs estomacs un certain nombre de fruits et de graines d'arbustes sauvages, mais très peu de fruits d'arbres fruitiers ou de céréales.

Tyrans ou **Gobe-Mouches**. — La nourriture de ces Oiseaux était des Insectes nuisibles en majorité (93 pour 100), peu d'Abeilles et quelques fruits sauvages.

Geais. — La nourriture trouvée dans l'estomac de ces Oiseaux contenait 24 p. 100 d'Insectes, surtout des Coléoptères, des Sauterelles, des Chenilles, des Souris, des Lézards, des Salamandres, de petits Poissons, des Mollusques, et des Crustacés et 73 p. 100 de graines, surtout des glands, des châtaignes, des graines de sapin, etc., etc. Le blé, l'orge et l'avoine étaient représentés par 19 p. 100 de la nourriture totale, mais la majeure partie de ces céréales avait été absorbée pendant les cinq premiers mois de l'année et très peu après le mois de mai et à l'époque de la moisson. Ceci indiquerait que la majeure partie de ces céréales avait été glanée après la récolte à l'exception de ce qu'ils avaient pu attraper pendant la période des semailles.

Corbeau. — Malgré sa mauvaise renommée comme destructeur de jeunes Oiseaux et de blé tendre, il paraîtrait que cet Oiseau compense largement les dégâts qu'il commet par la grande destruction qu'il fait d'Insectes, surtout de Hannetons et de Sauterelles.

Mangeur de riz (*Dolichonyx oryzivorus*, L.). — Cette espèce, quoique insectivore, est considérée comme nuisible à cause des dégâts qu'elle commet dans les rizières. La perte totale annuelle que font les planteurs a été estimée à deux millions de dollars. Pendant des années les planteurs ont employé des hommes et des gamins à tuer ces Oiseaux et à les chasser de leurs champs, mais malgré les millions de ces Oiseaux que l'on a tués, leur quantité ne semble pas décroître. Il est de fait qu'une grande partie des pertes subies ne provient pas des grains que les Oiseaux mangent, mais des dépenses faites pour les empêcher d'en manger.

Il convient de faire remarquer qu'à cette époque de l'année ils sont très gras et leur chair peut rivaliser avec celle de l'Ortolan.

Cassique ou Étourneau à épaulettes rouges (*Agelaius phœniceus*, L.). — Cet Oiseau est très commun aux États-Unis; il vit en bandes et niche en société. Par les uns il est considéré comme très nuisible, par les autres comme très utile. Sept huitièmes de sa nourriture consistent en Insectes et en grains nuisibles à l'agriculture, ce qui indique que cet Oiseau devrait être protégé, excepté peut-être dans les pays où l'espèce s'est par trop multipliée.

Grande Alouette (*Sturnella ludoviciana*, L.). — 238 estomacs examinés ont donné le résultat suivant : 73 p. 100 d'Insectes et 27 p. 100 de matières végétales. Parmi les Insectes se trouvaient une quantité de Chenilles et de Sauterelles. Cette espèce est donc considérée comme utile à l'agriculture. La chair de cet Oiseau est très estimée, mais M. Beal est d'avis qu'il rend de tels services à l'agriculture que la chasse de cet Oiseau comme gibier devrait être défendue.

Oriole de Baltimore (*Icterus baltimore*, L.). — La nourriture trouvée dans 113 estomacs de ces Oiseaux consistait en Insectes (84 p. 100 dont 34 p. 100 de Chenilles et 16 p. 100 de matières végétales); cette espèce est donc considérée comme très utile à l'agriculture.

Quiscale (*Quiscalus versicolor*, Vieill.). — 2 258 estomacs de ces Oiseaux ont été examinés. Il en résulte que cette espèce détruit un grand nombre de larves d'Insectes, quelques Mollusques, des Crevettes, des Salamandres, de petits Poissons, et, de temps en temps, une Souris, en tout 55 p. 100. Les graines trouvées dans lesdits estomacs forment le reste, soit 45 p. 100 de sa nourriture, mais parmi ces graines, la moitié au moins était des graines d'arbustes sauvages. Cette espèce est plutôt utile que nuisible, mais dans certains cas, quand les bandes sont devenues par trop nombreuses, c'est aux agriculteurs à peser le pour et le contre et à décider s'il ne serait pas utile d'en réduire le nombre.

Moineaux (*Melospiza, Spizella, Junco*, etc.). — Les estomacs examinés contenaient un grand nombre d'Insectes, surtout de petites espèces, des Sauterelles, des larves, une grande quantité d'herbe et de mauvaises graines. En hiver les dits Passereaux ne vivent, pour ainsi dire, que de ces graines et on estime à un quart d'once par jour la quantité absorbée par le Moineau arboricole (*Spizella monticola*, Gmel).

En supposant qu'il n'existe que dix de ces Oiseaux par mille carré et qu'ils restent dans leur quartier hivernal pendant deux cents jours, cela nous donne (pour l'État de Iowa où l'on a observé les mœurs de ces Oiseaux) un total de 1 700 000 livres ou 875 tonnes de mauvaises graines consommées dans cet état par une seule espèce d'Oiseau et il faut prendre en considération qu'en évaluant à dix le nombre de ces Oiseaux pas mille carré on est bien au-dessous de la vérité, car on en a souvent vu quelques milliers dans l'espace de quelques acres.

Gros-bec rose (*Hedymeles ludoviciana*, L.), qui malheureusement n'est pas commun, détruit une quantité considérable de la Chrysomèle des pommes de terre et est considéré comme étant indispensable aux agriculteurs qui se livrent à la culture de ce légume.

Hirondelles. — Il est inutile de rien ajouter à ce qui est connu partout au sujet de ces Oiseaux. Ils sont indispensables à l'agriculture.

Jaseur (*Ampelis cedrorum*, Vieill.). — Cet Oiseau est considéré comme un ennemi des Cerisiers, mais il n'est pas si terrible qu'on veut bien le dire. D'abord il ne mange que les cerises qui mûrissent de bonne heure, il ne touche guère aux autres et on peut préserver ces fruits en prenant quelques précautions.

Sur 152 estomacs examinés on a trouvé 13 p. 100 d'Insectes et 87 p. 100 de matières végétales. Sur ces 87 p. 100 on n'a trouvé que 13 p. 100 de fruits cultivés, le reste était des fruits et des graines sauvages.

Oiseau-Chat (*Galeoscoptes carolinensis*, L.). — Sur 212 estomacs examinés on a trouvé 44 p. 100 d'Insectes Coléoptères, Fourmis, Chenilles, Sauterelles, Punaises, Araignées, etc., et 56 p. 100 de matières végétales, mais un tiers seulement de fruits cultivés. Cette espèce est considérée comme utile à l'agriculture.

Brown Thrasher (*Harporhynchus rufus*, L.). — 121 estomacs examinés ont donné 36 p. 100 de matières végétales et 64 p. 100 d'Insectes. Malgré les 8 p. 100 de framboises et groseilles détruites par cette espèce, elle est reconnue comme très utile à l'agriculture.

Roitelet (*Troglodytes aedon*, Vieill.). — Les estomacs de cette espèce contenaient 98 p. 100 d'Insectes et seulement 2 p. 100 de matières végétales sauvages. Cette espèce est donc indispensable à l'agriculture.

Grive (*Turdus migratorius*, L.). — Les 330 estomacs de ces Oiseaux contenaient 42 p. 100 d'Insectes dont beaucoup de Sauterelles, etc., 58 p. 100 de matières végétales ; mais seulement 4 p. 100 de fruits cultivés. Elle est donc considérée comme très utile à l'agriculture.

Oiseau bleu (*Sialia Wilsoni*, Sw.). — 205 estomacs examinés contenaient 76 p. 100 d'Insectes et 24 p. 100 de matières végétales, principalement des fruits sauvages. Cette espèce est considérée comme très utile à l'agriculture et devant être protégée.

Dans l'*Ornis*, tome X, 1899, livraison N° 3, se trouve un article de feu Florent Prévost avec notes et remarques par M. E. Oustalet.

Les examens faits par Florent Prévost s'accordent parfaitement avec ceux qui ont été faits par les ornithologistes du département d'Agriculture de Washington et avec mes observations personnelles. Ils confirment ce que j'ai déjà dit précédemment et que je répète, à savoir que le jour n'est pas éloigné où l'on sera obligé de reconnaître que tous les Oiseaux sont plus ou moins utiles à l'agriculture et que la destruction partielle de certaines espèces ne devra être permise qu'à certaines époques et cela seulement pour celles qui se seront tellement multipliées qu'elles seront devenues dangereuses.

Voici encore ce que l'on peut lire sur les Oiseaux dans le livre intitulé : *A Christmas in the West Indies*, by Charles Kingsley, 1876, Trinidad, page 107 :

« Would that then were more birds to be seen and heard. But of late years the free Negro like the french peasant during the first half of this century has held it to be one of the indefensible rights of a free man to carry a rusty gun and to shoot every winged thing. He has been tempted too by orders from London shops for gaudy birds, humming-birds especially. And when a single house, it is said, advertises for 20000 birds skins at a time, no wonder if birds grow scarce, and no wonder too if the whole sale destruction of these insect killers should avenge itself by a plague of vermin, caterpillars, and grubs innumerable. Already the turf of the Savannah or public park close by, is being destroyed by hordes of mole-crickets, and unless something is done to save the

birds, the cane and other crops will suffer in their turn.
A heavy export tax on birds skins has been proposed,
may it soon be laid on and the vegetable wealth of the
Island saved. »

Page 255, Tortuga (*Extracted from Léotaud on Birds of
Trinidad*).

« The Insectivorus tribes are the true representatives
of our ornithology. They are so many which feed on In-
sects and their larva that it must be asked with much
reason : « What would become of our vegetation, of
ourselves should these Insect destroyers disappear. »
Every where may be seen, M. Léotaud speaks of five and
twenty years ago, my experience would make me substi-
tute for his words : *Hardly any where seen* one of these
Insectivora in pursuit of seizure of its prey, either on the
wing, or on the trunks of the trees, in the coverts of
thickets or in the calice of the flowers. Whenever called
to witness one of these frequent migrations from one point
to another so often practised by ants ; not only can the
Dendrocolaptes be seen following the moving trail and
preying on the ants and eggs themselves ; but even the
black Tanager abandon his usual fruits for this more
tempting delicacy. Our frugivorous and baccivorous genera
are also pretty numerous and most of them are so fond
of Insect food that they unite as occasion offers with the
Insectivorous tribes. »

Le résumé de ce qui précède est que l'on tue tellement d'Oiseaux et surtout d'Oiseaux-Mouches à la
Trinidad, qu'ils deviennent de plus en plus rares, ce qui
est un très grand malheur, que les plantations en souffrent et que les espèces d'Oiseaux qui étaient très
communes du temps de M. Léotaud sont devenues très
rares.

Il est certain que la protection efficace des Oiseaux est
absolument indispensable dans toutes les Antilles, et en
général dans toutes les îles, parce que le nombre des
Oiseaux y est très limité et que, dans ces conditions, si des
mesures rigoureuses ne sont pas prises immédiatement

pour la protection des Oiseaux, la disparition complète d'un grand nombre d'espèces ne tardera pas à être un fait accompli.

Depuis des siècles les dépouilles d'Oiseaux ont été très recherchées par les plumassiers. Pendant longtemps, il n'y eut que les grands chefs ou les nobles à qui il fut permis de faire usage de la dépouille de certains Oiseaux, tels que l'Aigle, l'Autruche, le Marabout, en Europe, en Asie et en Afrique, les Oiseaux de Paradis, en Océanie, les Couroucous, les Oiseaux-Mouches, les Perroquets, les Toucans, les Cotingas, etc., en Amérique. Mais peu à peu cette mode se généralisa, et depuis une trentaine d'années, le commerce des dépouilles d'Oiseaux a pris une telle extension que c'est par centaines de mille que l'on peut compter les arrivages annuels en Europe et en Amérique d'exemplaires de certaines espèces.

J'ai vu des arrivages de centaines de mille de Martins-pêcheurs de l'Inde, de Sansonnets d'Espagne, de Sternes d'Égypte, d'Hirondelles et de Pics de France et du nord de l'Afrique, d'Oiseaux-Mouches d'Amérique, d'Oiseaux divers de l'Inde, du Japon et d'Amérique, ainsi que des arrivages de milliers de peaux d'Oiseaux de Paradis de la Nouvelle-Guinée, de Merles métalliques et de Soui-Mangas de l'Afrique et de l'Inde, de Perruches et de Perroquets de l'Australie et d'Amérique. Les arrivages annuels ont même été si considérables qu'il était permis de se demander si un certain nombre d'espèces n'allaient pas être complètement anéanties.

Jusqu'à ce jour, il est vrai, je n'ai constaté la destruction d'aucune espèce ; mais il est grand temps de prendre des décisions à cet égard et de demander que la chasse de certaines espèces ne puisse avoir lieu qu'à des époques déterminées, ainsi que cela se pratique actuellement pour le gibier.

Que deviendront les pays régulièrement visités par les Sauterelles, les Hannetons et autres Insectes nuisibles, si on continue à exterminer les espèces d'Oiseaux qui font de ces Insectes leur principale nourriture?

Pour donner une idée du massacre annuel d'Oiseaux, je citerai textuellement quelques lignes d'un rapport qui m'a été envoyé fin décembre dernier, par MM. Hale et fils, de Londres, qui sont parmi les principaux courtiers de cette ville :

« Le 12 de ce mois, il a été offert en vente publique à Londres quatre cent douze lots d'Aigrettes, dont 390 vendus à un prix moyen de 37 fr. 50 l'once, pour la longue et 100 francs l'once, pour la courte ; 1 514 Lophophores, dont 1 425 vendus au prix moyen de 8 francs : deux mille huit cent vingt et un Oiseaux de Paradis émeraudes, vendus au prix moyen de 35 francs. »

Ajoutez à ce qui précède des centaines de lots d'Oiseaux divers, chaque lot contenant tantôt quelques centaines, tantôt quelques milliers d'Oiseaux, vendus à raison de 10 centimes à 2 fr. 50 la pièce, et vous aurez une idée approximative de l'importance du commerce des dépouilles d'Oiseaux à Londres.

J'ai sous les yeux en ce moment le rapport de la vente du 13 juin 1900.

Il a été offert à cette vente :

Cent quatre-vingt-cinq lots d'Aigrettes ;

Quarante-trois lots de plumes de Paons ;

Quatre mille trente-cinq Lophophores ;

Six cent vingt-cinq Faisans argus ;

Deux mille sept cent cinq Oiseaux de Paradis ;

Plus un grand nombre d'Oiseaux divers provenant surtout de l'Inde et de la Nouvelle-Guinée.

Ces ventes ont lieu tous les deux mois. Je ne crois pas me tromper en évaluant à une vingtaine de millions de francs la valeur des dépouilles d'Oiseaux achetées à Londres annuellement pour la mode. Si à cela nous ajoutons le nombre de personnes employées pour la fabrication des nouveautés, les quantités d'espèces domestiques et sauvages dont la chair et les œufs font les délices des gourmets, les plaisirs qu'ils procurent aux chasseurs et les services qu'ils rendent à l'agriculture, c'est par centaines de millions annuels qu'il faut évaluer les services rendus par l'Oiseau à l'agriculture, au commerce et à la chasse.

Pendant ces dernières années on a beaucoup écrit pour ou contre la destruction des Oiseaux, et en Angleterre, des amies de ces charmants volatiles font en ce moment tout ce qu'elles peuvent pour convaincre leurs sœurs de ne plus patronner aucun établissement où l'on vend des dépouilles, ou même des plumes d'Oiseaux. Pour ma part, *je ne demande rien de semblable; car, aujourd'hui, ce commerce fait vivre des millions d'individus des deux sexes.*

Mais on pourrait le régulariser en ne permettant la destruction que de certaines espèces très abondantes ou définitivement reconnues comme nuisibles, et cela à certaines époques de l'année seulement, ou bien ce qui serait encore mieux en faisant l'élevage en grand de certaines espèces, tel que cela se fait dans l'Afrique du Sud avec l'Autruche, et en Europe avec les Oiseaux domestiques : Faisans, Perdrix, Pigeons, Cailles, etc. Beaucoup d'espèces d'Oiseaux se prêteraient facilement à ce genre d'élevage. Par exemple presque toutes les espèces de Gallinacés, de Fringilles ou Moineaux, les Merles, les Grives, les Étourneaux, les Merles métalliques, les Perruches, presque toutes les espèces de *Ploceidæ* et de *Tanagridæ* et bien d'autres dont il serait facile de dresser une liste.

Ainsi donc au lieu de massacrer indistinctement toutes les espèces, dont beaucoup sont sans valeur commerciale, comme on le fait actuellement, il serait cent fois préférable de faire comprendre aux chasseurs de ces volatiles, qu'en faisant de l'aviculture ils obtiendront bien plus facilement ce qu'ils désirent, et s'enrichiront en même temps. Toutes les espèces requises pour la chasse et pour le commerce devraient être procurées au commerce par les aviculteurs.

Il y a toutefois des moments où certaines espèces d'Oiseaux deviennent tellement nombreuses que quelques centaines de mille de plus ou de moins ne signifient absolument rien.

En pareil cas, ces espèces pourraient être détruites sans causer aucun préjudice à l'agriculture et rendraient de grands services au commerce de la plume ; mais il y en a d'autres pour lesquelles une protection efficace et immédiate est nécessaire : c'est surtout les suivantes :

Les Aigrettes et Hérons divers ;

Les Paradisiers divers ;

Les Lophophores et Faisans divers de l'Inde ;

Les Pigeons Gouras et de Nicobar ;

Les Oiseaux de proie divers ;

Les Paons ;

Les Martins-pêcheurs divers ;

Les Soui-Mangas de l'Inde et du Sénégal ;

Les Merles métalliques du Sénégal ;

Les Guépiers divers ;

Les Sternes et Mouettes d'Europe, d'Égypte, et du Maroc ;

Les Oiseaux-Mouches divers ;

Toutes les espèces habitant des îles ;

Toutes les espèces de Becs-fins de tous pays ;

Les Hirondelles diverses et les Engoulevents ;

Les Pics divers ;

Les Pies, etc.

Le résumé de tout ce qui précède est que jusqu'à ce jour, nous ne connaissons encore que très imparfaitement quelles sont les espèces qui peuvent être réellement considérées comme nuisibles. Quant aux espèces utiles nous sommes tous à peu près d'accord.

Dans la série des espèces utiles peuvent être placés les *Carnivores* qui comprennent tous les Oiseaux de proie terrestres et aquatiques, les *Insectivores*, comprenant tous les Becs-fins, les Gobe-Mouches, les Pics, les Hirondelles, les Martinets, les Engoulevents, les Échassiers, etc., les *Insecti-mellivores*, comprenant les Méliphages, les Soui-Mangas, les Oiseaux-Mouches, etc.

Dans l'autre, nous rangerons les Oiseaux omnivores tels que les Autruches, les Émeus, les Casoars, les Poules, les Faisans, les Perdrix, les Outardes, les Pigeons, les

Canards, les Oies, les Corbeaux, les Grives, les Merles, les Étourneaux, les Loriots, etc., dont les mœurs demandent encore à être être étudiées. Pour combler cette lacune d'une manière définitive je propose de fonder un Institut ornithologique international qui aura pour principal but de faire examiner des estomacs d'Oiseaux afin de parvenir à résoudre définitivement le problème si difficile de savoir si, oui ou non, il existe réellement des espèces tout à fait nuisibles. Jusqu'à ce jour tous les travaux scientifiques que j'ai lus prouvent, avec preuves à l'appui, qu'il n'y en a pas. Telle espèce qui commet des dégâts dans certains pays, rend de grands services dans d'autres.

L'Institut ornithologique international devrait limiter ses travaux aux espèces d'Oiseaux intéressant tout particulièrement l'agriculture, l'aviculture, la chasse et le commerce.

Je proposerais donc :

1° Que vingt ou plus d'entre nous souscrivissent chacun la somme de mille francs ou plus, pour la fondation d'un *Institut ornithologique international* ayant son centre principal à Paris.

2° Que tous les souscripteurs actuels d'une somme de mille francs ou plus fussent considérés comme les patrons de l'Institut.

3° Que toute personne ayant versé une somme de cinq cents francs, ou plus, reçût le titre de membre donateur.

4° Que toute personne payant une cotisation annuelle de vingt francs reçût le titre de membre titulaire.

5° Que tous les membres qui auront souscrit la première année fussent considérés comme les membres fondateurs de l'Institut.

6° Que tout individu ayant rendu des services éminents à l'Institut reçût le titre de membre correspondant.

L'Institut serait administré par un Bureau et son Conseil.

Le Bureau serait composé de huit membres :

Un Président ;

Un Vice-Président ;

Un Secrétaire général ;

Deux Secrétraires ;

Un Trésorier ;

Un Bibliothécaire ;

Ces huit membres seraient nommés pour un an

Le Conseil serait composé :

1° De tous les membres du Bureau ;

2° De dix membres nommés pour trois ans, et renouvelables par tiers chaque année ;

3° De tous les membres fondateurs et donateurs ;

4° Tous les membres du Bureau et les membres du Conseil seraient rééligibles ;

5° Tous les membres, sans exception, seraient appelés à voter pour le renouvellement du Bureau et du Conseil, soit directement, soit par correspondance ;

6° Toutes les fonctions seraient gratuites.

L'Institut ornithologique international, étant fondé dans le but unique de populariser l'étude de l'Oiseau au point de vue des services qu'il rend à l'agriculture et au commerce, n'accepterait que les mémoires qui traiteraient exclusivement de sujets ayant rapport à l'agriculture, l'aviculture, la chasse et le commerce.

Les publications de l'Institut consisteraient :

1° En diagrammes représentant les espèces d'Oiseaux carnivores, insectivores, omnivores, granivores et frugivores considérés comme utiles ou nuisibles à l'agriculture ;

2° En diagrammes représentant les espèces les plus communes d'Oiseaux susceptibles d'être élevés en grand pour les plaisirs de la chasse ;

3° En diagrammes figurant les espèces les plus brillantes ou décoratives recherchées par les naturalistes, les plumassiers, les modistes, les chapeliers, et par beaucoup d'autres métiers. Chacune de ces séries de diagrammes serait accompagnée d'un manuel explicatif, avec les noms vulgaires et scientifiques de chaque espèce figurée.

4° En un Bulletin, dénommé *Bulletin de l'Institut ornithologique international* où seraient accueillies toutes les publications ayant rapport aux mœurs des Oiseaux, leur nourriture, leurs migrations, l'abondance ou la rareté de certaines espèces, et enfin toutes les questions ayant une connexion quelconque avec l'agriculture l'aviculture, la chasse et le commerce.

Toutes ces publications seraient délivrées gratuitement à tous les membres de l'Institut et aux communes qui seraient trop pauvres pour les acheter.

Aux autres, elles seraient cédées directement ou par l'entremise des librairies au prix coûtant, le but de l'Institut étant exclusivement philanthropique.

De temps en temps, si les membres du Conseil le jugeaient convenable, on ferait des conférences gratuites et publiques.

Avec le temps, il serait permis d'espérer que l'Institut pourrait former un musée dans lequel on réunirait tous les types ayant servi à préparer les diagrammes. L'entrée de ce musée serait toujours accessible aux personnes qui auraient un intérêt à le visiter. Les doubles des Oiseaux exposés dans le musée seraient offerts aux communes qui s'intéresseraient tout particulièrement aux travaux de l'Institut, et qui seraient disposées à installer dans leurs écoles des musées similaires à celui de l'Institut.

Des récompenses honorifiques seraient accordées aux collaborateurs dévoués qui auraient le plus contribué à propager l'étude de l'Oiseau et à la formation de musées ornithologiques agricoles, ces musées spéciaux étant considérés par l'auteur de ce mémoire comme ceux qui dans un temps donné rendront les plus grands services à nos pays en particulier, et à tout le genre humain en général ; aussi j'espère que d'ici quelques années il n'existera pas une seule commune en France possédant une école, qui ne possédera pas aussi son musée ornithologique agricole.

La devise de l'Institut ornithologique international serait : « Pour tous, et par tous ».

J'émets aussi le vœu que les Gouvernements de tous pays qui ne l'ont pas encore fait nomment un ou plusieurs ornithologistes d'État, attachés aux musées principaux desdits pays, les uns pour étudier exclusivement les estomacs des Oiseaux par rapport à l'agriculture, les autres pour ne s'occuper exclusivement que de l'étude de L'Oiseau au point de vue commercial, ce qui comprend l'aviculture, la chasse et le commerce.

Je ne doute pas un seul instant que si nous nous unissons tous, d'ici quelques années le succès couronne nos efforts et que nous arrivions à faire œuvre utile.

MÉMOIRE

SUR LA

PROTECTION DES OISEAUX

PAR

M. LE PROFESSEUR A. MATHEY-DUPRA
DE VERRIÈRES (SUISSE).

Notre sujet est plus grave qu'on ne le pense. Cette question : « La protection des Oiseaux » n'est pas seulement de sport et de sentiment, elle touche aux intérêts d'ordre supérieur et les agriculteurs les plus sérieux s'en occupent, comme les amis des champs.

Oui, la question est grave et nous pouvons prévoir facilement le jour où nombre d'espèces d'animaux utiles auront disparu de notre faune européenne.

Les causes de cette disparition sont aussi multiples que diverses, locales aussi bien que générales, et, depuis vingt ans que nous parcourons, en observateur passionné de la gent ailée, les pays les plus divers de l'Europe ; de l'Allemagne au Midi, du Jura à la Russie ; partout, en Turquie, en Grèce, en Italie, en Asie Mineure, en Égypte même, partout, disons-nous, nous constatons le même désir, la même rage de faire disparaître ces puissants auxiliaires du travailleur des champs.

Causes de la disparition des Oiseaux.

Nous disions en commençant que ces causes sont multiples aussi bien que diverses.

Nous citerons en premier lieu l'homme, les animaux, les défrichements, le déboisement, les réverbères à gaz, les fils conducteurs aériens du télégraphe, du téléphone, ceux pour le transport de l'énergie électrique, les phares, etc., sans oublier les hivers longs et rigoureux.

L'homme est le plus grand destructeur d'Oiseaux inconsciemment et sciemment, voici pourquoi :

Une loi naturelle veut que toutes les espèces sauvages cèdent à la civilisation, c'est-à-dire fuient devant l'envahissement de la terre par l'homme.

Il y a quelque cinquante ans, vous trouviez encore de grandes surfaces de terrains incultes, plantés ça et là de touffes d'arbres, de massifs, de buissons, de haies épaisses, lesquelles limitaient les propriétés. Aujourd'hui où sont les grands espaces inhabités? disparus! — Où sont les arbres épars dans les campagnes? tombés sous la hache! — Où sont les bosquets feuillus, les haies, ces refuges des Oiseaux? disparus eux aussi et remplacés par des clôtures en ronces artificielles.

Inconsciemment donc, l'homme en défrichant tout, en enlevant ces repaires de la gent ailée, supprima tout à la fois, et les refuges et les habitants, lesquels ne trouvant plus d'emplacements à leur convenance, abandonnèrent certaines contrées pour n'y plus revenir.

Les vieux murs aux pierres branlantes, repaires des Mésanges et des Rouges-queues ont été remplacés par des murs en moellons bien taillés, aux joints soigneusement cimentés. Adieu les vieux trous où nichaient chaque année maints couples de Grandes-Charbonnières ou de Rossignols des murailles !

Où sont les murailles moussues, tapissées de lierre, asile sûr aux familles de Merles, de Gobe-Mouches ? une question d'hygiène (!) a primé la question du pittoresque et de l'utilité. Nous ne voyons plus que de grands pans de murs en briques ou en pierres façonnées, affreux dans leur monotonie.

Tout propriétaire soucieux du bon état et d'une prolongation de vie de ses arbres séculaires, fait boucher toutes les fentes, tous les trous des vieux troncs, soit au moyen d'une planche clouée sur l'orifice, soit encore en les maçonnant; fini les causeries joyeuses des nichées de Sittelles torche-pots, d'Étourneaux, de Torcols ou de Mésanges.

Sciemment l'homme ne contribue pas moins au dépeuplement et à la disparition continue des représentants de la gent ailée.

Le bas peuple ignorant possède un instinct naturel de destruction et de vandalisme; on en peut citer mille preuves pour une. Qu'il nous suffise de signaler l'immense destruction qu'on fait, principalement en Italie, en Dalmatie, en Grèce et en Turquie, des petits Oiseaux chanteurs, au moment des migrations automnales.

Souvent des gamins de huit à dix ans, avec la plus grande indifférence du monde, aveuglent avec un fer rougi au feu, un pauvre petit Pinson pour en faire un instrument d'appel et de destruction d'autres Oiseaux.

Jeunes et vieux passent leurs journées à courir la campagne, recueillent les petits Oiseaux restés collés aux branches engluées, et, en les ramassant, leur cassent les pattes, puis les achèvent en leur brisant la tête contre la première pierre rencontrée.

Parlerons-nous des mille autres manières de brutaliser, de martyriser les Oiseaux, de détruire les nids et les couvées, de couper, arracher ou brûler tout arbrisseau?

Si la populace possède cet instinct sauvage, les classes aisées et dirigeantes montrent, d'autre part, une telle indifférence, une telle apathie pour tout ce qui se passe autour d'elles, qu'il faut certainement être cuirassé d'une bonne dose de persévérance, d'illusions et d'espoir dans l'avenir, pour tenter encore de conduire les hommes dans la voie du progrès humanitaire.

En Italie les gens riches, qui sont souvent propriétaires de vastes terrains sur lesquels se dressent de nombreux « Roccolli », sortes de bosquets élevés et artificiellement arrangés pour attraper les petits Oiseaux, lesquels attirés par les cris de petits compagnons aveuglés servant d'appel, y viennent chercher nourriture, ne méprisent pas ce sport et ce commerce, car il est quatre-vingt-dix-neuf fois rémunérateur, puisque dans un seul de ces bosquets on arrive à capturer 800 à 1 000 petits Oiseaux par jour, au moment du passage en automne.

Que peut-on, dans de pareilles conditions, attendre des classes aisées?

Et d'ailleurs qui penserait à se déranger pour voir un petit Oiseau?

Si les champs, les cultures, les récoltes sont détruits, anéantis ou dévorés par des invasions d'Insectes, conséquence naturelle du manque d'Oiseaux, ou par des inondations causées par les éboulements des montagnes déboisées, si la misère devient toujours plus complète et profonde, qu'importe ? Aux générations futures à s'arranger, pourvu que nous n'ayons pas à nous réveiller de ce *dolce farniente* qui nous mène doucement, mais sûrement à l'abîme!

En 1897, le journal des chasseurs en Suisse, la *Diana*, publiait ce qui suit :

« Nous apprenons par les feuilles italiennes, que trois oiseleurs de Lombardie, ont pris d'un seul jour dans des filets 300 kilogrammes d'Hirondelles, puis après les avoir tuées, les ont apportées sur le marché de Gênes, où elles se sont vendues à des prix élevés. Avec les Hirondelles, les Rouges-Gorges et les Rossignols font le régal des gourmets italiens. »

Deux fois l'an, se renouvelle le triste et honteux spectacle de troupes d'Oiseaux migrateurs, décimées à l'aller et au retour, à la frontière du royaume d'Italie, de la façon la plus brutale qu'il soit possible d'imaginer.

Ce qui échappe aux filets tendus à la frontière et aux passages des Alpes tombe en bonne partie dans les lacets et les pipeaux dans l'intérieur du pays et aux bords de la mer.

La mode — cet autre tyran — vient encore solliciter les massacres.

C'est par centaines de mille que nos chanteurs ailés sont sacrifiés chaque année sans pitié.

S'étonnera-t-on, après cela, que chaque année le nombre de nos Oiseaux migrateurs aille en diminuant et parmi eux les hôtes les plus aimables de nos champs et de nos bois? A quoi servent après cela toutes les mesures préventives et protectrices édictées dans les lois, arrêtés et règlements?

Ces odieux massacres ne pourraient-ils pas être arrêtés? S'il n'y a que quelques voix éparses qui s'élèvent pour faire entendre une protestation, cela ne sert à rien. L'expérience le démontre. Les sociétés protectrices, les sociétés ornithologiques, avec l'appui de tous les organes de la presse réunis, doivent prendre la chose énergiquement en mains, adresser des pétitions en masse au haut Gouvernement, pour lui demander qu'il entre en relations avec l'Italie, à l'effet de l'inviter à édicter, comme d'autres pays, des lois sévères, protectrices des Oiseaux.

Dans la presse allemande, l'on trouve des demandes de même nature.

Nous ne nous défendrons contre les abus signalés, que par une loi internationale strictement observée.

Quant aux petits Carnivores et aux grands Rapaces, etc., ils sont les auxiliaires de l'homme dans l'œuvre de destruction.

Citons la Belette, l'Hermine, le Putois, la Martre, le Blaireau, le Hérisson; tous les Rapaces diurnes, avec exception, de mai en octobre, pour la Cresserelle, la Buse et la Bondrée ; — ajoutons le grand Corbeau, la Corneille noire, la Corneille cendrée, la Pie, le Geai, le Casse-noix, les Pies-Grièches ; toute cette gent criarde a mauvaise conscience.

Au moment des déplacements au-dessus des villes, les bandes sont souvent attirées par la lueur des réverbères à gaz, des lampes électriques et pour peu qu'il y ait du vent, se précipitent dans les rues, où les individus isolés deviennent la proie des Chats.

En temps de migration encore les Oiseaux viennent se heurter contre les lanternes des phares et s'y assomment; ou contre les fils aériens métalliques (télégraphe, téléphone, etc.) et tombent sur le sol inanimés, souvent la gorge coupée ou assommés.

Nous avons souvent eu l'occasion de constater ce fait pour des espèces à vol rapide, même pour la Caille et la Perdrix.

Moyens pratiques pour enrayer la diminution des espèces insectivores.

Nous divisons ce chapitre en trois rubriques :
1° Moyens administratifs.
2° Moyens internationaux.
3° Moyens moraux.

1. *Moyens administratifs.* — En Suisse, une loi fédérale sur la chasse et la protection des Oiseaux a été édictée en septembre 1875.

Elle mentionne les espèces à protéger, interdit de prendre ou de tuer ces Oiseaux, d'enlever les œufs ou les petits des nids ; interdit de s'emparer des Oiseaux au moyen de pièges quelconques.

Chez nous, en Suisse nous devons pourtant constater que ces diverses prescriptions sont généralement observées, grâce aux agents de la force publique (gendarmes, gardes municipaux, forestiers, gardes-chasse, douaniers).

Mais ce n'est pas suffisant, car l'Autriche nous envoie chaque automne, et cela jusqu'au printemps, des milliers d'Oiseaux chanteurs que l'on tient malheureusement en cage.

Une rubrique spéciale dans la loi devrait prévoir la défense d'introduction d'espèces insectivores vivantes sur le territoire helvétique, ainsi que l'interdiction absolue de vendre lesdites espèces et de les tenir en cage.

Ainsi croyons-nous que l'on pourrait enrayer quelque peu ce mal qui menace de devenir incurable.

Il suffirait simplement que les agents responsables augmentassent encore un peu leur zèle, pour punir les contrevenants à la défense.

2. *Moyens internationaux.* — Ici la question devient

complexe et délicate. Mais nous espérons que les Gouvernements finiraient par s'entendre sur les voies et moyens à employer pour arriver encore à empêcher la capture et la vente de nos intéressants protégés.

Il faudrait alors une surveillance incessante — une fois les mesures édictées — pour arriver à déraciner les habitudes prises, et faire comprendre aux populations l'importance de pareilles mesures, qui pour être efficaces devront être draconiennes.

Dans la première rubrique nous avons omis de faire rentrer la question des primes à donner pour la capture de tout Mammifère carnassier (Belette, Hermine, Putois, Fouine, Martre, Blaireau, Hérisson), de tout Rapace diurne, de tout Chat domestique trouvé à plus de cent mètres d'une habitation.

Primes distribuées non pas seulement à tout agent du gouvernement, mais à tout citoyen ayant fait la capture d'un animal nuisible.

Dénonciation de tout aubergiste, restaurateur, hôtelier peu scrupuleux qui livrerait à sa clientèle des Oiseaux insectivores, comme plat.

Les primes devraient être assez élevées, pour engager à la destruction active des espèces nuisibles.

3. *Moyens moraux*. — Tout d'abord, à l'école, l'instituteur et l'institutrice devront inculquer à leurs élèves l'amour des petits Oiseaux, leur défendre de ne jamais s'emparer soit d'œufs, soit de jeunes, en un mot de ne pas dénicher les nids — mais plutôt, de chercher en toute occasion à protéger la gent ailée.

Qu'ils leur enseignent en outre à distinguer un Oiseau utile d'un Oiseau nuisible.

Les salles de classe en Suisse sont abondamment pourvues de planches coloriées, représentant toutes les espèces d'Oiseaux à protéger (Collection Paul Robert). Le maître pourra de temps en temps, à l'aide de ces dessins, improviser une petite causerie sur telle ou telle espèce, au point de vue de son utilité. Il ne devra jamais perdre une occasion en classe, en course, de parler des services que rendent les Oiseaux comme grands destructeurs de vermines de toutes espèces (larves, Chenilles, Insectes).

Les parents, eux aussi, pourront aider puissamment les instituteurs en parlant à leurs enfants de la nécessité qu'il y a de protéger efficacement ces aides naturels de l'agriculteur, beaucoup plus actifs que tous les moyens employés contre la vermine, désinfectants et autres, décorés souvent de noms pompeux.

Les propriétaires fonciers devront ménager le long de leurs champs quelques buissons, quelques groupes d'arbres en taillis, qui fourniront aux Oiseaux des refuges et des abris naturels.

Que chacun place sous son toit une planche clouée à une poutre ; cette installation attirera nécessairement les Hirondelles et les Rouges-Queues.

Dans son verger, le propriétaire placera dans les arbres des nichoirs artificiels, en forme de maisonnettes ou creusées dans une bûche ; les Étourneaux, les Mésanges accepteront de grand cœur cette invitation.

Dans les murs et les murailles il suffira de réserver des espaces libres, à l'entrée juste assez large pour permettre à l'Oiseau d'y entrer, mais trop étroite pour que les Chats puissent y fourrer la patte et les gamins y engager les doigts pour s'emparer des œufs ou des jeunes.

En hiver, nourrissons les Moineaux, les Pinsons, les Mésanges, les Sittelles, etc., avec un peu de pain, quelques grains de chènevis ou d'avoine répandus de ci de là sur la fenêtre, sur une planche-abri, ou même avec quelques petits morceaux de viande, un peu de saindoux dans une tasse ; tous ces mets seront les bienvenus et les petits êtres affamés accourront en foule, pour se régaler. La belle saison revenue, ils récompenseront largement leurs généreux pourvoyeurs en les égayant de leurs trilles énamourés.

De cette façon, si chacun contribue pour sa part à leur protection, nous verrons bientôt leur nombre s'augmenter et nous en profiterons doublement, car leurs joyeux refrains nous réjouiront et nos arbres fruitiers, débarrassés de leurs trop nombreux parasites, produiront en plus grande quantité des fruits savoureux destinés à charmer notre goût.

A notre époque, les idées de protection et de réprobation contre toute destruction systématique se sont tellement répandues qu'il est rare maintenant que nous ayons à intervenir, que de tous côtés surgissent des associations locales pour la conservation des espèces utiles, des protestations contre les destructeurs ou bien encore des arrêtés et même des lois protectrices édictées par des législateurs amis de la gent ailée. Un mouvement en faveur de la protection des Oiseaux (pour les insectivores principalement) menacés d'extinction se produit actuellement un peu partout et c'est à qui interviendra.

Il nous paraît que des bulletins distribués largement et de tous les côtés, répandant ces idées de protection et les popularisant, des tableaux-affiches coloriés aideraient puissamment encore au mouvement et devraient être envoyés aux écoles, placés dans les hôtels, dans les salles d'attente des gares, dans les wagons des lignes de chemin de fer, dans les salles publiques des lieux de villégiature à la mode, etc. Cela occasionnerait, il est vrai, une assez forte dépense, mais nous sommes persuadés qu'elle porterait ses fruits.

On a tué les petits Oiseaux qui sont les meilleurs amis de l'homme et les protecteurs de l'agriculture. Aussi nous devons constater qu'en Suisse l'idée de protéger les Oiseaux a fait de grands progrès et ces progrès portent surtout sur la manière de comprendre la question. On sent bien maintenant que des lois restrictives, protégeant en bloc tous les Oiseaux insectivores, sont ridicules et que ce sont les particuliers et les sociétés qui doivent s'insurger contre les déprédateurs et prendre en main la défense de nos chanteurs ailés.

Dans la Suisse orientale s'est constituée une association de dames, qui se sont engagées à ne porter pendant dix ans aucune plume à leur chapeau.

Dans la Suisse occidentale, il s'est constitué une
« Union romande des sociétés protectrices des animaux »,
laquelle a voté son adhésion à la « Ligue contre le port,
comme ornement, de plumes ou de parties d'Oiseaux »,
tués dans ce but. Celle-ci s'est définitivement constituée
et s'étend à tous les cantons romands.

En avril 1898, les deux Sociétés suisses d'ornithologie
ont décidé à Zurich de se réunir en une seule Société
qui s'intitule : « Société suisse d'ornithologie », et a inscrit
en tête de ses statuts : « La lutte pour la protection des
Oiseaux sera menée vivement. »

Un subside de 500 francs a été accordé pour la publication d'une brochure à répandre à la frontière suisse-
italienne où la tuerie des Oiseaux se pratique sur une
vaste échelle.

Les Oiseaux insectivores d'Europe sont-ils vraiment
frappés d'extinction, se demandera-t-on peut-être, et est-
il bien nécessaire de jeter un cri d'alarme et de fonder
une Société pour les protéger ? A celui qui en doute, nous
conseillons de lire les nombreux articles publiés dans les
revues, les journaux, articles émanant d'ornithophiles,
de naturalistes et d'auteurs les plus divers, et qui le
prouvent d'une manière irréfutable.

Il est inutile de citer maintenant des faits et d'entrer
dans des détails. Nous nous bornerons à tracer, succincte-
ment, quelle pourrait être l'activité d'une telle association.

L'Association pour la protection des Oiseaux insectivores recruterait ses membres dans tous les pays, pu-
blierait un bulletin mensuel, en français, allemand,
anglais, italien. Ce bulletin tiré à un nombre d'exemplaires aussi grand que possible serait envoyé, non seulement aux membres de l'Association, mais aux
bibliothèques des clubs alpins, à celles des sociétés scientifiques, à la presse, aux naturalistes, curés, pasteurs,
instituteurs, aux hôtels et aux municipalités. Cette publication répandrait ainsi partout la connaissance des
faits que nous tenons à signaler.

Un appel sur feuille volante intitulé : « Protégez les Oiseaux », serait répandu à profusion. Puis on ferait des conférences en divers lieux, sur ce sujet, en saisissant toutes les occasions qui se présentent pour informer le public qu'il faut empêcher la destruction des Oiseaux. On s'adresserait ainsi à l'esprit patriotique de chaque citoyen et à cet amour de l'idéal dont tout homme civilisé porte en lui le germe, en agissant par la persuasion plutôt que par des mesures restrictives.

Sans doute, l'on rencontrerait beaucoup d'obstacles et des oppositions très vives, provenant parfois de malentendus, d'autres fois du fait que l'on pourrait s'attaquer à des intérêts privés. Toute œuvre qui s'attaque à des abus et qui veut les réformer rencontre de semblables oppositions.

Nous nous sommes passablement arrêtés sur ce point : « Moyens moraux », et avons empiété quelque peu sur la troisième partie de notre travail :

Idées sur le repeuplement.

Nous avons, dans le cours de cet exposé, émis quelques idées, lesquelles, si elles pouvaient entrer dans la pratique, contribueraient puissamment au repeuplement des Oiseaux insectivores de nos pays.

Que les mesures restrictives édictées par les Gouvernements soient mises en pratique et nous verrons une augmentation sensible se produire dans le nombre de nos hôtes de la belle saison.

Nous ne saurions évidemment pas préconiser ici le moyen employé pour le gibier de chasse (Cerf, Chevreuil, Lièvre, etc.) qui, élevé en enclos, se reproduit parfaitement et permet de compter sur une augmentation d'individus, car nos Oiseaux sont les habitants de l'air et il est impossible de les faire se reproduire même dans de vastes volières ; jamais nous ne pourrions leur offrir assez d'espace.

Que chaque homme, digne de ce nom, veuille bien se

pénétrer de la justesse de nos remarques et se faire l'apôtre de nos idées — en cela, il accomplira œuvre pie, puisqu'il contribuera pour sa part au bien-être futur de ses semblables : une pareille perspective ne peut qu'émouvoir et réjouir tout homme de cœur.

LA

PROTECTION DES OISEAUX

PAR

LE Dr CHARLES OHLSEN

Quæ in ceteros contuleris
in te ipsum revertunt bona.

Le but pour lequel nous avons été appelés de divers points de l'Europe à nous réunir ici pour discuter, est hautement intéressant. Je fais des vœux ardents pour que, notre tâche accomplie, ce Congrès couronne les efforts faits par d'autres Congrès antérieurs de même genre, et délimite les règles précises et pratiques qui formeront, pour ainsi dire, la pierre angulaire sur laquelle devra nécessairement s'ériger l'édifice protecteur des Oiseaux utiles à l'agriculture.

Tel est mon vœu, et, indubitablement, c'est aussi celui de tous mes collègues qui voudront bien me permettre de leur exposer mes idées et mes observations à ce propos ; c'est que je fais, certain de leur bienveillance. Bien que mon exposé n'ait d'autre mérite qu'une intime conviction, fruit de longues études et de sérieuses observations, leur intelligence d'élite donnera plus d'ampleur aux points que je vais développer, et suppléera à la pauvreté du langage.

Déjà en 1895, en ce même Paris, la Commission internationale pour la protection des Oiseaux utiles à l'agriculture, résumant les conclusions plus importantes émanées des divers Congrès précédents, avait posé les bases pour arriver à l'accord désiré, pratique et final de réunir les différents États d'Europe en une seule ligue défensive contre la persécution et la destruction insensée des Oiseaux, mais cet accord n'a pas encore été réalisé.

J'espère que le Congrès actuel aura meilleure fortune. Le gracieux monde ailé, auquel fut confiée par la nature une part fort large du grave devoir de maintenir l'équilibre dans la vie animale et végétale, jouissait dans les temps passés de la seule sympathie des naturalistes qui y trouvaient des sujets d'étude; cette sympathie fut ensuite partagée par les agriculteurs qui durent reconnaître que les Oiseaux sont leurs véritables amis, puisqu'il détruisent des Insectes nuisibles aux plantations; puis par les chasseurs eux-mêmes qui voyaient s'éclaircir les individus et disparaître quelques espèces. Enfin la science médicale elle-même élève aujourd'hui la voix en faveur de la protection des Oiseaux.

Durant une période de temps malheureusement très longue, on chercha, par tous les moyens, à détruire les Oiseaux: aujourd'hui, Dieu merci! commence une période opposée, en ce sens que, de tous côtés, on réclame des méthodes efficaces de protection tant directe qu'indirecte; aussi nous ne devons pas laisser échapper l'occasion. Protéger les Oiseaux c'est protéger la prospérité de nos forêts, de nos champs, de toute notre agriculture ; c'est protéger la santé humaine.

Nous n'avons pas à énumérer ici la série infinie des êtres nuisibles qui, sous la forme de microbes, de larves, d'Insectes, de Vers et de Mollusques, par un invisible mais incessant travail, rongent semences et plantes, diminuent nos récoltes, quand ils ne les détruisent pas complètement.

Il est inutile aussi de faire ressortir les services que les Oiseaux insectivores rendent à l'agriculture par la destruction des Insectes nuisibles, car ce sont des choses qui sont répétées partout et sur tous les tons.

Je veux seulement appeler la bienveillante attention des membres du Congrès sur le *Dacus oleæ* ou Mouche de l'olivier, sur la *Tinea oleella* ou Teigne de l'olivier et sur l'espèce de Charançon appelée *Phlœotribus*, Insectes qui minent les rameaux tendres et les fleurs au printemps, et qui, à partir de septembre, détruisent les quelques olives épargnées. Vous savez comme en certains pays la culture de l'olivier est une branche importante de l'agriculture; or, du fait de ces Insectes destructeurs, la production dans le cours de ces dernières années est allée en diminuant énormément, et une catastrophe est à prévoir. L'Italie, spécialement en Toscane et dans la région des Pouilles, a subi de graves dommages, lors de la dernière récolte, tant pour la quantité que pour la qualité du produit.

Relativement à la quantité, je puis dire que la statistique officielle des vingt dernières années relevait une moyenne annuelle de 2 millions et demi d'hectolitres, ayant approximativement une valeur de 240 millions de lires, mais que l'année agricole 1899-1900 accuse seulement 920 000 hectolitres, soit une diminution de 50 millions de lires. Sans parler des autres Insectes, la seule Mouche de l'olivier, si elle avait un développement régulier dans toutes ses générations (ce qui heureusement n'est pas le cas pour tous les individus) pourrait causer un dommage de cent lires en une seule campagne oléaire, de sorte qu'une dizaine de *Dacus oleæ* suffiraient à détruire complètement le produit d'un hectare d'oliviers. *Horribile dictu !*

Le *Ceratitis hispanica* attaque les orangers et les citronniers ; le *Pidocchio* (Pou) dit de San José, outre ceux-ci, attaque aussi un grand nombre d'autres arbres fruitiers; enfin tous les jours on découvre de nouveaux ennemis de la culture, et ainsi peu à peu disparaissent les principales sources de la richesse publique. Les déboisements inconsidérés, la chasse illimitée aux petits Oiseaux favorisent la ruine agricole.

Mais il y a plus ; la santé de l'homme, dans les contrées où règne la malaria, est compromise et à la merci d'un Insecte. La splénite ou inflammation de la rate et la tuberculose se propagent de la même manière.

Des études minutieuses de savants médecins de l'école

italienne, parmi lesquels je citais les éminents professeurs
Grassi, Bastianelli, Bignami, Marchiafava, démontrent à
l'évidence que la malaria accompagnée de fièvre est ino-
culée par de gros Moustiques dénommés scientifiquement
Anopheles claviger. Puisque nous sommes réunis en Congrès scientifique pour le bénéfice de l'humanité, nous
devons envoyer à cette pléïade de savants, qui ont découvert la vrai cause de la propagation de cette maladie infec-
tieuse, un salut respectueux et reconnaissant qui sera
pour eux un encouragement à de nouvelles études et à de
nouvelles expériences.

L'homme est-il capable de combattre les Moustiques
nuisibles? Les moyens adoptés par lui, par exemple les
flambages, les fumigations, les onctions etc., sont d'une
prophylaxie bien empirique, d'ailleurs ces Insectes sont si
petits qu'ils se dérobent presque à notre vue. L'homme
ne peut qu'essayer de combattre leur développement en
modifiant le sol des plages où règne la malaria ou en se
garantissant des piqûres des Moustiques au moyen de filets
métalliques à mailles très serrées apposés aux fenêtres
et aux portes des habitations. Mais pour une destruction
directe, il faut forcément recourir à d'autres auxiliaires,
c'est-à-dire aux Oiseaux insectivores et plus particulièrement aux espèces qui chassent et happent au vol les
Insectes au moment du crépuscule, ou aux heures du
soir et de la nuit, comme les Hirondelles, les Martinets,
les Tette-Chèvre (*Hirundinidæ, Cypselidæ, Caprimulgidæ*)
pour lesquels ces Moucherons constituent, dans n'importe
quelle phase de leur vie, l'aliment essentiel.

Ainsi donc, la science ornithologique et l'hygiène réclament la protection de ces utiles Oiseaux insectivores;
aussi devons nous émettre ici des vœux unanimes qui, une
bonne fois, décideront nos gouvernements respectifs à
s'unir pour en venir à un accord prompt et pratique en
vue d'une législation internationale fondée sur des
principes uniformes et d'application très sévère, pour la
protection des Oiseaux utiles et du gibier en général, en
laissant toutefois chaque État libre de prendre les dis-

positions spéciales qui sont réclamées par ses propres conditions géographiques.

Il est vrai que, s'il est une loi difficile à faire respecter,
c'est précisément la loi sur la chasse, et cette difficulté a
été jusqu'ici l'écueil contre lequel se sont brisés nombre
de projets discutés ; mais cela ne doit pas nous découra-
ger ; étudions donc toutes les voies directes et indirectes
qui peuvent nous permettre d'atteindre le but visé. Voici,
à mon avis, quels sont les points principaux qui devraient
être pris en considération pour établir une loi internationale, touchant l'exercice de la chasse et ayant pour
objet principal la protection des Oiseaux utiles.

On pourrait prier le Gouvernement français d'entamer
dans ce but de nouvelles négociations, et d'instituer un
Comité spécial sur des bases plus larges que la première
Commission en le composant de personnes renommées par
leur autorité scientifique ou leur compétence spéciale. Ces
personnes seraient les représentants officiels des différents États européens, lesquels se seraient engagés préalablement à accepter scrupuleusement les décisions qui
viendraient à être adoptées par le Comité, de manière à
arriver à la Convention internationale désirée.

Afin de donner plus de force à l'action de ce corps, il
serait indispensable de lui imprimer un caractère hautement officiel ; ses membres devraient se consulter, agir,
décider avec les mêmes facilités qu'un corps gouvernant,
avec cette seule différence qu'au lieu de travailler au bien
d'une seule nation, ce *corps collectif* travaillerait en vue
du bien commun.

Avant tout il serait nécessaire d'inculquer le respect
absolu des lois, qui, en matière de chasse, sont trop
dédaignées de ceux dont elles émanent, aussi bien que
des autorités et agents chargés de les faire observer.

Il faudrait que partout fussent promulguées des *lois de
protection pour les Oiseaux*, tendant à paralyser la mauvaise
habitude aujourd'hui générale, spécialement dans les classes
rurales et chez les petits chasseurs de profession, de prendre
les Oiseaux et le gibier au moyen d'engins et de pièges.

Que les autorités civiles et ecclésiastiques, les premières par la force, les secondes par la persuasion, se servent de ces *lois de protection* pour amener les populations à sauvegarder les Oiseaux et à protéger les nids. Qu'elles s'adressent aussi aux instituteurs, afin que ceux-ci, par des leçons théoriques et pratiques, démontrent l'utilité des Oiseaux et les services qu'ils rendent à l'agriculture et à l'hygiène de l'homme, et par suite la nécessité non seulement de les épargner mais encore de les propager. Que l'on répande des brochures et des opuscules conçus dans l'esprit indiqué ; que l'on décerne des prix en argent aux agents de la force publique les plus vigilants à dresser des contraventions, et aux instituteurs que les inspecteurs reconnaîtront comme les plus méritants, en raison des résultats positifs qu'ils auront obtenus pour la protection des Oiseaux.

Les cercles cynégétiques pourront prêter main-forte pour l'exacte observance des lois, et devront stimuler le Gouvernement, le parlement, les autorités départementales et communales, tous les corps civils et militaires en vue d'obtenir le respect absolu des lois existantes et l'application éventuelle des peines requises par ces lois. En outre, ces associations devront agir d'accord et énergiquement afin de réprimer toute chasse illicite, surtout le braconnage, comme aussi le trafic clandestin du gibier. Les chasseurs eux-mêmes sont intéressés à faciliter l'action des fonctionnaires publics dans la constatation des contraventions, puisque ceux-ci, en sauvegardant le gibier à poil et à plume, leur fournissent un copieux butin pour leurs divertissements.

Mieux que tout autre l'amateur de chasse peut connaître et indiquer les réformes qu'il convient d'introduire dans les lois pour assurer la propagation et la conservation raisonnées des Oiseaux et du gibier.

Il appartient par suite aux associations cynégétiques de suggérer et d'apppuyer auprès de qui de droit lesdites réformes reconnues nécessaires, et d'un commun accord avec les associations ornithophiles, d'user de leur influence auprès des sociétés et des comices agricoles, pour que ceux-ci à leur tour, unis dans l'œuvre bienfaisante de protection des animaux, forment un engrenage puissant du mécanisme tendant à développer la faune ornithologique dans les campagnes et dans les forêts, pour la prospérité agricole et la santé de l'homme.

En Italie, les sociétés de chasseurs, déplorant la disparition de quelques espèces d'Oiseaux et la diminution croissante d'autres espèces, ont déjà fait entendre leurs revendications. Ils ont constaté, en effet, que la conservation du monde ailé sur le territoire italien sera impossible tant que resteront en vigueur les dispositions multiples, qui, aujourd'hui encore, réglementent la chasse, pour ainsi dire dans chaque province, dispositions boiteuses ou contradictoires qui ne règlent rien effectivement et causent une anarchie inqualifiable. Lesdites sociétés réclament d'urgence une loi unique pour tout le royaume et, en même temps indiquent la nécessité de la faire concorder avec celles des États limitrophes, de manière que les Oiseaux, et spécialement les Oiseaux migrateurs, soient partout respectés, puisque chaque pays a le droit de jouir des bénéfices que les Oiseaux, par leur mission providentielle, apportent, où ils passent, à l'agriculture et à l'hygiène. Aussi beaucoup de corporations agricoles, frappées de la phénoménale et incessante reproduction des Insectes qui se partagent les récoltes, et épouvantées par l'apparition successive de nouvelles espèces dans nos contrées, se sont-elles adressées aux comices, aux députations provinciales, aux préfets et aux députés, en réclamant une réforme sévère et rationnelle de la loi qui règle la chasse.

Par voie indirecte, la protection des Oiseaux doit partir aussi de l'école primaire et spécialement des écoles rurales. Depuis quelques années déjà, l'enseignement agricole est donné dans les écoles primaires tant en France qu'en Allemagne, en Hollande, en Belgique et il commence à en être de même en Italie. Mais comme une riche faune ornithologique est l'auxiliaire de l'agriculture, il est nécessaire de joindre à l'enseignement agricole celui de l'ornithologie agricole. Les études à cet égard, dans les écoles normales seront poussées jusqu'au niveau des notions biologiques qui sont requises pour un docent; mais dans les écoles primaires, cet enseignement devra être donné de la manière la plus élémentaire et mis à la portée de l'intelligence des élèves, sans le moindre apparat de science et sans ennuyeuse pédanterie. Néanmoins, il devra toujours être suffisant pour exciter dans le cœur des enfants l'amour et l'intérêt pour le monde ailé. Comme complément à cet enseignement, il faudrait instituer dans toutes les écoles élémentaires la *fête des arbres* et la *fête des Oiseaux*, qui donnent de si bons résultats dans les États-Unis d'Amérique, où ces fêtes scolaires ont été introduites depuis plusieurs années. Cela est excellent pour les enfants, les plus terribles destructeurs d'Oiseaux, de nids et de nichées, inconscients pourtant de de l'immense dommage dont ils se rendent coupables.

Pour les adultes, un moyen efficace consiste dans la création de *chaires ambulantes d'ornithologie agricole*. Ces chaires qui se transportent d'un endroit à l'autre, changeant de canton et de pays, sont de véritables écoles pratiques où le professeur converse familièrement avec·les paysans qui, comme les enfants, sont inconsciemment de terribles ennemis des Oiseaux. De semblables leçons sont très propres à déraciner les préjugés, à faire connaître l'utilité des Oiseaux, la nécessité de les conserver et de les propager, le moyen de les attirer dans les champs, la manière d'en favoriser la reproduction. Aux leçons des professeurs ambulants devraient assister aussi les gendarmes en résidence dans les bourgades et dans les villages; enfin, dans les villes où sont institués des cours spéciaux d'enseignement agricole, il importe de ne point négliger *l'aviculture agricole élémentaire* et d'insister sur la nécessité d'observer et de faire observer les lois actuellement en vigueur.

Pour favoriser la nidification des Oiseaux, et les attacher à une localité, il faut obtenir que les agriculteurs, autant que cela ne nuit point au rendement de leurs fonds, plantent des arbres et des arbustes partout où le terrain

s'y prête, qu'ils substituent des haies vives aux haies
mortes, en choisissant les plantes qui, par la manière dont
elles se ramifient, la nature de leur feuillage et de leurs
fruits, offrent un asile commode et des aliments aux
Oiseaux qui nichent dans les haies.

Si la chasse insensée que l'on a faite aux Oiseaux a
influé beaucoup sur leur diminution, le déboisement et la
destruction des arbres dans le but de mettre les champs en
culture intensive, selon la méthode moderne, y a contribué aussi dans une large mesure; il s'agit donc de remé-
dier au mal en couvrant de nouveau la terre d'arbres et
de haies. Dans les circonstances actuelles et jusqu'à ce
que l'instruction élémentaire et les chaires ambulantes
aient amené la plus grande partie de la masse rurale à
protéger le monde ailé, la plupart des paysans, dans les
endroits où règne le morcellement de la propriété, se mon-
treront opposés à de semblables mesures, parce qu'en
général le propriétaire campagnard est récalcitrant à tout
ce qui ne lui donne pas un profit immédiat; mais, dans
l'attente de temps meilleurs, que l'État commence par
donner l'exemple et que dans les terres domaniales l'on
réduise au strict nécessaire le déboisement, c'est-à-dire
la destruction des endroits les plus propices à la nidification et à la demeure des Oiseaux. A cet égard il serait
également nécessaire que chaque Gouvernement réglât
avec plus d'attention et de sévérité la coupe des bois,
qui, parfois, sont complètement transformés en terres
labourées pour obtenir un rendement plus grand et plus
rapide. Il en résulte que les Insectes y règnent en maîtres,
du moment que les plantes herbacées ne fournissent
plus d'asile aux Oiseaux, les véritables *agents de sûreté* et
gardiens de l'agriculture.

Dans les domaines de l'État, partout où existent déjà
des forêts, qu'on les laisse subsister ou bien que l'on en
crée de nouvelles qui ne favoriseront pas seulement la
multiplication de beaucoup d'animaux, au grand profit et
contentement des chasseurs, mais qui deviendront aussi
le quartier général des Oiseaux, et fourniront aussi d'in-

téressants sujets d'observation en montrant comment la nature, laissée à elle-même, sait faire d'admirables choses. Je ne veux pas dire par là que les procédés de culture que réclament les circonstances actuelles doivent être bouleversés de fond en comble ; mais il est certainement nécessaire d'établir un contrepoids aux dommages que ces procédés modernes causent aux Oiseaux.

Après avoir opéré sur ses propres terres, que l'État impose par une loi aux communes l'obligation de planter des arbres sur les terrains qui leur appartiennent et qui ne sont pas propres à la culture, et de faire planter par les propriétaires-contribuables des haies vives, d'une étendue proportionnée à celle des terrains qu'ils possèdent. Enfin, toujours par une loi, que l'on oblige les compagnies de chemin de fer à planter des arbres partout où il est possible de le faire le long des voies ferrées, car on n'a pas à craindre que le passage rapide des trains fasse fuir les Oiseaux, ceux-ci s'habituant au bruit et reconnaissant bien vite qu'ils n'ont rien à redouter de ce côté pour la sécurité de leurs nids.

Une autre question, et peut être la plus difficile à résoudre, est celle des phares. Il est hors de doute que leur lumière éclatante cause la perte des Oiseaux, mais d'un autre côté il est également certain que les phares sont absolument nécessaires à la sûreté des navigateurs.

Tous les pays qui ont des plages maritimes et de grands lacs, ont des phares ; et tous ont des conditions climatériques favorables aux Oiseaux. La lumière des phares attire ces créatures ailées qui, pour la plupart sinon toutes, sont attirées et comme grisées par cette clarté, qui perdent tout sentiment de crainte et même semblent vouloir pénétrer à tout prix dans les lanternes, si bien qu'ils ne se laissent plus repousser par l'homme, et qu'ils viennent s'assommer contre les vitres. Il ne faut d'ailleurs pas songer à placer des filets ou des grilles autour des phares ou à se servir d'autres moyens qui en amoindriraient la lumière, car cela pourrait être fatal aux pilotes ; cependant la question est à étudier. Nous sommes en présence

de deux faits : d'un côté un immense carnage d'Oiseaux
que nous voudrions sauver; de l'autre la nécessité d'assurer la sûreté des navigateurs. Il faut essayer de concilier les deux choses en faisant prévaloir toujours, cependant, et sans discussion, le sentiment humanitaire, parce
qu'enfin la vie d'un homme-vaut bien plus que celle de
milliers d'Oiseaux; mais, toutes les fois qu'on le pourra
sans nuire aux navigateurs, l'on devra chercher à sauver
les petits voyageurs aériens.

En attendant la solution de ce problème difficile, nous
pouvons tous nous employer individuellement, par des
brochures et par des conférences, et collectivement au
moyen de vœux émis par le Congrès, pour réclamer que,
par des mesures énergiques, les Gouvernements mettent
fin à la capture en masse des Cailles sur les bords de la
Méditerranée, et assurent en même temps la conservation
d'un gibier aussi précieux, en réglementant le trafic international des Cailles vivantes. Les traités de commerce
actuels, par exemple ceux qui existent entre l'Italie et la
Suisse, rendent difficile pour le moment la prohibition du
transport des Cailles vivantes; mais la plus grande partie
de ces traités expirant en 1903, ce Congrès pourrait bien
par conséquent exprimer le vœu qu'avant leur échéance,
de nouvelles dispositions abrogent les lois existantes sur
les points où elles sont nuisibles.

Les Gouvernements pourraient interdire absolument la
vente des Cailles après la clôture de la chasse frappant de
fortes amendes les contrevenants, les vendeurs aussi bien
que les acheteurs.

Je crois devoir encore insister ici, comme je l'ai toujours
fait, sur la nécessité de prohiber sans aucune exception
la chasse au filet, qui, spécialement en Italie, a pris des
proportions épouvantables et prend toujours de plus en
plus d'extension.

Ce n'est point le besoin qui pousse le peuple à cette
chasse, mais la cupidité de quelques personnes qui
expédient les Oiseaux captifs, les Cailles spécialement,
en Angleterre. Que l'on soit large s'il le faut, en ce qui

touche l'usage du fusil, puisque la chasse est presque un instinct inné chez l'homme, mais que l'on fasse la guerre aux filets, aux pièges, à tout engin, quel qu'il soit, de destruction en masse.

Dans les expositions industrielles on doit, par suite, supprimer totalement les prix destinés aux objets susceptibles de nuire aux Oiseaux ou propres à en faciliter la destruction (à l'exception du fusil) parce que ce serait un contresens que de prêcher la protection du monde ailé et d'encourager en même temps par des distinctions la fabrication des pièges, des filets, des trébuchets, des trappes et des autres instruments fatals au gibier à plume.

Je dois encore soumettre une autre observation au jugement du Congrès : c'est que je regarde le Chat comme nuisible aux Oiseaux. L'animal même le plus utile peut devenir gênant s'il se multiplie à l'excès ou s'il est mal gardé ; c'est ainsi que le Chat peut devenir un fléau, plus grand encore qu'on ne pourrait le supposer, à l'égard des Oiseaux. Si dans les faubourgs des villes et dans les villages ces Félins se trouvent en très grand nombre, loin de se contenter pour leur alimentation des Souris et des Rats, ils sont constamment aux aguets afin d'attraper quelque Oiseau, dont la chair leur est plus agréable. On ne peut calculer le nombre d'oisillons qui trouvent la mort de cette manière. En outre, les Chats dérangent les couvées, ce qui cause un dommage peut-être encore plus considérable. Peu de personne ont tenu compte de ce fait qui est constant : dans les campagnes, le Chat mal gardé ou, pour mieux dire, complètement abandonné, devient presque sauvage et se fait chasseur de volatiles. C'est pourquoi je voudrais que, des mesures d'ordre public fussent prises à l'égard des Chats et qu'au besoin ces animaux fussent frappés d'une taxe, comme je l'ai proposé il y a quelques années.

Avant d'en venir aux conclusions, j'ai une dernière recommandation à faire, c'est que, même au risque de contrarier le « sexe aimable », il faut mettre un frein aux caprices de la mode féminine, en empêchant que par une étrange fantaisie les chapeaux des dames s'ornent de plumes et d'ailes d'Oiseaux. Cette exigence de la mode requiert la capture en masse de certaines espèces, ce qui amène leur destruction progressive jusqu'à complète disparition. Est-ce que la mode, sans troubler l'ordre du règne animal, ne peut emprunter au monde végétal les plus beaux modèles de fleurs et de feuilles afin de les imiter par une reproduction artificielle ? Un cyclamen, un lys, une violette ne sont-ils pas des ornements plus naturels et plus jolis qu'une plume, une aile ou un bec d'Oiseau ?

Je résumerai maintenant les idées que j'ai exprimées dans ce rapport en demandant au Congrès de vouloir bien voter les résolutions suivantes et en exprimant le vœu qu'elles soient mises en pratique le plus tôt possible :

I. — Que tout Gouvernement d'Europe édicte des lois convenables sur l'exercice de la chasse ou réforme rationellement celles qui existent, en tenant compte des habitudes et des conditions du pays, mais en ayant pour objectif de faciliter la conclusion d'une loi internationale pour la défense du gibier, la conservation et la multiplication des Oiseaux utiles.

De plus que chaque Gouvernement fasse rigoureusement observer les lois nationales, avec prohibition absolue et commune à tous les États :

a) De prendre les œufs d'Oiseaux, les nids et les nichées en n'importe quel temps ;

b) De capturer ou tuer les Oiseaux, de chasser et de prendre le gibier pendant que la chasse est fermée, comme aussi de colporter, et de vendre les œufs, les nids et les nichées d'Oiseaux, et cela sans restriction de temps.

c) D'employer des filets, pièges, trappes ou tout autre engin de destruction, quel qu'en soit le genre (à l'exception du fusil) même dans la période où la chasse est permise ;

d) De chasser les Oiseaux le long des cours d'eau pendant les saisons de sécheresse ;

e) Le persécuter les Hirondelles (*Hirundo rustica*), les

Martinets (*Cypselus*), les Tette-Chèvres (*Caprimulgus*) et
autres Insectivores, qui méritent, dans tous les cas, une
protection spéciale et générale ;

f) De transporter et de vendre des Cailles tant au
printemps qu'en automne, alors qu'elles émigrent
d'Afrique pour passer en Europe et *vice versa*.

II. — Les lois et prescriptions cynégétiques et notamment celles qui sont relatives aux Oiseaux devront
émaner toujours du seul Gouvernement central, c'est-à-
dire du ministère compétent et jamais des autorités
locales provinciales ou préfectorales, auxquelles incombera seulement l'obligation d'assurer la sévère et
scrupuleuse exécution desdites lois.

III. — Que les divers États soient tous invités à créer
chacun un poste d'Inspecteur spécialement chargé de
veiller à ce que toutes les lois sur la chasse soient
exactement observées, et d'envoyer tous les ans un
rapport sur l'accroissement ou sur la diminution des
espèces d'Oiseaux, en y ajoutant ses observations personnelles.

IV. — Que l'on encourage les sociétés cynégétiques
existantes et que l'on pousse à la formation de nouvelles
sociétés, si besoin est, dans le but de sauvegarder rationnellement le gibier; que l'on agisse de même vis-à-vis
des ligues de protection des Oiseaux en les invitant à
avoir un secrétaire stipendié et choisi à cet effet non
parmi les purs ornithophiles, mais parmi les vrais
ornithologues. Que toutes ces institutions agissent auprès
de leurs Gouvernements respectifs en vue d'obtenir une
bonne législation nationale sur l'exercice de la chasse,
en corrélation avec la loi internationale désirée.

V. — Que l'on introduise dans les écoles primaires
de chaque État l'enseignement de la biologie et des habitudes des Oiseaux, avec les règles à suivre pour les protéger et les multiplier, et que l'on institue en outre des
chaires ambulantes afin de répandre, par ce double
moyen, chez les enfants aussi bien que chez les adultes,
l'amour de la faune ailée, en raison des grands services

que les Oiseaux rendent à l'agriculture et à l'hygiène. Pour faire respecter les plantations et les Oiseaux, instituer dans toutes les communes de l'État la fête scolaire annuelle des arbres jointe à une fête des Oiseaux.

VI. — Provoquer la plantation d'arbres, bosquets et haies vives pour abriter les Oiseaux et leurs nids en invitant le Gouvernement et les municipalités à donner l'exemple sur les terrains leur appartenant.

VII. — Faire une étude sérieuse des moyens propres à empêcher que les phares soient, comme à présent, une cause de destruction pour un si grand nombre d'Oiseaux, sans diminuer l'utilité de ces appareils pour la sauvegarde des marins.

VIII. — Supprimer dans toutes les expositions, tant nationales qu'internationales, les prix aux engins ou préparations destinés à nuire aux Oiseaux ou à les détruire, à l'exception, seulement, du fusil.

IX. — Prévenir, par des dispositions répressives, les dommages apportés par les Chats aux Oiseaux et à leurs nids dans les campagnes, vergers et jardins.

X. — Combattre les modes féminines comportant des ornements faits de plumes, peaux ou ailes d'Oiseaux et modérer autant que possible, sous ce rapport, l'industrie plumassière.

XI. — Accorder une note d'éloge mérité aux savants qui se consacrent à l'étude des maladies des végétaux causées par des Insectes, et encourager les recherches de ce genre dont leurs rapports avec l'ornithologie, de manière à démontrer de plus en plus la haute mission économique des Oiseaux insectivores, sauvegarde naturelle de l'agriculture ; encourager également les études de l'hygiène moderne sur les maladies contagieuses et épidémiques de l'homme et spécialement sur la malaria, dans l'espoir qu'elles auront pour conséquence la protection des Oiseaux.

A ces propositions je dois enfin en ajouter une dernière qui sera la partie essentielle du programme que je viens de tracer. La voici :

XII. — Que ce Congrès prie le Gouvernement français d'inviter au plus tôt les autres Gouvernements d'Europe à instituer à Paris un Comité international permanent pour la protection des Oiseaux utiles, Comité dans lequel chaque Gouvernement sera représenté par un certain nombre de membres nommés par lui. Que ce Comité étudie et choisisse les meilleurs moyens de réaliser d'une manière prompte et précise les vœux exposés ci-dessus, s'occupe, autant que possible de régler la chasse dans les divers États, assure et facilite aussi la conservation des Oiseaux utiles, soit dans l'intérêt uniquement national, soit dans l'intérêt international. Que tous les Gouvernements coalisés prennent l'engagement formel de se conformer aux décisions du Comité et d'en seconder l'œuvre.

Après cela, il ne me reste plus qu'à exprimer l'espoir que le IIIᵉ Congrès ornithologique international de Paris, en approuvant les propositions que je viens de présenter, fera faire un grand pas vers l'accord des différents peuples en vue de l'établissement d'une *Ligue internationale pour la protection des Oiseaux.*

L'année 1900, qui éternisera le nom de Paris, la grande cité, *l'alma* qui a ressemblé dans son Expositon universelle les produits du génie et de l'industrie du monde entier, inaugurera ainsi une ère de prospérité pour l'agriculture et l'alimentation publique, comme aussi pour la santé de l'homme.

OBSERVATIONS

SUR LA

QUESTION DE LA PROTECTION DES OISEAUX

PAR

LE D' QUINET, DE BRUXELLES

Si le Congrès veut réellement faire faire une enquête
scientifique sérieuse et qui apportera des éléments nouveaux et indispensables à la solution de la question énig-
matique de la protection des Oiseaux au point de vue de
l'agriculture, je me permets de lui signaler le système suivant qui est basé sur les considérations ci-jointes :

En thèse générale, on peut affirmer que le régime alimentaire des trois quarts des Oiseaux d'Europe n'est pas
scientifiquement établi. On a fait, il est vrai, trois div.sions
parmi ces Oiseaux, divisions basées sur leur régime alimentaire plutôt apparent que réel, selon qu'il se composait d'Insectes, de graines et d'Insectes, ou de volatiles appartenant
à d'autres espèces incapables de se défendre contre les
espèces plus fortes. De là les Oiseaux dits utiles, indifférents ou nuisibles.

Dans mes notes critiques sur la protection internationale que cherchait à réaliser la Commission ornithologique
réunie à Paris en 1895, j'ai soutenu que cette division était vaine et arbitraire, parce qu'elle ne reposait
que sur des vues spéculatives et nullement sur des
recherches sérieuses et des autorités compétentes.

Le problème est supposé connu et résolu, toutes les
données sont sensées avoir été fournies par les sociétés

d'agriculture, les congrès, les revues, les recueils périodiques, les travaux des ornithologistes, les observations des forestiers, les rapports des sénateurs, etc., depuis vingt ans.

Fort bien, mais permettez-moi d'objecter que tout ce qu'on a élaboré et échafaudé dans les livres et les rapports avait uniquement pour but de prouver que la plupart des Oiseaux européens mangent des Insectes, et comme conséquence immédiate qu'ils sont très utiles à l'agriculture; tandis que toutes les nations de l'Europe, qui ne se privent pas de les capturer, trouvent sans doute qu'ils sont utiles, surtout après leur mort, par l'appoint qu'ils leur apportent d'une nourriture saine et exquise.

Mais la question du rôle que jouent réellement les Insectes et les Oiseaux dans la nature envisagée sous ce seul point de vue, est fort incomplète. On se plaît à ne voir qu'un seul côté de cette question bien autrement complexe. On nous parle exclusivement d'Insectes nuisibles, comme s'il n'existait pas d'Insectes utiles capables de rendre des services à l'agriculture. Les savants n'ignorent pas ces choses-là, mais la plupart des gens qui s'occupent de sylviculture ou d'horticulture n'en savent pas le premier mot, et ce sont ces derniers qui envoient leurs élucubrations aux journaux qui, pour leur être agréable les impriment et les font arriver jusque dans les sphères officielles où elles sont conservées avec soin.

Ces gens-là sont frappés par ce qu'ils voient le plus ordinairement, c'est-à-dire des Oiseaux élevant leurs couvées avec des Insectes de toute espèce, et se nourrissant eux-mêmes de ces bestioles, et ils ne se demandent point quel rôle exact ces petites bêtes jouent dans la nature.

Qu'ils sachent donc que la nature a placé le remède à côté du mal et que des milliers et des milliers d'Insectes utiles rendent des services immenses à l'agriculture et font périr un plus grand nombre de Chenilles et d'Insectes malfaisants que les Oiseaux les plus insectivores.

Les entomologistes sont en train de démêler les espèces nuisibles d'avec les espèces utiles et de déterminer aux dépens de quelles espèces vivent ces parasites, et ces faits une fois acquis à la science serviront puissamment l'homme dans la lutte incessante qu'il soutient et aura de plus en plus à soutenir contre les Insectes nuisibles.

Mais l'Oiseau n'aura jamais comme l'homme le privilège de discerner les Insectes utiles à l'agriculture, d'avec ceux qui lui sont nuisibles ou indifférents. L'Oiseau dévore tout ce qui vit et remue autour de lui, Hyménoptères tels que les Ichneumonides, Coléoptères tels que Carabides, Diptères, Névroptères et autres Insectes mille fois plus utiles que tous les Oiseaux réunis, de même qu'il s'attaque aux espèces qui dévastent parfois nos forêts et nos champs. Dans quel pourcentage?

Là est le danger, là se trouve le point d'interrogation formidable, qui nous empêche de déclarer avec certitude que telle ou telle espèce d'Oiseaux est plus utile que nuisible, car il ne suffit pas que vous voyez un volatile se nourrir exclusivement d'Insectes pour le déclarer auxiliaire de l'agriculture. Il faudrait pouvoir dire, avec quelque certitude, à quelles espèces d'Insectes il s'attaque de préférence et voir s'il ne détruit pas plutôt les espèces utiles.

Et tant que cette étude n'aura pas été faite sérieusement — et elle ne l'est pas jusqu'ici — je prétends que les listes d'Oiseaux utiles ou nuisibles qui figurent dans les lois des nations européennes ne reposent sur aucune base scientifique de valeur quelconque et que les résultats qu'on attend de la protection à outrance de ces espèces qui doivent sauver le monde ne seront pas appréciables.

Remarquez que je suis loin de nier absolument le rôle protecteur que les Oiseaux peuvent avoir localement, et en certaines circonstances, pour l'agriculture et la sylviculture, mais je conteste que des lois basées sur des données aussi aléatoires soient nées viables et ne nécessitent, dans un avenir prochain, une succession de remaniements chez les différentes nations qui les ont adoptées.

La question n'est pas mûre, on ne connaît pas suffisamment à fond les mœurs des Insectes, encore moins celles

des Oiseaux; et il ne suffit pas. j'insiste expressément,
là-dessus qu'un Oiseau soit plus ou moins ou même
complètement insectivore pour le déclarer utile à l'agriculture : c'est souvent le contraire, je le démontrerai tout
à l'heure.

Certains Oiseaux sont utiles au Nord, nuisibles au Midi,
utiles ou nuisibles selon les saisons, les circonstances.
Un classement en ce sens est très difficile, sinon impossible à établir.

Insectes utiles.

On estime, dit M. Séverin, à plus de dix millions le
nombre d'espèces d'Insectes que l'avenir se chargera
d'inventorier, mais il faut encore tenir compte de la force
d'accroissement de l'individu qui peut être prodigieux.
Un seul Puceron, par exemple, donne en une seule saison
une descendance de quinze générations avec un nombre
composé de vingt-cinq chiffres d'individus. Quantité tellement formidable qu'elle échappe à la compréhension et
même à l'expression !

Mais si la nature actuelle a développé l'Insecte au point
d'en faire le plus puissant tyran de l'humanité, elle en a
réprimé l'action nocive, en harmonisant la cause et l'effet,
au point que l'Insecte utile ou nuisible n'existe qu'à l'état
isolé.

L'homme, en détruisant l'harmonie naturelle, a pu
développer l'effet de son auxiliaire, l'Insecte utile, mais
il a déchaîné de même l'Insecte nuisible à ses intérêts.
En éliminant certaines plantes et en ne retenant, pour
les cultiver en masse, que celles qui lui sont utiles, il a
provoqué le développement anormal de leurs parasites.
Ignorant leurs mœurs et les lois de leur multiplication, il
a laissé grandir le péril, jusqu'au moment ou, frappé par
des désastres immenses, il a dû trop souvent reconnaître
son impuissance. Il a constaté trop tard, qu'il devait
remonter à l'origine pour frapper le mal dans ses racines.

Ce mal se manifeste également en matière forestière.
Quelques essences, prises parmi les plus robustes, dont la

valeur était la plus élevée, furent choisies et cultivées en masse. Elles constituent la majeure partie de nos forêts actuelles. Mais pour en arriver là, il fallut que le traitement de l'arbre devînt artificiel également, pour en tirer, dans le temps le plus court, le résultat le plus avantageux ; et l'on planta, dans un espace restreint, le plus grand nombre d'arbres que l'on pût, afin d'en tirer, aussi vite que possible, le maximum de bénéfice. La culture s'éloigna ainsi, de plus en plus, de l'œuvre de la nature et l'arbre isolé, comme la forêt entière, fut traitée en objet précieux, en vue d'une exploitation fructueuse.

Quoi de plus naturel alors qu'un déchaînement de toutes les maladies, de tous les fléaux que subissent les êtres en dehors de leurs conditions normales?

Au premier rang de l'attaque se trouvèrent les Insectes parasites, l'Insecte, comme tout autre animal, considérant comme une des nécessités principales le besoin d'entretenir ses forces par la nourriture, afin de procéder avec fruit à la propagation de son espèce, le seul mobile de sa vie. Il recherche avec âpreté une nourriture copieuse et emploie une partie de ses merveilleuses facultés d'adaptation à se soustraire aux attaques de ses ennemis.

En offrant aux uns une nourriture abondante et en supprimant les conditions d'existence des autres par l'élimination de leurs plantes nourricières, on rompait l'équilibre et l'augmentation anormale devait en être le résultat. Or, il n'y a aucune raison pour que ce développement extraordinaire et exagéré ne puisse, sur certaines influences spéciales météorologiques ou autres, être réservé à tout Insecte qui pourrait ainsi devenir subitement un ennemi très dangereux. Ces cas sont et resteront très exceptionnels.

Je ne relèverai de ces considérations véridiques que deux faits faciles à prouver. L'auteur que je cite déclare qu'il y a des Insectes qui sont chargés de la mission de maintenir l'harmonie parfaite, établie dans la nature entière, en détruisant les Insectes nuisibles qui menacent de tout détruire au point que l'Insecte utile ou nuisible, n'y existe qu'à l'état isolé. J'appuie et je démontre le fait par l'exemple même du Puceron dont le chiffre de multiplication insensée échappe à notre compréhension.

Le rosier est ravagé par un Puceron qui lui est propre et qui couvre parfois toutes les branches. Ces Pucerons ont cependant un ennemi acharné, d'une voracité insatiable qui, en moins de deux jours, dévore tous les occupants d'une branche, quelque nombreux qu'ils soient. Cet ennemi est la larve d'une très jolie Mouche, *Syrphus Pyrastri*, un peu plus grande et moins large que la Mouche de cuisine ; sa couleur est à peu de chose près, celle de la Guêpe. Cette larve va s'installer à la base de la colonie de Pucerons, s'y fixe à l'aide des verrucosités charnues de son extrémité postérieure et commence son repas. La trompe s'abat, un Puceron est englouti, la trompe se relève et rejette en arrière la peau du Puceron. Cet engloutissement et le rejet ne durent pas une seconde et continuent pendant toute la journée peut-être même pendant la nuit ; mais nous n'osons pas affirmer ce dernier fait, n'ayant pu l'observer.

Il est donc important de protéger les Syrphes et leurs larves. Malheureusement pour elles, et aussi pour les amateurs de roses, ces larves qui sont vertes avec des zébrures plus pâles que le fond, sont généralement confondues avec des chenilles et impitoyablement détruites ; il y a un moyen de s'assurer si la larve qu'on découvre est celle du Syrphe, c'est d'examiner les feuilles du rosier qui se trouve sous elle, et de voir si elles sont couvertes de pellicules blanchâtres, enveloppes du Puceron rejeté par la larve. Les Pucerons, en général, ont donc pour ennemis des Diptères, les Syrphes, qui ont la spécialité de pondre leurs œufs sur les tiges et les feuilles habitées par ces insectes.

L'Oiseau insectivore n'a donc pas à intervenir ici, et son intervention sera plutôt nuisible, car il ne fera pas la distinction que l'entomologiste ou l'observateur sérieux peuvent faire entre la larve utile et le Puceron nuisible, il dévorera tout ce qu'il rencontrera sur les branches et les feuilles, et de préférence une belle et grosse larve à un maigre Puceron à enveloppe chitineuse.

Je pourrais ici, à l'instar de ceux qui veulent montrer l'immense utilité des Oiseaux insectivores, échafauder des statistiques sur les chiffres fabuleux de Pucerons visibles que dévorent les Syrphes bienfaisants et autres Insectes carnassiers. Mais à quoi bon ? On jongle avec les chiffres comme on veut, et on tronque la vérité à loisir dans l'intérêt et le but de prouver ce que l'on veut prouver à tout prix. Ainsi, lorsque Tschudi rapporte qu'en quelques heures une Mésange-nonnette enleva 2000 Pucerons d'un rosier, il oublie de nous dire combien elle détruisit en même temps de larves de Syrphes, dont la fonction spéciale était précisément de vivre aux dépens de ces Pucerons jusqu'à extinction complète, tandis que la Mésange n'eût pu faire un nettoyage aussi parfait que ce spécialiste attitré, sans compter qu'un autre spécialiste, l'Ichneumon des Pucerons, dépose ses œufs dans le corps des Pucerons du rosier.

M. de la Blanchère, de son côté, n'hésite pas à nous dire qu'une seule famille de Mésanges fait une consommation de plus de 24 millions d'Insectes par an. J'admire la patience de ce calculateur, mais j'aurais voulu voir la répartition de ces bestioles, et l'observation pour avoir quelque valeur devrait nous dire combien il y avait d'Insectes utiles dans ce chiffre colossal et combien ces Insectes utiles eussent pu à leur tour dévorer d'Insectes nuisibles, si la raison du plus fort n'était pas toujours la meilleure. Ceci est un exemple entre mille, et il suffira à faire comprendre que tous ces chiffres invoqués par la plupart des auteurs ne prouvent absolument rien, hormis le bon appétit des Oiseaux insectivores. Or, tant que les Oiseaux n'auront pas le bon esprit de respecter l'Insecte utile et de croquer l'Insecte nuisible, leur action bienfaisante sera plus apparente que réelle, du moins en tant que sauveurs de l'agriculture.

Le second fait qui se dégage des considérations générales de l'entomologiste Séverin, est que la culture inten-

sive des plantes et des arbres est nuisible à leur santé
générale, à leur force de résistance en face des ennemis
de toutes sortes qui les attaquent pendant leur développement. De même, chez l'espèce humaine, la vie à outrance, le surmenage physique et intellectuel, la fièvre
des affaires et le besoin de faire rapidement fortune ont
produit des générations de tuberculeux, de scrofuleux,
de rachitiques et de neurasthéniques. Et si la période
actuelle, dans le cadre nosologique de l'homme, peut
s'appeler la période microbienne, elle s'intitulera, dans le
règne végétal, l'ère des Insectes, car comme le dit M. Séverin, à aucune époque géologique le développement de
l'Insecte n'a eu une puissance comparable à celle qu'il a
aujourd'hui.

Toutefois, en thèse générale l'Insecte ne nuit guère à
l'arbre vigoureux qui a grandi dans des conditions normales. Ainsi les larves de la Sésie apiforme, Papillon
nocturne s'attaquent exclusivement à des peupliers qui
ont déjà souffert, l'abondance de la sève d'un arbre sain
lui étant peut-être nuisible.

Les forêts vierges demandent-elles le secours des
Oiseaux et des hommes contre les Insectes? La loi de
balancement fonctionne naturellement.

L'homme est en train de recueillir les fruits de son
imprévoyance et de sa rapacité : sa vie intensive et la culture artificielle des plantes et des arbres ont déchaîné sur
lui toutes espèces de maladies et sur son œuvre toutes
sortes de fléaux.

Mais il me tarde d'entrer de plus en plus dans le cœur
du sujet et de montrer les Insectes utiles en action.

Durant une partie de l'année, dit M. Blanchard, l'activité est sans égale dans le monde des Insectes. C'est le
Sphex, aux allures vives, enlevant une chenille ou un
autre Insecte et se hâtant d'aller l'enfouir dans son nid
pour servir de pâture à sa larve. Ailleurs, les espèces
carnassières fortement cuirassées et vigoureusement
armées telles que le *Carabus auratus* sont à la poursuite
des espèces phytophages. Les larves carnassières à peau

molle et facile à briser tendent des pièges avec une habileté incroyable et se tiennent à l'affût pour s'emparer de leur proie.

Sur un autre point le spectacle est différent. Le cadavre d'un animal est gisant sur la terre, le sol est souillé d'immondices. Des Diptères s'arrêtent sur ces matières dont la présence blesse les sens, des Coléoptères les fouillent. Bientôt des larves fourmillent au milieu de ces débris, les anéantissent ou les disséminent dans la terre. Merveilleuse mission des Insectes! Ils fertilisent le sol en éparpillant les détritus, ils font disparaître les matières dont les émanations vicient l'atmosphère.

Si la trop grande multiplication des Oiseaux insectivores venait à creuser des vides profonds dans le monde des Insectes, d'autres fléaux ne tarderaient pas à s'abattre sur l'homme. Mais tous ces êtres ne remplissent-ils pas un rôle au sein de la nature? Une plante se propage à l'excès, les chenilles arrêtent la propagation exagérée de cette plante. Les chenilles apparaissent en nombre trop considérable, les Ichneumons se multiplient à leur tour et tuent les chenilles par milliers. Les espèces phytophages dont la vie est facile tendent à accroître leurs populations. Les espèces carnassières empêchent cet accroissement. Ainsi à travers les siècles, l'équilibre est maintenu dans la création.

Des perturbations peuvent se produire; ainsi les Sauterelles voyageuses viennent parfois désoler une vaste contrée; mais ces perturbations sont plus ou moins passagères. Si, en Europe, on a continuellement à s'inquiéter des espèces nuisibles, c'est que les immenses cultures ont altéré l'ordre de la nature.

N'est-il pas dans le sentiment de l'homme de tout rapporter à lui-même, de penser que tout a été créé pour son usage? Si les Moustiques et quelques autres vilains parasites étaient habiles à discuter, peut-être cependant décideraient-ils que l'homme a été créé pour les nourrir de son sang.

L'homme ayant incontestablement le droit de se défendre,

il est nécessaire qu'il cherche à détruire les bêtes qui
l'attaquent, il est juste qu'il s'efforce de ne pas laisser
manger ses récoltes. Pour atteindre son but, un moyen
simple est à sa disposition. Ce moyen, c'est d'apprendre
à connaître ses ennemis. Tel était l'avis de feu M. Blanchard, membre de l'Institut, professeur au Muséum
d'histoire naturelle de Paris.

Supposons un instant que l'homme connaisse les ennemis de ses cultures et cherche à s'opposer à leurs ravages
en demandant aide et protection à l'Oiseau. Est-il bien
sûr d'avoir à son service un auxiliaire éclairé qui fera de
la bonne besogne? Son allié distinguera-t-il l'Insecte
nuisible de l'Insecte utile qui ne manque jamais d'être à
son poste quand il y a lieu?

Nous prétendons que non, car si l'Oiseau eût suffi à
cette besogne, la nature n'eût pas eu besoin de créer des
Insectes carnassiers pour contre-balancer l'action novice
ou la pullulation des phytophages. Or, il est prouvé que
les Insectes parasites empêchent la propagation indéfinie
des mauvais Insectes et contribuent d'une manière incessante à maintenir dans de certaines limites la diffusion
des espèces. En étudiant les Insectes les plus nuisibles à
nos grandes cultures, dit encore M. Blanchard, on est
singulièrement frappé de l'importance des services que
peuvent rendre les Hyménoptères parasites.

Les progrès de la culture ont favorisé à l'excès la multiplication de différents Insectes. L'abondance du végétal
dont ils se nourrissent leur a été fournie ; les conditions
les plus favorables ont été créées pour les espèces qui rongent les racines, par un extrême ameublissement de la
terre. De là, ces apparitions immenses d'Insectes qui dévorent la vigne, les oliviers, les céréales, les colzas, les betteraves, les plantes fourragères et potagères, etc., menacent parfois de tout anéantir sur de vastes étendues. Le
cultivateur s'en prend naïvement à la pluie, à la sécheresse, à la direction du vent qui a régné, et s'attend à voir
disparaître le fléau avec un changement atmosphérique.

On se rappelle, en effet, qu'à une autre époque, les

champs avaient été dévastés par les mêmes Insectes et que
ces derniers ont à peu près disparu après avoir fait beaucoup de mal. Le cultivateur se lamente et appelle à son
secours la Providence. La Providence ici se manifeste
sous la forme des Hyménoptères parasites. Un seul
Ichneumon frappera mortellement une légion de chenilles
et l'année suivante les parasites seront si nombreux que
l'œuvre de destruction marchera avec une étonnante
rapidité. Voilà les Insectes nuisibles à la végétation
devenus rares (sans le secours des Oiseaux). Les Hyménoptères abondent au contraire et se trouvent dans l'impossibilité d'assurer le dépôt de leurs œufs, ils périssent
la plupart sans laisser de postérité et alors l'espèce
phytophage recommence à se multiplier en paix.

C'est ainsi que se produisent, dans un grand nombre de
circonstances, les apparitions et les disparitions successives de certains Insectes. L'explication a bien des fois
déjà été donnée, mais les vérités, si simples qu'elles
soient, ne se répandent qu'avec des peines infinies.

Après les généralités, voici quelques détails. M. Dubois
écrit que les Insectes ichneumonides constituent plusieurs
familles importantes qui rendent des services à l'agriculture, car ils font périr un plus grand nombre de chenilles et de larves que les Oiseaux les plus insectivores.
Ces Hyménoptères sont abondants, partout on en voit
par millions dans les jardins, les bois et les champs. Sauf
quelques espèces qui hivernent sous la mousse ou dans
les troncs d'arbres vermoulus, la plupart des Ichneumonides ne commencent à se montrer qu'en juin. On les
voit alors butiner sur les fleurs, fouiller le feuillage à la
recherche d'une victime. Lorsqu'une femelle d'Ichneumon
veut pondre, elle se met en quête de la larve ou de la
chenille préférée, se cramponne à son dos, perce la peau
d'un coup de tarière et enfonce cet instrument dans la
plaie pour y mettre un œuf. Sa victime se débat en vain à
chaque piqûre : l'Ichneumon poursuit tranquillement son
opération jusqu'à ce que sa ponte soit achevée et que 40 à
100 œufs et même davantage aient été mis en sûreté.

Les grandes espèces ne confient qu'un œuf à une chenille ; mais elles sont alors obligées d'en attaquer un grand nombre pour achever leur ponte. Les blessures de la chenille ou de la larve se cicatrisent bientôt ; l'animal fait ses mues parfois et même sa première métamorphose comme s'il ne s'était rien passé, mais il ne va pas au delà ; les œufs de l'Ichneumon ne tardent pas éclore et les larves se mettent aussitôt à dévorer leur hôte.

Elles ont cependant l'instinct de ménager sa vie pendant quelque temps encore et de vivre d'abord aux dépens des tissus graisseux en respectant les organes essentiels à la digestion, à la circulation et à la respiration qu'elles n'attaquent qu'en dernier lieu.

Tantôt les petites larves percent la peau de la chenille pour se transformer au dehors, après s'être filé de petits cocons ovoïdes blancs ou jaunes qui entourent le cadavre de leur victime, tantôt elles demeurent sous sa peau desséchée, très souvent aussi la chenille peut se métamorphoser, mais au lieu d'un papillon c'est une foule d'Ichneumons qu'on voit sortir de la chrysalide. Chaque espèce d'Ichneumon a pour ainsi dire une larve ou une chenille particulière à laquelle elle confie ses œufs ; mais il y en a aussi qui s'attaquent à divers Insectes, les Proctotupes par exemple.

Réaumur estime que les Hyménoptères détruisent chaque année les neuf dixièmes des larves ; Blanchard dit que sur 200 chenilles qu'il a recueillies, 3 seulement donnèrent des papillons : les 197 autres avaient été dévorés par les larves des terribles Ichneumons. Le groupe des Ichneumonides est excessivement riche en espèces ; en Belgique, on en rencontre plusieurs milliers et beaucoup sont encore inconnues, car la plupart échappent à l'observation par la petitesse de leur taille.

Aucun Insecte n'est à l'abri des atteintes des terribles Ichneumonides. Mais il est à remarquer qu'une continuelle alternance s'opère entre les Insectes nuisibles aux végétaux et les parasites qui les dévorent. Ces derniers finissent par anéantir presque entièrement la race des

Insectes herbivores ; mais alors les carnassiers ne trouvant plus assez de larves de chenilles à qui confier leurs œufs, périssent à leur tour. Les Insectes nuisibles peuvent maintenant se multiplier sans danger pour eux et au bout de quelques générations, ils reparaissent en abondance, donnant ainsi une pâture excessive aux parasites qui ne tardent pas à prédominer à leur tour.

C'est la raison pour laquelle nous ne voyons pas chaque année nos bois, nos jardins et nos champs ravagés par les Insectes (Dubois).

D'où nous concluons avec raison que la nature prévoyante a bien fait les choses, sans le secours de l'homme ou des Oiseaux, quand ceux-ci ne troublent pas les lois immuables.

Mais ce n'est pas tout, il n'y a pas que les Ichneumonides qui travaillent dans la nature. Des centaines, des milliers d'espèces d'Insectes carnassiers sont d'une extrême utilité, entre autres les Cicindélides qui détruisent des quantités d'Insectes nuisibles et les Carabides qui vivent des proies vivantes.

En voici quelques autres, les Dytiques organisés pour la natation et le vol ; ils sont d'une voracité incroyable et font une guerre acharnée à toutes les petites bêtes qui grouillent dans les mares, les Cousins par exemple ; puis les Gyrins ou Tourniquets, les Staphylins qui vivent dans les fleurs et les champignons pour y dévorer les Insectes et les larves qu'ils trouvent parfois en abondance.

Citons encore les Silphides, les Malacodermes, les Lampyres lumineux qui vivent de proies vivantes et méritent à bon droit la protection des cultivateurs ; puis les Héléphores, les Clairons formicaires très abondants dans les bois de Conifères où ils courent sur les troncs pour faire la chasse aux Bostriches et à leurs larves.

Je pourrais continuer à vous citer des quantités d'Insectes, tous plus utiles les uns que les autres en passant par les Coccinelles, les Entomobies, les Asilides, les Libellules, les Fourmillions, les Hémérobes, les Panorpes ou Mouches-Scorpions, la grande Sauterelle verte très utile et très carnassière, enfin les Arachnides dont on compte en Belgique plus de 400 espèces différentes (Dubois).

D'après le tableau esquissé ci-dessus, et dont le développement comporterait des volumes, on voit que la nature a placé le remède à côté du mal, du moins en ce que nous croyons pouvoir observer.

Mais en réalité, les choses ne se passent pas encore d'une façon aussi simple que cela. « Les rapports des êtres organisés, dit Darwin, sont complexes et inattendus. Ainsi, dit-il, dans quelques parties du monde, l'existence du bétail dépend de certains Insectes. Le Paraguay offre peut-être l'exemple le plus frappant de ce fait. Dans ce pays, ni les bestiaux, ni les chevaux, ni les chiens ne sont retournés à l'état sauvage, bien que le contraire se soit produit sur une grande échelle dans les régions situées au nord et au sud de ce pays. Azara et Rengger ont démontré que cela provient de l'existence, au Paraguay, d'une certaine Mouche qui dépose ses œufs dans les nasaux de ces animaux immédiatement après leur naissance. La multiplication de ces Mouches, quelques nombreuses qu'elles soient d'ailleurs, doit être entravée par quelque frein, probablement par le développement d'autres Insectes parasites. Or donc, si certains Oiseaux insectivores diminuaient au Paraguay, les Insectes parasites augmenteraient probablement en nombre, ce qui amènerait la disparition des Mouches et alors bestiaux et chevaux retourneraient à l'état sauvage, ce qui aurait pour résultat certain de modifier considérablement la végétation. »

La végétation à son tour aurait une grande influence sur les Insectes, et l'augmentation de ceux-ci provoquerait le développement d'Oiseaux insectivores, et ainsi de suite en cercles de plus en plus complexes. D'où je suis amené à conclure, d'après les observations de l'illustre naturaliste anglais, que si le nombre d'Oiseaux insectivores venait à grandir dans de fortes proportions, grâce à la protection internationale des puissances européennes, la quantité d'Insectes fatalement diminuerait et pourrait apporter les troubles graves dans la végétation de tous les pays d'Europe, car les Insectes sont absolument nécessaires à la fécondation de la plupart de nos plantes et de nos arbres. J'en citerai quelques exemples plus loin.

Ce n'est pas que dans la nature les rapports soient toujours aussi simples que cela. « La lutte dans la lutte, ajoute Darwin, doit toujours se produire avec des succès différents : cependant dans le cours des siècles, les forces se balancent si exactement que la face de la nature reste uniforme pendant d'immenses périodes, bien qu'assurément la cause la plus insignifiante suffise pour donner la victoire à tel ou tel être organisé. Néanmoins, notre ignorance est si profonde et notre vanité si grande, que nous nous étonnons quand nous apprenons l'extinction d'un être organisé ; comme nous ne comprenons pas la cause de cette extinction nous ne savons qu'invoquer des cataclysmes qui viennent désoler le monde, et inventer des lois sur la durée des formes vivantes ! »

Voici encore un autre exemple, pour bien faire comprendre quels rapports complexes relient entre eux des plantes et des animaux fort éloignés les uns des autres dans l'échelle de la nature.

« J'aurai plus tard l'occasion, poursuit Darwin, de démontrer que les Insectes, dans mon jardin, ne visitent jamais la *Lobelia fulgens*, plante exotique, et qu'en conséquence, en raison de sa conformation particulière, cette plante ne produit jamais de graines. Il faut absolument pour les féconder, que les Insectes visitent presque toutes nos Orchidées, car ce sont eux qui transportent le pollen d'une fleur à une autre.

« Après de nombreuses expériences, j'ai reconnu que le Bourdon était presque indispensable dans la fécondation de la Pensée (*Viola tricolor*), parce que les autres Insectes du genre Abeille ne visitent pas cette fleur. J'ai reconnu également que les visites des Abeilles sont nécessaires pour la fécondation de quelques espèces de Trèfles ; vingt pieds de Trèfle de Hollande (*Trifolium repens*), par exemple, ont produit deux mille deux cent quatre-vingt-dix graines alors que vingt-quatre autres pieds dont les Abeilles ne

pouvaient pas approcher n'en ont pas produit une seule.
Le Bourdon seul visite le Trèfle rouge, parce que les autres
Abeilles ne peuvent pas en atteindre le nectar.

« On dit que les Phalènes peuvent féconder le Trèfle
rouge ; mais j'en doute fort parce que le poids de leur
corps n'est pas suffisant pour déprimer les pétales clairs.

« Nous pouvons donc considérer comme très probable
que, si le genre Bourdon venait à disparaître, ou devenait
rare dans une contrée, la Pensée et le Trèfle rouge deviendraient aussi rares et disparaîtraient complètement.

« Le nombre de Bourdons dans un district quelconque
dépend, dans une grande mesure, du nombre de Mulots
qui détruisent leurs nids et leurs rayons de miel ; or, le
colonel Newman qui a longtemps étudié les habitudes du
Bourdon croit que plus des deux tiers de ces Insectes sont
ainsi détruits chaque année en Angleterre. D'autre part,
chacun sait que le nombre des Mulots dépend essentiellement de celui des Chats et le colonel Newman ajoute :
« J'ai remarqué que les nids de Bourdons sont plus abondants près des villages et des petites villes, ce que j'attribue au plus grand nombre de Chats qui détruisent les
Mulots. »

« Il est donc parfaitement possible que la présence d'un
animal félin dans une localité puisse déterminer dans
cette même localité l'abondance de certaines plantes en
raison de l'intervention des Souris et des Abeilles. »

Que l'on jette en l'air une poignée de plumes, continue
Darwin, elles tomberont toutes sur le sol en vertu de certaines lois définies ; mais combien le problème de leur
chute est simple, quand on le compare à celui des actions
et des réactions des plantes et des animaux sans nombre
qui pendant le cours des siècles ont déterminé les nombres
proportionnels et les espèces d'arbres qui croissent aujour-
d'hui.

Mais la lutte est presque toujours plus acharnée quand
il s'agit de variétés de la même espèce, et la plupart du
temps elle est courte.

Dans certaines parties des États-Unis, une espèce

d'Hirondelle a causé l'extinction d'une autre espèce.

Le développement de la Grive draine a déterminé dans certaines parties de l'Écosse la rareté croissante de la Grive musicienne. En Australie, l'Abeille que nous avons importée extermine rapidement la petite Abeille indigène dépourvue d'aiguillon. Une espèce de Moutarde en supplante une autre, ainsi de suite.

Ces remarques conduisent à un corollaire de la plus haute importance, c'est-à-dire que la conformation de chaque être organisé est en rapport, dans les points les plus essentiels, et quelquefois cependant les plus cachés, avec celle de tous les êtres organisés avec lesquels il se trouve en concurrence par sa nourriture et, par sa résidence, avec celle de tous ceux qui lui servent de proie ou contre lesquels il a à se défendre (Darwin).

En résumé, les animaux utiles ou nuisibles ne le sont jamais dans un sens absolu, ce qui est nuisible pour l'un ne l'étant pas pour l'autre.

Une chenille est nuisible lorsqu'elle attaque une plante cultivée par l'homme (car il y a des chenilles, et il y en a beaucoup, qui ne se nourrissent que de plantes que nous appelons nuisibles, la chenille devenant ainsi utile); mais voici cette chenille attaquée à son tour par un de ces nombreux parasites, Braconide, Ichneumonide, etc., et la voilà Insecte utile et très utile même, car elle porte en son corps, non point un Insecte considéré comme utile dont la vie balancera sa puissance de destruction, mais dix et cent de ces Insectes utiles. Il importe de conserver la vie à cette chenille qui détruira encore pendant sa vie quelques feuilles peut-être ce qui permettra à coup sûr aux nombreux parasites qu'elle contient de déterminer leur évolution. Détruire cette chenille devient un crime envers nos intérêts, et c'est cependant ce que font journellement les Oiseaux insectivores.

L'Insecte nuisible est surtout phytophage et presque toujours l'Insecte carnassier est utile. Or, la vie de l'un commande celle de l'autre. Qu'une région vierge d'Insectes offre une nourriture succulente et abondante, et bientôt

elle sera envahie par les phytophages, mais l'Insecte
carnassier, trouvant à son tour un garde-manger d'autant
plus riche qu'il y a plus de phytophages, s'installe et
rétablit un équilibre harmonieux qui échappe à la puissance de l'homme. Les deux séries d'Insectes ayant des
œufs, des larves et des corps succulents, tomberont victimes de la voracité de l'Oiseau insectivore qui tiendra
une balance égale entre les deux races ennemies
(Séverin).

Nous voyons donc que l'Insecte, à de rares exceptions
près, ne recherche qu'une seule espèce de nourriture. A
ce point de vue, il est donc nuisible ou utile suivant ses
préférences. Peu d'Insectes sont omnivores; quelques-uns
s'attaquent à diverses plantes à la fois; certains carnassiers s'attaquent également aux phytophages et à d'autres
carnassiers, mais la grande majorité des phytophages
s'attaquent à une seule plante et presque tous les parasites
se servant d'animaux vivants pour construire leurs ber-
ceaux n'infestent qu'une seule espèce d'Insectes.

Il n'en est pas de même des Oiseaux dits insectivores,
qui dévorent tous les Insectes qu'ils rencontrent et se
nourrissent de préférence de belle proie. J'ajoute que les
Oiseaux exclusivement insectivores sont peu nombreux
en Europe; la plupart ont un régime mixte, sont baccivores,
granivores et bien plutôt omnivores. Les vrais insectivores
sont les Hirondelles, l'Engoulevent, le Martinet, les Gobe-
Mouches, les Pouillots, le Jaseur de Bohême, le Grimpereau, la Sittelle, les Roitelets, le Troglodyte.

Si l'on m'objecte que la grande masse des Oiseaux, à
l'exception du Coucou et de quelques autres, ne s'attaquent pas aux chenilles velues, je répondrai que celles-ci
sont en général de la plus haute utilité. En effet, par la
disposition de leur enveloppe poilue, elles opèrent la
fécondation d'un très grand nombre de plantes, qui, sans
elles, ne pourraient se multiplier.

La vie même des larves nous indique que l'Oiseau
s'adresse bien souvent aux Insectes utiles.

Beaucoup de phytophages vivent dans l'intérieur des

plantes (Scolytes, *Hylesinus*, Cérambycides), dans les arbres (Microlépidoptères), dans les feuilles, les pousses et les fruits. Ceux-là échappent à l'Oiseau, qui ne peut les atteindre, mais sont détruits par les Insectes carnassiers qui en empêchent le développement exagéré. D'un autre côté, presque toutes les larves de carnassiers ont une vie vagabonde et libre, elles circulent partout à la recherche de leur nourriture et sont aussi facilement attaquables par les Oiseaux.

Restent donc en grande partie les chenilles phytophages vivant à l'air et recherchées par les Oiseaux.

Dans aucune invasion (de la chenille de la Nonne, par exemple) on ne peut citer l'affluence des Oiseaux pour recueillir cette manne offerte à leur appétit si souvent invoqué et vanté. Il semblerait qu'un bois infesté devrait être le lieu de rendez-vous, le grenier d'abondance des Oiseaux insectivores de tous les environs, à dix lieues à la ronde. Il n'en n'est rien, cependant et les Oiseaux voisins ou éloignés se montrent d'une indifférence déplorable, pour ne pas dire coupable, et seules quelques bandes de Corbeaux Freaux et autres omnivores dirigent leur vol vers le bois infesté. Mais d'attirance point, même après pluieurs années d'invasion. Ils ne semblent point comprendre la haute mission que leur attribuent les Congrès protecteurs de la sylviculture. En un mot, ils ne sont pas à hauteur de leur tâche et jouent mollement le rôle que les hommes voudraient à toute force leur faire jouer. Mais dès la seconde année cependant les Insectes parasites, les Ichneumons, par exemple, se multiplient d'une façon fantastique et c'est grâce à leur intervention surtout plutôt qu'à celle de l'homme ou de l'Oiseau que le fléau s'éteint au bout de trois ans environ.

Jusqu'ici les lois protégeant les Oiseaux ont été faites exclusivement par des ornithologistes ; il nous semble que les entomologistes, protecteurs nés des Insectes et de l'agriculture devraient avoir voix au chapitre. La recherche de moyens pratiques de nature à combattre ou à atténuer les dégâts commis par les Insectes nuisibles ne

peut-être entreprise que par un entomologiste ayant fait
de cette science une étude spéciale.

Voici quelques exemples des services rendus par les
entomologistes à l'étranger.

Il y a une huitaine d'années, toutes les plantations des
îles Sandwich (ou Hawaï) était attaquées par un Coccide du
genre *Icaria* (Hémiptère). Cet Insecte avait exercé ses
ravages en Califournie ; Riley, qui peut être considéré
comme le Darwin de l'entomologie économique, envoya
Albert Köbele, son élève, en Australie, pays d'origine du
Coccide afin d'étudier sur place ses ravages et de rechercher les parasites ou les ennemis qu'il pouvait avoir ; il
constata qu'une Coccinelle (*Vadalias cardinalis*. Mulsi)
s'attaquait aux Icarias. La Coccinelle fut acclimatée en
Californie et purgea en peu de temps les plantations
attaquées. C'est alors que des îles Sandwich on s'adressa
à Riley qui envoya Köbele combattre le fléau ; en 1890,
on expédia les premières Coccinelles australiennes, et en
très peu de temps les îles Hawaï furent purgées comme
la Californie.

Cette réussite engagea le gouvernement hawaïen à
demander à Köbele d'étudier les Insectes s'attaquant aux
plantations de sucre et de café, dont la récolte était compromise ; l'entomologiste américain fit introduire dans les
îles Sandwich la *Coccinella repanda*, originaire de
l'Extrême Orient (Ceylan, Chine et Australie) qui en
six mois de temps, nettoya non seulement de la vermine
qui les épuisait toutes les plantations de sucre et de café,
mais encore la majeure partie des citronniers et des
orangers, contaminés et condamnés à l'abatage.

Les renseignements ci-dessus sont extraits d'un discours
de M. Ch. Kerremans, inséré dans les *Annales de la
Société entomologique de Belgique*, t. XLI.

Ce discours préconise l'introduction des parasites des
Insectes nuisibles chez nous, sans s'occuper du rôle douteux des Oiseaux en ces matières. Dans notre pays, dit
l'auteur, si essentiellement agricole, n'arrive-t-il pas
annuellement que l'on signale l'apparition d'une maladie

attaquant une plante, un arbre ? Les dégâts occasionnés par cette maladie sont longuement énumérés dans les journaux et dans les recueils spéciaux, mais sans l'indication du remède, faute de moyens efficaces d'investigation.

« L'organisation d'un service spécial, analogue à celui qui existe aux États-Unis, s'impose, mais dans des proportions plus modestes, sous la direction d'un spécialiste auquel, par la suite, seraient adjoints un ou plusieurs aides appelés à lui succéder. »

Je bornerai là ces quelques considérations qui montrent cette question complexe sous son véritable aspect.

Une étude d'ensemble chez les différents peuples de l'Europe est nécessaire si l'on veut aboutir à une solution véritablement scientifique et pratique. Pour y arriver, nous émettons le vœu de voir le Congrès international d'ornithologie de Paris voter la proposition suivante :

« Les délégués des divers Gouvernements de l'Europe, présents à ce Congrès, s'engagent à proposer à leur Gouvernement respectif, de vouloir confier, à des naturalistes qui ont fait de l'entomologie une science spéciale, la tâche de faire des recherches sur l'alimentation des Oiseaux, en pratiquant des séries d'autopsie sur leur tube digestif aux diverses époques de l'année. Un ornithologiste serait d'autre part chargé de déterminer les espèces d'Oiseaux autopsiés. »

De l'ensemble de leurs travaux, dont les conclusions seraient remises, après une période de cinq ans, au Comité ornithologiste international, se dégagera la classification définitive des espèces d'Oiseaux réellement utiles à nos cultures, ainsi que celle des espèces nuisibles et indifférentes.

Bien d'autres faits s'en dégageront encore.

Confiée à des entomologistes, protecteurs nés des Insectes et de l'agriculture, cette enquête aurait beaucoup de chances d'être acceptée par tous les Gouvernements de l'Europe, et le rôle de l'Oiseau comme auxiliaire de l'agriculture serait définitivement établi. De même que la recherche des moyens pratiques de nature à combattre

ou à atténuer les dégats commis par les Insectes nuisibles
ne peut être entreprise que par un entomologiste ayant fait
de cette science une étude spéciale, de même la détermination souvent très difficile des espèces d'Insectes rencon-
trés dans les voies digestives de l'Oiseau ne saurait être
faite que par des spécialistes naturalistes. C'est la seule
méthode scientifique pour arriver à donner une solution à
cette question fort en vogue : de l'utilité et de la protection des Oiseaux. Chaque espèce fournira ainsi le dossier,
le bilan de son utilité ou de sa nocuité dans la nature.

Enfin, cette question d'ornithologie économique touche
à la question de chasse qui découlera naturellement
des résultats de cette immense enquête, enquête qui nous
révélera bien des choses ignorées aujourd'hui et nous
réserve peut être bien des surprises sur le véritable régime
alimentaire de certaines espèces.

En attendant, au point de vue chasse, nous estimons
que tous les peuples de l'Europe devraient avoir pour
devise : Respect à l'Oiseau au printemps, chasse à l'Oiseau
à l'automne seulement.

PROTECTION DES OISEAUX UTILES A L'AGRICULTURE

ÉTUDE

DES

MESURES INTERNATIONALES DE PROTECTION

PAR

A. ARNOULD

Inspecteur adjoint des forêts.

Lorsqu'il s'agit de la protection à accorder aux Oiseaux, tous les États dont les territoires sont traversés par la gent ailée sont solidaires ; c'est en vain que, dans une contrée, on protégera les espèces migratrices si on les détruit impitoyablement dans une autre.

Le résultat que l'on cherche ne peut évidemment provenir que d'une entente internationale ; malgré des efforts répétés, cette entente n'a pu être réalisée jusqu'ici.

Que doit-on conclure de cet échec? Que le but est irréalisable? Non pas ; mais qu'il s'est présenté des obstacles plus grands qu'on ne le supposait qui ont retardé la solution. Pour pouvoir triompher de ces difficultés, il faut les connaître. A quelles conditions doit donc satisfaire un projet de convention internationale pour la protection des Oiseaux utiles ? Quels obstacles doit-il surmonter? Telles sont les questions que nous nous proposons d'examiner.

I

Il est à noter, tout d'abord, que les conditions dans lesquelles vit une espèce ornithologique donnée, par suite
son rôle dans une contrée déterminée, sont essentiellement variables suivant la région où on la considère, selon
qu'il s'agit du nord ou du midi, de la plaine ou de la montagne. Un même Oiseau peut être nuisible, indifférent ou
utile dans les États voisins, suivant la saison où il séjourne
dans chacun d'eux, suivant le nombre des individus de
l'espèce qui s'y réunissent sur un même point. On ne peut
songer à prévoir tous les cas. Pour rallier tous les États
à un texte unique, il faut de toute nécessité se tenir dans
les généralités.

D'autre part, la revision de la loi sur la chasse est à
l'étude dans un certain nombre d'États. En raison de la
connexité existant entre cette matière et celle qui nous
occupe, les gouvernements de ces États hésiteront certainement à prendre des engagements trop précis, qui pourraient être considérés comme une restriction apportée à la
liberté des parlements, comme un empiètement du pouvoir exécutif sur le domaine du législatif.

En matière de chasse et d'oisellerie, chaque pays a ses
coutumes, ses habitudes, dont l'origine, presque toujours,
remonte fort loin, et qui sont consacrées par une législation particulière à chaque État ou même à chaque province. Il serait téméraire, pour ne pas dire impossible, de
prétendre modifier brusquement ces législations, supprimer sans transition ces coutumes invétérées.

L'expérience atteste que toute proposition qui ne tien-
drait pas suffisamment compte de cette situation est fatalement condamnée à un échec. Un rapide coup d'œil sur
l'évolution de la question dans quelques États ne laissera
subsister aucun doute sur ce point.

La loi fédérale allemande sur la protection des Oiseaux
utiles, qui a assuré l'uniformité presque absolue des
mesures de protection dans les divers États de l'Empire,

n'a pu être votée qu'après de longues discussions et après avoir été remaniée à maintes reprises. Elle ne constitue en somme qu'une transaction, difficilement conclue, entre les intérêts des divers États confédérés, et ceux-ci ne seraient pas disposés à la modifier profondément.

En Autriche, la loi d'Empire, qui pose le principe de la protection des Oiseaux, a dû compter avec les coutumes locales et être complétée par des dispositions spéciales à chaque province.

En France, où l'unité législative est la plus parfaite, la loi sur la chasse est interprétée différemment par les arrêtés des préfets, et l'unification absolue est considérée comme si difficile à réaliser qu'un grand nombre de conseils généraux ne la demandent que par régions. Une proposition de loi sur ce sujet est en suspens, depuis 1886, devant le parlement. On est en droit d'espérer une solution prochaine et favorable à la protection des Oiseaux. Ce résultat sera dû à l'initiative et aux efforts incessants de l'honorable M. du Périer de Larsan.

En Italie, le parlement est saisi, depuis 1880, d'un projet de loi sur la chasse qui ne peut aboutir, parce que si chaque province consent volontiers à l'abolition des coutumes qui lui sont étrangères, elle réclame le maintien de toutes celles qui lui sont propres. Si l'on admet avec les Congrès de Vienne et de Buda-Pesth et avec la conférence diplomatique de 1895 que l'accord international doit avoir pour base une liste d'Oiseaux à protéger par tous les États, il est évident que cette liste doit satisfaire aux conditions ci-après :

1° Ne comprendre qu'un nombre limité d'espèces dont l'utilité est incontestée ;

2° Exclure toutes celles qui sont, même à tort, classées nuisibles dans certaines législations ;

3° Ne comprendre aucun Oiseau de basse-cour ou de chasse.

Par Oiseau de chasse, on doit entendre non seulement les Oiseaux réputés gibier par les lois germaniques, mais encore les petites espèces que l'on a coutume de chasser dans quelques pays et que l'on pourrait désigner sous le nom d'*espèces d'oisellerie ;* tels sont les Grives, les Alouettes, les Ortolans.

Les mesures à adopter pour assurer une protection efficace aux Oiseaux utiles consistent dans la prohibition absolue de la pose et de l'emploi des pièges, filets, lacets, trébuchets, gluaux, et en général de tous les engins ayant pour objet de faciliter la capture ou la destruction en masse des Oiseaux sans distinction d'espèces. Cette solution radicale, en opposition absolue avec les habitudes locales de la plupart des provinces et même avec le principe du droit de chasse dans certaines législations, serait difficilement acceptée par les États.

Sans doute, dans les pays comme la France, où la loi sur la chasse dérive du droit romain, cette disposition ne soulèverait aucune difficulté de principe ; mais il n'en serait pas de même dans les pays de droit germanique, où la chasse et l'oiselage sont choses distinctes. La propriété du gibier est réservée exclusivement au détenteur du droit de chasse.

Dans ces États, la loi donne la nomenclature des Oiseaux-gibier ; les autres, les espèces d'oisellerie, sont *res nullius*, comme tout le gibier dans le droit romain. Par suite, le législateur peut déterminer les conditions de l'appropriation de celles-ci ; mais la réglementation de l'appropriation de celles-là lui échappent.

Si nous examinons quels sont les engins autorisés dans les différents États pour la capture des petites espèces, nous trouvons, suivant les régions, le lacet, le filet, même les gluaux, les pièges et trébuchets.

L'engin le plus usité est le filet. Sans aller jusqu'à la prohibition absolue, qui ne serait pas facilement acceptée par tous les États, il est indispensable, non seulement d'en interdire l'emploi dans certains lieux ou dans des conditions climatériques déterminées, mais encore d'interdire d'une façon absolue l'usage des filets à petites mailles.

Si la prohibition du lacet devait rencontrer une opposition irréductible chez quelques États, on pourrait à la rigueur autoriser l'emploi de cet engin pendant quelques semaines seulement chaque année, mais exiger qu'il soit placé à un mètre au moins au-dessus du sol.

Quant aux gluaux, aux trébuchets, aux pièges et aux engins, ils devraient tous être formellement interdits.

II

Il est très instructif de comparer les dispositions du projet de convention internationale de 1895 pour la protection des Oiseaux utiles, avec celles des diverses législations européennes sur le même sujet ; d'examiner sur quels points l'accord est facile entre elles, sur quels points il présente des difficultés.

L'article premier pose le principe de la protection à accorder aux Oiseaux et prévoit qu'un minimum sera demandé aux États ; il n'a aucune importance au point de vue de l'application.

L'article 2 est relatif à la protection des œufs, nids et couvées.

La protection des œufs d'Oiseaux, autres que les espèces nuisibles, est générale en Europe, et l'interdiction de faire commerce de ces œufs, qui en est la conséquence logique, paraît pouvoir être introduite sans difficulté dans les législations des États où elle ne figure pas encore.

L'article 2 du projet de convention de 1895 peut conc être considéré comme virtuellement adopté par les États de l'Europe centrale.

Les Pays-Bas, le Luxembourg et le Portugal devraient seuls restreindre quelque peu les dispositions de leurs législations sur ce point.

Néanmoins on pourrait modifier le texte proposé par l'addition de l'Hirondelle de mer aux Vanneaux et aux Mouettes et par la suppression des mots « à titre exceptionnel » dans la dernière phrase, où ils prêtent à équivoque.

Les articles 5, 6 et 7 interdisent de tuer les Oiseaux utiles, du 1er mars au 15 septembre, sauf certaines exceptions prévues en faveur de la science ou du droit de défense.

Si l'on en excepte la liste des Oiseaux utiles, sur laquelle nous allons revenir, les dispositions de ces trois articles ne peuvent donner lieu à de sérieuses difficultés, leur principe étant admis dans la grande majorité des législations européennes.

En effet, la chasse et la capture des Oiseaux utiles sont interdites à partir du 1er mars dans tous les États de l'Europe centrale ; mais la durée de l'interdiction devrait être augmentée de deux semaines dans la plupart des provinces autrichiennes, d'un mois en Hongrie et dans le Luxembourg, de six semaines en Angleterre et dans la haute Autriche.

La rigueur du principe est d'ailleurs atténuée par des exceptions propres à concilier tous les intérêts. Seul le gouvernement des Pays-Bas devrait rendre sa législation un peu plus restrictive sur ce point.

L'Italie devrait appliquer la convention nouvelle, plus exactement qu'elle n'a fait pour celle de Buda-Pesth.

La liste des Oiseaux utiles, arrêtée en 1895, semble pouvoir être adoptée par tous les États, à la condition d'en retrancher : le Guêpier (*Merops apiaster*), les Becs-croisés (*Loxia*), les Cigognes (*Ciconia*), peut-être l'Étourneau (*Sturnus*) et les Pipits (*Anthus*). Même ainsi réduite, cette liste présenterait un grand intérêt, et son adoption constituerait un réel service rendu à l'agriculture.

Il ne paraît pas utile de dresser une liste internationale des Oiseaux nuisibles. On doit toujours hésiter, en effet, à rendre obligatoire en tous lieux la destruction d'une espèce donnée, car c'est la vouer à une disparition fatale et peut-être se préparer des mécomptes pour l'avenir. La discussion d'une liste de ce genre à la conférence de Paris a, d'autre part, montré combien les avis sont partagés lorsqu'il s'agit de décider que tel ou tel Oiseau est nuisible. En outre, certains États, notamment l'Angleterre, n'ont pas d'Oiseaux réputés nuisibles par leur législation ; pourquoi chercher à leur imposer une semblable

classification ? Dans la plupart des États, la législation a
établi une nomenclature comprenant toutes les espèces
nuisibles à la pêche, à la chasse et à l'agriculture Ces
nomenclatures, étudiées avec soin, répondent à tous les
besoins locaux ; il n'est donc pas douteux qu'aucun État
ne consentira à retrancher un seul Oiseau de celle qu'il
a adoptée. Si la liste internationale comprend toutes les
espèces réputées nuisibles dans les divers États, elle sera
dangereuse, car elle rendra obligatoire la destruction de
certaines d'entre elles dans les contrées où celles-ci sont
indifférentes ou mêmes utiles. Si elle exclut quelques-
unes de ces espèces, elle sera une cause de difficultés.

Le mieux paraît donc être de ne pas dresser de liste
des Oiseaux nuisibles, et de laisser ce soin aux législations
intérieures des États, sous la seule réserve de ne pouvoir
classer nuisible une espèce figurant dans la liste internationale des Oiseaux utiles.

Par son article 3, le projet de convention de 1895 impo-
serait la prohibition absolue de tous les engins, autres
que le fusil. Mais ce principe absolu qui réaliserait la perfection idéale a paru si difficile à appliquer qu'on a dû y
apporter de nombreux tempéraments. On a même été très
loin dans cette voie. Les exceptions prévues aux articles 4
et 8 sont tellement générales qu'elles permettraient aux
parties contractantes de se borner à une reconnaissance
théorique du principe et à l'engagement vague de chercher à l'appliquer peu à peu, ou même de se soustra re à
toutes ses conséquences ; par suite, d'éluder toute obligation.

On peut notamment reprocher à l'article 8 de parler de
chasses réservées sans définir cette expression, qui prête à
équivoque. Que faut-il entendre, en effet, par *chasses réser
vées ?* Il est certain que cette expression n'est pas synonyme de *chasses gardées*, puisque la première a été subs-
tituée à la seconde par la commission diplomatique de 1895,
sur l'observation de M. le Dr Fatio que toutes les chasses
sont plus ou moins gardées.

Sont-ce des chasses que le possesseur repeuple artificiellement? des chasses aménagées spécialement en vue de la reproduction du gibier? des chasses dans lesquelles la propriété du gibier est réservée exclusivement par la loi au détenteur du droit de chasse? Il faudrait donner une définition exacte de ce terme.

III

Cette discussion un peu longue du projet de convention de 1895 aura, je l'espère, mis en évidence les obstacles de diverses natures qui s'opposent à votre œuvre. C'est dans la délimitation à établir entre ces deux matières si connexes : la chasse et l'oisellerie, qu'il faut chercher les principales causes du retard apporté à la ratification de la convention de 1895.

Quoi qu'il en soit, le projet de convention existe ; les chancelleries s'efforcent de la faire aboutir. L'accord, on vient de le voir, est virtuellement fait sur certains points ; sur d'autres, il est plus difficile à réaliser, mais non impossible ; on vous l'a même fait espérer comme prochain.

Mais le Congrès ne paraît pas qualifié pour résoudre les difficultés pendantes : l'ornithologie, en effet, n'est plus directement en cause ; il s'agit de questions de droit international comparé qui sont du ressort des légistes et des diplomates. Gardons-nous de fournir aux Gouvernements, par des vœux bien intentionnés, mais imprudents, des motifs de refuser leur adhésion au projet de convention de 1895. Rappelons-nous qu'il est des cas où le mieux est l'ennemi du bien comme toute œuvre humaine, la convention sera susceptible d'améliorations ; n'exigeons pas d'elle de réaliser, dès le début, la perfection absolue qu'il n'est pas donné à l'homme d'atteindre.

QUELQUES RÉPONSES AU QUESTIONNAIRE

CONCERNANT LES

ŒUFS ET L'INCUBATION

CHEZ LES OISEAUX DOMESTIQUES (1)

PAR

RÉMY SAINT-LOUP

---

2. — Le poids moyen de l'œuf varie beaucoup suivant les races d'une même espèce. Chez les Gallinés, ce poids varie du simple au quadruple (20 grammes et 80 grammes). Toutefois, le poids moyen des œufs d'un Oiseau parvenu à l'âge adulte reste sensiblement le même pendant la période de ponte annuelle. Au début et à la fin de la période, un ou deux œufs sont moins volumineux et moins pesants. Chez les Nangasaki, j'ai observé une moyenne de 29 grammes. Parmi les œufs pesés, il y en a de 35 grammes, d'autres de 22 grammes.

3. — J'ai observé chez les Nangasaki le poids de 500 grammes chez le coq, et de 400 grammes chez la poule. Des poules ordinaires donnent des œufs de 65 grammes atteignant le poids de 1 200 grammes pour la femelle et de 1 900 grammes chez le coq.

8. — Les coquilles des différentes espèces sont inégalement perméables.

L'eau ne paraît pas traverser facilement la coquille de l'œuf de Poule ; mais il semble, lorsqu'elle *mouille* la co-

---

(1) Voyez ci-dessus (Documents officiels et procès-verbaux), p. 61 et suiv. le texte du Questionnaire. Le chiffre placé devant chaque réponse est celui de la question correspondante.

quille, ce qui ne se produit pas immédiatement, qu'elle puisse agir en facilitant l'introduction des végétations nuisibles dans l'intérieur de l'œuf. Toutefois, la coquille de l'œuf oppose un obstacle sérieux à la pénétration de certaines matières colorantes en dissolution. La substance de la coquille n'est pas seulement minérale, elle est encore organique et cette substance organique paraît s'opposer à une filtration semblable à celle qui a lieu à travers les matières minérales poreuses. Il y aurait avantage, pour élucider cette question de perméabilité, de reprendre avec plus de soin qu'on ne l'a fait jusqu'ici l'étude de la texture de la coquille.

21. — Il semble qu'il y ait, pour chaque race de Galliné, une époque de l'année plus particulièrement favorable à la réussite des couvées. En général, pour les races communes, le mois de mars correspond à l'époque la plus favorable ; mais d'autres races, comme les Nangasaki, par exemple, ne produisent des poussins nombreux que plus tard dans l'année, en juin et juillet.

27. — Non, la température de la poule n'est pas la même aux différents jours de l'incubation. Je suis, sur ce point, parfaitement d'accord avec M. Féré, qui a tracé quelques diagrammes de ces variations, de ces températures. Mais les expériences ne sont pas assez nombreuses encore pour permettre de tracer la courbe générale de ces variations.

28. — La température de l'œuf est inférieure à celle de la femelle couveuse dans les premiers jours de l'incubation, mais elle s'élève dans les derniers jours. La mesure de ces températures est très difficile, non seulement sous la poule, mais même dans les étuves à température fixe. Au début, sous la poule, l'œuf atteint dans les premiers jours une température de 36°5. Dans une étuve, cet œuf ne tarde pas à prendre la température de l'étuve, et si cette étuve est réglée à 38°, ce sont les œufs qui, vers la fin de l'incubation, fournissent de la chaleur à l'étuve.

Ces expériences de thermomètre sont extrêmement délicates et dans les résultats publiés jusqu'à ce jour, on n'a

pas assez tenu compte de l'élévation de température apportée par la vie de l'embryon, élévation de température qui
est d'autant plus sensible que le nombre des œufs réunis
en contact est plus considérable. Évidemment, dans une
enceinte de dimensions déterminées, deux œufs ne se trouvent pas dans les mêmes conditions, en ce qui concerne
les pertes de chaleur par rayonnement, que 50 ou 100 œufs.
Il est donc nécessaire, quand on donne le résultat des mesures de température, de bien préciser les
conditions de l'expérience, en notant non seulement le
jour de l'incubation, mais encore en indiquant la température initiale de l'enceinte et aussi le nombre des œufs
soumis à l'expérience. Ce n'est que par cette précision
minutieuse que l'on arrivera à définir les conditions normales de l'incubation artificielle.

29. — Dareste croyait que les poules apportaient à la
surface de l'œuf une sorte d'enduit semblable à un savon
neutre. C'est possible; mais les essais que j'ai faits pour
enduire les œufs, même partiellement, de substances
savonneuses n'ont pas donné de bons résultats pour le
développement de l'embryon; je me suis bien trouvé, au
contraire, de l'application de poussières pures, telles que
les poussières de plâtre.

31. — Le lavage préalable des œufs n'est pas nuisible
quand il est fait sous un jet d'eau ou à l'eau courante,
et quand l'œuf est ensuite rapidement séché avec des
linges, puis stérilisé; mais cette pratique est à rejeter
quand on n'opère pas avec beaucoup de soins. Il est de
beaucoup préférable de choisir pour l'incubation des œufs
non tachés et que l'on aura touchés le moins possible.
Les personnes qui touchent des œufs destinés à l'incubation artificielle devraient toujours avoir les mains très
légèrement enduites de plâtre fin.

Je n'indique ici que quelques-unes des réponses que je
pourrai fournir au questionnaire quand des recherches
plus complètes m'auront permis de donner toute leur net-
teté à quelques résultats entrevus, mais qu'il faut encore
contrôler.

NOTE

SUR LA

VITALITÉ DU POULET DANS L'ŒUF

PAR

M. CH· VAN KEMPEN

La vitalité du poulet dans l'œuf pendant les derniers jours avant son éclosion est tout à fait remarquable. Voici ce qui vient de se passer chez moi : en mai, une poule de race Java se mit à couver sur huit œufs; deux ou trois jours après, un neuvième œuf pondu par une autre poule vint augmenter la couvée; je le laissai. Les huit poulets naquirent au bout de vingt et un jours et la poule abandonna le nid. Pendant quatre jours le neuvième œuf délaissé ne fut couvert que pendant quelques heures de la journée par des poules pondeuses, restant toutes les nuits exposé à une température très fraîche, pour ne pas dire froide, car le vent était du nord. Vers le soir du quatrième jour, j'allais prendre l'œuf pour le jeter, quand il me sembla entendre un piaulement. Je regardai plus attentivement et je le vis becqueté fortement. N'ayant pas de poule couveuse à ma disposition, je le plaçai sous une femelle de Pigeon qui adopta l'œuf et sous laquelle vint au monde le petit Java qui a aujourd'hui (11 juin 1900) quinze jours.

RÉPONSES A QUELQUES QUESTIONS DU QUESTIONNAIRE

CONCERNANT LES

ŒUFS ET L'INCUBATION

CHEZ LES OISEAUX DOMESTIQUES (1)

PAR

CH. FÉRÉ

2. — Le poids moyen varie non seulement avec la race et avec la variété, mais aussi avec l'âge, au moins chez la Poule (2). Il augmente dans les pontes successives jusqu'à l'âge mûr, et chaque ponte paraît produire un poids supérieur d'œufs ; sauf trouble accidentel de la nutrition.

4. — Le poids moyen de l'œuf de Poule commune oscille de quelques grammes au-dessus ou au-dessous de 60. Mais en étudiant les œufs doubles, j'ai reçu plusieurs œufs à jaune unique pesant entre 80 grammes et 106, provenant de la race commune.

8. — La coquille de l'œuf de Poule est perméable aux vapeurs d'un grand nombre de substances toxiques, dont les unes ont une action nuisible définitive, et dont d'autres, le chloroforme par exemple, peuvent avoir seulement un effet transitoire et supprimé par le repos avant l'incubation. Les vapeurs d'ammoniaque sont très nuisibles ; c'est une circonstance importante au point de vue de l'hygiène des étables. Voir les expériences indiquées dans

(1) Voyez ci-dessus, p. 61 et suiv., le texte du Questionnaire. Le chiffre placé devant chaque réponse est celui de la question correspondante.

(2) Note sur le poids de l'œuf de Poule et sur ses variations dans les pontes successives (*Journ. de l'anatomie*, 1898).

la note : *Térotogénie expérimentale et pathologie générale.*

Il serait bon de faire une addition relative aux enduits. L'expérience montre que les enduits imperméables sont nuisibles à l'incubation, mais il faut très, peu de chose pour rendre la coquille de l'œuf de Poule imperméable ; une bonne couche de fumée ou d'encre suffit à diminuer la perméabilité d'une manière nuisible. Un grand nombre de substances liquides peuvent pénétrer dans les pores de la coquille et les oblitérer. Réaumur avait déjà indiqué que les œufs souillés d'excréments devaient être non seulement lavés, mais grattés. Le grattage n'est suffisant que si la pénétration n'est que superficielle. Les œufs qui ont été souillés doivent être suspects au point de vue de la couvaison.

13. — Je n'ai pas d'observations relatives à la provocation de l'augmentation de la ponte ; mais j'ai vu que les intoxications expérimentales sur les Poules peuvent provoquer des suppressions, des suspensions de la ponte, la production d'œufs *hardés* ou d'œufs doubles ; par conséquent, les accidents de la ponte en général doivent faire ouvrir l'œil sur un état morbide de la Poule.

26. — J'ai répondu à la question de la Poule pendant l'incubation, dans un mémoire spécial.

31. — Le lavage des œufs ne peut être efficace que s'il enlève la totalité de l'enduit qui n'a pas pénétré dans les pores de la coquille. Si l'enduit est constitué par une substance toxique, le lavage peut être nuisible en favorisant la pénétration. En général, les œufs qui ont besoin d'être lavés sont douteux au point de vue de l'incubation.

35. — J'ai fait quelques recherches sur la perte du poids de l'œuf pendant l'incubation artificielle suivant qu'il y a un développement normal ou non (*C. R. Soc. de Biol.*, 1894, p. 773).

	Perte moyenne.
Œufs clairs	18,21 p. 100.
— contenant un embryon mort	16,82 —
— contenant un poussin vivant	15,38 —
— dont le poussin est sorti spontanément	12,82 —

UEBER DIE GEOGRAPHISCHE VERBREITUNG

DER

AFRIKANISCHEN STRUTHIONIDEN

UND ÜBER EIN

HILFSMITTEL ZU DEREN ERFORSCHUNG

VON

HERMAN SCHALOW
(Im Auszuge mitgetheilt)

Es sind keine abgeschlossenen Untersuchungen, die hier vorgelegt werden sollen. Die nachfolgende Darstellung mag nur als eine Anregung betrachtet werden, die vielleicht zu gemeinsamer Arbeit und mehrseitiger Behandlung des Gegenstandes führt.

Von nicht geringem Interesse ist es zweifellos den Lebenserscheinungen der grössten unserer heute noch existirenden Vögel nachzugehen und ferner zu versuchen ein genaues Bild der geographischen Verbreitung der *Struthio* Arten in der æthiopischen Region zu gewinnen. Die abgeschlossene, wissenschaftlich begründete Erkenntniss der letzteren liegt noch sehr im Argen und dürfte sich bei den mannigfachen Schwierigkeiten, die sich der Aufhellung dieser wichtigen Frage entgegenstellen, verläufig auch nur in einzelnen Theilen lösen lassen. Als ich im Jahre 1898 eine Arbeit über die Oologie der recenten Ratiten veröffentlichte bemerkte ein englischer College gelegentlich der Besprechung meiner Untersuchungen, dass man nun wohl mehrere Arten der Gattung *Struthio* unterscheiden müsse, deren Eier auch scharf differenzirte Kennzeichen aufweisen, dass aber die geographische Verbreitung dieser Arten nur den allerweitesten Umrissen nach bekannt sei. Und seit jener Zeit hat sich in dieser Richtung kaum nennenwerthes geändert.

Unsere Kenntniss des Vorhandenseins von vier Straussarten in Afrika ist durchaus neueren Datums :

Linné beschrieb 1758 seinen *Struthio camelus*;

Hundert und zehn Jahre später, 1868, trennte Gurney den südafrikanischen Strauss, *S. australis*, ab ;

Im Jahre 1883 unterschied Reichenow *S. molybdophanes* und vor zwei Jahren wurde von Neumann der ostafrikanische Strauss, *S. massaicus*, aufgestellt.

Ein kurzer Hinweis auf die Kennzeichen der Arten sei hier gegeben :

Struthio camelus : Hals röthlich mit sparsamem Flaum bedeckt ;

Struthio massaicus : Hals röthlich, mit dichtem, wolligen Flaum bedeckt ;

Struthio australis : Hals bleigrau, mit dichtem wolligen Flaum bedeckt. In der Mitte der Oberkopfes eine federlose Fläche ;

Struthio molybdophanes : Hals bleigrau, mit wenig dichtem Flaum. In der Mitte der Oberkopfes eine Hornplatte.

Auf einer grossen Wandkarte von Afrika habe ich die Verbreitung der vier Straussenarten mit zwei Farben eingetragen (1). Die rothen Flächen zeigen die Verbreitung von *Struthio camelus* und *S. massaicus*, die blauen diejenige von *S. molybdophanes* und *S. australis*. Ist bin bei dieser Darstellung im wesentlichen den Angaben gefolgt welche Anton Reichenow in dem ersten Bande seines demnächst erscheinenden grossen Werkes über die Vögel Afrikas über die Verbreitung und das Vorkommen der einzelnen Arten gegeben hat. Durch lineare

(1) Cette carte a été présentée au Congrès. Nous aurions désiré la faire réduire sur une planche annexée au mémoire de M. H. Schalow, mais l'auteur a estimé, peut-être avec raison, qu'ainsi réduite la carte deviendrait confuse et inintelligible. (*Note de la Rédaction.*)

Schraffirung ist auf dieser kartographischen Darstellung versucht worden diejenigen Gebiete besonders kenntlich zu machen, welche bezüglich der Grenzverbreitung der einzelnen Arten vornehmlich der genauen Erforschung bedürfen.

(Auf Grund dieser kartographischen Darstellung erläuterte der Vortragende eingehend das Vorkommen der einzelnen Arten und weist nach, wie unsicher zur Zeit noch die Grenzen der Verbreitung von allen Arten sind. Auch die Berührungsgebiete nahestehender Arten, die insulare Abtrennung von der Hauptmasse des Verbreitungsgebietes, die eigenartige Einschiebung des Vorkommens einer rothhalsigen Art in die Gebiete der blauhalsigen Arten und ähnliche für die Kenntniss der geographischen Verbreitung der Strausse interessante Fragen werden eingehend behandelt.)

Aus diesen Eröterungen geht hervor, wie vieles noch in unserem Wissen über das Vorkommen der æthiopischen Struthioniden der Aufklärung bedarf und wie viele Lücken noch auszufüllen sind.

Welche Mittel stehen uns nun zur Klärung der mannigfachen Fragen, die hier aufgeworfen worden sind, überhaupt zur Verfügung, und von welchen Methoden der Untersuchung dürfen wir Material erwarten, das nutzbringend zu verwerthen ist.

Die vielen in der umfangreichen Reise-und Jagdlitteratur über Afrika sich vorfindenden Mittheilungen sind von sehr geringem Werth, da sie meist von Nichternithologen herrühren, die von der Existenz verschiedener Straussarten überhaupt keine Ahnung haben, und ferner, weil aus den Beobachtungen lebender Strausse im Freien, bei der Flüchtigkeit und dem sehr scheuen Wesen dieser Vögel, überhaupt keine Schlüsse bezüglich der Zugehörigkeit zu der einen oder der anderen Art gezogen werden können. Nach den mir gewordenen Mittheilungen hervorragender Jäger und Ornithologen ist es, selbst bei sehr geringen Entfernungen im Freien absolut unmöglich, einen Strauss nach der Farbe seines Halses sicher anzusprechen. Es ist daher klar, dass die Mittheilungen in der Litteratur über das Vorkommen von Straussen in jenen Gebieten, in denen roth-oder blauhalsige Arten vorkommen können, aus denen wir aber keine daselbst gesammelten Exemplare besitzen, ohne jeden Werth für die hier behandelten Fragen sind.

In zweiter Reihe ist das in den Museen und Sammlungen befindliche *Balgmaterial* heranzuziehen. Da dasselbe relativ ganz ausserordentlich gering ist, so darf von der Ausnutzung desselben für die hier in Betracht kommenden Untersuchungen vorläufig wenig erwartet werden.

Neben den Litteraturangaben, Beobachtungen im Freien und dem Museumsbalgmaterial kommen ferner die *Eier* der einzelnen Arten in Betracht, die scharf characterisirt sind, und die nach meiner Meinung das bedeutendste und wichtigste Material, das auch in grösserer Menge in unsere Hände gelangt, zur Lösung der Frage nach den genauen Verbreitungsgebieten der æthiopischen Struthioniden darstellen.

An der Hand von Abbildungen, die auf grossen Tafeln in vergrösserten Darstellung die Structur der Eischale der vier Arten von *Struthio* illustriren und ein Bild der Lumina der Porencanäle, der Anordnung derselben auf der Schalenfläche wie die Verästellung der Canäle an einem Radialschnitt der Eifläche zeigen, weist der Vortragende nach, dass die Eier der vier Arten einen scharf ausgeprägten Speciescharacter tragen.

So ist das oologische Material von wesentlicher Bedeutung für die uns hier beschäftigende Frage. Es ist überall zu benutzen, wenn es von wissenschaftlichen Reisenden gesammelt worden ist, und wenn die einzelnen Objecte mit durchaus sicheren Fundortangaben versehen sind.

Stücke ohne Angaben sicherer Provenienz sind ohne Werth. Leider bilden dieselben, wenigstens bis jetzt, die Mehrzahl in unseren Sammlungen. Gelegentlich meiner vorerwähnten Arbeit konnte ich mich davon überzeugen. Es sind damals mehrere hundert Eier durch meine

Hände gegangen, von denen nicht fünfzig mit genauen
Fundortangaben versehen waren.

Aber nicht nur vollständige, in der Freiheit gesam-
melte Strausseneier gewähren wichtiges Material, auch die
in unseren grossen Staatsmuseen enthaltenen ethnogra-
phischen Stücke bieten ein solches in ungeahntem und
nie benutztem Maasse. Und dieses Material ist von um so
grösserem Werth als die Herkunft der einzelnen Num-
mern in den meisten Fällen absolut sicher ist.

Ueberall wo in Afrika Strausse vorkommen werden
deren Eier von den Eingeborenen in mannigfachster
Weise benutzt. Oft findet man sie im Hausrath als Wasser-
schalen, zu Gefässen verarbeitet, mit Bastschnur umspon-
nen zu Aufbewahrungszwecken (in Wadai, Bornu, bei
den Betschuanen, in der Kalihari u. s. w.), ferner im
Cultus als Amulett, als Schmuck für die Fetische, als Fetisch
selbst (dann oft mit allerlei Zeichen besetzt) und vor Allem
als Schmuck. Die Ovaherero tragen Ketten, die aus kleinen
aufgereihten Schalenplättchen bestehen, die Matabele
solche Halsketten. Schalenfragmente werden für den
mannigfachen Kopfputz, zum Schmuck an Schilden, für
Ohrgehänge, Armringen u. s. w. verarbeitet. In der aus-
gedehnten Reiselitteratur über Afrika finden sich vielfach
derartige Stücke abgebildet, in unseren Museen ist man-
nigfaches Material. Und alle diese Objecte lassen sichere
Schlüsse zu. Denn weder Tausch noch Handel wird mit
ihnen getrieben, vielfach aus Aberglauben und religiöser
Furcht. Sie werden nicht aus einem geographischen Gebiet
in ein anderes übertragen. Die vielfach benutzten Frag-
mente und Schalenstücke stammen von Eiern, die in den
Gebieten gefunden wurden, aus denen das ethnographische
Stück herrührt. Sie bieten bei der Untersuchung ein nicht
zu unterschätzendes wichtiges Material zur Lösung der
Frage nach der geographischen Verbreitung und dem
localen Vorkommen der æthiopischen *Struthio* Arten.

Mancherlei neue Gesichtpunkte werden sich bei der
Verfolgung des von mir skizzirten Weges ergeben, aus
deren Zahl ich nur den einen hier hervorheben möchte,

dass bei dieser Behandlung des Gegenstandes nicht nur unsere Kenntniss der *augenblicklichen* Verbreitung der Straussarten gefördert wird, sondern dass wir auch sichere Anstaltspunkte über deren Vorkommen in Gebieten erhalten, in denen sie bereits nicht mehr gefunden werden. Und deren giebt es schon heute genug!

Die Ethnographie ist schon wiederholt in der Lage gewesen der Ornithologie von Nutzen zu sein. Ich erinnere u. a. an die Untersuchung der im Todtenfelde von Ancon gefundenen Reste, des Federchmucks der Karayaindianer und der Neuseeländer. Aber meist waren das nur zufällige Gewinne.

Hier aber können die reichen Mittel der genanten Wissenschaft, methodisch und zielbewusst ausgenutzt, in nutzbringender Weise der Ornithologie helfend zur Seite stehen und wichtige geographische Fragen dürften auf diesem Wege der Untersuchung der Lösung näher geführt werden.

DE L'ERREUR DES NATURALISTES ET AVICULTEURS

QUI ATTRIBUENT

UNE ORIGINE ESPAGNOLE A CERTAINES RACES ÉTRANGÈRES

A L'ESPAGNE

ET DES VÉRITABLES RACES OU VARIÉTÉS DE CE PAYS

PAR

DON SALVADOR CASTELLO Y CARRERAS
Directeur de l'École royale d'aviculture de Barcelone.

C'est par délégation officielle du Gouvernement espagnol et à titre de créateur de l'enseignement avicole en Espagne et de président de la Société nationale des aviculteurs espagnols que j'ai l'honneur de prendre part au Congrès ornithologique de 1900. Il est donc bien naturel que, si je dois apporter quelques éléments à l'œuvre de ce Congrès, ce soit en m'occupant, ainsi que je l'ai fait dans une autre réunion, composée d'aviculteurs, de certaines races que l'on a cru, à tort, jusqu'ici originaires de l'Espagne et qui sont pour nous tout à fait exotiques et en vous signalant, en même temps, d'autres races qui sont ignorées des aviculteurs.

D'après tous les auteurs les plus célèbres en matière avicole, on considère comme espagnoles les races à *face blanche*, *andalouse*, d'*Ancône* et de *Minorque*, dont les caractères vous sont bien connus. Examinons un peu ce qu'il peut y avoir de fondé dans cette opinion.

La première de ces races, connue en Angleterre sous le nom de *White faced spanish Fowls* et désignée sous celui

 a

de *Gallus hispaniensis* par les anciens naturalistes, n'est pas du tout une volaille espagnole. Elle est pour nous une variété des plus exotiques, une volaille de luxe, une simple fantaisie due au croisement de plusieurs races, au point que je me hasarde à affirmer qu'on ne saurait en trouver une centaine de sujets dans toute la péninsule. Encore ceux qu'on parviendrait à rassembler ne seraient-ils que des descendants d'autres individus importés de l'étranger, non pas à une date reculée, mais récemment, car l'acclimatation et l'élevage de cette race sont tellement coûteux qu'ils réussissent difficilement.

Ceci surprendra sans doute beaucoup de personnes, car c'est une erreur accréditée que l'on trouve facilement à acheter en Espagne des Poules à face blanche. Cent fois j'ai dû démontrer le contraire à des amateurs qui se sont adressés à moi pour acquérir à bon compte des volailles de cette race.

A mon avis cette singulière race, dite espagnole, doit avoir une origine bien différente de celle qu'on lui assigne, quoiqu'on ne puisse déterminer quelle est exactement sa provenance. Mais, en tout cas, il faut rejeter définitivement l'idée que cette race provient de nos contrées, car non seulement, je le répète, elle n'existe pas chez nous ; mais, je puis l'affirmer, elle n'y a jamais existé. Autrement on trouverait des indices de son existence dans les descriptions de nos anciennes races de volaille ; dans les dessins, gravures et tableaux des siècles passés. Or, toutes mes recherches dans ce sens sont restées infructueuses et rien absolument ne peut confirmer l'existence de la race aux époques antérieures.

Je n'oserais pas nier, il est vrai, qu'on ait pu obtenir la race blanche en agissant sur la race noire à oreillons blancs qui était anciennement fort répandue dans quelques-unes de nos provinces et chez laquelle on a rencontré parfois des sujets défectueux ayant les joues assez blanches ; mais c'est là tout ce que nous pouvons admettre de la légende de l'origine de la race arbitrairement baptisée *Gallus hispaniensis*, et, puisqu'il y a doute, ne vaut-il pas mieux dorénavant la désigner par une dénonciation nouvelle, en l'appelant *Gallus albifacies*, c'est-à-dire *Poule à face blanche*, ce qui ne préjuge rien de son origine ?

J'examinerai ensuite la race *andalouse bleue*, dont l'origine n'est pas aussi obscure, mais qui n'est pas non plus tout à fait une race espagnole.

Chez nous et en Andalousie, il y a des sujets d'un bleu-ardoise qui ressemblent assez par leur couleur aux Poules dites andalouses ; mais quoique leurs traits généraux se rapprochent de ceux de la race susdite, leurs crêtes ne sont pas aussi grandes ni aussi grosses, et leurs oreillons ne sont pas d'un blanc aussi pur. La couleur en est encore sale et on voit que si de tels sujets ont pu donner naissance à la race andalouse actuelle, celle-ci a dû subir un perfectionnement tel qu'on ne peut la ranger, ainsi que la race espagnole, que parmi les produits de la fantaisie des aviculteurs étrangers. De plus, les sujets qu'on pourrait trouver, même dans les basses-cours andalouses, sont tellement rares qu'on peut affirmer, sans le moindre danger, que la race en est presque perdue, car, ainsi que la précédente, elle ne peut être rencontrée que difficilement sur toute l'étendue de l'Espagne.

On sait que le manque de fixité des couleurs de la race *andalouse bleue* fait le désespoir de plusieurs éleveurs, et l'on ne peut nier que de parents au beau plumage bleu on n'obtient parfois que des descendants au plumage légèrement gris ou même blanc. Ceux-ci accusent par atavisme, les croisements qu'on a dû opérer pour obtenir la couleur bleu-ardoise qui doit caractériser la race. Or, si la race n'est pas encore bien fixée, on peut lui refuser le titre de race pure originaire de nos contrées, quoique, en raison de ses traits ou caractères généraux qui correspondent absolument à ceux des races méridionales et même espagnoles, on puisse lui accorder une origine plus ou moins andalouse ; car, comme j'avais l'honneur de l'exposer tout à l'heure, on trouve encore en Espagne quelques sujets indigènes qui ressemblent un peu à la superbe volaille dont je viens de parler. Toutefois, comme il subsiste encore des doutes, je me garderai de formuler des conclusions à cet égard.

Pour ce qui concerne la race d'Ancône décrite par plusieurs auteurs comme une race espagnole, je me bornerai à dire qu'elle est encore moins connue en Espagne que les races précédentes, et qu'on commet même à son sujet une erreur géographique, car Ancône est une ville d'Italie.

En revanche, il y a une splendide race de volaille, fort connue et estimée à l'étranger, qui peut être considérée comme la vraie Poule espagnole : c'est la race dite de Minorque, que l'on désigne chez nous sous le nom de *castillane* ou *andalouse noire;* car c'est dans la péninsule, et non sur les îles Baléares, qu'il faut chercher son berceau. C'est elle, et non pas l'autre, qui est le vrai *Gallus hispaniensis.*

La race de Minorque peut être obtenue par un simple perfectionnement de notre belle Castillane au point de vue de la grandeur de la crête que les amateurs ont tenu à rendre énorme, s'attachant plutôt à développer cette particularité qu'à conserver à la poule sa fécondité et la grosseur de ses œufs qui la rangent parmi les meilleures pondeuses.

Cette belle race existe encore en Espagne avec toute la pureté de son sang. Notre Poule castillane a la crête moins volumineuse que la Poule de Minorque des éleveurs étrangers ; mais cette crête, tout en étant plus petite, est fort belle de forme, bien dentelée et coquettement renversée chez la femelle, droite chez le coq. C'est une race rustique par excellence, mais qui peut fort bien être tenue en parquet. Les poussins naissent robustes, s'emplument facilement   sont très précoces.

La taille de notre Castillane reste au-dessous de la m oyenne ; les coqs peuvent atteindre 3 ou 4 kilos, et les poules 2 à 3 kilos.

La race prend bien la graisse   se nourrit facilement,

est peu sujette aux maladies, et n'a d'autre défaut qu'une faible propension à couver, défaut qui est du reste commun aux meilleures pondeuses.

Nul n'est prophète en son pays. C'est sans doute pour cela que la Poule castillane, loin de se répandre, est restée presque inconnue, quoiqu'elle existe chez nous depuis le temps des Maures. En effet, c'est seulement dans quelques régions, en Castille, dans la Nueva, dans la province de Zamora et sur certains points de l'Andalousie, qu'on la cultive sérieusement et, sans les efforts de quelques marchands d'animaux et de quelques aviculteurs qui ont su apprécier ses mérites, on l'aurait vue disparaître.

Dans l'exercice de mes fonctions, j'ai été amené depuis six mois à faire un élevage spécial de cette superbe race ; je la soigne de mon mieux et je parviens à la répandre dans le nord de l'Espagne où elle était presque inconnue. J'ai même eu le plaisir de la voir classée et honorée des meilleures récompenses aux concours de Paris et de Bruxelles où j'ai exposé des sujets avec un grand succès.

Voilà donc la vraie Poule espagnole, la reine des pondeuses. Je crois inutile de la vanter, car elle est déjà suffisamment connue, bien que sous le nom de Poule de Minorque. Je ne puis cependant m'empêcher de dire qu'il y aurait avantage à en faire la base d'une exploitation, car elle est susceptible de devenir une volaille d'excellent rapport.

La race de Minorque résultant décidément d'un simple perfectionnement de notre race castillane et n'existant à l'état indigène que dans la péninsule, il y a lieu, je crois, de la désigner à l'avenir sous le nom de *Gallus hispaniensis niger* ou *albus* (selon la variété) au lieu de *Gallus balearicus*, ce dernier nom n'étant pas bien approprié.

J'ai encore à signaler comme race véritablement espagnole, avec des caractères fixes, une sorte de Castillane blanche ou noire, mais à pattes jaunes, qui se trouve sur les côtes méditerranéennes, dans la province de Valencia et Castellon de la Plana, où les pêcheurs l'achètent volontiers, à cause du parti qu'ils tirent de ses plumes noires ou blanches pour une certaine pêche. Il est difficile de rencontrer une demeure de pêcheur *Valenciano* qui n'ait son petit poulailler avec des sujets tout noirs ou tout blancs selon la couleur des volailles élevées par le voisin, car de cette façon le croisement n'est pas à redouter et l'on est sûr que chaque maison conserve la race bien pure.

Je n'insisterai d'ailleurs pas davantage sur cette variété qui ressemble extraordinairement aux Leghorns, car elle ne vaut pas la Castillane et, quoique bonne pondeuse, ne donne pas des œufs aussi beaux que l'autre race.

En dehors de ces races, tout ce qu'on rencontre çà et là en Espagne n'est que le produit du croisement entre les Poules indigènes de chaque province ou avec certains éléments étrangers. C'est presque la Poule commune, à plumage varié (jamais noir et souvent blanc). Le type le plus fréquent est celui du Leghorn assez grossier : cependant, dans certaines contrées, on est parvenu à créer des variétés qu'on pourrait qualifier de véritables races, mais qui ne sont que des dérivés du même type.

Les contrées auxquelles je fais allusion sont la Galice avec ses belles volailles, depuis longtemps exportées en France et en Angleterre ; la province de Gérone qui a sa Poule française, ainsi nommée à cause de sa ressemblance avec la Poule huppée et à pattes emplumées ; et enfin les environs de Barcelone.

Le grand avantage de la Poule catalane du Prat sur toutes les autres races espagnoles, c'est que, à l'aide du sang cochinchinois, on est parvenu à faire de la poule une excellente mère, ce qui rend son élevage d'autant plus pratique.

C'est par la mention de cette race que j'ai déjà fait connaître aux expositions avicoles de Paris et de Bruxelles où elle a remporté les premiers prix que je terminerai ce rapport sur les volailles espagnoles, très heureux si les renseignements qu'il renferme peuvent contribuer à élucider l'histoire des diverses races de Poules domestiques.

L'ENSEIGNEMENT AVICOLE

ET SES AVANTAGES

PAR

DON SALVADOR CASTELLO Y CARRERAS
Directeur de l'École royale d'aviculture de Barcelone.

L'insuccès des nombreux établissements d'aviculture créés de nos jours en divers pays a pour principale cause, outre le manque de ressources et de capitaux et le défaut de surveillance de la part des soi-disant aviculteurs, le manque de connaissances théoriques et pratiques chez ceux qui ont cru qu'avec la simple lecture de quelques journaux et de livres d'aviculture, écrits souvent par des gens fort peu expérimentés, ils arriveraient très facilement à créer un établissement assuré d'une réussite complète.

Je suis persuadé que parmi les membres du Congrès qui font partie de cette section il n'en est pas un qui n'ait connu dans son pays, ou même dans le voisinage immédiat de sa demeure, des personnes qui ont eu des établissements d'élevage. De ces établissements, quelques-uns ont réussi ; mais les neuf dixièmes ont fermé leurs portes avant même que le public eût soupçonné leur existence.

Si l'on a l'occasion d'interroger les propriétaires au sujet de leurs intentions, on reçoit souvent les réponses suivantes :

J'ai l'intention de faire produire une énorme quantité de volailles pour la consommation ordinaire ;

Je vais entreprendre l'engraissement de la volaille fine

au moyen des nouveaux procédés et par les instruments et les machines perfectionnées de tel ou tel autre constructeur ;

Je vais faire l'incubation artificielle au moyen des couveuses perfectionnées :

Je vais faire produire des œufs en grande quantité pour la consommation ordinaire :

Je vais faire l'élevage de races pures pour les amateurs, etc.

Et tout cela sans connaître les besoins des marchés, sans savoir où et à qui on vendra les produits, avec cette idée qu'on peut tenir la volaille dans des parcs étroits, en la nourrissant avec du grain acheté au détail, et la conviction que l'on sait faire de l'incubation artificielle sans avoir vu fonctionner les machines, et de l'engraissement en masse, alors que l'on ne saurait même comment s'y prendre pour engraisser une seule pièce destinée à la table de sa propre maison !

Vous aurez même rencontré des gens qui, interrogés sur leurs projets industriels, se sont contenté de dire qu'ils allaient essayer de faire de l'élevage et de l'incubation artificielle, et cela sans idée bien arrêtée, sans prévoir des débouchés pour leurs produits.

En Espagne j'ai pu constater, il est vrai, que parmi ceux qui avaient échoué dans leurs entreprises il en était quelques-uns qui, après deux, trois ou quatre ans de pertes successives, avaient acquis à leurs dépens une telle expérience pratique que, s'ils avaient pu alors recommencer sur nouveaux frais, ils auraient certainement réalisé des bénéfices : mais, hélas ! leurs capitaux étaient engloutis, leur crédit amoindri, et la crainte de passer pour des fous aux yeux de ceux qui avaient observé leurs parcs les faisait tout abandonner. D'autres, au contraire, étaient obligés de fermer leurs établissements sans avoir eu même le temps d'acquérir cette expérience et sans savoir même à quelles causes ils devaient attribuer leurs insuccès.

Il serait donc nécessaire que ceux qui veulent devenir

aviculteurs puissent trouver dans un livre au moins les règles et les indications pratiques relatives à cette industrie et, si possible, les principes fondamentaux d'où dérivent ces règles et les procédés en usage.

L'aviculture s'apprend soit par la tradition et la pratique, soit à l'aide d'un enseignement méthodique dans lequel sont exposées les théories qui servent de base à l'élevage des animaux de basse-cour. Les paysans peuvent facilement acquérir la pratique de l'élevage; mais comme il leur manque les connaissances scientifiques indispensables pour l'exercice de cette industrie, ils ne deviennent presque jamais de grands éleveurs. Ceux-ci se recrutent surtout dans les classes instruites, parmi les bourgeois laborieux qui aiment la campagne et qui cherchent à augmenter leurs revenus par l'exploitation d'une basse-cour. Mais ils doivent nécessairement s'instruire dans des établissements *ad hoc*, où des conférences sont faites par des hommes expérimentés et où l'on voit opérer des praticiens suivant une méthode déterminée. C'est ainsi qu'ils arrivent en peu de temps à se mettre au courant de méthodes nouvelles de l'industrie avicole.

De là, la nécessité d'écoles théoriques et pratiques où l'amateur et l'industriel puissent acquérir les connaissances dont ils ont besoin et où les agriculteurs soient certains de pouvoir trouver des personnes compétentes à qui confier l'exploitation de leurs fermes.

La France peut se vanter d'être le premier pays où l'on ait fondé de semblables écoles qui sont destinées à fournir un enseignement plus spécial que celui qui est donné dans les écoles d'agriculture, et dont les écoles de Gambais et de Sanvic sont d'excellents modèles. J'ignore s'il existe des établissements analogues dans d'autres pays qu'en Espagne où j'ai créé, en 1896, la première école d'aviculture; mais, en tout cas, je crois qu'il faut profiter de ce Congrès, dans lequel plusieurs États se sont fait représenter par des délégués officiels, pour attirer l'attention de ces États sur les avantages qu'il y aurait à répandre l'enseignement avicole, soit comme complément des études générales dans les écoles d'agriculture, soit à titre d'enseignement spécial, en encourageant et en aidant les particuliers qui pourraient l'introduire dans quelques-uns de leurs établissements.

Mieux que tout autre, je puis parler sur ce sujet, étant parfaitement désintéressé dans la question, puisque j'ai créé, sans aucun subside, mon école d'Arenys-sur-Mer, qui a, depuis, été honorée par notre gracieuse souveraine du titre d'École royale d'aviculture, et à laquelle je suis parvenu à intéresser les pouvoirs publics. Plus tard, je l'ai transportée à Barcelone comme annexe de l'École d'agriculture du Conseil général, et, toujours à mes frais, l'enseignement étant absolument gratuit, je fais un cours complet de soixante leçons qui est consacré à la gallino-culture et aux industries annexes et qui est suivi habituellement par plus de trente élèves.

J'attirerai l'attention du Congrès sur l'utilité d'un pareil enseignement, et je lui demanderai d'émettre un vœu à cet égard.

Nous pourrions même aller plus loin et déterminer dès maintenant les bases sur lesquelles nous croyons que cet enseignement devrait être fondé pour faire non seulement des praticiens, mais des aviculteurs capables de monter, de soutenir et de faire prospérer une entreprise avicole.

Depuis 1896 j'ai acquis une certaine expérience et j'ai été conduit à adopter un plan d'études qui m'a donné les meilleurs résultats et que j'ai exposé dans un livre où se trouvent résumées mes soixante leçons. Voici quel est ce plan : je divise les études en deux parties, l'une théorique, l'autre pratique.

Dans la première partie, je commence par donner aux élèves (que je suppose dépourvus de toute connaissance en histoire naturelle) des notions sur l'histoire naturelle des Oiseaux, en insistant surtout sur les Gallinacés, les Colombidés et les Palmipèdes, qui rentrent particuliè-rement dans le cadre de nos études et dont je fais une étude minutieuse tant au point de vue physique qu'au point de vue des mœurs. Puis je consacre cinq leçons à

l'exposé des éléments d'anatomie et de physiologie nécessaires à tous ceux qui veulent surveiller une basse-cour
où les maladies ne sont pas rares.

Dans les treize leçons suivantes, je passe en revue
toutes les races de Poules domestiques, en les décrivant
et en faisant connaître aussi bien leurs caractères distinctifs que leurs qualités comme Oiseaux de rapport,
Oiseaux de luxe ou de sport. Enfin, j'aborde la gallineicul-
ture industrielle et, après l'étude des conditions que
doivent remplir les poulaillers destinés soit à la production, soit à la reproduction, j'examine quelle doit être,
au point de vue scientifique, économique et pratique, la
ration alimentaire des volailles : j'enseigne les divers
moyens de tirer profit d'une basse-cour, par la vente soit
des œufs et des poussins, soit des sujets adultes que l'on
engraisse pour la consommation, ou bien encore par
l'élevage de sujets de races. J'ai soin d'indiquer d'ailleurs,
pour chaque genre d'exploitation, les conditions que doit
réunir l'établissement et les revenus positifs qu'on peut
en espérer. C'est dans cette partie du cours que je traite
de l'incubation naturelle et de l'incubation artificielle, de
l'élevage, de l'engraissement, de l'acclimatation et d' la
production de volailles de race.

L'étude des Poules est suivie de celle des Pigeons, des
Dindons, des Pintades, des Faisans, des Oies, des
Canards, de quelques autres Oiseaux de parquets et des
Lapins; mais je n'insiste naturellement pas autant sur
ces animaux que sur les Poules.

Cette série se termine par quelques leçons sur les
maladies des Oiseaux, et particulièrement des Oiseaux
de basse-cour et sur la manière de les soigner.

Les leçons pratiques sont au nombre de soixante.
Pendant les mois de novembre et de décembre, on fait
des gavages à la main et à la machine; de janvier à mai,
des éclosions artificielles au moyen de vingt-cinq couveuses toujours en action; en juin, le cours prend fin
après qu'on a soin de montrer les résultats de l'élevage
des poulets en janvier et en février et qui sont déjà fort

avancés. On fait alors quelques visites chez les aviculteurs les plus connus et des excursions dans les établissements et les fermes où se pratique l'élevage de la
volaille.

Du reste, c'est pendant toute la durée du cours que l'on
peut suivre le traitement des maladies des Oiseaux et
assister à des opérations chirurgicales, car l'École de
Barcelone reçoit et soigne gratuitement tous les sujets
malades qui lui fournissent continuellement des sujets
d'étude.

Tel est le plan de mon enseignement que je soumets à
l'examen des membres de la section d'aviculture du
Congrès.

DES
CROISEMENTS RATIONNELS

ET

DE LA POSSIBILITÉ D'AMÉLIORER, AU POINT DE VUE PRATIQUE,

LES RACES DE POULES DE TOUS PAYS

PAR

M. H. VOITELLIER

Dans le titre de ce travail le mot « améliorer » n'est pas pris dans son sens purement zootechnique, mais dans le sens pratique du producteur visant un rendement supérieur. A côté du sport fort attrayant que constitue l'élevage des volailles de race pure, il faut se préoccuper de l'approvisionnement des halles et marchés en poulets et en œufs, et d'une consommation toujours croissante, toujours plus exigeante, qu'il importe de satisfaire.

Quelle est, pour chaque pays, la race qui donnera la plus large satisfaction à ces exigences? Répondre d'une façon nette et positive serait bien embarrassant. Il n'est pas un pays, au monde, qui puisse se vanter de posséder une poule de race pure, idéale : à la fois grosse, de tempérament rustique, fine de chair, apte à l'engraissement, grande productrice d'œufs, et enfin bonne mère. Là où les poules sont très grosses, la chair manque de finesse ; là où elles sont excellentes pondeuses, elles manquent de volume ; enfin si elles sont grandes et fines, leur tempérament lymphatique les rend mauvaises mères et de santé délicate. La nature se prêtant admirablement au système des compensations, l'homme peut, à sa guise, modifier ces éléments si divers, les amalgamer, pour ainsi dire, et en extraire un produit répondant exactement à ses goûts et à ses besoins.

Par des croisements rationnels et judicieusement conduits, on peut partout produire une poule à peu près idéale ; en tout cas, répondant mieux et plus complètement que toute race indigène aux besoins des éleveurs et assurant à ceux-ci une rémunération plus large de leurs peines.

Loin de moi l'idée, en posant ce principe, de supprimer l'élevage des races pures, et de tendre à une sorte d'unification des races par une vaste entreprise de croisements sur toute la surface du globe. Ce serait folie. La première condition de réussite d'un croisement étant d'allier des éléments absoluments purs, il importe, avant tout, de continuer, dans chaque contrée, à maintenir, par sélection, la race indigène dans toute sa pureté. Pour cela, nos expositions avicoles, de plus en plus répandues ; l'établissement de standards par toutes les Sociétés avicoles ; le goût toujours croissant des aviculteurs, stimulé par les journaux spéciaux, sont les meilleurs éléments de succès. Il est de toute nécessité, pour que l'on puisse se livrer partout aux croisements améliorants devant faciliter la production industrielle des volailles, que de l'Orient à l'Occident, aux Indes, en Afrique, en Amérique, aussi bien que sur tous les points de l'élevage, les races de Poules, si différentes, si multiples, aux qualités et aux aptitudes si diverses, soient maintenues dans toute leur pureté primitive. Ce soin incombe aux amateurs, aux aviculteurs professionnels qui trouveront la récompense à leurs travaux, tant dans les lauriers distribués à profusion dans les expositions que dans les prix de vente, parfois fantastiques, qu'atteignent leur champions.

Qnant aux éleveurs proprement dits, aux agriculteurs, qui veulent tirer de leur basse-cour un rendement régulier, comme ils font de leur étable, ou de leur bergerie, ce n'est que dans les croisements sagement appliqués qu'ils trouveront une sérieuse source de bénéfices.

Et, pour ce faire, il faut commencer par formuler ce principe : « Seule l'alliance des races d'Extrême-Orient à celles d'Occident donne des résultats utiles et avantageux », auquel il convient d'ajouter ce conseil résultant de l'expérience, de l'observation des faits et d'une longue série d'essais : « De toutes les races pures d'Extrême-Orient, celles qui conviennent le mieux pour l'amélioration, au sens pratique du producteur et du consommateur, de nos races d'Occident, sont l'Indien et le Brahma. » Et, pour ne pas être exclusif, on peut admettre presque au même titre leurs plus proches analogues, le Malais et le Cochinchinois.

Et, en effet, ne voit-on pas en Angleterre, où cependant l'on possède, en quantité, des volailles de race pure arrivées au maximum de perfection, mais où, aussi, les éleveurs ont l'esprit pratique par excellence, toutes les halles alimentées par un magnifique poulet dû au croisement de la poule Dorking et du coq Indien.

En Belgique, le célèbre coucou de Malines, qui rapporte des millions aux éleveurs tant par la consommation locale que par l'exportation vers l'Angleterre, n'est autre que le produit du croisement de la petite poule indigène de Brackel, ou d'une poule analogue dénommée Coucou des Flandres, et vraisemblablement des deux, avec le coq Brahma herminé, de l'ancien type à crête simple. Ce croisement remonte assurément à une date assez éloignée pour qu'aujourd'hui ses produits, de type bien régulier, puissent prétendre au nom de race ; mais son origine n'en est pas moins certaine et indiscutable.

En France, la Faverolles, produit du Brahma et du Houdan, tient la première place dans les basses-cours de production ; elle constitue la richesse de toute la contrée houdanaise et contribue, pour la large part, à l'approvisionnement des halles de Paris. En Bresse, c'est le croisement de la petite poule locale avec des Cochinchinois et les Brahma qui alimente les grands marchés régionaux d'où part la majeure partie des volailles consommées en Suisse. Partout, en France, on peut et on doit faire une sorte de Faverolles locale en alliant les poules de race pure de chaque contrée, ou du moins celles se rapprochant le plus du type de la race pure, avec des coqs Brahma ou Indiens, suivant leur taille, leur couleur ou leur tempérament.

En Italie, en Espagne, et dans tout le bassin méditerranéen, où la poule Leghorn ou, à plus proprement parler, la petite poule de Livourne à l'état commun, serait incomparable si elle n'était d'aussi petit volume, le coq Brahma est tout indiqué pour apporter l'ampleur qui fait défaut. Mais comme dans ces poules, au type général uniforme, les nuances varient à l'infini, il faudrait choisir de préférence celles à pattes bleues et rejeter formellement celles à pattes jaunes. Le grand avantage du croisement des coqs à pattes jaunes avec les poules à pattes bleues est que la patte jaune, indice de chair peu délicate, disparaît complètement ou à peu près dans les produits et dès la première génération.

Dans le sud de la Russie, où se trouve une petite poule du genre de l'Italienne qu'on a présentée depuis quelque temps, dans nos expositions, sous le nom de Poltawa, le coq Brahma ferait aussi le meilleur effet.

Aux Indes, au contraire, ce seraient nos coqs d'Occident, Dorking, La Flèche, Crèvecœur, Mantes, Houdan, qu'il conviendrait d'importer.

De même en Afrique où les volailles sont généralement petites et de chair plus ou moins coriace.

Mais toujours, et dans tous les cas, c'est par le coq qu'il faut apporter l'amélioration, en le choisissant d'origine, de taille et de tempérament opposés à ceux des poules, ces dernières étant, bien entendu, choisies d'un type aussi homogène que possible, et exemptes de toute infusion de sang étranger.

Il faut aussi tenir compte de ce fait qu'en important un coq il n'y a pas à se préoccuper de la question d'acclimatation. Il ne s'agit que d'un seul sujet, pouvant suffire à une douzaine de poules et qu'il sera toujours fac le de remplacer en cas d'accident.

Puis, les poules étant indigènes, étant habituées au climat, à la nourriture, jouiront de toute leur vigueur, du maximum de bonne santé et transmettront à leurs produits les mêmes aptitudes. Ceux-ci auront en plus les qualités nouvelles transmises par leur pères et spontanément importées sans aucune période préalable d'acclimatement.

Il se présentera parfois des cas où l'on hésitera devant le croisement, dans la crainte de dénaturer un type cher aux amateurs de toute une contrée. Dans certaines provinces de l'Amérique, par exemple le Plymouth Rock, au plumage coucou, est seul en honneur et tout poulet d'une autre couleur est, *de plano*, considéré comme inférieur. Le Plymouth Rock, malgré ses éminentes qualités, a cependant la peau jaunâtre et sa chair n'a pas à beaucoup près la finesse de nos races françaises. Rien ne serait plus facile que de lui transmettre une partie de cette finesse sans amoindrir sa taille et sa vigueur, et tout en conservant intact son joli plumage coucou, en alliant des poules Plymouth à un coq coucou de Rennes ou à un Scotch Grey.

Par contre, en Bretagne où la poule coucou, si commune dans toutes les campagnes, a toutes les qualités, sauf le volume, on obtiendrait la taille désirée en important des coqs Plymouth Rocks, et le plumage aimé dans la région n'aurait pas changé. L'élevage serait rendu plus facile, les bénéfices des éleveurs seraient plus grands et la transformation se serait opérée sans frais et au cours même d'une seule année. Partout, avec quelques variantes suivant les cas particuliers, ou suivant les goûts généraux ou personnels, le même principe peut s'appliquer. Et ce principe s'étend aussi bien aux Palmipèdes qu'aux Poules.

Nous en avons, en France, un exemple bien frappant. Le croisement de deux sangs de Palmipèdes bien opposés, le canard d'Inde et la cane commune, a produit le mulard qui, aux environs de Toulouse, et, un peu dans tout le Midi, a donné naissance à une industrie spéciale, la production des foies gras. Les Canards du pays qui, cultivés seuls, ne constituaient qu'une maigre ressource, deviennent, avec le Canard d'Inde, plus gros, plus rustiques, particulièrement aptes à l'engraissement et contribuent à la fortune et à la renommée de plusieurs départements.

Le Dindon sauvage, importé d'Amérique, allié à nos dindes noires de Sologne, donne un produit plus volumineux et de tempérament plus rustique que ses auteurs.

On pourrait multiplier les exemples à l'infini ; de même qu'on pourrait démontrer de façon tout aussi péremptoire l'influence néfaste des croisements irraisonnés d'animaux de même origine et de même tempérament, ne donnant que des produits inférieurs sous tous rapports à leurs auteurs respectifs, et incapables de donner aucun profit à ceux qui les produisent. Seuls, les croisements rationnels pratiqués par les producteurs, à côté des amateurs de races pures, pourront constituer une industrie avicole. C'est grâce à eux seulement que la basse-cour peut devenir un des éléments principaux de revenus des agriculteurs, en créant un peu partout, ce qu'on désigne déjà d'un mot, comme le *nec plus ultra* du genre : la poule de ferme ; mais cette fois ce serait la vraie, la bonne poule de ferme.

ÉTUDE ET CARACTÉRISTIQUES

DE LA

POULE DE HOUDAN ET DE FAVEROLLES

ET

EXPOSÉ DE L'INDUSTRIE DE LA VOLAILLE

DANS LA RÉGION DE HOUDAN

PAR

M. J. PHILIPPE

C'est un honneur qu'on a bien voulu me faire en m'appelant à traiter devant des spécialistes, tels que ceux qui sont réunis dans ce Congrès, la question de la Poule de Houdan.

Cet honneur ne me trouve pas indifférent, tant s'en faut ; au contraire, j'en éprouve une fierté bien naturelle et je tâcherai de m'en montrer reconnaissant en exposant ce que j'ai à dire très simplement, et le plus brièvement possible.

Chaque région de la France possède une race de Poules bien déterminée et qui n'a que des rapports assez éloignés avec les races qui l'avoisinent. Ces races sont, à proprement parler, le produit du sol et du climat ; elles sont merveilleusement adaptées aux conditions d'existence, aux influences de toutes sortes, qui les environnent. Transportez-les hors de leur terrain d'origine, vous les verrez dégénérer, dépérir et finalement ou disparaître ou se modifier dans des proportions telles que toute trace des caractères qui distinguaient les producteurs importés est presque entièrement perdue.

Que deviendra la Crève-cœur sur un sol sec aride, sans herbages, sous un climat rude, sous un ciel chargé de brouillards, ou toujours impitoyablement bleu?

Qu'adviendra-t-il de la Houdan en pays marécageux? Je laisse le soin de répondre à tout homme qui s'est tant soit peu sérieusement occupé d'élevage.

Je crois donc être l'interprète de tous les praticiens expérimentés en recommandant aux cultivateurs de s'occuper d'abord de leur race indigène, de la perfectionner par une sélection rigoureuse et suivie : c'est le seul moyen d'éviter les déceptions décourageantes, et d'arriver au résultat final qui est l'obtention d'un produit justement rémunérateur.

Ceci dit, passons à la Poule de Houdan.

Vous la connaissez tous : c'est une volaille vive, alerte, toujours en mouvement; très élégante de plumage, de formes et d'allures.

Les signes distinctifs de la race pure sont un plumage caillouté blanc et noir par moitié, irrégulièrement marqué, sans trace de jaune ni de gris, sans liséré d'aucune sorte; une huppe très fournie, ronde comme une boule chez la poule, et, chez le coq, composée de plumes fines rejetées en arrière; une cravate épaisse et saillante; des oreillons blancs et courts, parfois sablés de rouge et cachés par les favoris; des barbillons de dimensions moyennes et plutôt longs chez le coq, très courts chez la poule; la crête du coq présente deux lobes affectant la forme vague de deux feuilles de chêne irrégulièrement dentées; ils sont séparés par un lobe beaucoup plus court, droit, et dont la partie antérieure s'avance légèrement sur le bec; la poule n'offre qu'une crête rudimentaire en forme de petit papillon.

Dans les deux sexes les pattes sont fortes, courtes, roses, avec des taches légèrement grises ou marbrées, sans plumes; elles portent cinq doigts, trois antérieurs et deux postérieurs bien distincts, bien détachés.

Chez le coq le port de la tête est fier ; l'œil est vif et
l'ensemble de la physionomie a un air légèrement agressif ;
la poule, au contraire, a les apparences d'une bonne bête,
bien débonnaire, mais il ne faudrait pas trop s'y fier.

Fig. 1. — Coq et poule de Houdan.

La Houdan, malgré sa grosseur et la huppe qui lui
cache presque les yeux, est une volaille très active ; elle
aime à vagabonder ; aussi lui faut-il de grands espaces
où elle se charge de trouver, du reste, une partie de sa
nourriture. Il est difficile, sinon impossible, de la maintenir en parquet, et l'on calcule qu'un minimum de
10 mètres carrés par tête lui est nécessaire si l'on ne peut
lui donner son entière liberté ; dans ce cas elle exige des
rations plus abondantes qu'aucune autre espèce de Poule,
même de taille supérieure ; elle est vorace, mais tout ce
qu'on lui donne lui profite ; avec elle, rien de perdu et
l'on retrouve, payée avec usure en œufs et en viande, la
valeur des aliments qu'elle a consommés.

Cette race n'est pas couveuse, il est excessivement
rare qu'elle demande à entrer en incubation ; dans notre
région, pour suppléer à cette fonction naturelle qui
manque à notre poule, nous avons recours aux couveuses
et aux éleveuses artificielles. Grâce à ces appareils, portés
dès à présent, comme chacun sait, à un point proche de la
perfection, il nous est possible de faire éclore en tout
temps, en toute saison et en aussi grand nombre que nous

le désirons, les poussins dont nous avons besoin pour alimenter en volailles les marchés qui absorbent toute notre production.

Pondeuse de premier ordre, la Houdan donne par an de 125 à 180 œufs du poids moyen de 65 grammes ; elle ne suspend guère sa ponte qu'à la mue et pendant les très mauvais temps.

Les poulettes nées en février produisent leurs premiers œufs en août ; celles écloses en avril commencent à pondre en octobre, et, bien soignées, continuent une bonne partie de l'hiver.

Les poussins sont d'une rusticité exceptionnelle ; ils naissent revêtus d'un duvet blanc et noir ; leur développement est très rapide et ils prennent leurs premières plumes sans se ressentir presque de cette espèce de crise qui, à ce moment chez les autres races, emporte tant de petits poulets.

Comme précocité, la poule qui nous occupe ne le cède à aucune autre : à trois mois, si elle a été bien préparée, c'est-à-dire si elle n'a souffert ni de la faim, ni du froid, on peut la mettre à l'engraissement ; elle pèse alors de 1 200 à 1 300 grammes ; trois semaines de gavage à la farine d'orge, malaxée avec du lait caillé, la porteront au poids de 1700 à 1 800 grammes.

On se sert, en général, pour forcer l'engraissement de machines appelées gaveuses, qui simplifient le travail et le rendent beaucoup plus rapide et plus régulier.

Dans notre région de Houdan, la race qui en a pris le nom prospère à souhait sur un sol calcaire, dans un climat sec et tempéré : c'est proprement son terrain d'élection ; elle ne peut se maintenir sur aucun autre ; les terrains argileux, humides lui sont néfastes ; elle y contracte le plus facilement du monde diverses maladies, le coryza entre autres et surtout des abcès aux pattes ; mais il va sans dire, et l'expérience en a été faite cent fois, que partout où on peut l'établir dans les conditions requises, ses qualités se conservent égales à celles qu'elle possède en son lieu d'origine.

C'est sur les territoires de Houdan, de Dreux et de Nogent-le-Roi que se pratique principalement l'élevage de la race dont nous nous entretenons; les soins qu'on lui donne ne diffèrent pas sensiblement de ceux que réclament les autres races exploitées avec intelligence de méthode.

On lui laisse d'abord le plus grand parcours possible : c'est, je l'ai dit, la condition *sine quâ non* d'une exploitation sérieuse.

Rien n'est plus facile chez nous, pour la plupart de nos éleveurs dont les établissements sont à proximité de vastes forêts; chaque matin, les volailles reçoivent du grain, blé, avoine, orge ou sarrazin; dans la journée, elles trouvent aux environs des fermes, dans les écuries, sur les fumiers, la nourriture animale complètement indispensable à une alimentation rationnelle.

La fermière avisée et expérimentée sait juger, au nombre des poules rentrées au poulailler sans demander à dîner, si l'ensemble de la basse-cour a trouvé, dans ses courses de la journée, à remplir suffisamment son gésier pour la nuit.

Les reproducteurs sont choisis avec le plus grand soin dans les couvées de mars et d'avril; on condamne sans pitié à l'épinette toute volaille, si belle qu'elle soit d'ailleurs, qui présente la moindre tare; il faut dire aussi que ces exécutions indispensables se font de moins en moins nécessaires depuis que nos éleveurs ont compris de quelle importance il était pour eux de maintenir leur race dans sa pureté entière, et cela aussi bien au point de vue des produits destinés à l'approvisionnement des marchés qu'à celui de la vente aux amateurs et aux autres éleveurs d'animaux reproducteurs et d'œufs pour l'incubation.

Dans les fermes où l'on s'occupe spécialement du commerce des œufs, c'est à la Houdan pure que l'on donne la préférence; mais maintenant, partout où l'on exploite le poulet gras, c'est à la Faverolles qu'on s'adresse.

La race de Faverolles, qui porte le nom d'une commune voisine de Houdan, provient de croisements, remontant à une quarantaine d'années, entre la Houdan, la Cochinchinoise, la Brahma herminée et la Dorking; c'est une Poule dont les points typiques sont presque fixés; je dis presque, car, dans les produits d'un croi-

Fig. 2. — Coq et poule de Faverolles.

sement si complexe, il est bien rare de trouver un ensemble de caractères invariables et identiques.

C'est ainsi que la Faverolles, n'ayant retenu de la Houdan que la cravate et assez souvent les cinq doigts, offre de la Cochinchinoise l'allure lourde et le plumage fauve, de la Brahma herminée le plumage clair et les tarses garnis de manchettes, de la Dorking le plastron couleur saumon; on trouve même des sujets avec le plumage foncé des Coucous de Malines.

Telle qu'elle est, cette volaille est d'une rusticité remarquable; inutile de dire que c'est une bonne couveuse, étant donnés ses liens de parenté avec les Asiatiques; comme pondeuse elle est ordinaire, mais l'avantage qu'elle présente sur la Houdan pure, c'est de produire des poulets qui, engraissés à quatre mois, arrivent à peser de 2 à 3 kilogrammes.

Houdan, Dreux et Nogent-le-Roi, voilà les trois marchés sur lesquels nos accouveurs dirigent leurs produits, œufs et volailles grasses ou maigres.

Le prix des œufs varie naturellement suivant la saison : il oscille entre 0 fr. 75 et 1 fr. 80 la douzaine : je parle ici des œufs pour la consommation et non pour la reproduction ; dans ce dernier cas, leur valeur marchande dépend de la basse-cour à qui on les demande, et l'on peut être sûr que les accouveurs savent à merveille à quel éleveur s'adresser pour avoir exactement les produits qu'ils désirent.

Le commerce des volailles est approvisionné par les cultivateurs-éleveurs qui apportent sur le marché, vivantes, les volailles qu'ils ont à vendre ; les cages qu'ils emploient contiennent de 10 à 12 poulets gras, de 14 à 16 poulets maigres, les quantités ainsi que les prix variant suivant l'époque et l'année.

Le 17 janvier 1900, par exemple, sur le marché de Houdan, 139 cages de volailles grasses et 102 de volailles maigres ont été offertes à des prix allant, pour les grasses, de 11 à 13 francs la couple et, pour les maigres, de 7 à 10 francs.

Le 16 mai, 462 cages de la première catégorie et 205 de la seconde étaient apportées et l'on vendait la couple des poulets gras de 12 à 17 francs et de 7 à 11 francs la couple de poulets maigres.

Le 21 juin 1899, on comptait sur le marché 592 cages de volailles grasses et valant de 8 fr. 50 à 12 fr. 50 la couple, et 524 cages de volailles maigres valant de 6 à 10 francs.

Si l'on songe que le poulet engraissé revient, tous frais payés, à environ 3 francs par tête, comme moyenne, on se rend compte sans peine du bénéfice réalisé par l'éleveur. Les clients de ce dernier sont des marchands habitant les environs de Houdan ; il en vient aussi de Saint-Germain, de Versailles, de Paris.

Les volailles achetées vivantes sont tuées chez les marchands, plumées, vidées, parées et expédiées pour la plus grande partie à Paris, soit aux halles, soit aux grands restaurants ou chez les forts épiciers.

Tel est, dans ses grandes lignes, l'exposé de l'industrie de la volaille dans les régions de Houdan.

Cette industrie, puissamment secondée par les appareils d'élevage artificiel, couveuses, éleveuses, gaveuses, prend chaque jour une extension plus grande, sans que l'offre puisse suffire à la demande.

Il me reste, en terminant, à exprimer le vœu que les cultivateurs de toutes les parties de notre France, si riche en races de volailles de premier ordre, comprennent enfin quelles ressources réellement importantes ils peuvent tirer de l'élevage intensif et rationnel de la modeste Poule qu'ils méprisent parfois et consacrent leurs efforts, mais sérieux et suivis, à l'exploitation de cette branche si féconde de notre production nationale.

DE LA RACE COCHINCHINOISE

PAR

M. G. MAROIS

Cette race, dont la faveur n'a fait que croître tan. en France qu'en Angleterre depuis son apparition sous notre climat vers l'année 1846, époque où elle fut importée par le vice-amiral Cécile, provient non pas, comme on le croit, de la Cochinchine dont elle porte le nom, mais bien des environs de Shanghaï. L'amiral avait rencontré cette espèce de volaille dans le cours d'une de ses expéditions, et il en rapporta plusieurs sujets en France.

Les premiers sujets étaient de couleur fauve foncé ; mais depuis lors, par suite de sélection et croisements divers, on a obtenu une série de variétés et de couleurs dont voici les principales :

1° La Cochinchinoise fauve importée par l'amiral, dont, à l'origine, le plumage était d'un chamois ardent tirant un peu au rouge brique sur le dos, le plastron et les cuisses ; doré aux épaules, avec la queue noire à reflets cuivrés.

Cette coloration primitive a été modifiée par la suite, car aujourd'hui on n'admet plus les plumes noires à la queue ; comme plumage général il faut un chamois très régulier sans aucune tache ni pointillé noir, surtout dans le camail, la queue étant de même couleur que l'ensemble du volatile avec l'extrémité retombant légèrement formant une légère courbe.

Couleur de la patte : jaune.

2° La Cochinchinoise Perdrix, dont les plumes sont bariolées, chamois foncé plutôt roux, avec des bandes semi-elliptiques et pointillées très régulièrement, de couleur sombre, et dont la queue est d'un très beau noir bronzé.

Pattes également jaunes. Il y a eu de très beaux sujets de cette variété présentés dans nos concours à l'Exposition universelle.

Cette belle variété est très estimée en Angleterre ;

3° La Cochinchinoise noire, dont l'ensemble du plumage est complètement noir sans aucune plume blanche. Cette variété est très jolie ; malheureusement elle est maintenant devenue assez rare dans nos expositions.

Plusieurs aviculteurs, pour augmenter la taille de cette variété et rendre la couleur de la plume plus brillante encore, c'est-à-dire pour lui donner un reflet vert cuivré, ont opéré un croisement avec la race Lang-shan.

En naissant, les sujets sont quelquefois tachetés de blanc ; mais cela disparaît en grandissant.

Les plumes de cette variété de Cochinchinoise ont un reflet vert cuivré ; il faut éviter de conserver les sujets ayant des plumes rouges ou jaunes ;

4° La Cochinchinoise blanche, variété dont le plumage est entièrement blanc de neige, sans trace de plumes d'une autre couleur. Il faut éviter dans la reproduction les sujets ayant des plumes noires ou rouges ; ils doivent être rejetés de suite et mis à l'engraissement.

Cette belle variété est devenue très rare, ce qui est regrettable, cette volaille présentant un très bel aspect dans une volière ;

5° La Cochinchinoise rousse semblable à la Cochinchinoise fauve dont le plumage a été indiqué ci-dessus, mais dont la teinte des plumes est d'un rouge tanné ;

6° La Cochinchinoise Coucou, variété dont le camail et le plumage tout entier doivent être d'un gris très régulier, semblable à la belle race Coucou de Malines. Les faucilles de la queue du coq ont un reflet vert cuivré.

Il faut éviter dans la reproduction les sujets ayant des plumes rouges ou jaunes ; c'est un défaut.

Cette belle variété, très en vogue il y a vingt ans, a disparu en partie il y a quelques années, un de nos principaux aviculteurs qui cultivait cette variété s'étant retiré, un autre étant décédé.

Le standard de la race cochinchinoise n'ayant pas été encore adopté, je vais me contenter d'en donner une description sommaire :

Corps ramassé, court, trapu, d'un poids et d'un volume considérables : dos plat ; ailes courtes et relevées ; cuisses et jambes très fortes ; sternum saillant ; queue courte et ne formant pas la queue d'écureuil.

Le coq a les joues dénudées, la crête simple, bien dentelée et courte, les barbillons moyens et arrondis, les oreillons courts et rouges, le bec fort et droit, de couleur jaune comme dans la race fauve ; les pattes écartées et garnies entièrement de plumes horizontales, de fortes manchettes. La patte est de couleur jaune dans la variété fauve ; mais elle change de teinte suivant les variétés désignées ci-dessus.

Toutefois en Angleterre les aviculteurs ont adopté comme type des volailles avec des manchettes courtes, et des plumes aux pattes de dimensions plus réduites.

L'ensemble de cette volaille est lourd ; les pattes écartées lui donnent une démarche pesante et lourde ; c'est d'ailleurs le caractère de la race.

Le poids de cette volaille adulte est de :

3 à 5 kilos environ pour le coq ;

2^{kg},500 à 3^{kg},500 environ pour la poule.

La ponte est d'environ 110 à 125 œufs par an ; l'œuf pèse environ 55 à 60 grammes ; il est de couleur jaune foncé plutôt que roux et contient beaucoup plus de jaune que de blanc.

Le défaut général des poules de cette race, c'est qu'elles sont des couveuses infatigables, et que, à cause de leur poids, parfois elles écrasent leurs œufs ; mais elles sont d'excellentes mères et conductrices de poussins qu'elles défendent au besoin ; les jeunes ont, comme les père et mère, un naturel calme et tranquille.

Comme nourriture, cette volaille n'est pas difficile : du blé, du maïs, du sarrazin, une pâtée lui suffisent ; elle digère facilement.

Comme volaille de table, jusqu'à l'âge de cinq à six mois, le poulet est assez agréable au goût ; mais après cet âge la chair filandreuse n'est pas de très bonne qualité : aussi n'a-t-elle aucune renommée chez nos gourmets ; d'ailleurs, en général, on n'aime pas les volailles à pattes jaunes.

Cette race n'est pas bien précoce : le squelette est grossier, la peau dure : les jeunes poulets ne se développent que lentement.

La poule cochinchinoise, quand elle couve, s'abstient presque de toute nourriture : pendant le travail de l'éclosion, il faut la lever avec précaution pour la faire manger. Tout en gloussant elle répond, au moment de l'incubation, aux mouvements et aux cris des petits dans l'œuf. La coquille de l'œuf de cette race est formée d'un calcaire épais et dur. Malgré l'humidité dégagée par la mère, celle-ci est obligée d'aider son poussin à sortir de la coquille en brisant cette enveloppe ; parfois même, l'éleveur lui-même est obligé d'aider à l'éclosion.

La poule est d'un naturel très doux ; elle ne s'éloigne jamais de son parquet ; elle ne gratte pas, ne dévaste pas les jardins ou prairies ; elle ne cherche pas querelle à ses compagnes. Le coq lui-même n'est pas batailleur : il manque même de hardiesse ; malgré sa taille et son apparence majestueuse, avec un coq d'une autre race, il se montre plutôt craintif et poltron.

Il est assez difficile d'empêcher cette poule de couver ; cela est un défaut. Des aviculteurs ont pris l'habitude, pour les en empêcher, de les plonger dans l'eau froide, de les mettre sous des mues, de les enfermer dans un endroit noir, de les attacher par la patte avec une corde à un piquet ; mais rien ne fait et, au bout d'un certain temps, d'une certaine ponte, elles couvent naturellement ; comme je le recommande ci-dessus, il faut bien avoir soin de lever la couveuse pour la faire manger, car parfois celle-ci, ne se dérangeant pas, finirait par périr sur ses œufs.

En général, pour une bonne reproduction il faut un coq par parquet de six à huit poules. Dans une volière, c'est un joli coup d'œil pour un amateur que de voir, par un beau soleil, cette réunion de volatiles au plumage brillant et complètement uniforme.

DE LA RACE DE HOUDAN

PAR

M. G. MAROIS

La race de Houdan, autrement dit la race Caille ou cail-
loutée, comme l'appellent les gens de la contrée, est une
race rustique à plumage noir mélangé de blanc, bien
nuancé ou caillouté, formé de taches apparentes et
marquées de l'une ou de l'autre couleur.

L'origine de cette race n'est pas établie ; mais sa renommée date d'une trentaine d'années environ.

Le coq doit être large de poitrine, fort, assez élevé sur
pattes, avec la patte blanche, tachetée de noir clair, légèrement rosée chez le poulet, et terminée par cinq doigts
bien détachés les uns des autres, le bec légèrement recourbé et fort, la crête rouge, formant feuille de chêne
double avec rosace dans le milieu, les barbillons longs et
réguliers, les favoris et la cravate bien fournis et les
faucilles de la queue développées.

La poule doit être semblable au coq ; mais elle doit avoir
la huppe arrondie et très forte, presque pas de crête ni de
barbillons, les favoris et la cravate bien fournis, les rémiges primaires à vol blanc ; en outre, elle doit être moins
haute que le coq sur ses pattes.

La contrée par excellence où cette race est connue se
trouve dans les environs de Houdan (Seine-et-Oise), à
Gambais, village composé d'un grand nombre de hameaux,
dont l'un des plus célèbres, à cause même de la renommée de cette race, se nomme Saint-Côme, et est situé à
environ 2^{km},500 de Houdan. Là vivait, il y a une vingtaine

d'années un éleveur assez remarquable. M. Anseaume, qui exerçait la profession de charron-forgeron et qui élevait et faisait élever dans des pâturages voisins les sujets de cette belle race par des cultivateurs à qui il remettait les œufs des sujets hors ligne qu'il cachait chez lui ou chez des parents, à l'abri des regards des visiteurs et amateurs.

M. Anseaume, à chaque concours au Palais de l'Industrie, apportait une collection de coqs et poules qui, chaque année, enlevait les premiers prix.

L'élevage de cette race présente quelques difficultés ; je vais énumérer les principales :

Il faut choisir un sol calcaire de préférence à un sol argileux ; ensuite un sol recouvert d'une verdure assez épaisse, la huppe très forte de cette race se salissant facilement sur un terrain nu et humide, car la poule, en cherchant sa nourriture sur un terrain dénudé, ramasse de la poussière avec sa huppe lorsqu'elle boit, et quand le terrain est humide, cette poussière forme une boule qui adhère à l'extrémité des plumes de la tête, de la cravate et engendre parfois des maladies d'yeux qui, malheureusement, sont funestes ; en outre, un sol argileux détermine souvent des abcès aux pattes et fait perdre aux sujets de leurs qualités.

Pour cette espèce de volaille, il faut un parcours de grande étendue, beaucoup plus que pour les autres races.

La race de Houdan est fort mangeuse, assez difficile sur la qualité de la nourriture, ce qui est peut-être un défaut ; mais elle digère facilement les aliments qu'elle consomme.

Chez l'éleveur on lui donne une pâtée composée de remoulage ou de farine d'orge délayée avec du petit lait ; en outre, comme grains, du blé, du sarrazin pour activer la ponte ; mais il faut éviter l'avoine.

La volaille de Houdan est mauvaise couveuse et l'on confie l'incubation de ses œufs à des dindes, à des poules de ferme et à des couveuses artificielles. Certains praticiens assurent même que c'est elle qui a donné à des éleveurs l'idée des couveuses artificielles ; malgré cela la réussite est beaucoup plus assurée avec des dindes ou des poules.

Chez la poule de Houdan, la ponte est assez forte : environ de 150 à 160 œufs par an, et d'un poids variant de 60 à 70 grammes, quelquefois plus.

La poule commence sa ponte vers l'âge de sept à huit mois; la race est donc très précoce et très rustique.

Lorsque le poulet atteint l'âge de quatre à cinq mois, on fait un choix parmi les sujets; ceux qui ne présentent pas le type exact ou pur de la race sont d'abord castrés si ce sont des coqs, puis mis à l'engraissement : celui-ci est d'ailleurs très rapide lorsqu'il est fait par des praticiens et procure à l'éleveur un bon bénéfice, ces poulets se vendant sur le marché de Houdan depuis le prix de 7 francs et plus, suivant la saison, la grosseur et la finesse. La race de Houdan a la chair fine et délicate, le squelette très réduit; elle s'engraisse facilement, et est très appreciée dans un repas. Le sexe chez cette volaille est facile à distinguer : vers deux mois la huppe est plus forte, plus arrondie et plus régulière chez la poule que chez le coq; mais la crête de celui-ci est plus accentuée.

Il faut éviter, pour la reproduction, la tête fine, la huppe grêle et irrégulière, l'absence de cravate et de favoris, le bec droit, les doigts irréguliers et non détachés, les plumes ou duvets aux pattes, le plumage mélangé d'une teinte rouge, marron ou jaune dans le camail ou les lançettes, la crête trop développée, les barbillons trop longs ou irréguliers.

La couleur du plumage est celle que j'ai désignée; toutefois certains éleveurs et amateurs recherchent le plumage foncé, cette race ayant le défaut, en vieillissant, de blanchir facilement : toutefois le plumage foncé indique un croisement avec la race dite de Crèvecœur.

Pour la bonne reproduction, il faut un coq pour huit poules.

Le standard de cette race est le suivant qui a été adopté, après discussions et avis d'éleveurs très compétents, par le comité du Standard avicole français :

Caractères généraux du coq de Houdan.

Tête : forte ;

Bec : fort, légèrement infléchi à l'extrémité, de couleur corne très foncée avec l'extrémité jaunâtre ;

Narines : bien développées ;

Crête : triple, transversale ; composée de deux lobes épais et charnus, demi aplatis et dentelés sur les bords en forme de feuille de chêne avec, au milieu, deux caroncules placées, l'une entre les deux narines, l'autre, en forme de fraise allongée, plus haut entre les deux lobes ;

Huppe : abondante, rejetée légèrement en arrière, retombant par côtés et cachant les yeux : largeur 13 à 14 centimètres, hauteur 9 centimètres ;

OEil : grand, iris orangé, pupille noire ;

Oreillons : blancs, sablés, petits, cachés par les favoris ;

Joues : cachées par les favoris ;

Barbillons : rudimentaires : longueur, 40 millimètres ;

Favoris : très fournis ;

Cravate : touffue, bien fournie de plumes d'une longueur de 8 centimètres, sur une largeur de 7 à 9 centimètres ;

Cou : gros et court ;

Corps : gros (contour du corps, 44 à 46 centimètres, mesures prises au milieu du corps à l'endroit le plus développé, les ailes collées au corps, les pattes en arrière et non comprises) ; longueur de la base du cou au croupion, 20 à 22 centimètres ; largeur aux épaules, 18 centimètres ;

Poitrine : large, bien développée ;

Dos : large ; rein : large et long ;

Queue : élégante, partie un peu tombante ;

Pieds : composés de cinq doigts, de couleur blanc rosé, tachetés de gris foncé ;

Tarses : de même nuance, d'une hauteur de 9 centimètres ;

Tour du tarse : 45 millimètres ;

Doigts : trois antérieurs posant bien à terre et deux postérieurs superposés et bien détachés dès la base (longueur du médius, 65 millimètres ; longueur du doigt postérieur supérieur, 45 millimètres ; du postérieur inférieur, 35 millimètres) ;

Ongles : de couleur corne claire ;

Taille : de la partie supérieure de la tête verticalement au sol, de 45 à 47 centimètres ; du dos, au-dessous des pattes, dans la position du repos, 16 à 18 centimètres ;

Plumage : caillouté blanc et noir ;

Plumes du camail : presque noires à reflets métalliques ;

— du plastron : cailloutées de noir et de blanc, bien régulièrement ;

— des flancs : cailloutées noir et blanc mélangé de gris ;

— de l'abdomen : cailloutées également, mais plus grises encore ;

— des cuisses : cailloutées de même, mais presque blanches vers les tarses ;

— des épaules : blanches et noires, mais plutôt noires ;

— de l'avant-bras et du recouvrement des ailes : noires avec un peu de blanc ;

Grandes pennes : noires et blanches, les trois premières blanches ; le coq de Houdan est défectueux des ailes lorsque toutes les pennes du vol sont blanches ;

Plumes du recouvrement de la queue : noires à reflets métalliques avec l'extrémité marquée de blanc ;

Plumes de la queue : caudales noires et blanches à reflets métalliques ;

— faucilles comme les caudales avec la couleur blanche plus accentuée ;

Maintien : haut et fier ;

Poids : 2^{kg},500 au minimum.

Caractères généraux de la poule.

Tête : forte ;

Bec : fort, légèrement infléchi à l'extrémité, de couleur corne foncée avec l'extrémité jaunâtre ;

Narines : bien développées ;

Crête : rudimentaire, formée de deux petits lobes, dentelés, contigus à la base ;

Huppe : abondante, ébouriffée, d'une largeur de 11 à
13 centimètres ;

Œil : iris orangé, pupille noire ;

Oreillons : petits, blancs sablés, cachés par les favoris ;

Joues : cachées par les favoris ;

Favoris : très prononcés, très épais ;

Cravate : bien fournie de plumes ; longue de 8 centimètres, large de 7 à 9 centimètres ;

Cou : fort ;

Corps : gros ; tour du corps, de 46 à 50 centimètres
(mesures prises sous le bréchet, les ailes collées au corps) ;

Poitrine : large ;

Dos : large ;

Queue : portée légèrement inclinée, ayant 25 centimètres environ à partir de l'articulation du croupion ;

Pieds : plutôt courts, composés de cinq doigts ;

Tarses : hauteur 9 centimètres au minimum ;

Tour du tarse : 60 millimètres ;

Doigts : trois antérieurs posant bien à terre et à l'arrière du tarse ; deux autres superposés et séparés l'un de
l'autre dès la base, le supérieur légèrement relevé en
croissant ; longueur du médius, 65 millimètres ; nuance
de la patte : rose marbré de gris foncé lorsque la poule
est jeune, et grise à l'âge adulte ;

Ongles : de nuance corne claire ;

Taille : de la partie supérieure de la tête verticalement
au sol, 45 centimètres environ ; du dos au-dessous des
pattes dans la position du repos, 16 centimètres au minimum ; largeur aux épaules, 17 centimètres ;

Poids : 2 kilos au minimum ;

Plumage : entièrement composé de plumes de proportion
ordinaire et caillouté blanc et noir, le plus régulièrement
possible, le noir dominant légèrement ;

Maintien : droit, fier, le dos légèrement incliné.

DE LA PINTADE

PAR

M. G. MAROIS

La Pintade est connue depuis des siècles; les Romains la distinguaient sous le nom de *Poule de Numidie;* plus tard, elle fut appelée *Poule perlée;* elle est originaire de l'Afrique tropicale.

Il existe plusieurs variétés de Pintades domestiques :

1° La Pintade ordinaire, de couleur gris plombé, brune, lilas, mais toujours avec des taches arrondies ressemblant à des perles;

2° La Pintade blanche, toujours tiquetée de points d'une nuance plus foncée;

3° La Pintade mitrée;

4° La Pintade à huppe (très rare);

5° La Pintade blanche ou grise, avec des points noirs (également très rare).

Le standard de la Pintade n'a pas encore été acopté.

La Pintade est de la grosseur d'une poule ordinaire, avec la tête dénudée, le cou court, le front pourvu d'une excroissance charnue et bleuâtre recourbée en arrière, formant comme une crête ; les caroncules charnues, d'un rouge vif, pendant de chaque côté du bec ; la queue courte, de forme arrondie, semblable à celle de la Perdrix, se recourbant en arc vers le sol, de sorte que l'oiseau a l'air d'être bossu.

Le plumage de la Pintade ordinaire, moucheté de blanc, de noir et de gris, est fort beau ; la femelle a les joues rouges, le mâle les joues bleuâtres.

La Pintade a un cri aigu, très désagréable à entendre ; aussi doit-elle être isolée dans les basses-cours ; elle se montre d'un caractère difficile avec les autres volatiles, cherchant querelle, voulant toujours dominer ses compagnons, s'en prenant aussi bien aux Poules qu'aux Oies, Dindons et Canards. Elle n'aime d'ailleurs pas à être renfermée dans une volière ; il lui faut l'air, l'espace, la liberté.

La Pintade à l'état libre ne dévaste pas les récoltes, les prairies, les jardins ; elle ne s'occupe que de la chasse des Insectes dont elle fait une grande consommation ; elle recherche et mange avec gourmandise les Limaces, les Cloportes, les Escargots, les Vers de terre, les Sauterelles, etc. ; elle ne touche à aucun fruit. Son mauvais caractère à l'égard des autres Oiseaux se manifeste surtout aux heures des repas ; elle commence d'abord par manger, ensuite seulement elle laisse manger les autres.

La Pintade, comme je le dis ci-dessus, n'aime pas le poulailler et dépose ses œufs dans un endroit caché ; elle pond environ une centaine d'œufs par année, du mois d'avril au mois de septembre ; sa ponte est surtout abondante de trois à quatre ans.

Les œufs de la Pintade sont petits en comparaison de la taille de l'Oiseau, la coquille en est très dure ; mais comme aliment ils sont sinon meilleurs, au moins égaux à ceux de la Poule.

Il faut environ huit femelles pour un coq pour avoir une bonne reproduction ; le coq est très doux avec ses poules ; il les défend et les protège pendant leurs pontes.

La Pintade ne couve pas, ou tout au moins est mauvaise couveuse ; aussi, pour l'incubation, doit-on avoir recours à des poules, même à des dindes.

La durée de l'incubation est de vingt-six à vingt-huit jours. A sa naissance, les jeunes pintadeaux offrent une certaine ressemblance avec les faisandeaux ; ils ont le dos brun rayé et ponctué de couleur fauve foncé, le ventre blanchâtre, le bec et les pattes rouges. Dans le premier plumage qui succède au duvet, les plumes sont brunes bordées de roux.

Les pintadeaux sont très sensibles à l'humidité et aux divers changements de la température; ils sont très délicats et très difficiles à élever, surtout sous les climats froids. Il ne faut pas les laisser à l'air pendant les premiers mois de leur naissance, mais les tenir dans un endroit clos, car la chaleur ou l'humidité leur sont très nuisibles; la pluie et l'orage leur font beaucoup de mal; aussi doit-on, autant que possible, les en préserver.

Comme pour les dindonneaux, la crise funeste pour les pintadeaux est le moment où ils prennent le rouge, c'est-à-dire le moment où croissent les caroncules, ce qui arrive vers l'âge de trois à quatre mois; il faut, à cette époque, les tenir dans une température d'un degré assez élevé, et éviter surtout l'humidité. Pour cette raison, il faut mettre les couvées de bonne heure en exercice.

Certains éleveurs donnent comme boisson aux pintadeaux, dans du vin un peu chaud, du sulfate de fer à la dose d'environ 10 centigrammes par pintadeau.

La phase du rouge passée, on peut lâcher le pintadeau en liberté: car il est désormais assez fort pour supporter le grand air; on lui donne alors comme nourriture de la farine d'orge ou de maïs, de la viande hachée, des œufs de Fourmis, des Vers de terre, de la salade hachée.

Le pintadeau adulte reçoit sa nourriture comme les volailles ordinaires: cette nourriture se compose de grains, de pâtée de pommes de terre cuites, de viande hachée, de sarrazin pour activer la ponte chez la femelle.

La chair de la Pintade est d'un goût fin et délicat, préférable pour beaucoup ou tout au moins égale à celle du Faisan, c'est-à-dire un vrai régal d'amateur et de gourmet; son prix d'ailleurs n'est pas élevé et accessible à toutes les bourses.

La Pintade a besoin pour sa santé de se poudrer dans du sable fin ou de la cendre de bois pour combattre les parasites qui l'incommodent; aussi est-il nécessaire de mettre à sa disposition ce qui lui est utile pour ce nettoyage.

La Pintade aime à se percher sur les arbres, sur les toitures et les murs quoiqu'elle ait les ailes courtes; il est donc bon que l'éleveur ait des perchoirs élevés pour ce genre de volaille.

En présence de la diminution et de la rareté du gibier dans beaucoup de nos chasses, des sociétés de chasseurs ont déjà essayé, avec un certain succès, de peupler leurs bois de Pintades, la difficulté de l'élevage pouvant être surmontée ; d'ailleurs, l'éducation de ces Oiseaux est presque semblable à celle des Faisans et on peut employer les mêmes procédés avec un résultat au moins aussi égal, sinon meilleur. Il ne faut d'ailleurs pas croire que la Pintade élevée à l'état sauvage soit facile à approcher ; elle s'enlève difficilement, mais elle glisse très adroitement dans les fourrés et les bruyères et, ayant l'instinct de la conservation très développé, elle sait se blottir et se cacher aux regards du chasseur et de son chien.

Pour ce genre de sport, il ne faut se servir que des couleurs sombres : sans cela le tir et la destruction de la Pintade seraient trop faciles pour les chasseurs et encore davantage pour le braconnier, l'ennemi de tous les gibiers.

DU PIGEON BOULANT

ET DE SES DÉRIVÉS

PAR

M. PAUL VACQUEZ

I

Le Pigeon boulant, que les auteurs anciens désignent sous le nom de *Columba gutturosa* (Pigeon à grosse gorge), n'a pas toujours été le long Pigeon, à la tête longue, au cou long, aux ailes étroites et longues, à queue longue attachée à un long corps, placé sur de hautes et longues jambes que les spécialistes exposent dans les expositions d'aviculture sous le nom de Boulant français, anglais, allemand ou gantois ; mais il fut pendant plus de deux siècles un Pigeon de taille moyenne ayant les formes ordinaires, quoique plus élancées, d'un Pigeon commun, un peu plus haut sur pattes et possédant l'étrange faculté de développer, de gonfler démesurément son œsophage.

C'est sous cette dernière forme que le décrivent Aldrovande, au xviie siècle, sous le nom de *Columba perperam gutturosa* ; Willughby, sous celui de *Columba gutturosa strumosa*, anglice et belgice *Cropper* (1) ; Brisson, en 1776, sous celui de *Columba gutturosa*, germanice *Kropftaube*, belgice *Cropper*, anglice *Cropper* ; *Pigeon à grand gosier*.

(1) Le Grosse-gorge reproduit à la pl. XXXIV de l'*Ornithologie* est bien un Pigeon de taille et de grosseur moyenne, un peu long et ne se distinguant du type ordinaire que par sa gorge développée en forme de boule.

Vers 1760 Frisch, dans sa description des Oiseaux vivants en Allemagne, représente, presque de grandeur naturelle, sur la planche CXLVI, sous le nom de *Columba strumosa, seu Columba œsophago inflato*, un Pigeon grosse gorge plus élégant, d'allure plus fière, peut-être de taille plus allongée que celui que représentent les gravures et les descriptions publiées par les auteurs précédents, et portant au sommet de la tête des plumes relevées, appelées en colombophilie *crochet* ou *clou*.

Buffon, dans son *Histoire naturelle des Oiseaux*, décrit en ces termes le Pigeon boulant :

« Tous les Pigeons, en général, ont plus ou moins la faculté d'enfler leur jabot en respirant de l'air : on peut de même le faire enfler en soufflant de l'air dans leur gosier : mais cette race de Pigeons grosse-gorge ont cette même faculté d'enfler leur jabot si supérieurement qu'elle doit dépendre d'une conformation particulière dans les organes ; ce jabot, presque aussi gros que tout le reste du corps et qu'ils tiennent continuellement enflé, les oblige à retirer leur tête et les empêche de voir devant eux (1). »

Buffon définit la couleur de treize variétés sans donner aucune définition des autres caractères de ce Pigeon.

Temminck, en 1813, sous le nom de *Pigeon à grosse gorge* ; Latham, sous celui de *Powter* ; Vieillot, en 1818, dépeignent le Pigeon à grosse gorge sans indiquer d'autre différence avec la race ordinaire que la faculté pour ces Pigeons d'enfler démesurément leur jabot.

Boitard et Corbié eux-mêmes, en 1825, ne nous donnent aucune autre indication sur les Grosses-gorges dont ils définissent dix-neuf variétés. Le type de Grosse-gorge qu'ils représentent à la planche n° 5 de l'*Histoire naturelle et monographie des Pigeons domestiques* ne varie pas sensiblement de celui de Willughby.

On peut donc affirmer, étant donnés le soin et les détails avec lesquels ces divers auteurs ont rédigé leurs mono-

(1) T. V, p. 495.

graphies et descriptions des différentes espèces de Pigeons, que, s'ils ont été aussi brefs dans leur définition des Grosses-gorges et n'ont tous parlé que de la boule de ces Pigeons, c'est qu'aucun autre caractère n'a attiré leur attention et que, même en 1825, époque cependant bien rapprochée de la nôtre, le Pigeon boulant ne présentait pas encore la particularité d'avoir les hautes pattes, les épaules étroites, la taille et la longueur extraordinaire qu'il possède de nos jours. On peut donc admettre que le type de Grosse-gorge ou Boulant actuel remonte tout au plus à une cinquantaine d'années.

En devenant sous l'influence du climat et de sélections imposées par l'homme le grand, haut et majestueux Boulant de la fin du xixe siècle, le Grosse-gorge d'Aldrovande et de Frisch s'est partagé en plusieurs sous-races ou variétés qui, tout en gardant fidèlement les caractères principaux de la race, se séparent cependant les unes des autres par quelques caractères secondaires.

Ainsi, parmi les trois sous-races les plus belles par la grandeur de leur taille, le Boulant français, dit d'Amiens, Pigeon grand, long et élégant, porte les ailes croisées en forme d'X sur la queue, les tarses nus sans plumes, les jambes très détachées, comme ressorties à leur soudure au corps, tandis que le Boulant anglais, *the Powter*, qui lui ressemble comme taille, porte la boule plus sphérique, les ailes droites à peine posées sur la queue, l'attache des jambes perdue dans les plumes du corps et couverte, ainsi que les tarses, de plumes souples, molles, descendant le long du tarse et sur les doigts qu'elles recouvrent entièrement en forme de manchettes.

La disposition des plumes sur les pattes du *Powter* que nous venons d'indiquer est incontestablement la plus jolie : c'est également celle que nous avons vue depuis vingt ans aux pattes de tous les beaux *Powters*. De plus, c'est celle que décrivent tous les auteurs modernes : Robert Fulton et Lewis Wright dans *The illustrated Book of Pigeons*, La Perre de Roo dans sa *Monographie des Pigeons*, Gustav Prük dans *Illustrirtes Mullertauben Buch*.

Cependant, depuis deux ou trois ans nous voyons apparaître dans les expositions d'aviculture un Powter aux pattes à peine couvertes de plumes petites et courtes laissant par places apparaître le tarse et les doigts qu'elles oublient de recouvrir. Cependant, le Boulant anglais, qui donne aussi l'aspect d'un Boulant français aux pattes trop emplumées, cité comme mauvais et défectueux par les auteurs indiqués, est présenté actuellement comme le type recherché par le goût anglais.

Le Boulant de Poméranie, le troisième dans les sous-races de grandes tailles, diffère des deux précédents par la façon dont il porte :

1° Les ailes croisées à leur extrémité sur la queue :

2° La boule placée un peu bas sur la poitrine et dégageant le bec et la tête ;

3° Les pattes qui sont couvertes de plumes longues, dures et abondantes, dans le goût de certaine variété de Pigeons tambours ou hirondelles.

Cette sous-race, plus ancienne que celle des Powters (on peut même supposer qu'elle a participé à sa création), possède une certaine ressemblance avec elle et en est la victime, car les éleveurs de la race coupent, arrachent, brûlent les plumes des jambes des Boulants de Poméranie afin de les présenter dans les expositions comme Boulants anglais.

Ne serait-il pas plus simple et moins barbare de demander dans les concours une classe spéciale pour cette vieille race de Grosses-gorges ?

II

Une autre race de Pigeon, également fort ancienne et qui se rattache aux Pigeons Grosses-gorges par la faculté qu'elle possède — mais dans de moins grandes proportions — de gonfler son œsophage, est la race des Pigeons maillés, dite de nos jours, bien à tort, Mondains de Caux.

Buffon classe carrément les Maillés parmi les Grosses-

gorges (1) : mais Boitard et Corbié critiquent et blâment
ce classement et placent dans leur ouvrage les Maillés
comme septième race. Je pense que le Pigeon maillé, possédant la faculté de gonfler son œsophage, doit être placé
à la suite des Grosses-gorges ; mais je comprends parfaitement la détermination de Buffon, reproduite récemment
du reste par Brehm, de classer le Maillé parmi les Grosses-
gorges parce que le Boulant, comme je l'ai démontré au
cours de ce travail sur la race, n'avait pas, à l'époque où
notre grand naturaliste écrivit son *Histoire naturelle*, les
ormes hautes et longues qu'il a acquises depuis.

Vieillot (2) écrit :

« 13ᵉ Grosse-gorge ardoisé, vol blanc, cravate blanche
La femelle semblable au mâle, ainsi que tous les Grosses-
gorges à ailes blanches. Tous ceux qui ont la couleur uniforme et qui sont regardés comme d'origine pure doivent
avoir les dix pennes primaires blanches.

« Cette race a produit, avec le Mondain, une espèce
intermédiaire, plus grosse, mais moins grande et qui
enfle moins la gorge, les unes les deux plus belles variétés
sont connues sous le nom de jacinthe et feu. »

Boitard et Corbié (3) donnent la description suivante
du Pigeon maillé, qu'ils classent en plusieurs variétés, les
unes à vol blanc, les autres à vol de couleur :

« 43. — Pigeon maillé jacinthe, *Columba maculata
cœruleata*, pl. 7.

« Tête et queue ardoisées ; bout de la queue plus foncé ;
les grandes pennes des ailes blanches ; manteau mailles
bleu clair, une barre bleue et une barre noire placées à
l'extrémité ; toutes les plumes de la barre bleue ont le
côté interne bleu et le côté externe avec une grande place
blanche, bordée d'un liséré noirâtre ; pas de liséré autour des yeux, pieds nus.

---

(1) *Histoire naturelle des Oiseaux*, annotée par Flourens, t. V, p. 495.
8ᵉ Pigeon Grosse-gorge jacinthe, d'une couleur bleue ouvragée de blanc.
9ᵉ Pigeon Grosse-gorge couleur feu (rouge).
10ᵉ Pigeon Grosse-gorge couleur bois de noyer (jaune).
(2) Déterville, *Dictionnaire*, 1818, p. 292.
(3) *Histoire naturelle des Pigeons domestiques*, p. 179.

« 44. — Pigeon maillé jacinthe plein, *Columba maculata cœruleata plena.*

« Un peu moins gros que le précédent; il en diffère encore en ce que ses grandes *pennes des ailes sont entièrement bleues.*

« 45. — Pigeon maillé couleur de feu.

« 46. — Pigeon maillé couleur de feu plein.

« 47. — Pigeon maillé noyer.

« 47. — Pigeon maillé pêcher.

« 48. — Pigeon maillé pêcher plein. »

Il est certain que de l'accouplement des deux variétés est né le Mondain de Caux à écusson blanc et vol plein, car, malgré les sélections les plus sérieuses, la variété à vol blanc, dont j'ai vu de nombreux couples dans mon enfance, réapparaît encore et toujours dans tous les élevages de Maillés, et les spécialistes ne peuvent nier que les couples d'apparence les plus purs en vol plein ne produisent des jeunes avec quelques pennes blanches au vol.

Dans mes volières j'ai laissé depuis cinq ans la race se développer librement, me contentant simplement d'accoupler de préférence les sujets ayant des pennes blanches avec des sujets semblables (1).

J'ai retrouvé et trié pur le Maillé à dos blanc que Buffon classe parmi les Grosses-gorges dans le tome V de son *Histoire naturelle des Oiseaux.*

(1) Et non en les croisant avec des Bisets de Pologne, car ce croisement, que j'ai étudié, ne produit jamais d'écusson blanc et donne des sujets ayant perdu les caractères du Maillé pour prendre ceux du Biset.

LE
PIGEON ROMAIN

CONSIDÉRATIONS GÉNÉRALES. — CRÉATION DE CINQ VARIÉTÉS.
DESCRIPTION

PAR

P. BRESCHET

On a beaucoup écrit depuis quelque temps sur les volailles de toutes sortes et par conséquent sur les Pigeons. A ma connaissance du moins, aucun auteur n'a donné une description complète du Pigeon romain. On n'en a parlé qu'à la légère, et quelques auteurs même, confessant ne pas l'aimer, se sont trouvés tout naturellement enclins à le rabaisser (comment pourrait-on louer ce que l'on n'aime pas !). J'ai pourtant la preuve que ce Pigeon jouit depuis longtemps d'une vogue supérieure, non seulement à celle des autres gros Pigeons dont il est le chef, et notamment du Carrier que de bons auteurs lui ont préféré, mais encore supérieure à la vogue de tous les Pigeons d'amateurs. Tous les goûts sont dans la nature et, sans avoir tous la même valeur, tous les genres de Pigeons ont leurs mérites.

Je reviens au Romain. D'où est-il originaire? Il paraît qu'il existe en Italie un assez gros Pigeon, court de vol, portant sur sa robe du blanc, du bleu et parfois du noir, sans symétrie, et qui dès lors n'a aucune ressemblance avec notre gros Pigeon parisien appelé Romain. Parmi les nombreux visiteurs de tous les pays que Paris reçoit, pas un de ceux qui sont venus voir ma basse-cour pas

même un Italien, — et j'en ai vu, — pas un n'a pu me
dire l'origine de ce Pigeon. Beaucoup de personnes portent des noms de villes, de localités, de pays. On pouvait
donc supposer que des Pigeons de cette sorte ont appar-
tenu à un amateur s'appelant Romain, qu'un possesseur
nouveau a dit les tenir de Romain et qu'il n'en a pas
fallu davantage pour valoir à cette belle race le nom
qu'elle porte. Un jour chez moi, une dame, après avoir
admiré ces Oiseaux qu'elle ne connaissait pas, en demanda
le nom : « Des Romains », lui fut-il répondu : avec une
vivacité charmante, elle s'écria en rectifiant à sa manière « Des Roumains » ! Était-il besoin de demander
la nationalité de cette dame ?... Amour sacré de la patrie !

Eh bien, au nom de cet amour qui existe chez tous
les peuples, je demande le changement de nom du Romain qui doit désormais s'appeler « Le Grand Pigeon
parisien », d'autant plus que si Rome l'a jamais eu en sa
possession, elle l'a délaissé ; qu'aucune partie de l'Italie
actuelle ne le possède en nombre important ; que c'est
Paris qui a doté cette belle race de cinq variétés sur les
sept qu'elle comprend aujourd'hui : enfin que c'est Paris
qui l'a mise en relief, surtout depuis une quarantaine
d'années et qui l'a fait rayonner sur toutes les parties du
monde civilisé.

Il est vrai que si Paris a cultivé cette race, s'il en a relevé l'éclat et multiplié le nombre des sujets, il en a été
récompensé par le profit que beaucoup de personnes en
ont tiré. En nous dédommageant de nos peines ce Pigeon
a acquis chez nous le droit de cité : c'est *notre* Pigeon.

Après l'Angleterre qui a fait des achats considérables de
Pigeons dits romains, l'Autriche, la Suisse, l'Allemagne,
l'Italie, la Turquie, l'Amérique (spécialement le Brésil),
la Chine, la Russie ont tenu à en posséder.

J'ai élevé un très grand nombre de Pigeons romains et
j'en ai reçu beaucoup de différents éleveurs, grands et petits, qui tous ont trouvé plaisir et souvent profit à s'occuper
de cette race.

De tous les étrangers les Anglais se sont montrés les

plus difficiles dans le choix des sujets, les meilleurs
appréciateurs de la taille, et aussi les plus disposés à
payer des prix élevés atteignant, parfois, 200 francs par
couple et même davantage.

Avant 1840, d'après les anciens amateurs que j'ai connus, nous possédions, de date immémoriale, les Romains
bleus et les Romains fauves, les deux seules variétés existant jusque-là. Les cinq autres ont été constituées de 1840
à 1855, à Paris tout spécialement. Comme ceux d'aujour-
d'hui, les amateurs de l'époque se réunissaient au marché aux Oiseaux. Je regrette de ne pas connaître, pour leur
rendre hommage, les noms de ceux qui, les premiers,
eurent l'heureuse idée d'enrichir notre pays des cinq
variétés nouvelles. Voici du moins ce qui m'a été dit et
ce que j'ai vu :

Vers 1840, Paris possédait une belle collection de Bagadais, de forte taille ; il y avait les blancs, les bleus et
les noirs unicolores, les chamois, les noirs et les rouges
papillotés de blancs : dans ces trois dernières variétés, le
chamois, le noir et le rouge dominaient comme fond. On
avait aussi le Cavalier blanc, d'une bonne taille également, un peu haut de jambes avec une belle tête, le bec
blanc et fort, le tour des yeux rouge, l'iris couleur de
vesce grise, le corps tenu horizontalement et se rapprochant
comme ensemble du Romain. Puis un autre Pigeon, gros
et trapu, venant de Bordeaux, appelé Pigeon turc, aux
couleurs mal définies, principalement noires ou bleues,
avec une tête forte, la morille très développée, le tour
de l'œil *mûré* (couleur du fruit appelé mûre) ; l'iris tantôt
perlé, d'autres fois jaune.

C'est avec ces trois sortes de Pigeons que l'on est parvenu à créer les Romains chamois, les rouges, les noirs,
les gris-piqués et les minimes.

On a marié des Romains bleus, les uns avec les Bagadais noirs, les autres avec le Turc, pour obtenir les Romains noirs ; les Romains fauves l'ont été d'un côté avec
les Bagadais chamois et rouges, pour avoir les Romains
de ces couleurs, et d'un autre côté avec le Cavalier

blanc ; puis les produits de ce dernier mariage ont été alliés aux Bagadais noirs, ce qui a donné le Gris-piqué.

Dans les premiers rapprochements de ces quatre races, on obtint des résultats surprenants comme force et rusticité ; ce qui, du reste, arrive presque toujours dans les croisements.

Comme il est souvent difficile de posséder des séries nombreuses de diverses races, les premiers éleveurs s'étaient distribué la besogne et s'étaient, suivant leurs moyens, réservé des parts plus ou moins fortes. Ils avaient soin, d'ailleurs, de conserver des exemplaires purs des types qui servaient à leurs croisements. On comparait les produits et chaque dimanche, au marché aux Oiseaux, on constatait les progrès, on notait les insuccès. Les premiers pas n'étaient pas les plus difficiles : on avait obtenu de fortes et grossières charpentes ; il s'agissait maintenant, pour ainsi dire, de les raboter, de les polir pour les mettre en harmonie avec les types primitifs des Romains.

Chez les produits de l'alliance avec le Bagadais il fallait diminuer la longueur et la courbure du bec et de la tête, rétrécir le rebord qui entoure les yeux, grossir le cou en le raccourcissant un peu et en lui ôtant de son aspect cou de Cygne, abaisser la taille, rendre le corps plus horizon.tal allonger le vol, redresser les talons, rendre le plumage plus abondant, moins collant, élargir les rémiges et les rectrices.

Chez les produits demi-sang de Turc, il fallait modifier beaucoup la tête, allonger le bec, diminuer les oreilles trop développées en forme de bourrelet, rougir le tour de l'œil (que ce Pigeon porte mûré), faire disparaître l'œil de Coq dont il est assez souvent doté ; enfin allonger le vol.

Le Cavalier laissait en héritage aux Gris-piqués, l'œil de vesce, assez difficile à rejeter.

En harmonisant les formes, en donnant la couleur aux yeux, il fallait encore embellir les nuances et supprimer les plumes disparates.

On avait mis là sur le chantier un travail important, de longue haleine, qui nécessitait une sélection bien

conduite et longtemps suivie. Ils savaient parfaitement
cela, ces ouvriers de la première heure ; ils avaient les
capacités nécessaires pour mener à bien l'entreprise :
mais le temps !... La grande faucheuse réduisait fréquemment leur nombre, couchant presque toujours les plus
expérimentés ; des recrues venaient combler les vides, il
est vrai, mais c'étaient des novices, et la pratique est indispensable. Il fallait aussi posséder les premières notions;
aussi avec quelle ardeur on écoutait les anciens éleveurs
qui, heureusement, lorsque je suis entré dans la carrière,
étaient encore nombreux et vaillants !

Dans tout élevage il a toujours fallu et il faudra toujours une sélection rigoureuse. L'amateur sérieux ne
doit pas admirer tout ce qu'il a, tout ce qu'il obtient. Les
deux branches mères des Pigeons Romains, pour être maintenues dans leur perfection, exigent une sélection ; il en
est de même pour les produits plus récents, car, en dépit
de nos efforts et de ceux de nos devanciers, le succès n'est
pas encore assez complet pour que, par suite d'atavisme,
il ne se présente plus, de temps en temps, quelques sujets
à réformer. Cherchons donc à parfaire l'œuvre déjà si
avancée, à maintenir notre pays au premier rang pour
qu'il continue à être le fournisseur de l'étranger et qu'il
n'en devienne point le tributaire. Je serais heureux si
les descriptions suivantes pouvaient contribuer à ce
résultat.

Toutes les variétés des Pigeons Romains ont les mêmes
caractères généraux. Je reviendrai tout à l'heure sur les
particularités des yeux : mais il est bon de dire, dès
maintenant, que, quelle que soit la couleur du plumage,
un Romain doit avoir l'œil perlé. C'est sur ce point que
doit d'abord se porter notre attention. Si beau que soit
un sujet, quelles que puissent être d'ailleurs ses qualités,
s'il n'a pas l'iris perlé, l'amateur doit le rejeter. Tout sujet
dont l'iris, sans être entièrement jaune ou rouge, est
fortement pointillé de l'une de ces couleurs, doit être
également dédaigné. La paupière et son pourtour doivent
être rouges.

La tête sera large et forte, un peu bombée. Les becs à mandibules croisées, les becs de Perroquets sont à supprimer ; les becs droits sont très mauvais ; dans l'espèce, un bec bien fait est gros, légèrement arqué, avec des morilles bien blanches, bien unies, sans rayures ni bourrelets, comme en ont celles des Carriers, par exemple.

Le corps doit être porté horizontalement. Le dos ser à peu près d'égale largeur dans toute sa longueur. bréchet doit avoir de 10 à 12 centimètres de long, être convexe, de pose bien verticale et n'être ni tordu ni aplati vers l'intérieur du corps.

La hauteur, du sol au sommet de la tête, sera de 24 à 32 centimètres ; l'envergure, de 80 centimètres à 1^m,08 ; la longueur, de la pointe du bec à l'extrémité de la queue, de 44 à 57 centimètres ; le poids, de 700 grammes. Les sujets qui restent au-dessous de ce poids et de ces mesures sont dédaignés ; quant à ceux qui les dépassent !...

Les Romains bleus.

Le bec des Romains bleus est généralement noir ; cependant on obtient parfois des sujets à bec rosé (que l'on dit *blanc*), qui sont bien vus des amateurs.

Le manteau doit être d'un bleu clair ; la tête, le cou, les plumes du recouvrement de la queue et l'abdomen sont d'une nuance plus foncée ; le plastron est bleu avec des reflets verdoyants violacés : le croupion, d'un blanc de lait ; les ailes portent chacune deux barres noires qui se rejoignent en face du croupion ; l'extrémité des rémiges est plutôt noire que bleue. Les plumes caudales ont 4 centimètres de noir à leur extrémité ; une frange d'un beau blanc termine les barbes, mais cette frange n'est visible que lorsque la robe est neuve et propre. Les deux pennes latérales de la queue ont leurs barbes externes blanches, depuis la naissance jusqu'à 4 centimètres de l'extrémité ; à partir de ce point règne une teinte noire.

Le dessous des ailes et tout ce qu'elles recouvrent à l'état de repos est blanc.

Les sujets d'un bleu foncé sont moins estimés ; ceux d'un bleu charbonné ne sont bons que pour la table. Ces derniers deviennent souvent très forts.

Les Romains bleus ne doivent porter que du bleu, du noir et du blanc et seulement aux places désignées plus haut.

Les pattes sont rouges, les ongles noirs.

Les fauves.

Le bec doit être d'une teinte rosée et non d'un gris de corne.

Le manteau est d'une couleur crème ; la tête, le dessus du cou, les plumes de recouvrement de la queue sont plus foncés ; le plastron est roussâtre, violacé ; le croupion et le dessous des ailes sont blancs ; chaque aile porte deux barres d'un gris foncé, semblables pour la forme et la position à celles des bleus.

Les plumes caudales ou rectrices portent à leur extrémité 4 centimètres d'un gris foncé ; les deux plumes latérales ont leurs barbes externes entièrement blanches jusqu'au point où commence la marque terminale noire.

Les Romains fauves ne doivent offrir du gris et du blanc que dans les endroits indiqués ci-dessus.

Les chamois.

Le bec des Romains chamois doit être de la nuance de nos ongles qui, par transparence, ont la teinte rosée de la chair : ceux qui ont ce que l'on appelle un coup de crayon sur la pointe de la mandibule supérieure sont fort disqualifiés aux yeux des amateurs éclairés, et ceux qui ont le bec d'un gris de corne doivent être rejetés complètement.

Les chamois sont unicolores : ils se présentent sous trois nuance : les chamois foncés ; ceux d'un beau jaune, de nuance tendre et fine, et les chamois isabelle. De ces trois nuances, la deuxième est de beaucoup la préférée. Les chamois foncés ont souvent les parties inférieures du corps enfumées, ainsi que la queue; leur croupion est parfois plombé, c'est-à-dire blanchâtre : c'est là de graves défauts. Ceux dits isabelles sont de nuance trop pâle, d'autant plus qu'ils tendent toujours à blanchir en vieillissant. Avec les défauts auxquels ils sont sujets, les chamois foncés et les chamois pâles sont peu estimés.

Le Romain chamois ne doit porter aucune couleur autre que du jaune franc.

Chez les chamois et les rouges, il peut arriver que des jeunes aient le vol fouetté de blanc : le plus souvent ce défaut disparaît à la première mue. Il s'en trouve encore qui, dans leur première robe, ont quelques plumes blanches qui disparaîtront aussi au premier changement de plumage ; d'autres, dont la première robe était parfaite, présentent au contraire, après la mue, des plumes blanches! Ils se ressentent trop de leur origine ; aussi on les écarte autant que l'on peut.

Dans cette variété les pieds sont rouges, les ongles de la couleur du bec.

Les rouges.

A part la tendance à être plus foncée, la couleur du bec est ici à peu près la même que chez les chamois. Un certain nombre de Romains rouges portent sur la mandibule supérieure une tache noire : c'est un défaut ; cependant, s'ils ont d'ailleurs le bec correct et si ce sont de beaux sujets, ils ne doivent pas toujours être négligés. Ceux qui ont le bec gris ne doivent être considérés que comme des Pigeons mondains.

La couleur du plumage doit être un marron vif sur tout le corps. Il faut rejeter les sujets fumés, ceux qui sont plombés au croupion et ceux qui ont les parties inférieures du corps lie de vin ou trop pâles. Les pattes doivent être rouges et les ongles de la couleur du bec.

Les noirs.

Le bec doit être blanc rosé ; mais il y a généra ement,
à la pointe de la mandibule supérieure, une tache noire
de quelques millimètres. Les becs tout noirs sont très
mauvais. Pour conserver le bec blanc il faut recourir de
temps en temps à des croisements avec les Romains
rouges et les Romains chamois.

Les Romains noirs se présentent sous trois nuances : le
jais avec reflets verts métalliques, le seul réellement
beau ; le noir mat, quelquefois plombé sur le dos, mal vu
des amateurs difficiles ; enfin le noir charbonné, souvent
avec le bec blanc ; mais les sujets de cette dernière nuance
ne sauraient être appréciés des amateurs : ils ne sont
bons que pour la table et conviennent d'autant mieux à
cet usage qu'ils deviennent souvent très forts.

Un beau Pigeon romain noir ne doit pas avoir de plumes
d'une autre couleur.

Les pattes sont rouges et les ongles noirs.

Les gris-piqués.

Le bec des gris-piqués, tout en offrant à peu près les
nuances du bec des Romains chamois et des Romains
rouges, offre toujours un coup de crayon allongé sur la
mandibule supérieure. Les becs cornés, c'est-à-dire tout
gris, sont à rejeter.

Le plumage est piqué de noir sur blanc ou sur gris. Les
piqués sur blanc sont les plus estinés : à leur naissance,
ils sont presque tout blancs : leur premier plumage porte
çà et là, mais en un peu grand nombre sur la tête et le
cou, quelques plumes tachées de noir ; les taches sont
petites ou grandes, presque toujours allongées, sans
aucune régularité. A chaque mue le noir augmente, et
après la deuxième le plumage est très beau.

La première robe des piqués sur gris semble sale ; mais
au premier renouvellement le plumage s'éclaircit, se

parsème plus ou moins de noir, mais toujours sur fond
gris ; le noir augmente avec l'âge et à quatre ans la tête
et le cou sont presque entièrement noirs. Le bec des
piqués sur gris est d'ordinaire plus foncé que celui des
piqués sur blanc.

On doit considérer simplement comme des Mondains
des sujets qui offrent d'autres couleurs mélangées à celles
que je viens d'indiquer. Ces sujets proviennent de plusieurs croisements opérés sans méthode et sont généralement très prolifiques.

Les minimes.

Ces derniers ne comptent qu'un petit nombre de représentants, parce qu'ils ont peu d'amateurs et sont peu
cultivés.

La couleur de leur bec se rapproche de celle du bec des
fauves avec une tendance à plus rosé.

Le plumage est ardoisé ou gris-souris, d'une nuance à
peu près régulière sur tout le corps. Il ne doivent pas
porter de plumes d'autre couleur.

Les pattes sont rouges et les ongles de la nuance du bec

Depuis 1860 j'ai souvent mesuré, dans toutes ses
parties extérieures, un beau Pigeon romain. J'ai gardé ces
mesures dans mes notes ; voici seulement celles qui se
rapportent à deux sujets.

Un mâle Romain, bleu, âgé de trois ans :

Hauteur, du sol au sommet de la tête	$0^m,290$
Hauteur prise de côté, en face des jambes	$0^m,180$
Longueur de la pointe du bec à l'extrémité de la queue.	$0^m,570$
Longueur du bréchet	$0^m,120$
Envergure	$1^m,050$
Grosseur du corps	$0^m,390$
Largeur du dos	$0^m,150$
Largeur de la queue	$0^m,090$
Poids	$1^k,600$
Circonférence de la tête au niveau des yeux	$0^m,130$
Largeur de la tête au-dessus des yeux	$0^m,030$
Tour du bec au gros des morilles	$0^m,080$
Circonférence de sa pointe	$0^m,016$
Longueur de la pointe à la commissure	$0^m,035$
Hauteur de l'œil, y compris la chair nue qui l'entoure..	$0^m,010$

Longueur de l'œil, chair comprise.................... 0^m,014
Longueur du canon de la patte....................... 0^m,069
Sa circonférence à la base....:..................... 0^m,035
Longueur du doigt médian, ongle compris............ 0^m,050

Le blanc du croupion était de 9 centimètres en longueur et de 10 en largeur. — Les rémiges étaient de 3 centimètres de large et les plumes caudales de 4 centimètres.

Une femelle Romain bleu, âgée de trois ans :

Hauteur, du sol au sommet de la tête................. 0^m,280
Hauteur du sol à l'épaule........................... 0^m,180
De la pointe du bec à l'extrémité de la queue.......... 0^m,540
Envergure........................ .... 1^m,000
Longueur du bréchet............................... 0^m,110
Grosseur du corps.................................. 0^m,400
Largeur de la poitrine avec épaisseur d'ailes (mais non compris la proéminence qui peut bien être de deux centimètres)............................... 0^m,160
Largeur du dos.................................... 0^m,140
Largeur de la queue............... .... 0^m,100
Poids .... 1^k,215
Circonférence de la tête au droit des yeux............ 0^m,115
Largeur de la tête au-dessus des yeux................. 0^m,030
Le tour du bec au gros des morilles.................. 0^m,065
La circonférence de sa pointe....................... 0^m,013
Longueur de la pointe à la commissure............... 0^m,035
Hauteur de l'œil, y compris la chair nue qui l'entoure. 0^m,010
Longueur, chair comprise........ .... 0^m,014
Longueur du canon de la patte...................... 0^m,060
Circonférence à sa base............................ 0^m,035
Longueur du doigt médian (ongle compris)............ 0^m,050

Le blanc du croupion était de 8 centimètres de long sur 10 de large. — Les rémiges étaient larges de 3 centimètres, et les plumes caudales de 5.

Ce sujet était le plus lourd de tous les Pigeons que j'ai possédés et connus.

Les deux Romains dont je viens de donner les mesures ont été des plus appréciés par les nombreux amateurs qui les ont vus ; et cependant ils n'avaient pas encore atteint la perfection idéale. Il est vrai que les sujets absolument parfaits sont extrêmement rares, s'ils existent ; pour ma part, je n'en ai pas encore rencontré.

Dans les expositions et concours on ne devrait accorder ni premier ni second prix aux Pigeons romains qui offrent, fortement prononcé, l'un des défauts suivants dans les sept variétés sans distinction :

1° Le bréchet tordu ou aplati. — Pour s'en assurer, force est de prendre le Pigeon en mains ;

2° La chair autour des yeux trop développée, ou *mûrée* ;

3° Les yeux fortement sablés ;

4° Les morilles trop développées, en forme de bourrelets ; le bec corné, courbé ou trop droit ;

5° Les pattes mal posées, ou ayant des grosseurs sous les tarses ; le corps manquant d'élégance dans son ensemble ;

6° Les ailes portées sous la queue ; la queue trop relevée ou trop pointue.

Pour ce qui est des couleurs, il ne faudrait pas non plus décerner de premier ni de second prix :

1° Aux bleus de mauvaise nuance et à ceux qui auraient le croupion entièrement bleu ;

2° Aux foncés brûlés ou trop foncés, à ceux qui auraient le croupion tout à fait gris ;

3° Aux chamois ayant un coup de crayon à la pointe du bec, aux sujets ayant le croupion plombé, aux sujets enfumés sur n'importe quelle partie du corps, aux sujets à plumage trop pâle ;

4° Aux rouges offrant les mêmes défauts que les chamois, en tolérant toutefois un léger coup de crayon sur la pointe du bec chez les sujets très beaux sous d'autres rapports ;

5° Aux noirs n'étant pas de la nuance jais et à ceux dont le bec serait complètement noir ;

6° Aux gris-piqués à plumage roussâtre ou rouillé.

Quelles que soient leurs dimensions et leur grosseur, les sujets offrant à un haut degré l'un de ces défauts ne doivent pas l'emporter sur des concurrents plus faibles, mais parfaits.

J'aurai l'occasion de revenir ailleurs sur cette race intéressante qui nous donne les plus gros Pigeons connus, ceux chez lesquels on trouve les plus heureusement associées les qualités d'un Oiseau utile et d'un Oiseau d'agrément.

LE
PIGEON MESSAGER

ET SES TRANSFORMATIONS

PAR

M. LE Dr DENEUVE

Vice-président du comité du Standard avicole de France.

Le comité du Standard avicole de France ayant bien voulu me confier la mission, particulièrement agréable, d'entretenir la section d'aviculture du Congrès ornithologique de l'un de nos sujets d'étude, je me propose de traiter d'une façon succincte, du Pigeon voyageur, de son type, de ses transformations.

Si, comme l'histoire nous l'apprend, les Pigeons ont servi au siège de Modène (43 av. J.-C.); en 1137, au siège de Ptolémaïs; à la bataille de Mansourah, lors du débarquement de saint Louis en Égypte; puis, en 1572, 1573 et 1574, lors des investissements des villes de Leyde et de Harlem en Hollande, la race employée ne saurait être assimilée à celle que nous voyons aujourd'hui se populariser en Belgique, en France, en Allemagne, en Espagne, en Italie, en Angleterre même.

Tous les Pigeons ayant, dans leur instinct, la notion de l'amour du colombier et l'esprit de retour, il est certain que les différentes espèces mises à contribution rendaient toutes de bons services, les distances à parcourir étant en quelque sorte mitoyennes de celles des lâchers.

Le Pigeon messager que nous employons aujourd'hui ne date guère que de quatre-vingts ans. Temminck, Buffon et Lacépède, dans leurs monographies de Pigeons, n'en font aucunement mention, et cependant Buffon avait étudié avec soin les Oiseaux connus de son temps et possédait de nombreuses races de Pigeons dans les quatre colombiers qui existaient alors à proximité de sa demeure.

Boitard et Corbié qui ont publié, en 1824, un remarquable travail sur les races de Pigeons, ne signalent nulle part le véritable Pigeon voyageur. Ils ne s'arrêtent même plus à ce Pigeon turc que Buffon disait, en passant, avoir été jadis employé pour porter des lettres.

C'est à la Belgique que revient l'honneur d'avoir créé le type actuel du Pigeon voyageur.

La famille des Pigeons, se composant de très nombreuses variétés, ce n'est que par des croisements et des sélections savantes que l'on est parvenu à obtenir le sujet parfait qui nous occupe.

Le Pigeon ayant toujours été considéré comme un Oiseau utile, l'intelligence des spécialistes a travaillé pour obtenir une race réunissant toutes les qualités physiques indispensables pour son utilisation aux voyages aériens.

L'élevage, ou plutôt la formation du Pigeon long-courrier, n'a guère commencé sérieusement que vers l'origine du xixe siècle.

Des recherches faites dans des manuscrits spéciaux nous apprennent qu'en 1818 des amateurs de Herve expédièrent des Pigeons à Francfort-sur-le-Mein.

En 1815, il est prouvé qu'après la bataille de Warterloo, Rothschild, de Londres, eut connaissance du désastre français par Pigeon messager. Le télégraphe étant alors à signaux aériens, le brouillard n'avait pas permis aux guetteurs de lire complètement la phrase qui leur était transmise. Le financier en profita pour acheter à vil prix de grandes quantités de valeurs qui remontèrent tout à coup, lorsque la victoire des troupes alliées fut enfin connue à Londres.

En 1820, de grands progrès avaient déjà été faits en colombiculture, puisqu'une Société pigeonnière de Liège avait organisé un concours, avec Paris comme point

terminus! Le premier Pigeon qui revint à son colombier
fut porté, pour cet exploit, en triomphe par toute la ville.
C'est donc de cette époque que date le mouvement spécial
qui se créa en faveur du Pigeon messager dans les principales localités de la Belgique, dont les éleveurs se
consacrèrent à des croisements en vue d'améliorer une
race encore bien imparfaite.

Les premières expériences avaient mis en concurrence
des Cravatés, des Volants, des Camus, des Becs anglais,
des Petits Boulants, etc., etc. A notre avis, les principaux
éléments dont on a tiré le Pigeon messager contemporain
ont été puisés dans ces variétés, auxquelles il est bon
d'ajouter le Smerle, le Cumulet, le Bizet enfin.

Le volatile que Buffon assimilait au Turc est certainement le même que notre confrère Chapuis désignait sous
le vocable de Camus. Cet Oiseau a beaucoup d'attachement
à son colombier ; mais son vol est lourd et épais. Le Volant,
au contraire, a tous les défauts opposés ; les produits de
ces races nous fourniraient un voyageur passable, sur
les descendants duquel nous trouverions les morilles du
Camus et les yeux blancs du planeur de l'azur.

Les principaux centres colombophiles étaient en Belgique, dès les débuts, Liége, Verviers, Gand, Anvers et
Bruxelles. Chaque grenier avait un élevage particulier,
d'où naquirent certaines races très remarquables.

L'Anversois était haut sur pattes, avec un bec long et
une envergure remarquable. Son voisin, le Liégeois, était
de taille plutôt petite, l'œil très peu entouré de chair,
parfois jaboté, bas sur pattes.

A Verviers, on possédait une collection de sujets se
rapprochant des Liégeois, tandis qu'à Gand et dans le
Brabant on ne s'écartait guère de l'Anversois.

D'où, pour nous résumer, on peut conclure que deux
races bien distinctes se trouvaient en présence : l'*Anversoise* et la *Liégeoise*. Par suite des croisements multiples,
qui ont été opérés à chaque saison à l'aide de ces deux
races d'élites, il nous serait bien difficile à l'heure
actuelle de vous présenter dans toute leur pureté, des

sujets de chacune de ces deux variétés. Cependant, pour rendre hommage à la vérité, je dois ajouter que quelques rares colombiculteurs d'Anvers et de Liége en ont conservé à l'état primitif, à titre de curiosité.

Les qualités spéciales à chacune de ces deux races sont les suivantes :

L'Anversoise peut voyager avec succès dès qu'elle a atteint plusieurs mois, et ses étapages peuvent être poussés à des distances relativement éloignées ; tandis que la Liégeoise réclame davantage de patience et d'application de la part de celui qui l'élève : elle doit être ménagée jusqu'à l'âge de deux ans, époque à laquelle elle a atteint, à peu près, son développement complet. Alors, nous nous trouvons en face d'une race voyageuse exquise, d'une endurance à toute épreuve, laquelle dans les voyages aux extrémités du monde brillera toujours au premier rang.

Pour revenir à notre élevage national, ce n'est guère que depuis la fatale campagne de 1870 que le Pigeon messager est entré dans nos mœurs, aux jours si tristes dont le souvenir ne peut s'effacer de notre mémoire. Emportés par nos ballons au delà des lignes ennemies ; lâchés au milieu d'un ciel noir, chargé de brumes glaciales, les Pigeons partirent des différentes villes de province, et grâce à eux Paris, entouré par un cercle de fer et de feu, put communiquer avec le reste de la France.

Avant cette époque, bien peu de personnes s'occupaient de colombiculture et c'est au moyen des deux races sur lesquelles je viens d'appeler votre intention que nous avons formé à Paris, puis en province, nos patriotiques colombiers. Aujourd'hui, par suite des croisements répétés, les types spéciaux se trouvent confondus et ne forment plus dans notre pays qu'une seule espèce dite Pigeon messager. Toutefois, en Belgique, deux variétés très distinctes peuvent se retrouver, le mélange des races n'étant pas aussi complet que chez nous.

En terminant, qu'il me soit permis d'indiquer quel serait le type idéal du Pigeon de guerre, celui que nous cherchons et souhaitons à nos successeurs : ce serait un juste milieu entre les deux types accusés, c'est-à-dire un Pigeon de hauteur moyenne, bien planté, avec la poitrine épaisse, le sternum profond, les os du bassin rapprochés, les ailes ramassées, le petit vol large, la tête régulière en forme de poire ou de toupie, l'œil vif entouré d'une membrane blanche ou grisâtre. C'est notre *standard* à nous colombophiles, et celui sur lequel nous basons à la fois nos espérances patriotiques et nos recherches patientes.

TABLE DES MATIÈRES

CONTENUES DANS CE VOLUME

TABLE PAR ORDRE MÉTHODIQUE

AVANT-PROPOS v

Bureau et liste des membres de la Commission d'organisation...... VI
Comité de patronage.. VIII
Documents officiels et procès-verbaux :
Bureau du Congrès et des Sections.. 1
Liste des Délégués officiels du Gouvernement... 2
Corps savants et Sociétés s'étant fait représenter au Congrès....... 3
Liste des membres du Congrès.. 4
Procès-verbaux des séances.. 12
Notes et mémoires lus ou présentés au Congrès :
L'activité déployée dans le domaine ornithologique, sur le territoire
    de la péninsule des Balkans, par le Muséum de Bosnie-Herzégovine
    à Sarajevo, par Othmar Reiser.. 141
Die wichtigsten Ergebnisse ornithofaunistischer Untersuchungen in
    Central-Sibirien während des Jahres 1899, von Hermann Johansen. 151
Catalogue des Oiseaux du Muséum Lehuédé à Batz (Loire-Inférieure). 154
On a collection of Birds made in Mongolia by Dr Donaldson Smith
    and MM. J.-E. et G.-L. Farnum, by R. Bowdler Sharpe........... 155
Sur une petite collection faite par le P. Hugh dans la province du
    Shen-si et d'autres parties de la Chine septentrionale, par
    R. Bowdler Sharpe.. 173
Anomalie remarquable chez deux Oiseaux, par Ch. van Kempen.... 186
Trois exemplaires d'une forme particulière de *Tetrao tetrix* femelle,
    peut-être femelles de *T. medius*, par le Dr V. Fatio................ 187
Descriptions d'Oiseaux nouveaux du Pérou central recueillis par le
    voyageur polonais Jean Kalinowski, par le comte von Berlepsch
    et Jean Stolzmann.. 191
Note sur quelques Oiseaux rapportés par le comte H. de La Vaulx de
    son voyage dans la République Argentine en 1897, par E. Oustalet. 196
Sur quelques espèces nouvelles ou peu connues, recueillies dans le
    département de Cuzco (Pérou central) par M. Otto Garlepp, par
    le comte H. von Berlepsch... 197
On an overlooked Indian Swift, par Ernst Hartert................... 199
Description de trois espèces nouvelles de la famille des *Trochilidæ*,
    par M. E. Simon 201
Note sur une petite collection d'Oiseaux de Vénézuéla, par M. E. Ous-
    talet... 204
Listes de *Trochilidæ* du Vénézuéla et de la Colombie occidentale par
    E. Simon et le comte de Dalmas....................................... 205

Sur le *Ptilopus Huttoni* Salvadori, par le prof. Giacinto Martorelli... 225
Note sur le *Dacelo actæon* de Lesson, par E. Oustalet............ 228
Note sur un hybride probable de *Turdus obscurus* et de *T. iliacus*, par
le prof. G. Martorelli.. 229
Les Oiseaux à l'Exposition, par M. Ch. van Kempen... 232
Notice sur l'Alethe, par M. le Dr L. Arbel... 233
La Demoiselle de Numidie dans l'Allier, par G. de Rocquigny-
Adanson 236
Nota intorno ad una presunto nuova specie di *Athene* trovata in
Italia 237
Les légendes sur le Coucou, par X. Raspail......................... 243
Photographies d'un Oiseau-Mouche prises sur le vivant............. 251
Observations sur un couple d'Hirondelles, par P. Wacquez......... 253
Sur l'habitat du Casse-Noix (*Nucifraga caryocatactes*), par P. Bernard. 257
Recherches sur l'origine de la Tourterelle à collier (*Turtur risorius*),
par E. Oustalet... 259
Le poussin du *Rhinochetus jubatus*, par R. Burckhardt.............. 267
Proposition d'une méthode de recherches des affinités, à propos de
la communication de M. Burckhardt, par Remy Saint-Loup....... 274
Note sur le poussin du *Chionis minor*, par Th. Studer............. 275
Distribution géographique en France de l'Outarde canepetière (*Otis
tetrax*) d'après les données de l'enquête territoriale de 1886, par
L. Ternier.. 277
Observations ornithologiques, par M. Georges Cocu............... 284
Sur les plumages de la Mouette de Sabine (*Xerna Sabinei*), par le
Dr Louis Bureau 285
Note sur un spécimen d'Emeu noir (*Dromæus ater*), par le prof.
Th. Studer 307
Note sur la présence de la Mésange à longue queue d'Irby (*Acredula
Irbyi*) dans le Midi de la France, par le Dr Louis Bureau........ 309
Premiers résultats de l'enquête sur les migrations de l'Étourneau
vulgaire (*Sturnus vulgaris*), par M. Ch.-C. Mortensen........... 312
Considérations sur la migration des Oiseaux, par le Dr Quinet....... 313
Sur le régime alimentaire des Oiseaux, par le Dr Quinet............ 327
Note sur un cas de nidification anormale du Martin-pêcheur (*Alcedo
ispida*), par R. Reboussin...................................... 334
Note sur la nécessité de classer le Martin-pêcheur parmi les Oiseaux
nuisibles, par Raveret-Wattel................................... 335
Note sur un nid d'Étourneau vulgaire (*Sturnus vulgaris*), par R. Re-
boussin 338
Der Krammetsvogelfang, bei H. Freih. von Berlepsch............. 339
Les Oiseaux utiles et nuisibles, par Ad. Boucard.................. 343
Mémoire sur la protection des Oiseaux, par le prof. A. Mathey-Dupra. 363
La protection des Oiseaux, par le Dr Charles Ohlsen.............. 375
Observations sur la question de la protection des Oiseaux, par le
Dr Quinet 391
Etude des mesures internationales de protection des Oiseaux
utiles à l'agriculture, par A. Arnould........................... 413
Quelques réponses au questionnaire concernant les œufs et l'incu-
bation chez les Oiseaux domestiques, par R. Saint-Loup 421
Note sur la vitalité du Poulet dans l'œuf, par Ch. van Kempen....... 424
Réponses à quelques questions du questionnaire concernant les œufs
et l'incubation chez les Oiseaux domestiques, par le D^r Ch. Féré.... 425
Ueber die geographische Verbreitung der afrikanischen Struthioniden, von Herman Schalow 427
De l'erreur des naturalistes et aviculteurs qui attribuent une origine espagnole à certaines races étrangères à l'Espagne et des

véritables races ou variétés de ce pays, par Don Salvador Castello y Carreras 433
L'enseignement avicole et ses avantages, par Don Salvador Castello y Carreras 439
Des croisements rationnels et de la possibilité d'améliorer, au point de vue pratique, les races de Poules de tous pays, par H. Voitellier 444
Etude et caractéristiques de la Poule de Houdan et de Faverolles et exposé de l'industrie de la volaille dans la région de Houdan, par J. Philippe... 451
De la race cochinchinoise, par G. Marois.............................. 459
De la race de Houdan, par G. Marois.................................. 463
Du Pigeon boulant et de ses dérivés, par Paul Wacquez............. 473
Le Pigeon romain, par P. Breschet...................................... 479
Le Pigeon messager et ses transformations, par le Dr Deneuve..... 491

TABLE ALPHABÉTIQUE DES AUTEURS

DES NOTES OU MÉMOIRES LUS OU PRÉSENTÉS AU CONGRÈS

Arbel (Dr **L.**). Notice sur l'Alethe 233

Arnould (**A.**). Etude des maisons internationales de protection des Oiseaux utiles à l'agriculture 413

Berlepsch (**Comte H. von**) et **Stolzmann** (**J.**). Descriptions d'Oiseaux nouveaux du Pérou central recueillis par le voyageur polonais Jean Kalinowski 191

Berlepsch (**Comte H. von**). Sur quelques espèces nouvelles ou peu connues recueillies dans le département de Cuzco (Perou central) par M. Otto Garlepp 197

Berlepsch (**Freih. von**). Der Krammetsvogelfang 339

Bernard (**P.**). Note sur l'habitat du Casse-Noix (*Nucifraga caryocactactes*) 257

Boucard (**Ad.**). Les Oiseaux utiles et nuisibles 343

Breschet (**P.**). Le Pigeon romain 479

Burckhardt (Prof. **R.**). Le poussin du *Rhinochetus jubatus* 267

Bureau (Dr **L.**). Sur les plumages de la Mouette de Sabine (*Xema Sabinei*) 285

Note sur la présence de la Mésange à longue queue d'Irby (*Acredula Irbyi*) dans le Midi de la France 309

Castello y Carreras (**Don S.**). De l'erreur des naturalistes et aviculteurs qui attribuent une origine espagnole à certaines races étrangères à l'Espagne et des véritables races ou variétés de ce pays 433

L'enseignement avicole et ses avantages 439

Cocu (**G.**). Observations ornithologiques 284

Dalmas (**Comte de**) et **Simon** (**E.**). Liste des *Trochilidæ* du Vénézuéla et de la Colombie occidentale 205

Deneuve (Dr). Le Pigeon messager et ses transformations.. 491

Fatio (Dr **V.**). Trois exemplaires d'une forme particulière de *Tetrao tetrix* femelle, peut-être femelles de *Tetrao medius* 187

Féré (Dr **Ch.**). Réponses à quelques questions du questionnaire concernant les œufs et l'incubation chez les Oiseaux domestiques. 425

Giglioli (prof. **E.-H.**). Nota intorno ad una presunta nuova specie di *Athene* trovata in Italia 237

Note sur un spécimen d'Emeu noir (*Dromæus ater*) 307

Hartert (**E.**). On a overlooked Indian Swift 199

Johansen (**H.**). Die wichtigsten Ergebnisse ornithofaunistischer Untersuchungen in Central Sibirien während des Jahres 1899 151

Kempen (**Ch. van**). Anomalie remarquable chez deux Oiseaux... 186

Les Oiseaux à l'Exposition 232

Note sur la vitalité du poulet dans l'œuf 424

Lehuédé. Catalogue des Oiseaux du Musée Lehuédé à Batz (Loire-Inférieure) ... 154

Marchi (Marco de). Photographies d'un Oiseau-Mouche prises sur le vivant ... 251

Marois (G.). De la race cochinchinoise ... 459

De la race de Houdan ... 463

De la Pintade ... 469

Martorelli (Prof. G.). Note sur un hybride probable du *Turdus obscurus* et *T. iliacus* ... 229

Sur le *Ptilopus Huttoni* ... 225

Mathey - Dupra (Prof.). Mémoire sur la protection des Oiseaux ... 363

Mortensen (Ch.). Premiers résultats de l'enquête sur les migrations de l'Étourneau vulgaire (*Sturnus vulgaris*) ... 312

Ohlsen (Dr Ch.). La protection des Oiseaux ... 375

Oustalet (E.). Note sur quelques Oiseaux rapportés par M. le comte de La Vaulx de son voyage dans la République Argentine en 1895 ... 196

Note sur une petite collection d'Oiseaux du Vénézuéla ... 204

Note sur le *Dacelo actæon* de Lesson ... 228

Recherches sur l'origine de la Tourterelle à collier (*Turtur risorius*) ... 259

Philippe (J.). Etude et caractéristiques de la Poule de Houdan et de Faverolles et exposé de l'industrie de la volaille dans la région de Houdan ... 451

Quinet (Dr). Considérations sur la migration des Oiseaux ... 313

Sur le régime alimentaire des Oiseaux ... 327

Observations sur la question de la protection des Oiseaux ... 391

Raspail (X.). Les légendes sur le Coucou ... 243

Raveret-Wattel (C.). Note sur la nécessité de classer le Martin-pêcheur parmi les Oiseaux nuisibles ... 335

Reboussin (R.). Note sur un cas de nidification anormale du Martin-pêcheur (*Alcedo ispida*) ... 334

Note sur un nid d'Étourneau vulgaire (*Sturnus vulgaris*) ... 338

Reiser (O.). L'activité déployée dans le domaine ornithologique sur le territoire de la péninsule des Balkans par le Muséum de Bosnie-Herzégovine à Sarajevo ... 141

Rocquigny-Adenson (G. de). La Demoiselle de Numidie dans l'Allier ... 233

Saint-Loup (R.). Proposition d'une méthode de recherches des affinités ... 274

Quelques réponses au questionnaire concernant les œufs et l'incubation chez les Oiseaux domestiques ... 421

Schalow (H.). Ueber die geographishe Verbreitung der afrikanischen Struthioniden ... 427

Sharpe (Dr R.-B.). On a collection of Birds made in Mongolia by Dr Donaldson Smith and MM. J.-E et G.-L. Farnum ... 155

Sur une petite collection faite par le P. Hugh dans la province du Shen-si et d'autres parties de la Chine septentrionale ... 173

Simon (E.). Description de trois espèces nouvelles de la famille des *Trochilidæ* ... 201

Simon (E.) et Dalmas (Comte de). Listes de *Trochilidæ* du Vénézuéla et de la Colombie occidentale ... 205

Stolzman (J.) et Berlepsch (Comte H. von). Descriptions d'Oiseaux nouveaux du Pérou central recueillis par le voyageur polonais Jean Kalinowski ... 191

Studer (Prof. Th.). Note sur le poussin du *Chionis minor* ... 275

Ternier (L.). Distribution géographique en France de l'Outarde
   canepetière (*Otis tetrax*) 277
Voitellier (H.). Des croisements rationnels et de la possibilité d'amé-
   liorer, au point de vue pratique, les races de Poules de tous pays.   445
Wacquez (P.). Observations sur un couple d'Hirondelles.........   253
   Du Pigeon boulant et de ses dérivés.............................   479

TABLE DES PLANCHES, FIGURES DANS LE TEXTE

ET CARTES

Planche I. *Ptilopus Hutloni.*
   —   II. Hybride du *Turdus obscurus et T. iliacus.*
   —   III. L'Alethe (d'après d'Arcussia).
   —   IV. L'Alethe, parmi d'autres Oiseaux de haut vol (d'après Huber).
Page 251. Figure d'un Oiseau-Mouche vivant en captivité (reproduction
         d'une photographie).
   —   269. Figure du poussin du *Rhinochetus jubatus* (reproduction d'une
         photographie).
   —   282. Carte n° 1. Distribution géographique en France de l'Outarde
         canepetière.
   —   453. Fig. 1. Coq et poule de Houdan.
   —   456. Fig. 2. Coq et poule de Faverolles.

18 Germinal 211